(Windows 10+ Office 2016版)

中老年人学电脑与上网傻瓜书

九天科技　编著

中国铁道出版社
CHINA RAILWAY PUBLISHING HOUSE

内 容 简 介

本书针对中老年人的实际需求，立足于中老年人的生活娱乐所需，引导中老年人学习实用的电脑与上网操作技能。全书共分为11章，主要包括对系统应用，电脑打字，文件管理，账户管理，系统工具应用，常用工具软件应用，使用Word制作文档，网上浏览与资源下载，QQ网上聊天，收发电子邮件，网上看视频、听音乐、听广播、玩游戏，网络生活体验，以及手机上网聊天、支付与理财等内容。本书具有“字大图大、讲解清晰、问答释疑、阅读轻松”等特点，能达到一看就懂、一学就会、立竿见影的学习效果。

本书定位于广大中老年人，既适合从未接触过电脑和刚开始学习使用电脑的中老年人，也适合想丰富业余生活的中老年人阅读和使用，还可作为老年大学的电脑培训教材。

图书在版编目（CIP）数据

中老年人学电脑与上网傻瓜书：Windows10 + Office2016版/九天科技编著.—北京：中国铁道出版社，2018.1

ISBN 978-7-113-23883-4

Ⅰ.①中… Ⅱ.①九… Ⅲ.①Windows操作系统-中老年读物②办公自动化-应用软件-中老年读物 Ⅳ.①TP316.7-49②TP317.1-49

中国版本图书馆CIP数据核字（2017）第248032号

书　　名：中老年人学电脑与上网傻瓜书（Windows 10 + Office 2016版）
作　　者：九天科技 编著

策　　划：苏 茜　　**读者热线电话：**010-63560056
责任编辑：张 丹
责任印制：赵星辰　　**封面设计：**MXK DESIGN STUDIO

出版发行：中国铁道出版社（100054，北京市西城区右安门西街8号）
印　　刷：三河市兴达印务有限公司
版　　次：2018年1月第1版　　2018年1月第1次印刷
开　　本：850mm×1 092mm　1/16　**印张：**18　**字数：**483千
书　　号：ISBN 978-7-113-23883-4
定　　价：49.80元（附赠光盘）

前　言

当今社会发展十分迅速，电脑与网络早已融入我们生活、学习、工作的方方面面，学会电脑能够极大地丰富中老年人的晚年生活，学会上网能开阔视野，增长见识，获取海量资源，增进与亲朋好友之间的联系，增添生活情趣，方便家庭生活，甚至能够改变中老年朋友的生活与消费方式，等等。总之，使用电脑与网络能够提高我们的生活品质，因此越来越多的中老年人加入学习电脑与上网的行列。

本书以“实用操作＋实战案例＋应用技巧”的教学方式，从中老年人的实际需求出发，以通俗易懂的语言、翔实生动的操作案例、精挑细选的应用技巧，全面介绍电脑操作与上网的基本方法、疑难问题与操作技巧。本书提供了一整套专业的学习解决方案，使学习过程更加轻松、高效，真正做到即学即用、融会贯通，迅速完成从新手到行家的转变。

内容导读

本书立足于中老年人的生活娱乐需求，从零开始，逐步深入，引导中老年人学习实用的电脑与上网操作技能，突出实战操作与实用技巧的传授，具有“字大图大、讲解清晰、问答释疑、阅读轻松”等特点，真正让中老年人学以致用、学有所用，并能举一反三、无师自通。

本书共分为 11 章，其中包括：绝不落伍，迈开学习电脑第一步；得心应手，系统操作一学就会；电脑打字，你也可以运指如飞；易如反掌，文件管理有诀窍；方便实用，使用系统内置小工具；如虎添翼，常用工具软件应用；记录生活，使用 Word 制作文档；精彩无限，走进神秘网络世界；网上交流，从此让沟通零距离；休闲娱乐，尽享网络视听盛宴；与时俱进，体验时尚网络生活。

本书由资深电脑教育专家精心策划并编写而成，具有以下特色：

◎ **看得懂**：没有难懂的专业术语，按照中老年人的学习心理组织结构内容，浅显易懂，越学越想学，越学越有信心。

◎ **学得会**：不用死记硬背，边学边练，配合全程图解教学，轻松上手。所有实例操作都配有同步的多媒体语音教学视频，手把手教您学会各种操作，无师自通。

◎ **玩得转**：只讲中老年人经常用到的电脑与上网应用知识，一书在手，轻松玩转电脑与上网。

◎ **观得明**：字大图大，高清晰印刷，健康护眼，更加方便中老年人阅读使用。

光盘特色

本书附赠配套情景交互式、12 小时超长播放的多媒体视听教学光盘，情景教学、互动学习，既是与图书完美结合的视听课堂，又是一套具备完整教学功能的学习软件，直观、便利、实用。

光盘中提供了全书实例涉及的素材文件，方便读者上机练习实践，达到即学即用、举一反三的学习效果。同时，还赠送了由中国铁道出版社出版的《电脑维护与故障排除傻瓜书》和《新手学电脑打字与排版傻瓜书（第二版）》的多媒体光盘视频，一盘多用，超大容量，物超所值。

适用人群

本书定位于广大中老年人，既适合从未接触过电脑和刚开始学习使用电脑的中老年人，也适合想丰富业余生活的中老年人阅读和使用，还可作为老年大学的电脑培训教材。

售后服务

如果读者在使用本书的过程中遇到什么问题或者有什么好的意见或建议，可以通过发送电子邮件（E-mail：jtbooks@126.com）或者 QQ：843688388 联系我们，我们将及时予以回复，并尽最大努力提供学习上的指导与帮助。

希望本书能够为中老年人学习电脑与上网知识提供实实在在的指导与帮助。由于编者知识有限，书中可能存在不足之处，欢迎读者朋友提出宝贵意见，我们将加以改进，在此深表谢意！

编　者

2017 年 10 月

目 录

第4章 易如反掌，文件管理有诀窍

第5章 方便实用，使用系统内置小工具

第6章 如虎添翼，常用工具软件应用

第10章 休闲娱乐，尽享网络视听盛宴

第11章 与时俱进，体验时尚网络生活

New Computer Tech For Dummies

第1章 绝不落伍，迈开学习电脑第一步

章前导读

电脑和网络给我们的生活带来了许多方便和乐趣。对于新接触电脑的中老年人来说，要先从常用的基础操作学起。下面将介绍如何正确开关机，学习鼠标和键盘的正确操作，以及如何播放光盘、使用 U 盘等知识。

- 启动和关闭电脑
- 认识鼠标和键盘
- 学会使用光驱
- 学会使用 U 盘

小神通，听别人说，电脑功能很强大，我也想学学电脑知识，不知道可以吗？

王大爷，当然可以了，现在很多老年人也加入了学习电脑的行列，电脑的学习其实很简单，但是关键还是要打好基础呀！

是的，如今几乎生活中的方方面面都涉及电脑的应用，想要真正学好电脑，还是要先对电脑有一个基本认识，如正确开关电脑、熟悉鼠标和键盘操作等。

1.1 启动和关闭电脑

对于初次接触电脑的中老年人来说，学会启动与关闭电脑，相当于打开了学习电脑的第一扇门。

1.1.1 启动电脑

提示您

在电脑运行过程中严禁移动，以防损坏其内部的硬件。另外，谨慎打开主机机箱，严禁在电脑运行时触摸其内部的板卡。

启动电脑就是从接通电源到登录操作系统的过程，中老年人初次使用电脑时，一定要按照正确的顺序来操作。

确定电脑各部件连接正常并接通外部电源后，先按下显示器上的开关，然后按下机箱上的开关，如下图所示。其实，开机就是为电脑的硬件加电，使硬件开始运行，然后进入操作系统的过程。

多学点

在Windows 10系统下需要登录用户账户才能进入系统桌面，进行日常的电脑操作。

电脑正常启动后，开始进行自我检测。检测没有异常问题后，便进入操作系统的登录界面，如下图（左）所示。输入登录密码，按【Enter】键确认，稍等片刻即可登录到操作系统，这里显示的是 Windows 10 操作系统的桌面，如下图（右）所示。

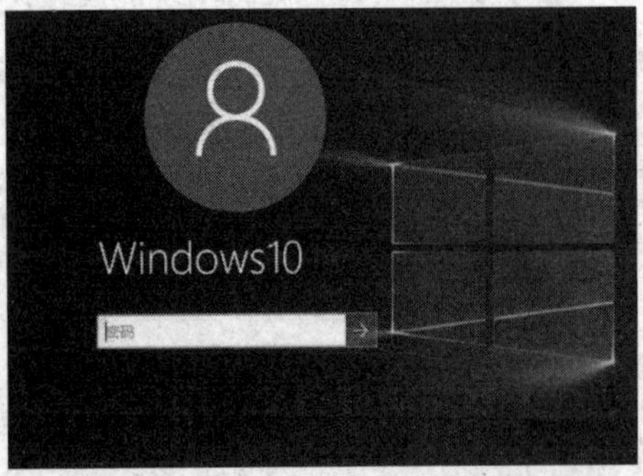

1.1.2 关闭与重启电脑

电脑关闭的过程就是先退出操作系统，然后断电的过程。要对电脑执行“关机”、“重启”或“休眠”操作，可单击左下角的“开始”按钮⊞，打开“开始”菜单，在左侧单击“电源”按钮，在弹出的列表中选择所需的命令即可，如右图所示。注意，在执行“关机”和“重启”操作前，应先确认程序或文件已保存并关闭。

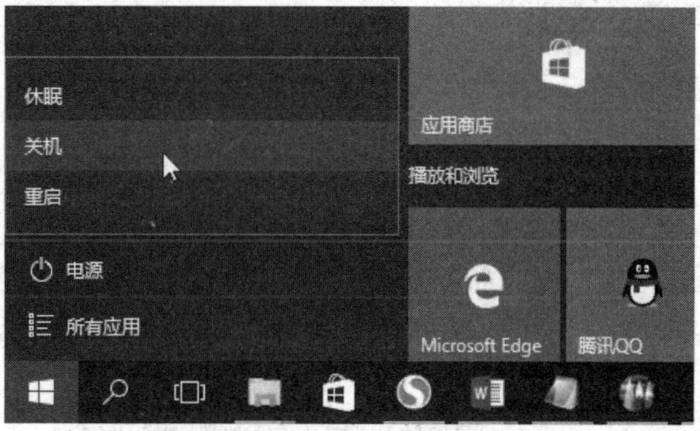

除此之外，还可通过以下两种方式执行关机、重启或休眠操作：

方法 1：

按【Windows+X】组合键或右击“开始”按钮，在弹出的快捷菜单中选择“关机或注销”命令，然后从其子菜单中选择要执行的操作，如下图（左）所示。

方法 2：

在任务栏单击激活任务栏或返回桌面，按【Alt+F4】组合键，此时将弹出“关闭 Windows”对话框，在“希望计算机做什么”下拉列表框中选择要执行的操作，然后单击“确定”按钮，如下图（右）所示。

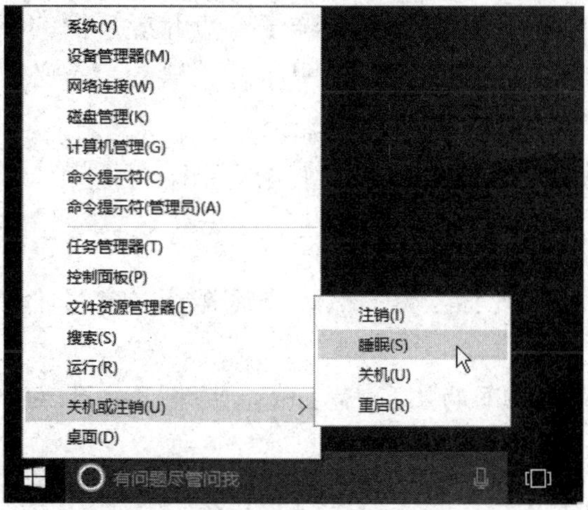

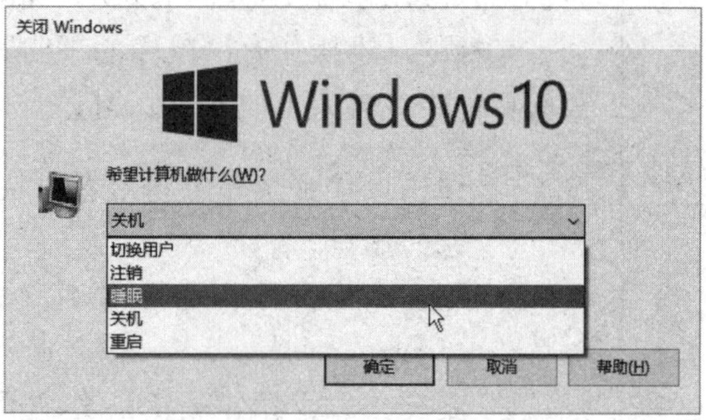

高手点拨

电脑在“睡眠”状态时会将工作状态的数据保存到内存中，并切断除内存外其他配件的电源，将电脑置于低功耗状态。当需要唤醒时，按一下电源按钮或者晃动一下 USB 鼠标即可快速唤醒电脑并恢复到睡眠前的电脑状态。

1.2 认识鼠标和键盘

鼠标和键盘是电脑的主要输入设备，用于把文字和数据等输入电脑中，它们都是用户用来指挥电脑的“指挥官”。

电脑小专家

问：有的鼠标没有线是怎么回事？

答：那是无线鼠标，它使用 USB 鼠标适配器与鼠标实现无线连接，即可在电脑上进行操作。

1. 认识鼠标

电脑启动完毕后，屏幕上便显示一个鼠标指针，如下图（左）所示。使用鼠标的正确握姿如下：将右手掌根部自然地紧贴鼠标头部，用大拇指和无名指、小指轻夹住鼠标两侧，食指、中指分别负责点击左右键，如下图（右）所示。

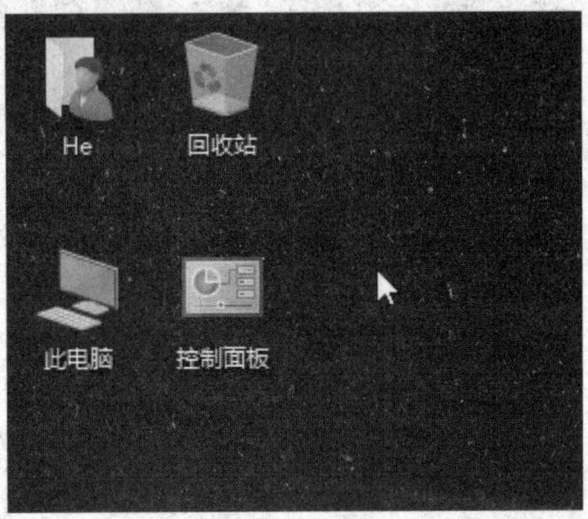

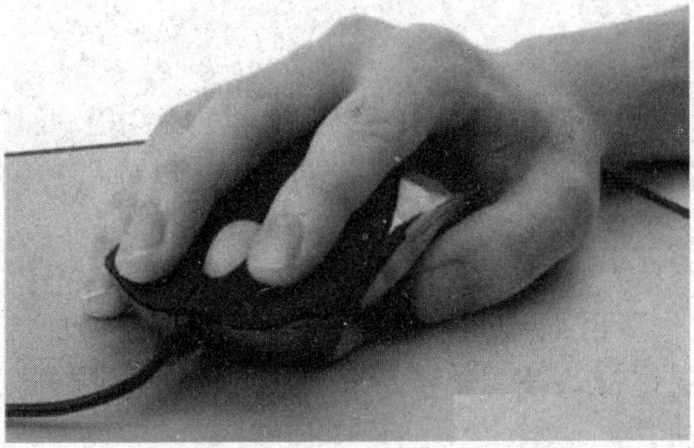

新手巧上路

问：鼠标中间的滚轮有什么作用？

答：通过向上或向下滚动鼠标滚轮，可以在阅读文档时快速上下滚动页面，显示当前窗口中未能显示的内容。

要注意的是，掌心不能贴到鼠标，使整个手握住鼠标的样子有点儿虎爪形的感觉，这样可以留出足够的空间前后推动鼠标。手腕悬空，整只手靠手臂支撑。必要时，可以改用手腕支撑，以方便在瞄准时手指进行微调操作。

鼠标的基本操作有：鼠标的指向、移动、单击、双击、右击、拖动等，操作都很简单，中老年人可以自行练习。

- **单击**：单击操作是指用食指快速按下鼠标左键，然后快速释放，常用于对象的选择。
- **双击**：双击操作是指连续、快速地按下两次鼠标左键，常用于打开某个对象。
- **右击**：右击操作是指快速按下鼠标右键，然后快速释放，常用于打开某对象对应的快捷菜单。
- **拖动**：拖动鼠标操作是指按住鼠标左键不放，在平面上移动鼠标，常用于改变对象的位置。

鼠标指针指向不同的对象时会变成不同的形状，不同的形状有不同的含义，通常是代表不同的操作。部分鼠标形状的含义见下表。

鼠标指针	说　明	鼠标指针	说　明	鼠标指针	说　明
	标准		选定文字（插入点）		沿对角线调整
	求助		手写		沿对角线调整
	后台运行		不可用		移动
	忙		垂直调整		其他选择
	精确定位		水平调整		链接选择

2．认识键盘

操作键盘的姿势相当重要，如果姿势不当很容易造成疲劳，同时还会影响输入速度和正确率。键盘操作的正确姿势如下：

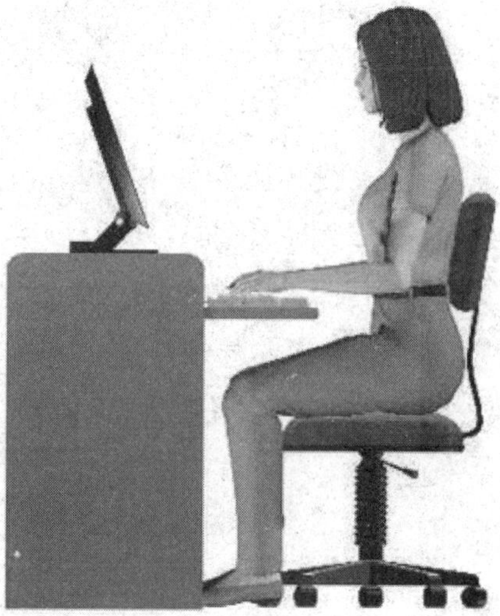

（1）座椅高度合适，坐姿端正自然，两脚平放，全身放松，上身挺直并稍微前倾。

（2）两肘贴近身体，下臂和手腕向上倾斜，与键盘保持相同的斜度；手指略弯曲，指尖轻放在基准键位上，左右手的大拇指轻轻放在空格键上。

（3）按键时，手抬起伸出要按键的手指进行按键操作，按键要轻巧，用力要均匀。

（4）稿件宜置于键盘的左侧或右侧，便于视线集中在稿件上。

根据功能的不同，键盘按键可以分为 5 个区域，即主键盘区、功能键区、控制键区、数字小键盘区和指示灯区，如下图所示。

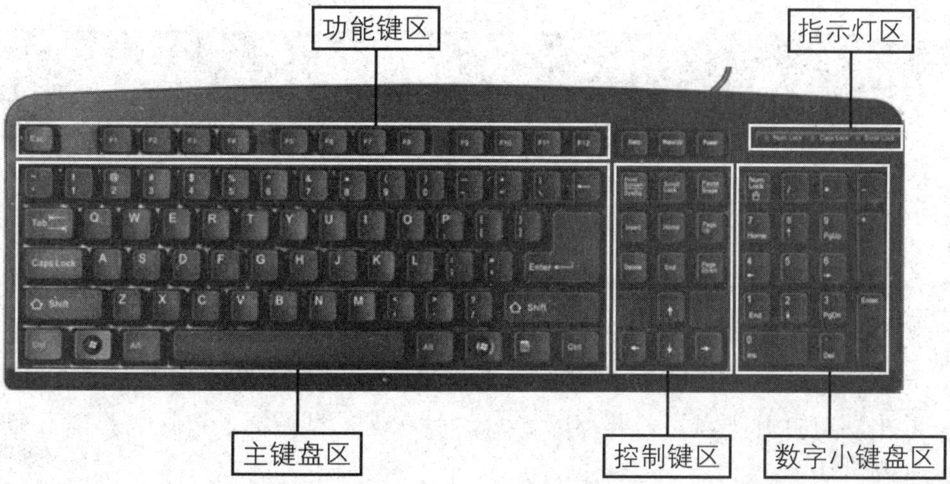

正确的键盘指法是高速输入信息的关键，因此初学者必须从一开始就按照正确的键盘指法进行操作训练。下图所示为手指在键盘主键区中的指法分工。

提示您

键盘中主键区中的按键使用频率是最高的，所以在使用键盘时应牢牢记住主键区中各键位的位置和功能，进而实现盲打。

键盘上共有 8 个基准键位，使用键盘时，用于放置左右手 8 根手指，具体放置方法如下图所示。

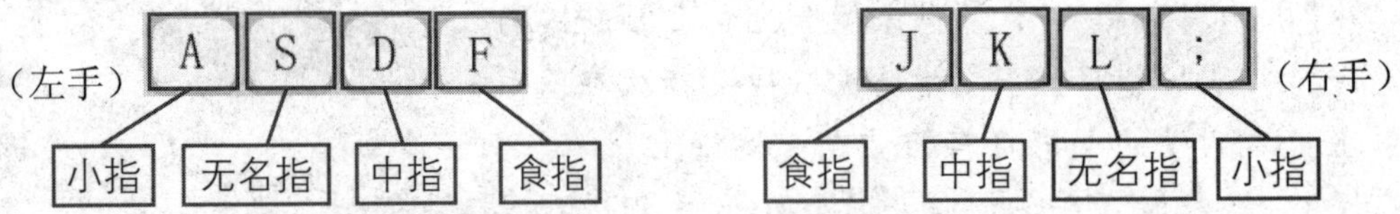

多学点

空格键由两根手指控制，在操作键盘时一般使用右手拇指从空格键位上迅速垂直上抬 1~2cm，大拇指横着向下敲击空格键并立即返回空格键位上。

“坐姿、注视、击键、回归、格式、准确”称为键盘使用六要素。下面列出了几句简单的记忆口诀，以帮助读者快速掌握键盘使用技巧。

姿势端正且自然，双手轻放在键盘。　轻准快，有节奏，按照指法来击键。
拇指轻触空格键，其余轻放基本键。　记键位，凭感觉，不看键盘看稿件。
手指个个有任务，分工击键要记住。　树信心，加恒心，熟练来自勤苦练。

1.3 学会使用光驱

在使用电脑的过程中，难免会遇到需要播放光盘、移动文件等情况，这就需要用到光驱、U 盘、移动硬盘等外部设备。

若要使用光驱来播放光盘，按下主机上光驱外面的开启按钮，这时弹出光驱的托盘，将要播放的光盘放入托盘内，如下图（左）所示，然后将光驱托盘慢慢推入光驱。这时打开“此电脑”窗口，在“有可移动存储的设备”中可以看到光盘图标，双击即可打开光盘，若要移除光盘，可右击光盘图标，选择“弹出”命令，如下图（右）所示。

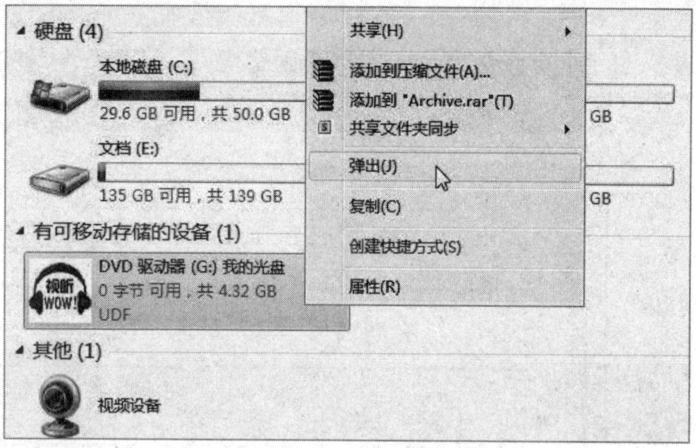

1.4 学会使用 U 盘

常用的移动存储设备有 U 盘、移动硬盘等，它们与电脑连接都是采用即插即用的 USB 接口。以 U 盘为例，其使用方法如下：

第1步 查看移动存储设备 将 U 盘插到电脑主机上的 USB 接口处，打开“此电脑”窗口，会显示 U 盘盘符，双击即可将其打开。

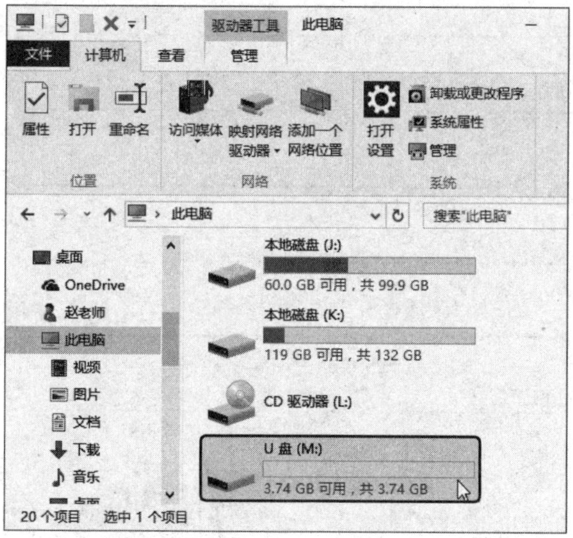

第2步 移除存储设备 若要移除 U 盘，❶ 可在任务栏右侧单击按钮，显示隐藏的图标。❷ 单击可移动的媒体图标。❸ 选择“弹出”选项。

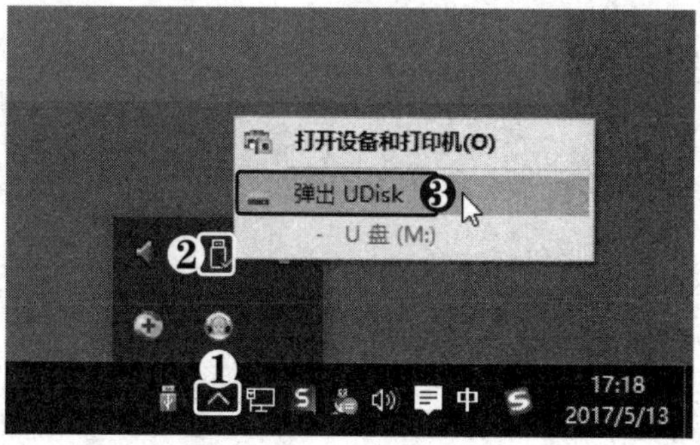

学习笔录

电脑小专家

问：什么是USB接口？

答：USB是一个外部总线标准，用于规范电脑与外部设备的连接和通信，被广泛应用于个人电脑和移动设备等信息通信产品，它支持即插即用。

新手巧上路

问：电脑上没有安装光驱怎么看光盘？

答：若要查看光盘内容，还可以购置移动光驱，像U盘一样将光驱连接到电脑的USB接口上即可使用。

第2章 得心应手，系统操作一学就会

章前导读

在操作电脑时，只需告诉操作系统我们要干什么，它就会指挥电脑硬件去完成我们的要求。Windows 10 是新一代的操作系统，该系统可以让电脑操作更加简单和快捷。本章将为中老年人详细介绍 Windows 10 系统的基本操作。

- 使用“开始”菜单
- 快速搜索资料
- 使用任务栏
- 桌面图标设置
- 更换桌面背景
- 多任务管理
- 设置屏幕显示大小

小神童，我的电脑上用的是新一代的 Windows 10 操作系统，我能进行怎样的设置？

王大爷，您可以设置的内容多着呢，例如，可以设置电脑桌面图标、电脑桌面壁纸，使它看起来更漂亮一些。

的确，几乎每个用户都会对系统进行个性化的设置，使它更加符合个人风格，更便于操作，因此，系统的个性化设置也显得很重要，同时也是电脑新手必须掌握的知识。

2.1 使用“开始”菜单

“开始”菜单是使用电脑操作的“起点”和“大门”，通过它几乎可以完成所有的系统操作。在 Windows 10 系统中，通常通过“开始”菜单启动应用程序或管理应用程序。

2.1.1 熟悉“开始”屏幕

提示您

按键盘上的【Windows】键，也可快速打开“开始”菜单。【Windows】键在键盘的左下方，位于【Ctrl】键和【Alt】键之间。

单击桌面左下方的“开始”按钮，即可打开“开始”菜单，如下图所示。要关闭“开始”菜单，只需再次单击“开始”按钮或单击“开始”菜单外的其他位置。在“开始”菜单左侧上方为“最常用”列表，其中列出了用户每天使用的应用程序。

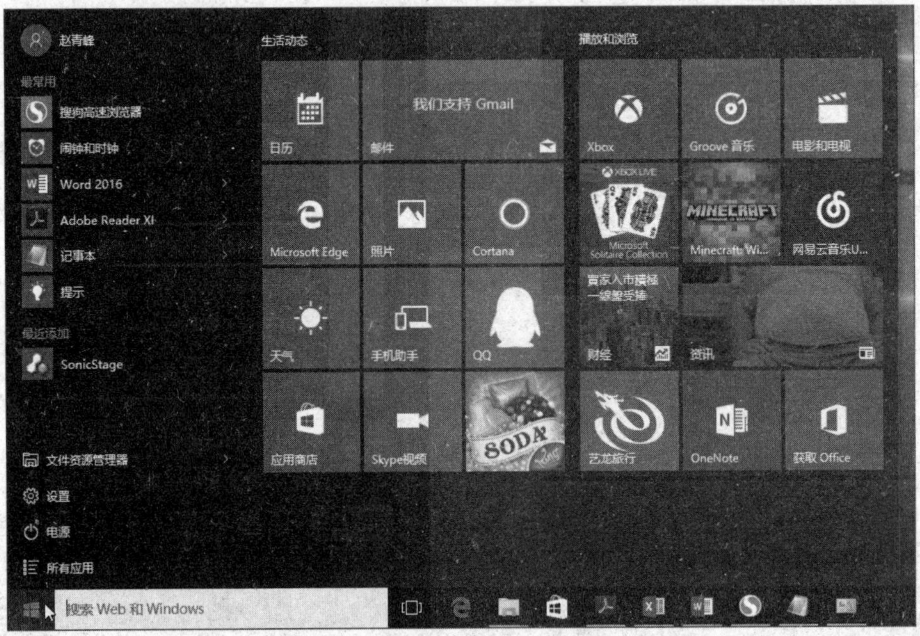

多学点

在“开始”屏幕左上方单击账户图标，可进行注销和锁定账户操作。

在左侧下方为“文件资源管理器”、“设置”、“电源”和“所有应用”四个选项，其中“文件资源管理器”用于打开常用的文件窗口，“设置”用于打开“设置”窗口，“电源”用于关机或重启电脑，“所有应用”用于打开应用程序列表。

在“开始”菜单右侧为磁贴区，将应用程序固定在磁贴区即可生成一个该应用程序的磁贴，在磁贴区可以对这些磁贴进行移动、分组等操作，磁贴的主要作用为快速启动这些程序，并且磁贴还可以动态显示程序信息。

在“开始”菜单左侧单击程序右侧的“显示跳转列表”按钮，可以查看最近使用过的文件或位置。例如，单击 Word 2016 右侧的“显示跳转列表”按钮，在弹出的列表中可以查看最近打开的文件，选择其中的某个文件可再次将其打开，如下图（左）所示。

单击“文件资源管理器”选项右侧的按钮，可以查看最近打开的位置，如下图（左）所示。单击这些位置右侧的“固定到此列表”按钮，可以将其固定在文件资源管理器最近打开的位置列表中，如下图（右）所示。

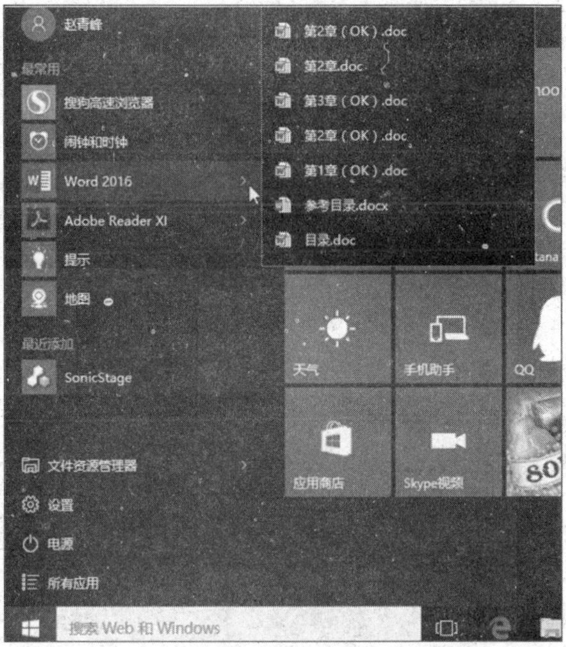

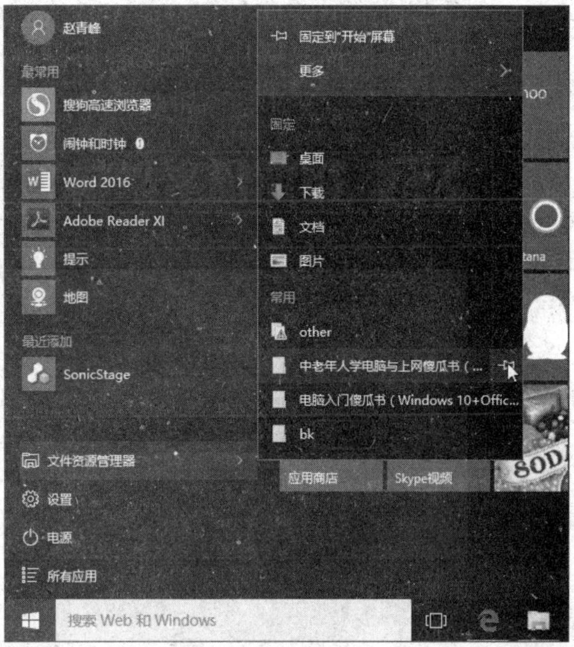

2.1.2 从“开始”菜单启动软件

Windows 10 系统的“开始”菜单中有条理地列出了所有的电脑应用程序，还在所有应用列表中增加了首字母索引功能，以便更快速地找到所需的程序，具体操作方法如下：

第1步 选择“所有应用”选项 打开“开始”菜单，在左下方选择“所有应用”选项。

第2步 显示应用程序列表 弹出所有应用程序列表，并按字母对应用进行分组和排序。拖动右侧的滚动条，查找所需的程序。

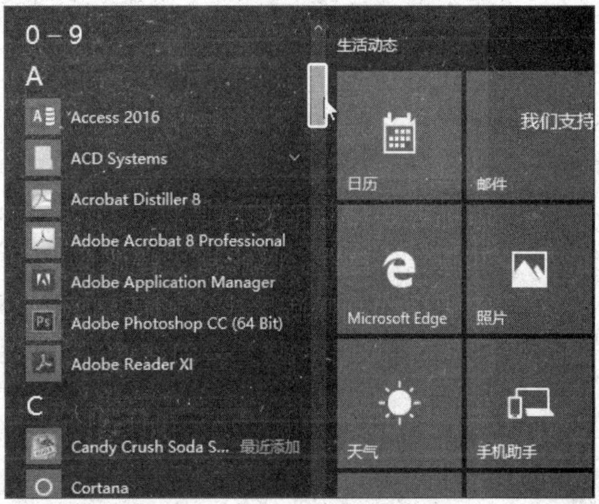

第3步 选择程序 如在“拼音 D”分组下找到了“地图”程序，选择该程序。

第4步 查询地图 此时即可打开“地图”程序，根据需要查询地图。

第5步 单击分组字母 若知道程序的具体名称是什么，可在“开始”菜单程序列表的分组字母上单击。

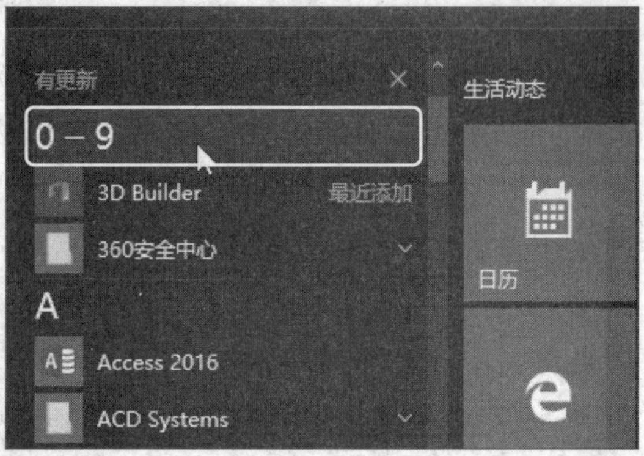

第6步 单击“拼音 J” 弹出首字母检索界面，若要查找“计算器”程序，则单击“拼音 J”按钮（即汉字拼音的首字母）。

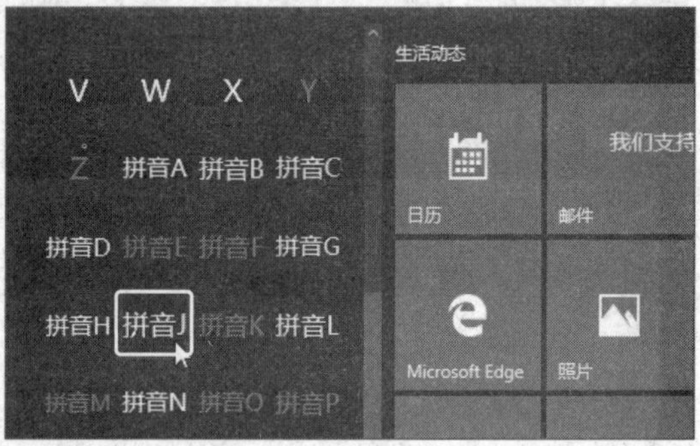

第7步 选择程序 此时即可在应用列表最上方显示以拼音 J 开头的程序，选择“计算器”程序，即可启动计算器。

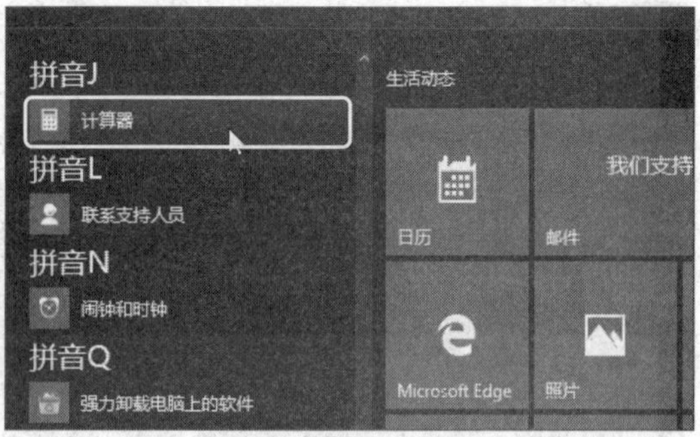

电脑小专家

问：怎样快速返回桌面？

答：在任务栏最右侧单击即可，若将鼠标指针置于最右侧，可预览桌面上的内容。

新手巧上路

问：怎样简单查看系统配置？

答：右击“开始”按钮，在弹出的快捷菜单中选择“系统”命令，在打开的窗口中即可查看电脑基本信息。

2.1.3 整理“开始”磁贴

位于“开始”菜单右侧的磁贴区，可以根据需要对其进行整理，如删除不需要的磁贴、调整磁贴大小、移动磁贴位置、将磁贴分组以及将程序固定到磁贴区等，具体操作方法如下：

第1步 **删除磁贴** 打开“开始”菜单，❶右击要删除的磁贴。❷选择“从‘开始’屏幕取消固定”命令，即可从磁贴区删除该磁贴。

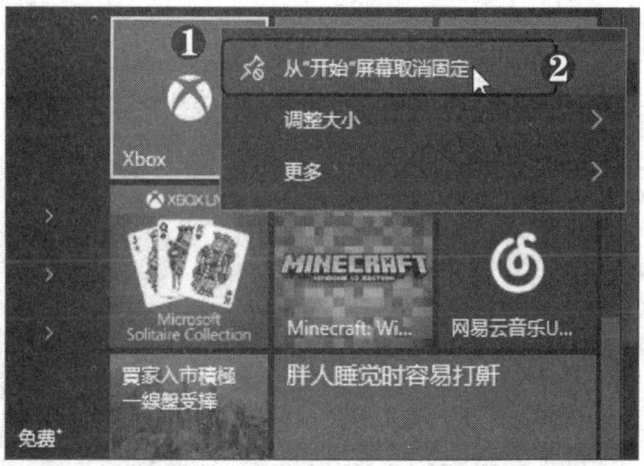

第2步 **拖动磁贴** 在“开始”菜单的磁贴区找到要移动位置的磁贴，单击并拖动它，在此向下拖动 Microsoft Edge 磁贴。

第3步 **移动磁贴位置** 将磁贴拖到目标位置后释放鼠标，即可移动磁贴的位置。

第4步 **设置磁贴大小** ❶右击“应用商店”磁贴。❷选择“调整大小”命令。❸选择所需大小选项，如“宽”。

第5步 **拖动应用程序** 在“所有程序”列表中找到“计算器”程序，单击并拖动它到磁贴区。

第6步 **固定到磁贴** 将“计算器”应用程序拖到磁贴区后释放鼠标，即可将其固定到磁贴区。

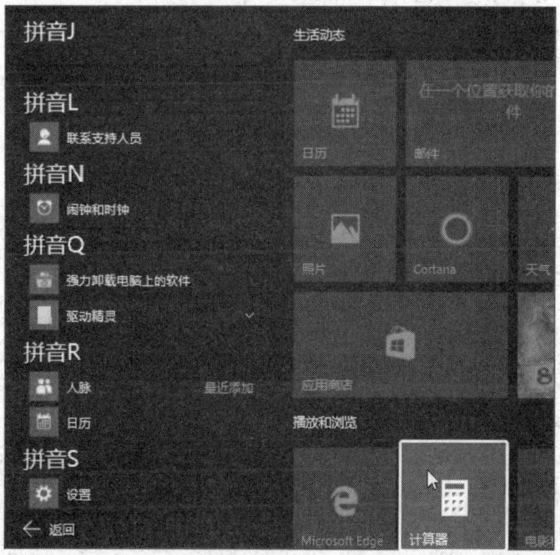

第7步 拖动磁贴 要创建磁贴组，可将磁贴拖动到磁贴区下方的空白区域，如在此将“计算器”磁贴拖至磁贴区下方，当出现蓝色横栏时释放鼠标。

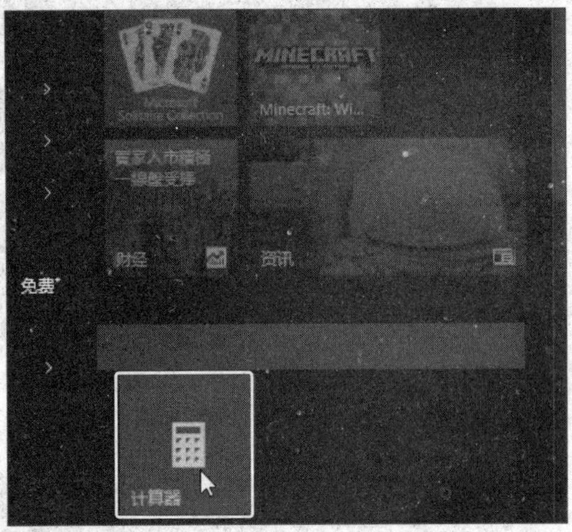

第8步 创建分组 此时即可创建一个新的磁贴组，在磁贴组名称上单击即可对其重新命名。

第9步 固定到“开始”屏幕 ❶在“所有程序”列表中找到“闹钟和时钟”程序并右击。❷选择“固定到‘开始’屏幕”命令。

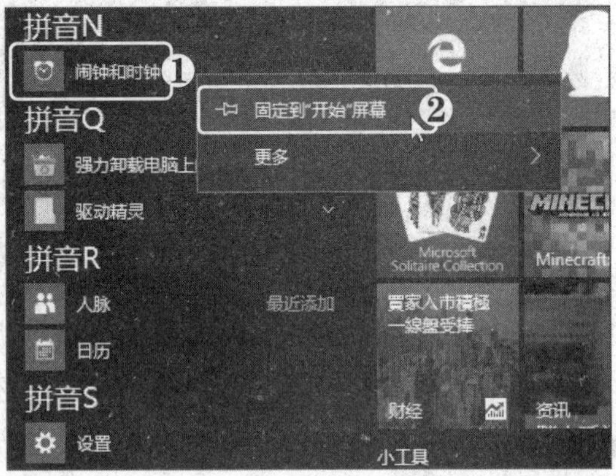

第10步 创建磁贴 此时即可在磁贴区生成“闹钟和时钟”磁贴，并将其置于新组中。

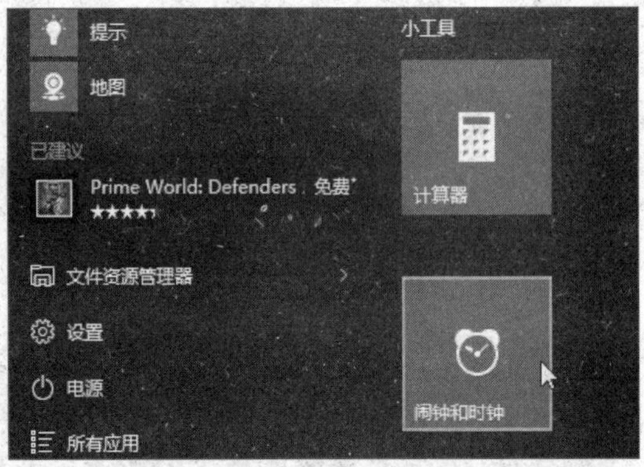

提示您

按【Windows+X】组合键，可快速打开“开始”菜单的快捷命令。

多学点

磁贴是程序的快捷方式，可以将最常用的程序拖到“磁贴”区中，以便快速找到并打开它。

2.2 快速搜索资料

在“开始”按钮右侧为一个搜索框，使用它可以进行各种搜索操作，如搜索电脑操作、文件、应用程序和网页等，下面将介绍该搜索框的使用与设置方法。

2.2.1 使用搜索框

在进行电脑操作时，遇到不会的问题不用慌张，中老年人可以使用搜索框快速查找问题的答案，具体操作方法如下：

第1步 **单击搜索框** 在搜索框中单击，即可打开搜索窗格。

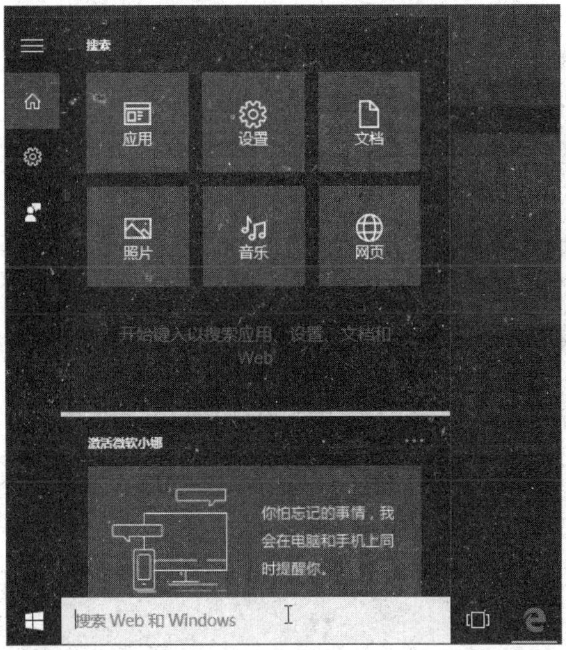

第2步 **搜索应用程序** ❶输入文本“闹钟”，即可快速显示相关搜索结果，并显示搜索建议，❷选择所需的结果选项，如“闹钟和时钟”。

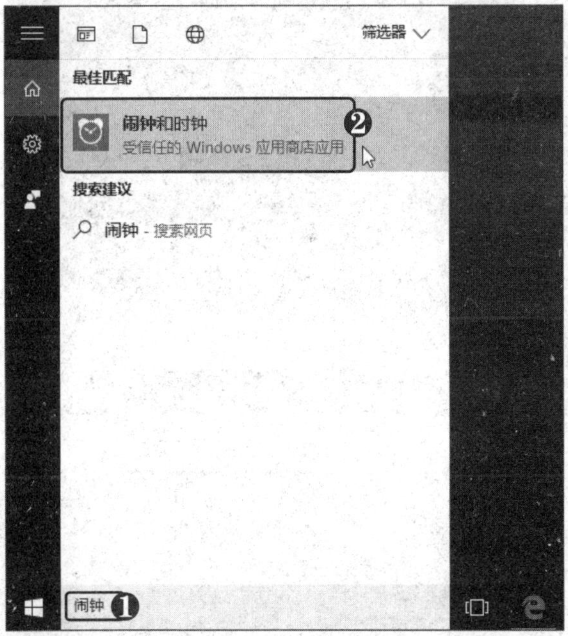

第3步 **启动相应程序** 此时即可启动“闹钟和时钟”程序。

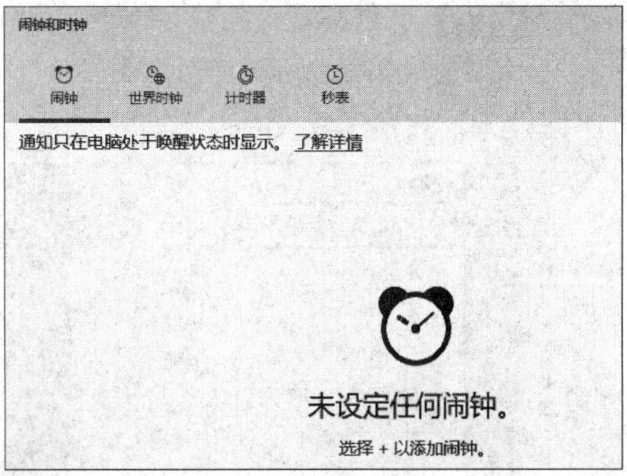

第4步 **搜索设置** ❶在搜索框中输入文本“音乐”。❷查看搜索结果，在此选择“设置”下的“选择默认音乐播放器”选项。

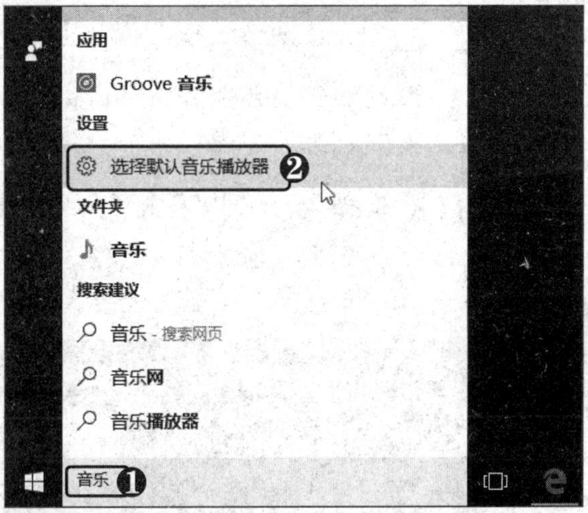

第5步 **进入设置界面** 此时即可打开“设置”窗口，并自动进入“默认应用”设置界面。

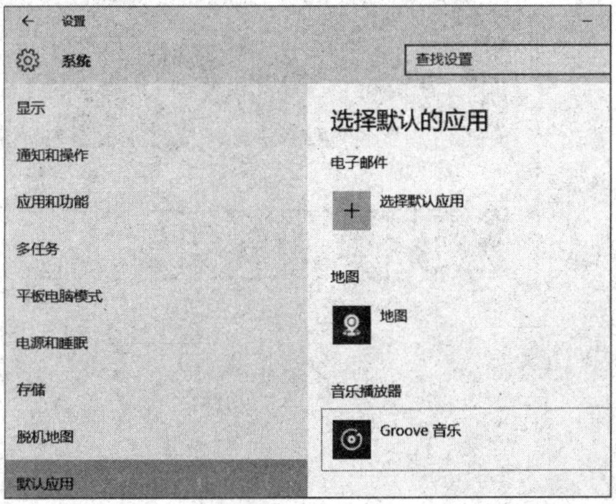

第6步 **搜索网页** ❶在搜索框中输入文本“股市行情”。❷查看搜索结果，在此选择“搜索建议”下的“股市行情”选项。

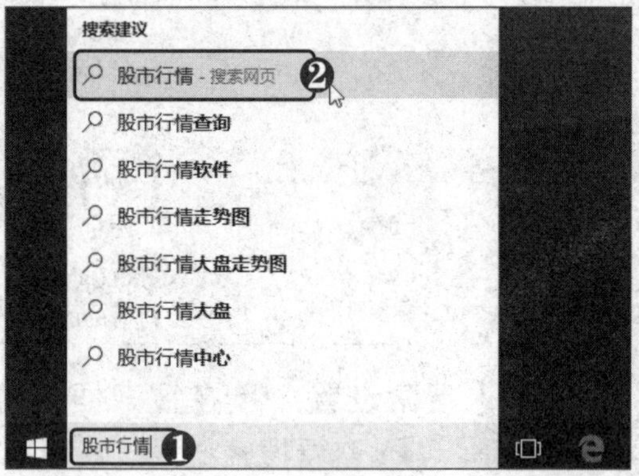

第7步 **搜索相关网页** 此时即可打开网页浏览器，并显示相关搜索网页。

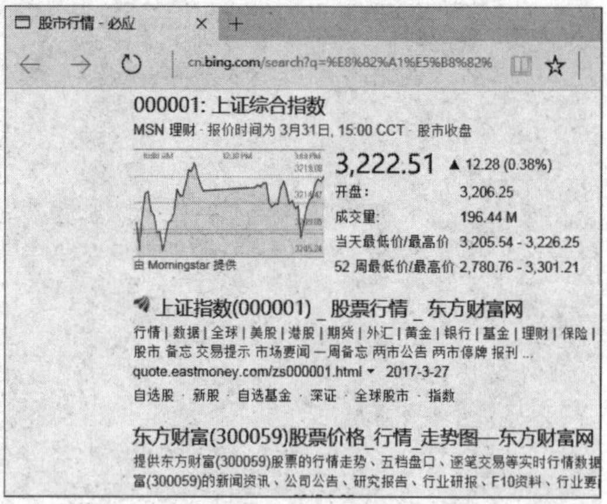

问：如何快速打开搜索框？

答：按【Windows+Q】组合键即可。按【Windows+F1】组合键开启默认浏览器，并在必应中搜索“如何在Windows 10当中获取帮助”。

2.2.2 将搜索框更改为图标

搜索框在下方任务栏中占据了很大一部分的空间，若要增大任务栏空间，可以将搜索框更改为搜索按钮，具体操作方法如下：

第1步 **选择“显示搜索图标”命令** ❶在搜索框中右击。❷选择“搜索”命令。❸选择“显示搜索图标”命令。

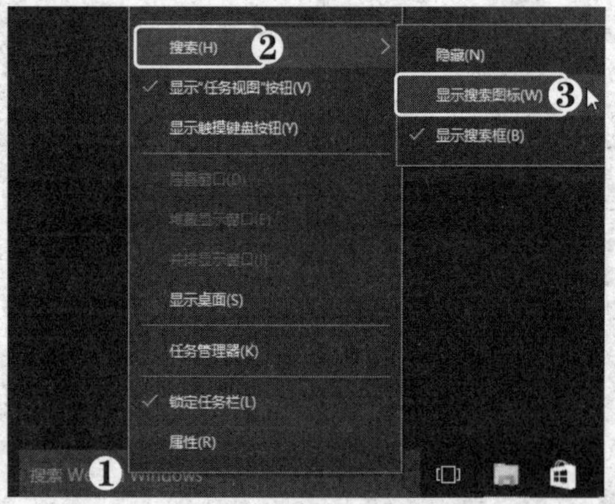

第2步 **查看设置效果** 此时搜索框变为搜索图标🔍，单击该图标即可打开搜索界面。

问：如何关闭网页搜索？

答：在搜索窗格左侧单击“设置”按钮⚙，在打开的界面中关闭“联机搜索并包括Web结果”选项。

2.3 使用任务栏

任务栏位于屏幕底部，由“开始”按钮和搜索框、语言栏、通知区域等组成。中间空白的区域用于显示正在运行的应用程序和打开的窗口。下面将介绍任务栏的常用操作。

2.3.1 更改任务栏位置

任务栏默认位于桌面底部，可以根据使用需要更改其在屏幕中的显示位置，具体操作方法如下：

第1步 **取消锁定任务栏** ❶ 在任务栏中的“搜索”图标上或空白位置右击。❷ 选择“锁定任务栏”命令，可以取消锁定任务栏。

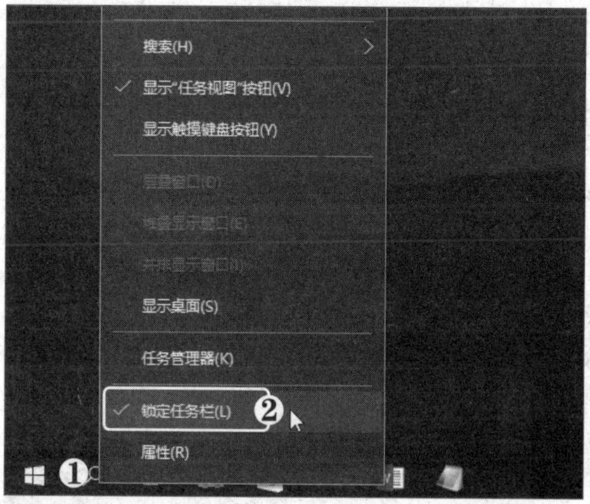

第2步 **移动任务栏位置** 在任务栏上按住鼠标左键并向上拖动，即可将任务栏移动到桌面顶部，单击“开始”按钮查看效果。

第3步 **选择“属性”命令** ❶ 在“搜索”图标上右击。❷ 选择“属性”命令。

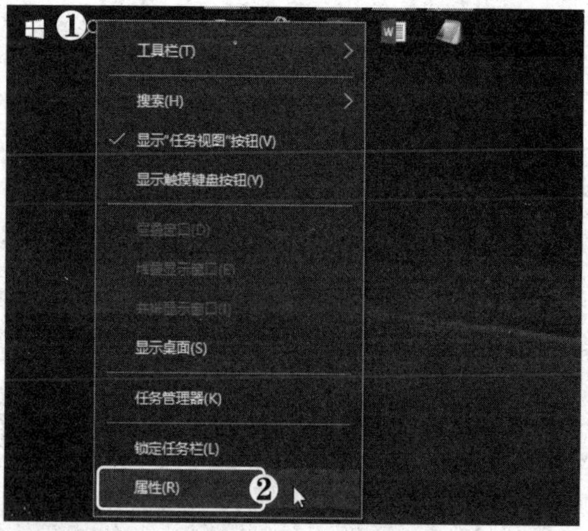

第4步 **选择位置** 弹出“任务栏和‘开始’菜单属性”对话框，❶ 在“任务栏在屏幕上的位置”右侧的列表框上单击。❷ 在弹出的下拉列表中选择“底部”选项。❸ 单击“确定”按钮。

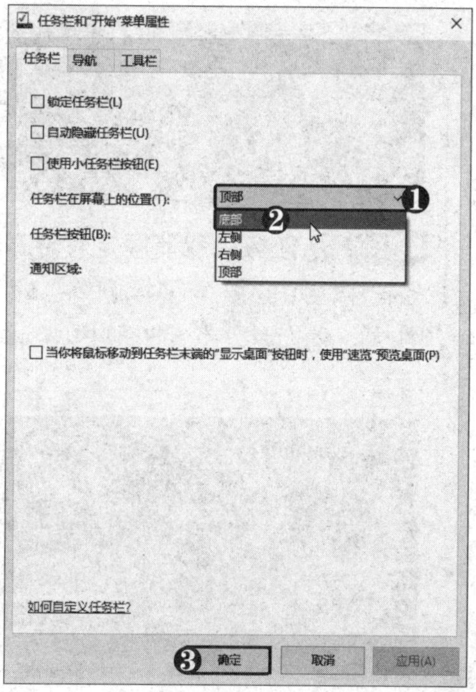

2.3.2 将程序固定到任务栏

对于经常使用的应用程序，中老年人可以将其固定到任务栏上以快速打开它，通常可以通过两种方法来固定程序：

第1步 选择“固定到任务栏”命令 ❶在“开始”菜单中找到要固定到任务栏的程序并右击，如右击“照片”程序。❷选择“更多”命令。❸选择“固定到任务栏”命令。

提示您

在任务栏中将鼠标指针置于程序图标上，可以预览打开的程序窗口。

第2步 查看设置效果 此时即可将“照片”程序固定到桌面下方的任务栏中，单击“照片”程序图标，即可打开照片程序。

多学点

按【Windows+数字键】组合键，可以启动固定在任务栏中的程序。

第3步 从任务栏取消固定程序 要将任务栏中固定的程序图标删除，❶可右击图标。❷选择“从任务栏取消固定”命令。

第4步 固定程序到任务栏 对于电脑中已经打开的程序，可在任务栏中看到其程序图标。❶右击任务栏上的程序图标。❷选择“固定到任务栏”命令，即可将该程序固定到任务栏。

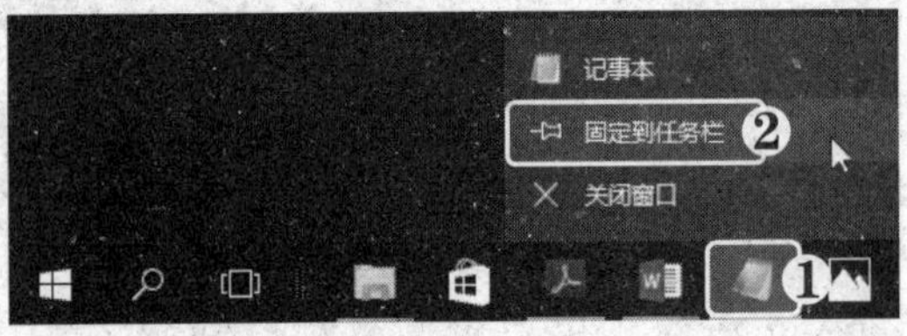

第5步 将程序固定到任务栏 ❶使用搜索框搜索QQ。❷找到应用程序后右击。❸选择“固定到任务栏”命令。

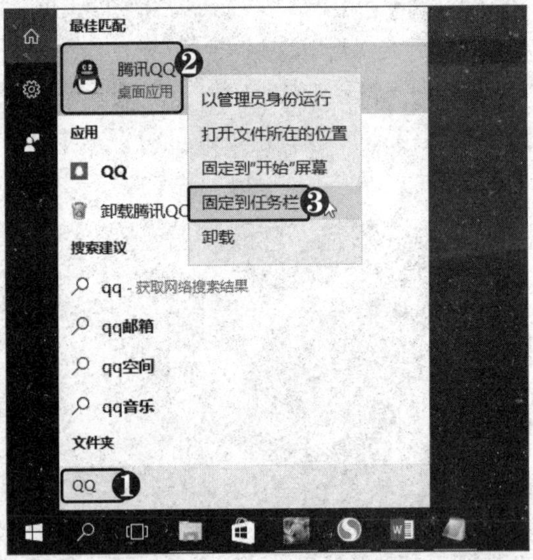

第6步 移动任务栏程序图标 将鼠标指针置于要移动的图标上，按住鼠标左键并在任务栏上拖动，即可移动任务栏图标的排列顺序。

2.3.3 任务栏程序鼠标按键操作

在任务栏程序图标上可以通过鼠标按键进行三种不同的操作，具体操作方法如下：

- **左键单击：**如果对应的程序图标未启动，单击即可启动该程序；如果程序该程序已启动，单击后会将该程序窗口放在最前端；如果该程序同时打开了多个窗口或标签，单击后可以查看该程序的所有窗口缩略图（将鼠标指针置于窗口上也可查看窗口缩略图），如下图（左）所示。
- **中键单击：**中键单击程序图标后会新建一个程序文件。如果鼠标上没有中键，按下鼠标滚轮也可以达到同样的效果。
- **右键单击：**右击程序图标后，可打开该程序的跳转列表，该跳转列表显示程序最近使用的文件。单击文件右侧的“固定”按钮，可在跳转列表上固定该文件，如下图（右）所示。

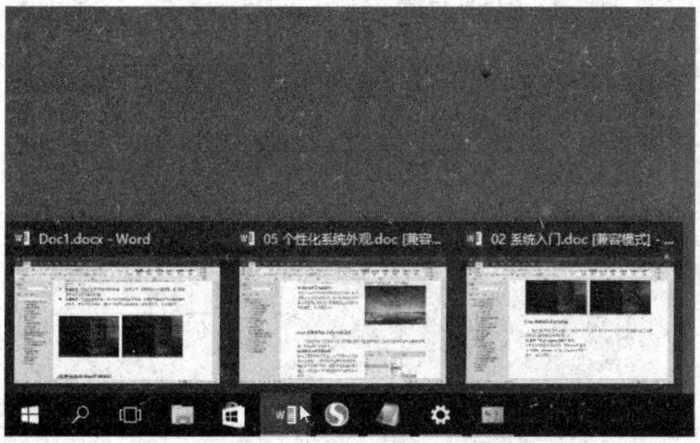

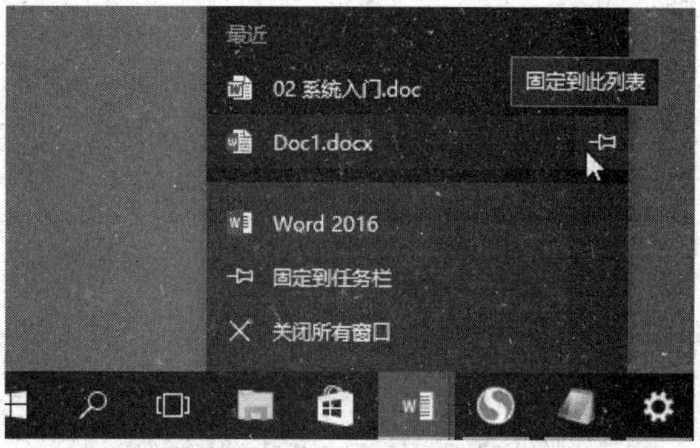

2.3.4 设置任务栏通知区域图标

通知区域位于任务栏最右侧，它除了包含时钟、输入法、音量等系统图标外，还包含一些程序图标（如 QQ、360 安全卫士等），这些程序图标提供了有关电子邮件、即时通讯信息、网络连接、更新等事项的状态和通知。

第1步 查看通知区域图标 查看任务栏右侧通知区域中的程序及系统图标，单击按钮，查看隐藏的程序图标。

第2步 选择“属性”命令 ❶在任务栏上右击空白区域。❷选择“属性”命令。

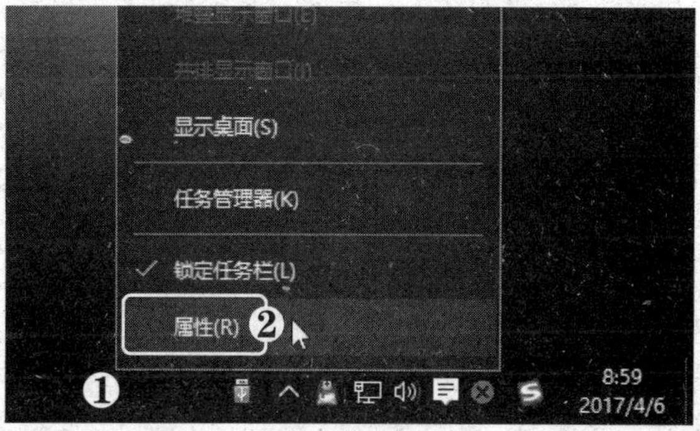

第3步 单击“自定义”按钮 弹出“任务栏和‘开始’菜单属性”对话框，单击“自定义”按钮。

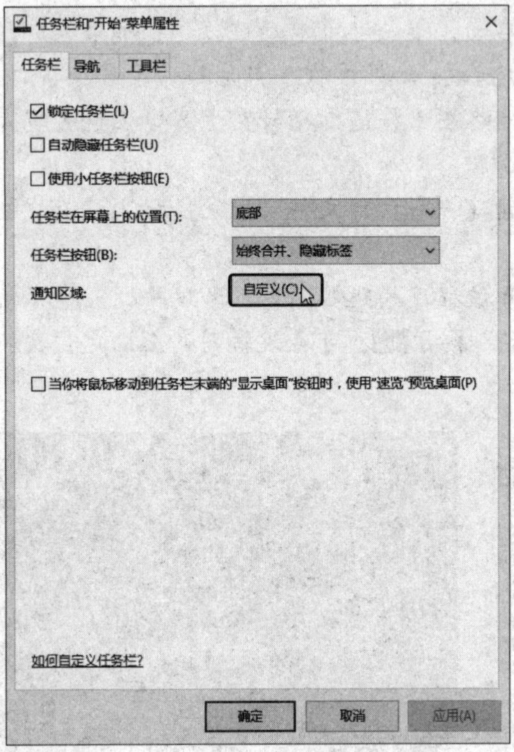

第4步 单击显示图标超链接 打开“设置”窗口，单击“选择在任务栏上显示哪些图标”超链接。

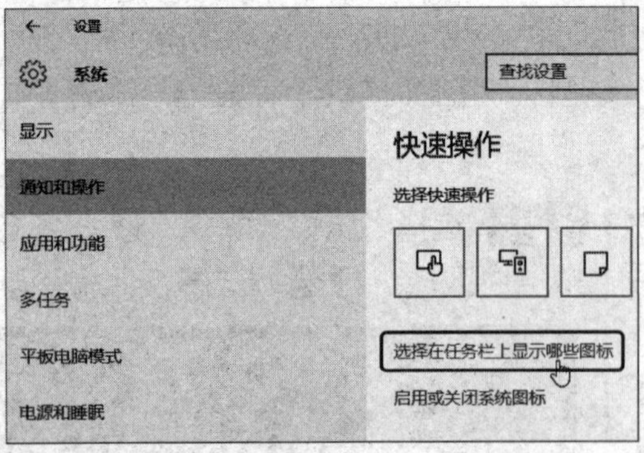

第5步 显示或隐藏图标 单击开关按钮，即可设置显示或隐藏通知区域图标，该操作是立即生效的，可在通知区域查看效果。单击窗口左上方的←按钮或按键盘上的【Backspace】退格键，返回上一界面。

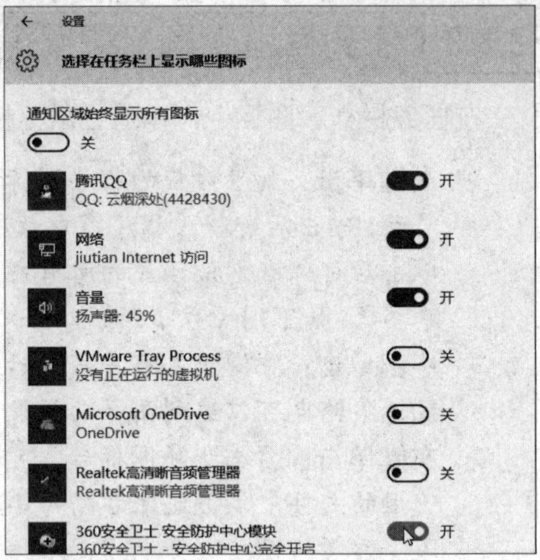

第6步 单击操作超链接 返回“通知和操作”设置界面，单击“启用或关闭系统图标”超链接。

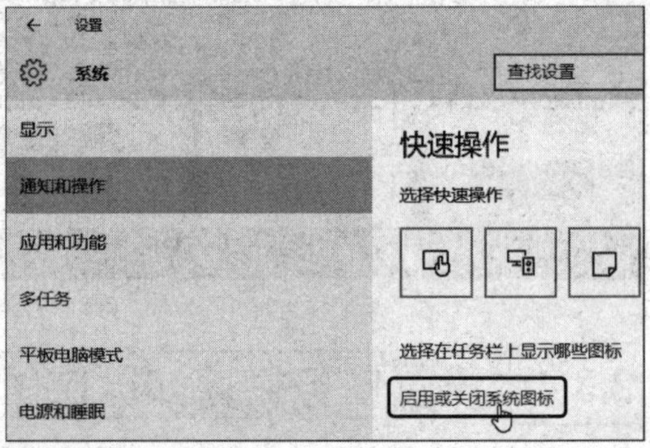

第7步 启用或关闭系统图标 在打开的窗口中单击开关按钮，即可设置启用或关闭系统图标。

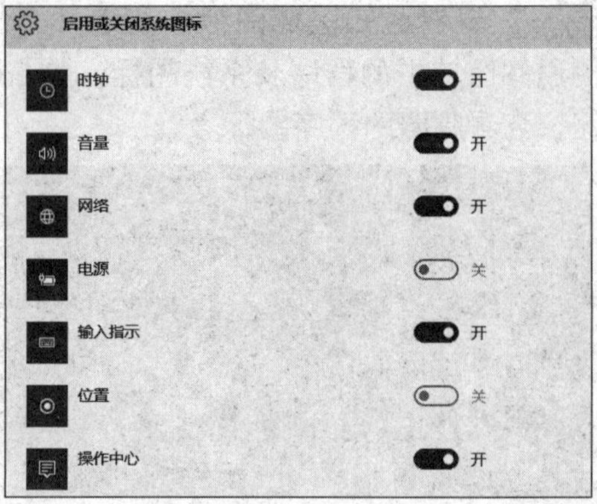

电脑小专家

问：怎样快速切换任务栏中的程序？

答：按住【Alt+Tab】组合键，打开程序缩略图面板，此时使用鼠标选择或按方向键即可切换程序。

新手巧上路

问：什么是Windows 10操作中心？

答：在任务栏的通知区域单击按钮，或按【Windows+A】组合键，即可打开“操作中心”面板，其中显示了系统或程序的通知信息。

2.4 桌面图标设置

图标是文件、程序或快捷方式的图形化表示。添加到桌面的大多数图标是快捷方式，下面将介绍如何在桌面上添常用图标、在桌面上创建快捷方式图标，以及如何对桌面图标进行整理。

2.4.1 添加桌面常用图标

默认情况下，在桌面上只显示一个“回收站”图标，中老年人可以根据需要将“此电脑”、“用户的文件”、“网络”、“控制面板”等图标添加到桌面，还可以显示个性化图标样式，具体操作方法如下：

第1步 选择“个性化”命令 ❶在桌面上右击空白位置。❷选择“个性化”命令。

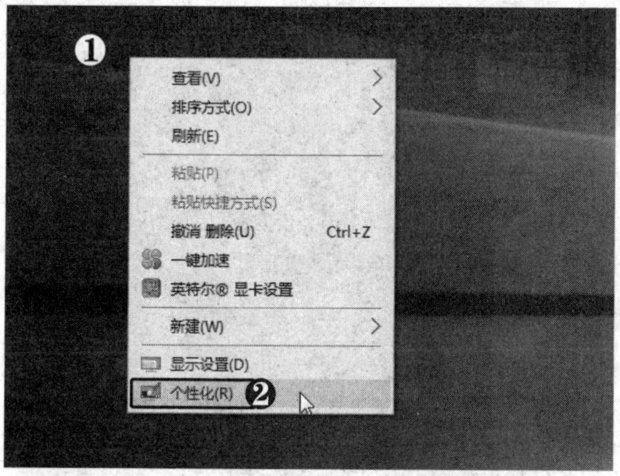

第2步 单击“桌面设置”超链接 打开“个性化”设置窗口，❶在左侧选择“主题”选项。❷在右侧单击“桌面设置”超链接。

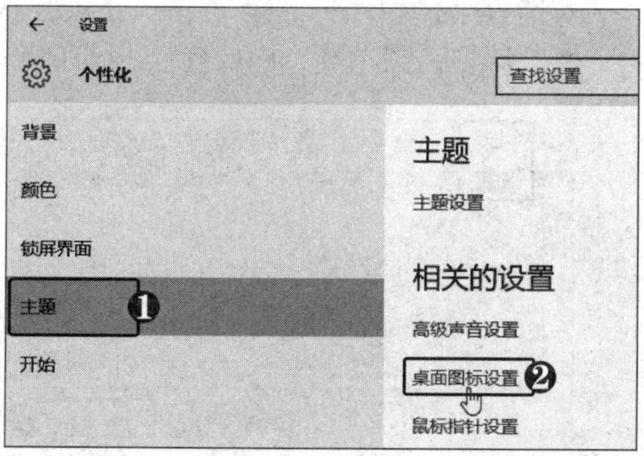

第3步 选择桌面图标 弹出“桌面图标设置”对话框，❶选中要添加的桌面图标前的复选框。❷单击“应用”按钮。

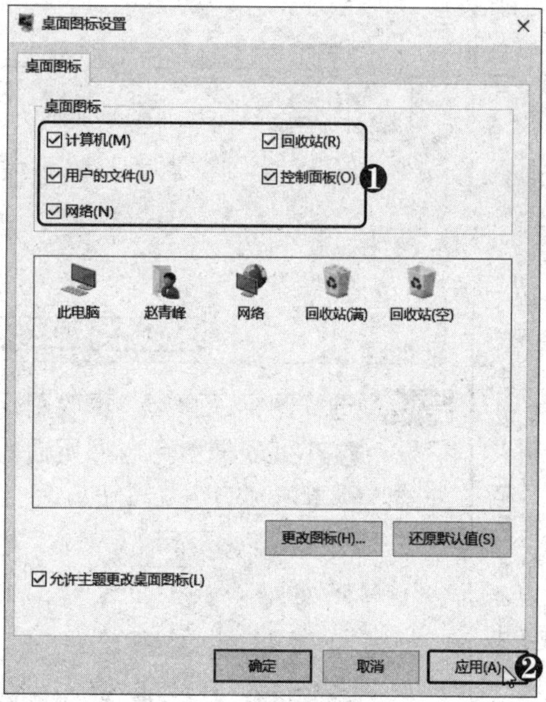

第4步 查看添加桌面图标效果 此时即可在桌面上查看添加的系统桌面图标。

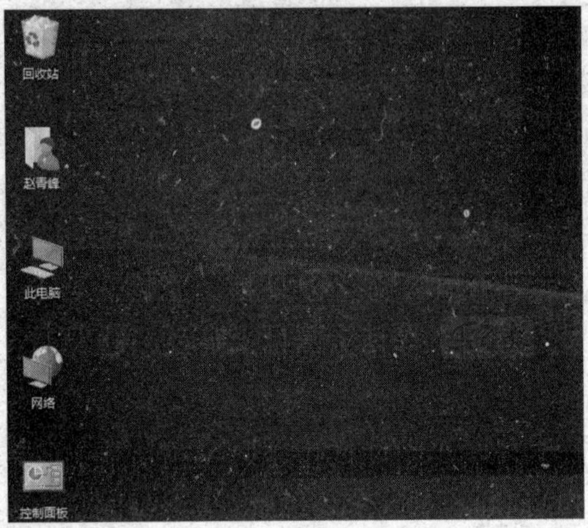

第5步 单击"更改图标"按钮 还可根据需要更改桌面图标的样式，❶ 如选中"此电脑"图标。❷ 单击"更改图标"按钮。

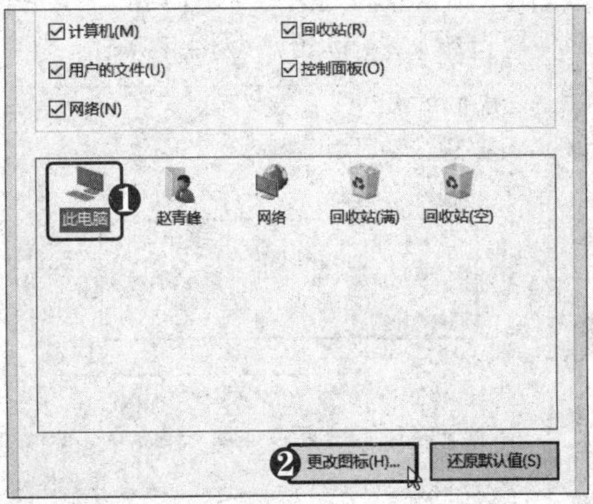

第6步 选择图标 弹出"更改图标"对话框，❶ 在列表框中可选择所需的图标样式。❷ 单击"确定"按钮。

第7步 应用设置 ❶ 采用同样的方法更改"用户的文件"和"网络"图标。❷ 单击"应用"按钮。

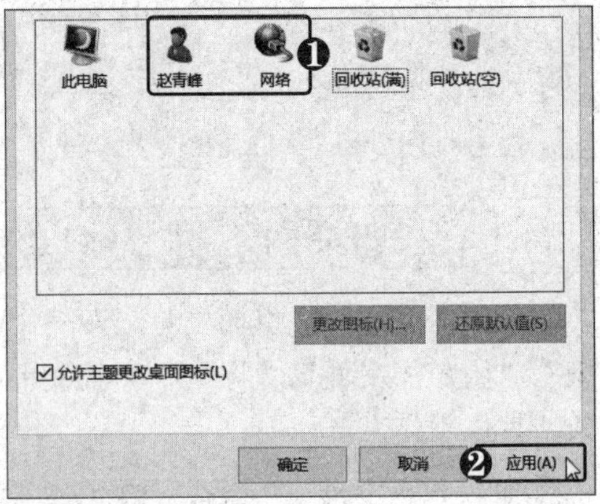

第8步 查看设置效果 此时即可在桌面上看到系统图标样式已发生改变。

第9步 还原图标 ❶ 在"桌面图标设置"对话框中选中图标。❷ 单击"还原默认值"按钮，即可恢复图标样式。

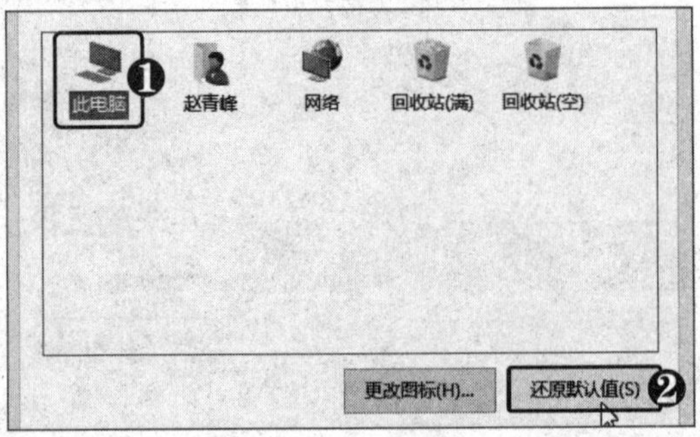

提示您

按【Windows+I】组合键，打开"设置"窗口，单击任意设置项，在左侧右击某一选项，选择"固定到'开始'屏幕"命令，可将该项设置固定到"磁贴"区。

多学点

在"主题"设置下单击"鼠标指针设置"超链接，在弹出的对话框中可根据需要选择一个较大的指针"方案"，以便于中老年人操作。

2.4.2 为应用程序创建桌面快捷方式

在桌面上创建应用程序的快捷方式图标后，即可通过该快捷方式快速打开程序。在 Windows 10 操作系统中，为应用程序创建桌面快捷方式的方法非常简单，直接将其拖到桌面上即可，具体操作方法如下：

第1步 找到“设置”选项 打开“开始”菜单，找到“设置”选项。

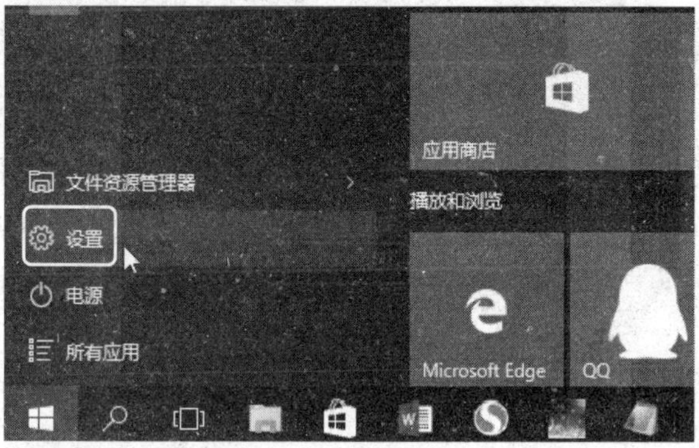

第2步 拖动选项 按住鼠标左键并拖动“设置”选项到桌面。

第3步 创建快捷方式图标 此时即可在桌面上创建“设置”的快捷方式图标，可以看到快捷方式图标上包含一个符号。

第4步 拖动磁贴 打开“开始”菜单，在磁贴区中将所需的应用拖至桌面，如将“计算器”拖至桌面，即可在桌面创建“计算器”快捷方式图标。

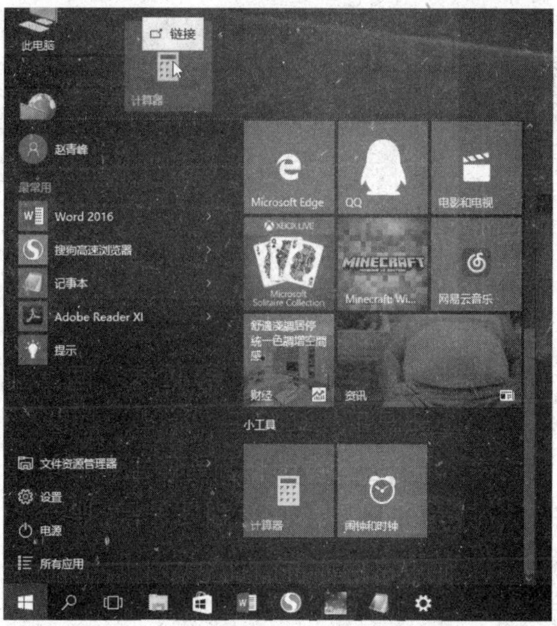

2.4.3 为文件创建桌面快捷方式

除了为应用程序创建桌面快捷方式图标外，还可以为文件或文件夹创建快捷方式图标，具体操作方法如下：

第1步 **选择“桌面快捷方式”命令** ❶右击要创建桌面快捷方式的文件夹。❷选择“发送到”命令。❸选择“桌面快捷方式”命令。

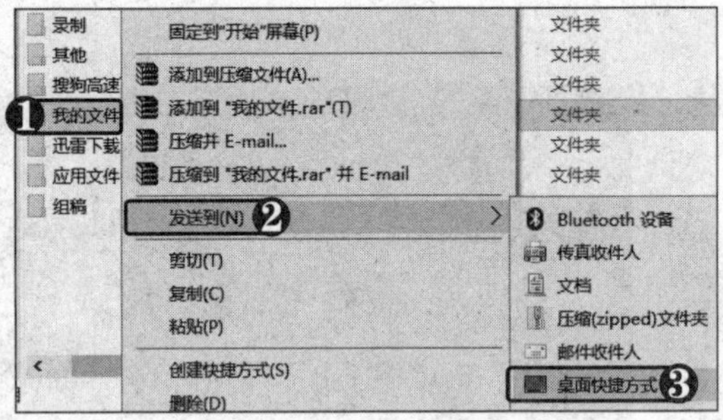

第2步 **查看创建效果** 查看桌面，即可看到生成的文件快捷方式图标。

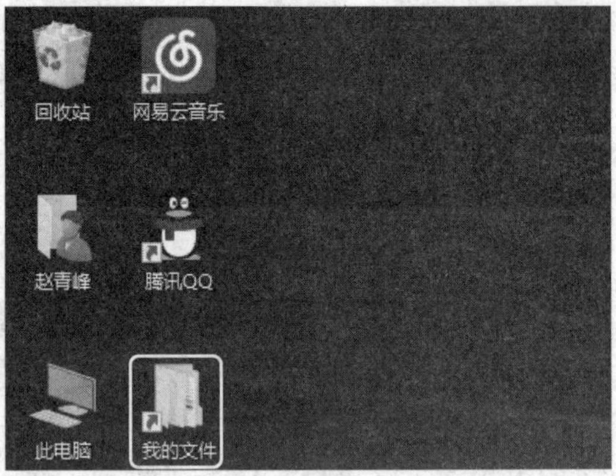

2.4.4 整理桌面图标

在桌面上添加图标后，可以根据需要对这些图标进行整理，如排列图标、调整图标大小、删除不需要的图标等。

1．排列桌面图标

默认情况下，桌面图标按照创建顺序依次排列在桌面的左侧，中老年人可根据需要更改桌面图标的排序方式或自由排列图标，具体操作方法如下：

第1步 **取消“将图标与网格对齐”** ❶右击桌面空白位置。❷选择“查看”命令。❸选择“将图标与网格对齐”命令，取消该选项。采用同样的方法，取消“自动排列图标”选项。

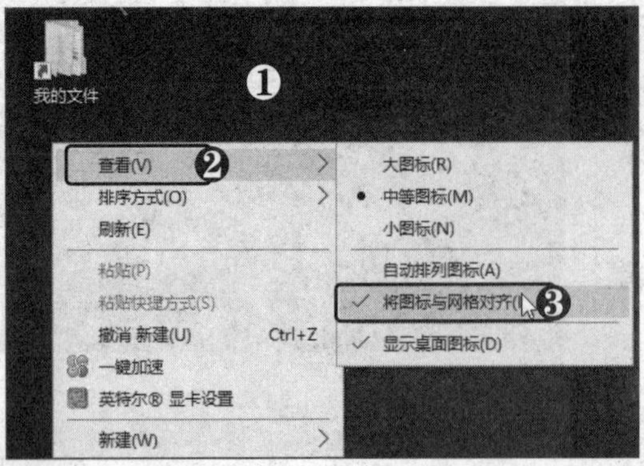

第2步 **自由排列图标** 此时拖动桌面图标，即可自由排列其位置。

第3步 **选择排列方式** ❶右击桌面空白位置。❷选择“排序方式”命令。❸选择所需的排列方式。

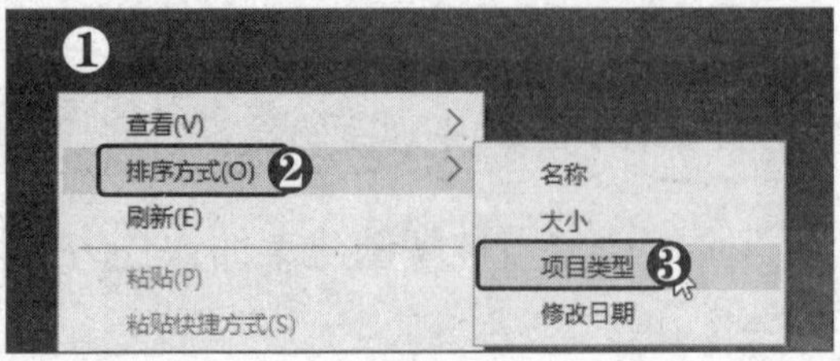

电脑小专家

问：怎样快速创建快捷方式？

答：右击并拖动桌面图标，在弹出的快捷菜单中选择“在当前位置创建快捷方式”命令。

新手巧上路

问：怎样为程序设置启动快捷键？

答：在桌面上右击快捷方式图标，选择“属性”命令，在弹出的对话框中在“快捷键”文本框中单击，然后按键盘上的按键即可设置快捷键，如按【Ctrl+Q】组合键。

2．调整桌面图标大小

默认情况下，桌面图标显示为中等大小，中老年人可以根据需要，扩大或减小桌面图标，具体操作方法如下：

第1步 **选择图标大小** ❶右击桌面空白位置。❷选择“查看”命令。❸选择“大图标”命令。

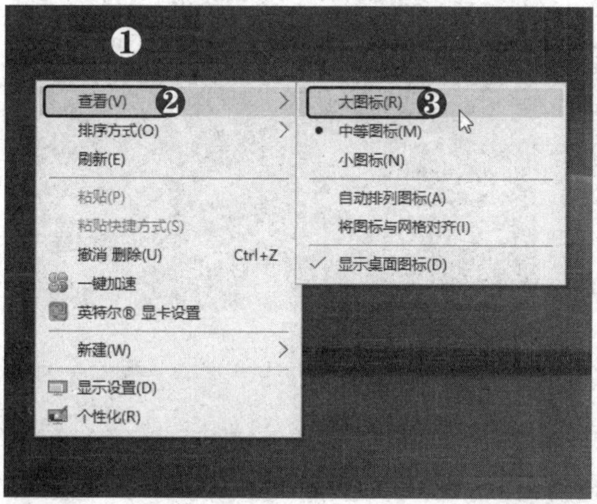

第2步 **更改为大图标** 此时即可将桌面图标更改为大图标。

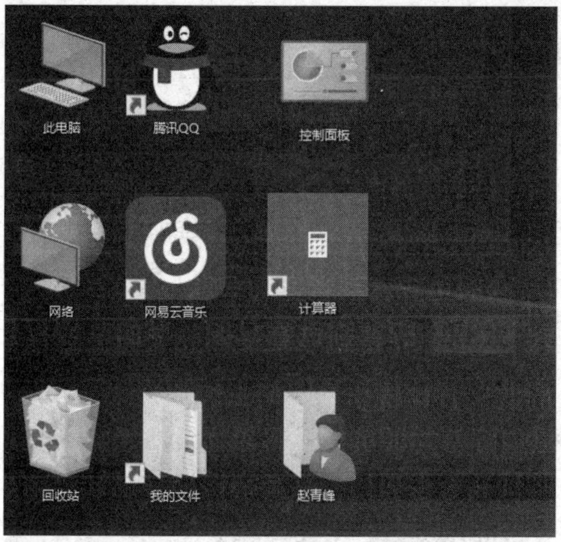

第3步 **自由调整桌面图标大小** 若要进一步扩大或减小桌面图标，可在按住【Ctrl】键的同时滚动鼠标滚轮。

第4步 **隐藏桌面图标** 若喜欢干净的桌面，还可将桌面图标全部隐藏。❶右击桌面空白位置。❷选择“查看”命令。❸选择“显示桌面图标”命令。

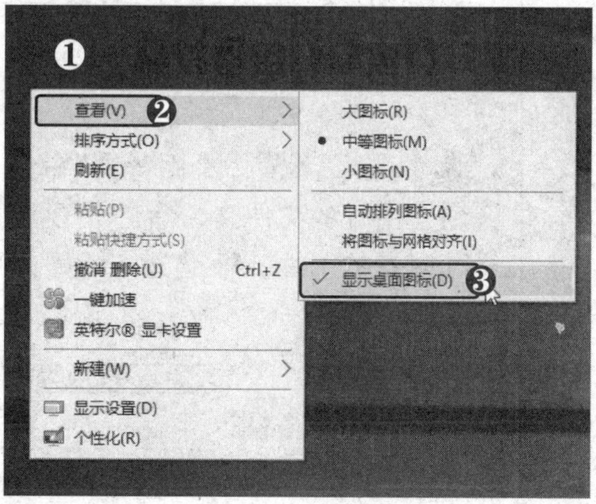

3．删除快捷方式图标

如果不再需要某个快捷方式图标，可以将其从桌面上删除。删除快捷方式图标不会删除与其所对应的文件或程序，具体操作方法如下：

第1步 **按【Delete】键删除** 在桌面上拖动鼠标，框选要删除的快捷方式图标，然后按【Delete】键，即可将其移至回收站中。

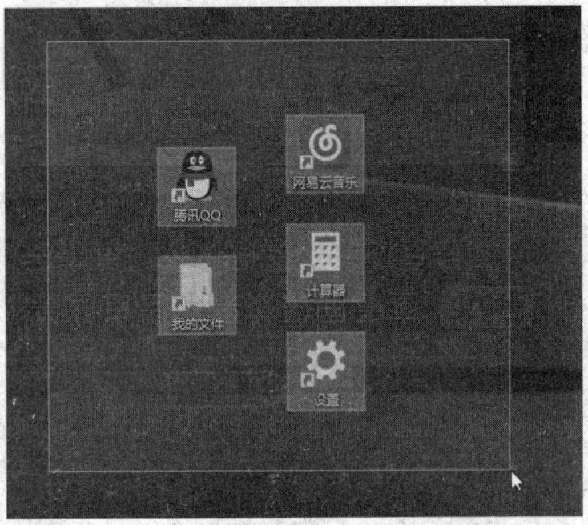

第2步 **拖动图标到回收站** 将要删除的桌面图标直接拖至“回收站”图标上，即可将其删除。

提示您

可以将程序的快捷方式图标直接拖动到任务栏上以便固定，然后在桌面上删除该图标。

2.5 更换桌面背景

桌面背景即在系统桌面上你所看到的图片，中老年人可以将自己收集的图片设置为桌面背景，还可以让桌面背景轮番播放。

2.5.1 快速设置桌面背景

设置桌面背景的方法非常简单，只需一个命令即可实现桌面背景的更改，具体操作方法如下：

第1步 **选择“设置为桌面背景”命令** 打开包含图片的文件夹，❶右击要设置为桌面背景的图片。❷选择“设置为桌面背景”命令。

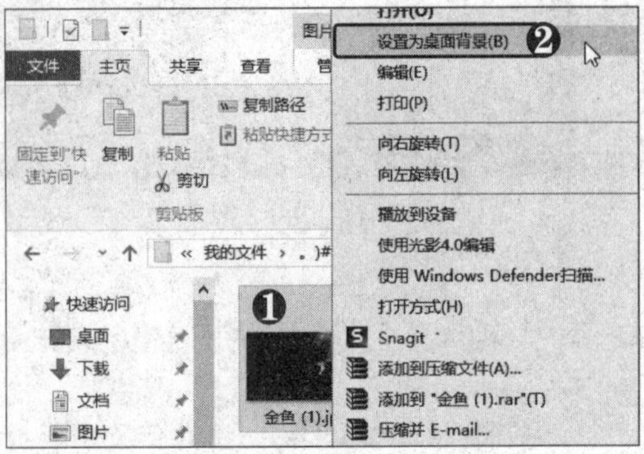

第2步 **查看背景效果** 单击任务栏最右侧的“显示桌面”按钮返回桌面，查看背景效果。

多学点

用户无法直接对系统图标进行重命名，但可为其创建一个快捷图标，对该快捷图标进行重命名，然后将原系统图标删除。

第3步 单击“设置为背景”按钮 打开包含图片的文件夹，❶选中要设置为背景的图片。❷在文件资源管理器上方的功能区中选择“管理”选项卡。❸单击“设置为背景”按钮。

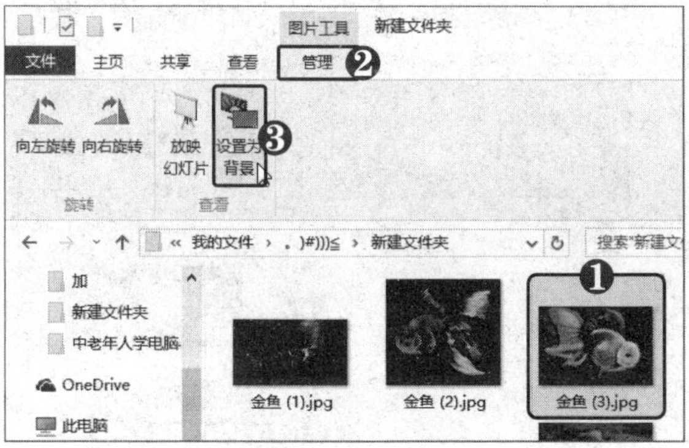

第4步 查看背景效果 此时即可将所选图片设置为桌面背景。

2.5.2 设置多个图片背景

在 Windows 10 系统中可以将多张图片设置为桌面背景，并设置轮流播放，让桌面背景随着时间自动变化，具体操作方法如下：

第1步 全选图片 打开包含图片的文件夹，选中要设置为桌面背景的多个图片，或在“主页”选项卡下单击“全部选择”按钮全选图片。

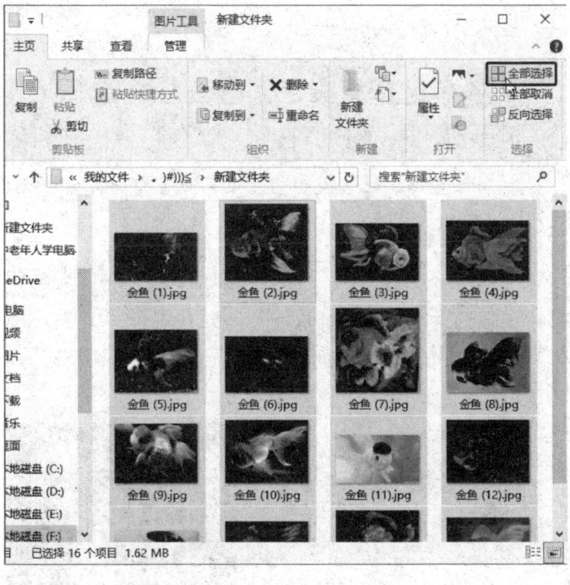

第2步 设置为桌面背景 ❶右击选中的图片。❷选择“设置为桌面背景”命令。

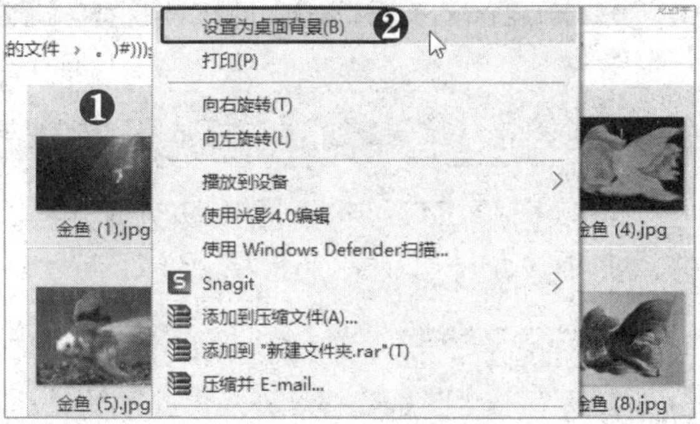

第3步 选择“下一个桌面背景”命令 此时即可将所选图片设置为桌面背景，返回桌面查看效果。❶右击桌面的空白位置。❷选择“下一个桌面背景”命令。

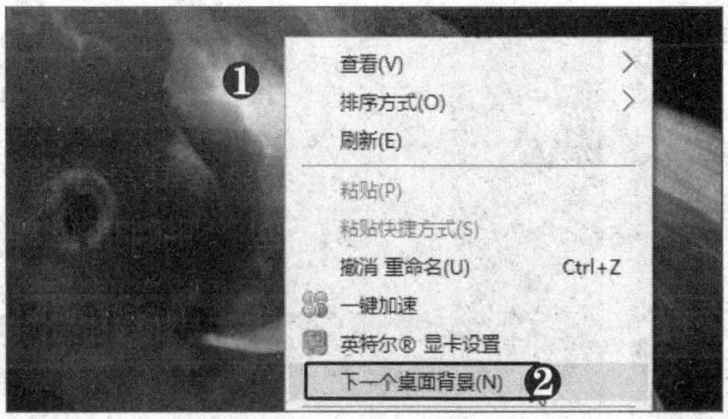

第4步 查看下一个桌面背景效果 此时即可查看下一个桌面背景效果。

第5步 选择“个性化”命令 ❶右击桌面的空白位置。❷选择“个性化”命令。

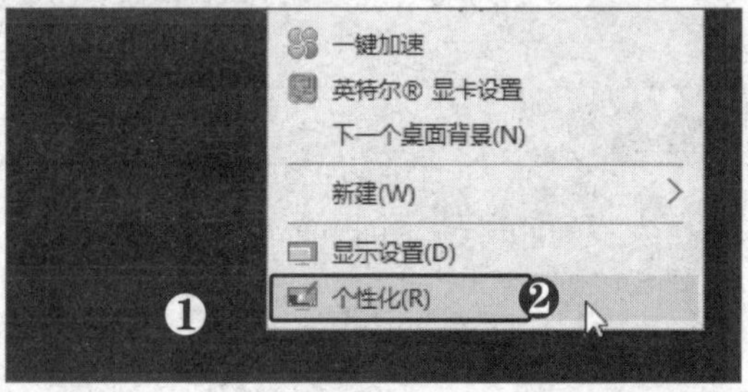

第6步 设置桌面背景自动播放时间 打开“个性化”设置窗口，❶在左侧选择“背景”选项。❷在右侧“更改图片的频率”下拉列表框中选择自动播放桌面背景的间隔时间。❸打开“无序播放”选项。

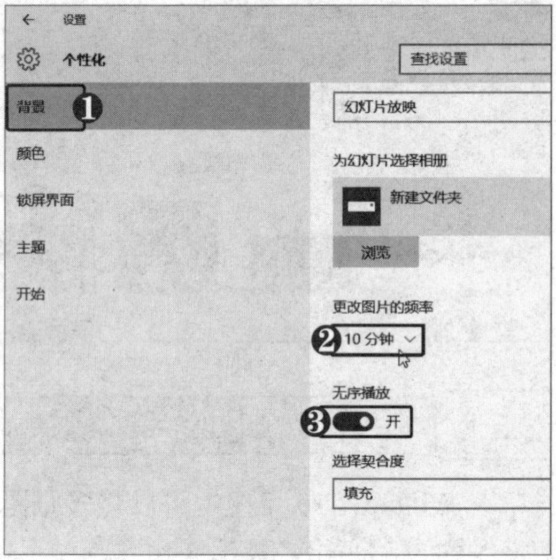

电脑小专家

问：怎样设置系统颜色?

答：在“个性化”设置窗口左侧选择“颜色”选项，在右侧可以选择主题色，也可设置从桌面背景中自动选取一种主题色。

2.5.3 设置单一颜色背景

除了可以设置图片桌面背景外，还可以将单一的纯色设置为桌面背景，具体操作方法如下：

第1步 选择“个性化”命令 ❶右击桌面的空白位置。❷选择“个性化”命令。

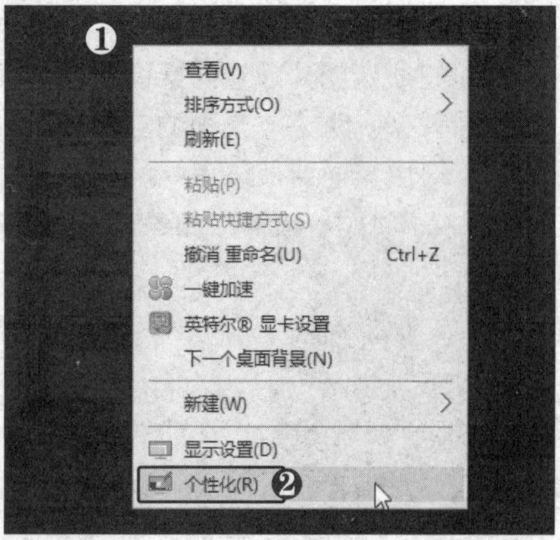

第2步 选择背景色 ❶在左侧选择“背景”选项。❷在右侧“背景”下拉列表框中选择“纯色”选项。❸选择所需的背景色。

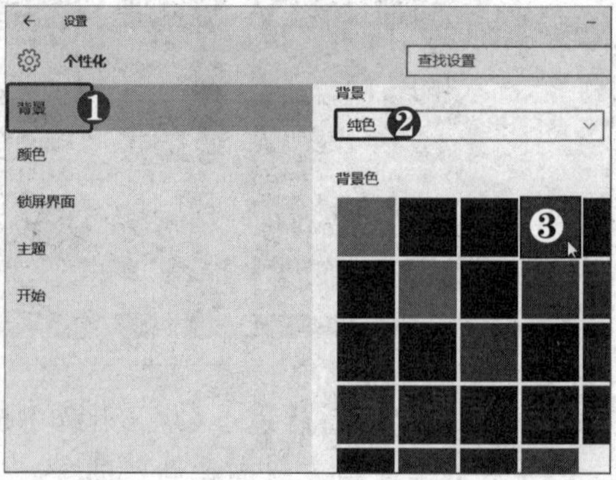

新手巧上路

问：怎样下载更多的桌面背景?

答：在“个性化”设置窗口左侧选择“主题”选项，在右侧单击“主题设置”超链接，在打开的窗口中单击“联机获取更多主题”超链接，在打开的网页中下载所需的桌面壁纸。

2.5.4 设置锁屏背景

锁屏界面是在锁定电脑时显示的屏幕，中老年人可以将自己喜欢的照片设置为锁屏界面，具体操作方法如下：

第1步 **准备图片** 找到要设置为锁屏界面的图片，打开其所在的文件夹。

第2步 **单击“浏览”按钮** 打开“个性化”设置窗口，❶在左侧选择“锁屏界面”选项。❷在右侧单击“浏览”按钮。

第3步 **选择锁屏照片** 弹出“打开”对话框，❶选择要设置为锁屏的图片。❷单击“选择图片”按钮。

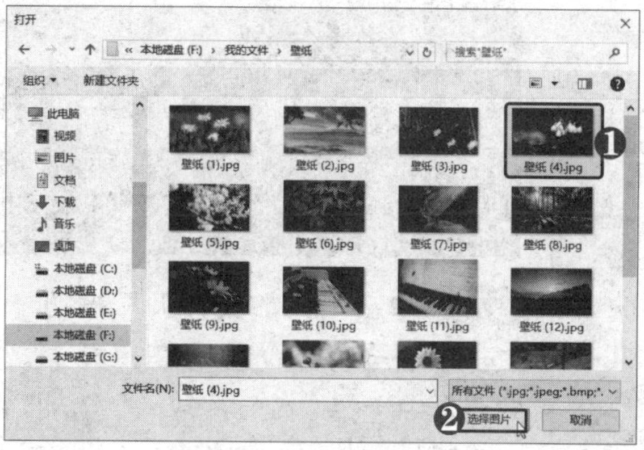

第4步 **预览效果** 返回“个性化”设置窗口，在上方的预览图中可以查看显示效果。

第5步 **选择“锁定”选项** 打开“开始”菜单，❶在左上方单击账户名称。❷选择“锁定”选项，锁定账户。

第6步 查看锁屏界面 此时即可锁定账户，进入锁屏界面，查看背景效果。

提示您

在“锁屏界面”设置窗口中，还可设置在锁屏界面中显示快速状态的应用。

第7步 单击“添加文件夹”按钮 要设置多个锁屏背景，❶可在“背景”下拉列表框中选择“幻灯片放映”选项。❷单击“添加文件夹”按钮。

多学点

在“锁屏界面”设置中的“背景”下拉列表中选择“Windows 聚焦”选项，可获取 Windows 聚焦锁屏壁纸，使用户每次登录电脑时都显示不同的锁屏壁纸。

第8步 选择文件夹 弹出“选择文件夹”对话框，❶选择锁屏壁纸所在的文件夹。❷单击“选择此文件夹”按钮。

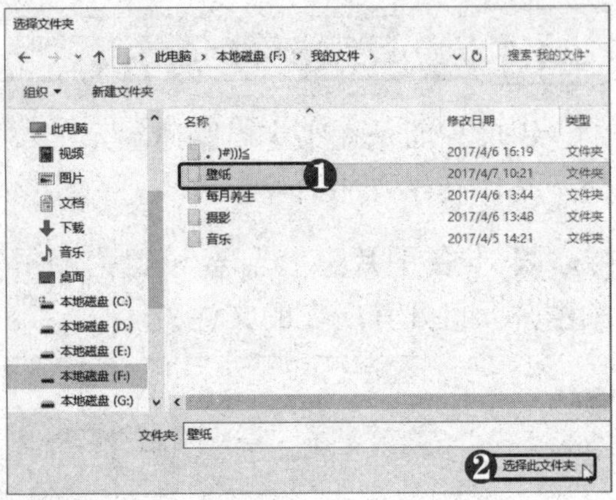

第9步 删除相册 返回“锁屏界面”窗口，❶选择原有的“图片”相册。❷单击“删除”按钮，将其删除。

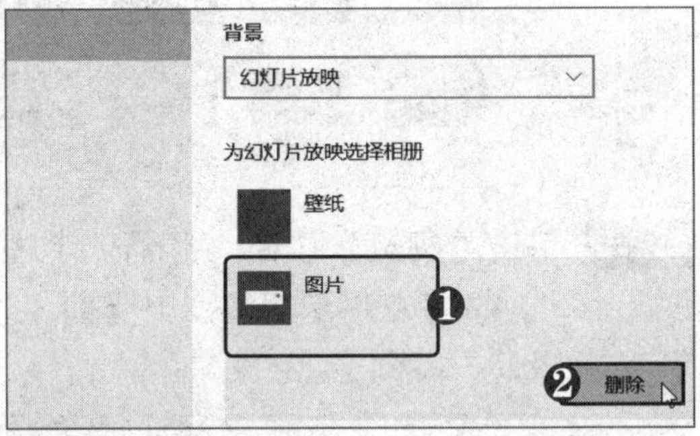

第10步 查看锁屏界面 锁定账户进入锁屏界面，可以查看多张锁屏壁纸放映效果。

2.5.5 设置屏幕保护

通过设置屏幕保护程序，可以使电脑在无操作的情况下自动进入屏保状态，具体操作方法如下：

第1步 单击设置超链接 打开“个性化”设置窗口，❶在左侧选择“锁屏界面”选项。❷在右侧单击“屏幕保护程序设置”超链接。

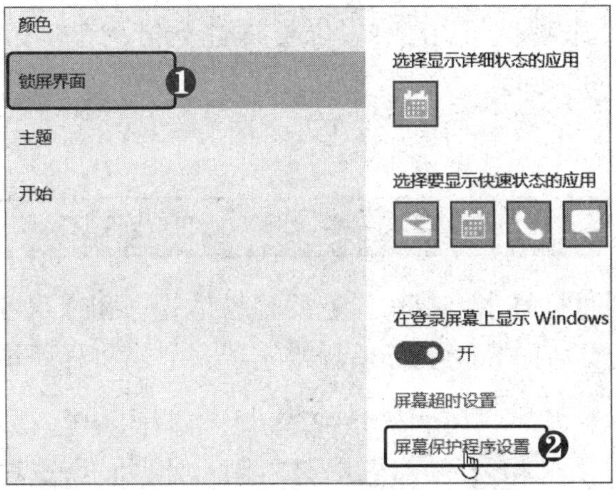

第2步 选择屏保程序 弹出“屏幕保护程序设置”对话框，❶在“屏幕保护程序”下拉列表中选择所需的程序，如“3D 文字”。❷单击“设置”按钮。

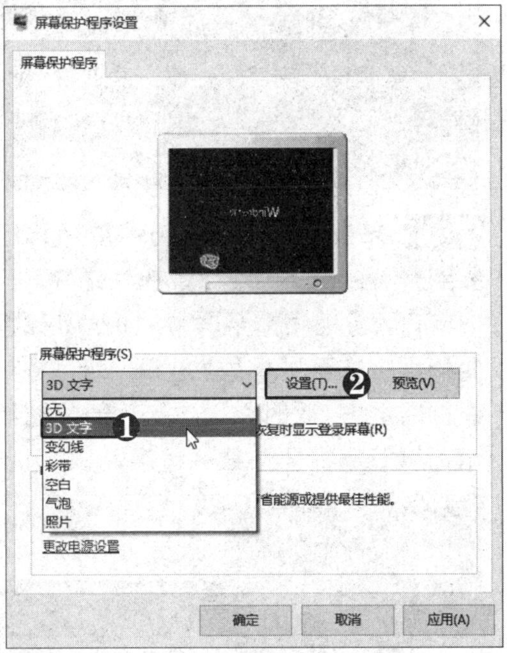

第3步 设置 3D 文字 ❶在“自定义文字”文本框中输入所需的文字。❷在“旋转类型”下拉列表框中选择“摇摆式”选项。❸调整旋转速度。❹单击“确定”按钮。

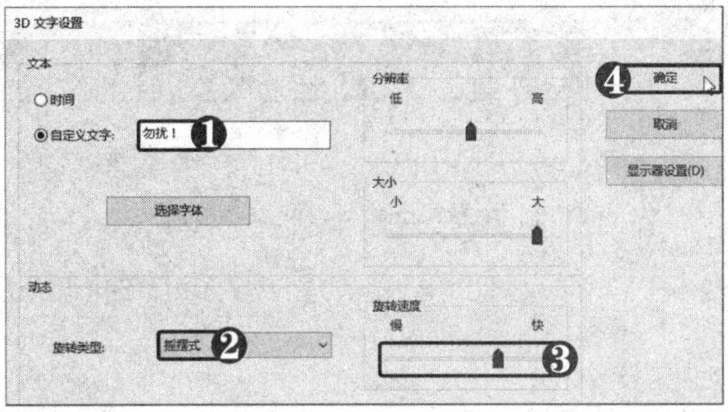

第4步 设置等待时间 返回“屏幕保护程序设置”对话框，❶设置等待时间。❷选中“在恢复时显示登录屏幕”复选框。❸单击“确定”按钮。

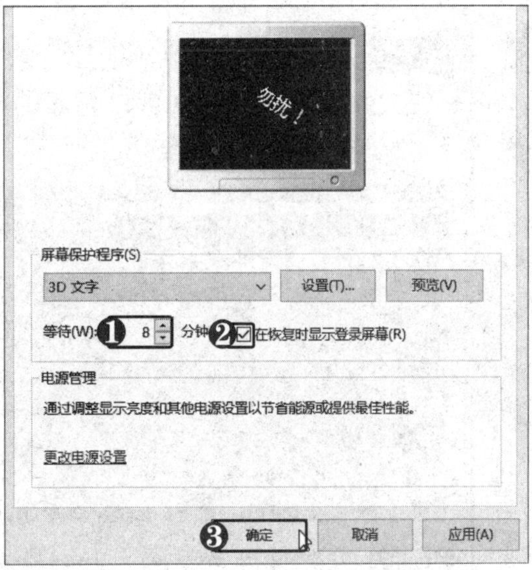

第5步 查看屏保效果 当电脑等待指定的时间后自动进入屏保状态，单击后进入锁屏界面。

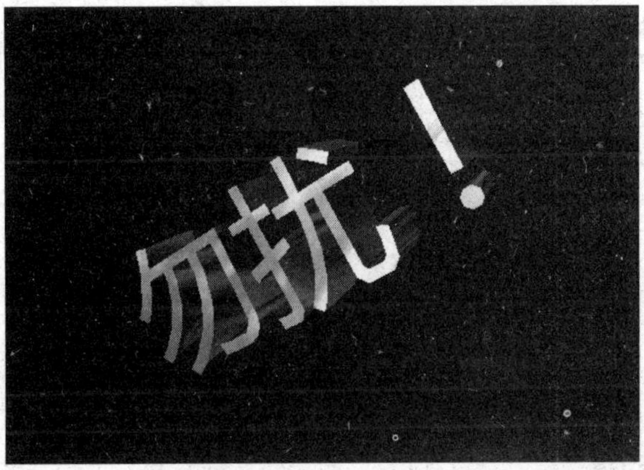

2.6 多任务管理

Windows 10 系统的多任务管理功能可以使用户更快地完成操作，当电脑上打开多个程序时，屏幕会显得越来越拥挤，此时可以一次性地排列窗口，或通过创建“虚拟桌面”获得更多的空间。

2.6.1 轻松排列多窗口

在日常使用电脑时，我们经常会同时打开多个窗口，若要轻松地管理和组织各个窗口，通过使用 Windows 10 系统的窗口贴靠功能可以轻松实现。只需将程序窗口向桌面的边角拖动即可快速完成窗口贴靠，具体操作方法如下：

第1步 拖动程序窗口 将应用程序向屏幕左边缘拖动，当出现窗口贴靠的虚框时释放鼠标。

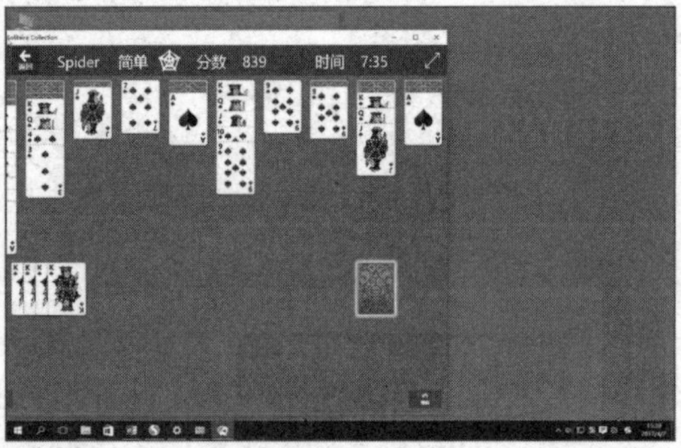

第2步 贴靠到屏幕左侧 此时即可将程序贴靠到屏幕左侧，占据一半的桌面空间。右侧空白的屏幕空间会显示出其他打开窗口的缩略图，单击所需的窗口图标。

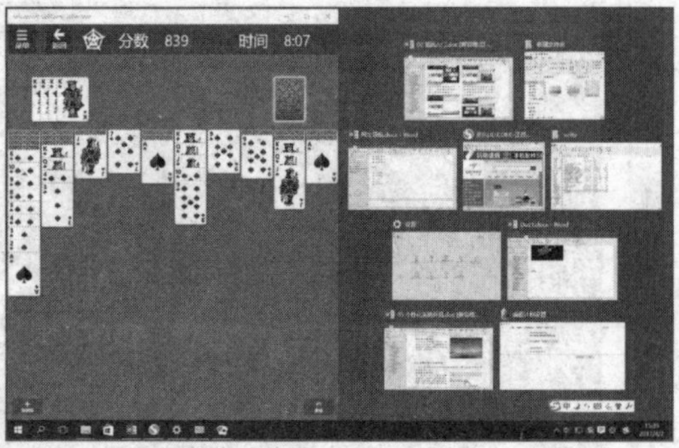

第3步 贴靠到屏幕右侧 此时，所选程序即可贴靠到桌面的右侧。

第4步 贴靠到屏幕右上方 要将程序贴靠到屏幕的左上、左下、右上或右下四个方向，可将程序拖至屏幕的边角，如将右侧的程序拖至屏幕的右上角，即可将其贴靠在右上方。此时在下方出现新的贴靠提示，可以选择要贴靠的程序。

电脑小专家

问：同时打开了多个窗口，怎样最小化其他窗口？

答：只需用鼠标左键按住当前窗口的标题栏左右摇晃，即可快速最小化其他窗口。

新手巧上路

问：怎样快速排列窗口的位置？

答：按住【Windows】键的同时按方向键即可，例如，按【Windows+←】组合键，即可将窗口贴靠在屏幕左侧。

第5步 **贴靠到屏幕右下方** 此时即可将所选程序贴靠到屏幕右下方。

第6步 **贴靠到屏幕左上方** 还可以根据需要采用同样的方法将程序贴靠到屏幕的左上方和左下方。

2.6.2 管理多窗口

如果打开了多个程序窗口，但又无法进行适当的排列，此时可以通过 Windows 10 的虚拟桌面让桌面变得整洁。可以通过添加虚拟桌面，将不常用的程序窗口移至新的桌面，具体操作方法如下：

第1步 **单击“任务视图”按钮** 在任务栏搜索框右侧单击“任务视图”按钮。

第2步 **查看当前打开的窗口** 此时即可进入任务视图界面，其中显示了当前所打开的程序的缩略图，单击缩略图右上方的“关闭”按钮可关闭窗口。

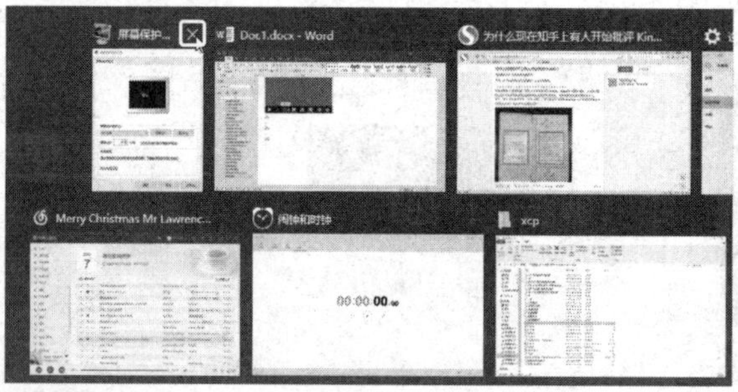

第3步 **单击“新建桌面”按钮** 在任务视图下单击右下方的“新建桌面”按钮。

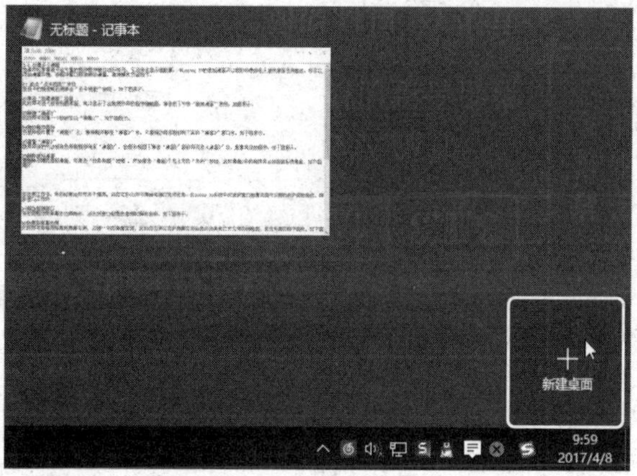

第4步 **新建桌面** 此时即可新建一个虚拟桌面，该桌面中没有任何程序窗口。

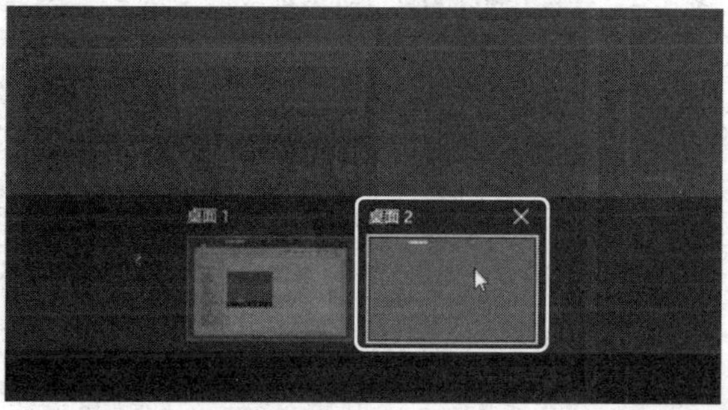

第5步 拖动窗口缩略图 将鼠标指针置于“桌面 1”缩略图上，然后将“桌面 1”中的程序拖至“桌面 2”缩略图中，即可转移窗口到新桌面。

第6步 查看设置效果 在任务视图下单击“桌面 2”图标，进入“桌面 2”中，可以查看其中的程序窗口。要删除创建的虚拟桌面，可单击“桌面 2”右上方的“关闭”按钮，此时桌面 2 中的程序将全部返回系统桌面。

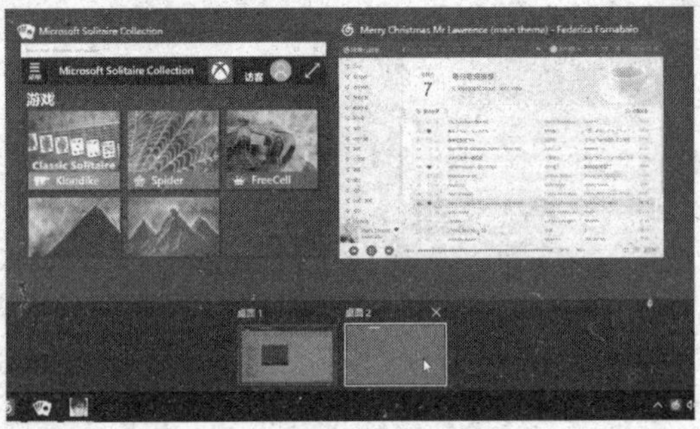

提示您

右击任务栏空白位置，在弹出的快捷菜单中可以设置如何排列窗口，如“层叠窗口”、“堆叠显示窗口”等。

2.7 设置屏幕显示大小

通过设置屏幕显示大小，可以使电脑屏幕上的文字和图标变大，更易于查看。在 Windows 10 系统中可以通过设置显示比例和使用放大镜来放大屏幕显示。

2.7.1 设置显示大小

多学点

按【Windows+Ctrl+D】组合键，可快速创建新的虚拟桌面。

通过调整系统显示比例可以调整电脑屏幕上各项目的大小，系统提供了 100%、125%和 150%三种显示比例，具体操作方法如下：

第1步 选择“显示设置”命令 ❶右击桌面空白位置。❷选择“显示设置”命令。

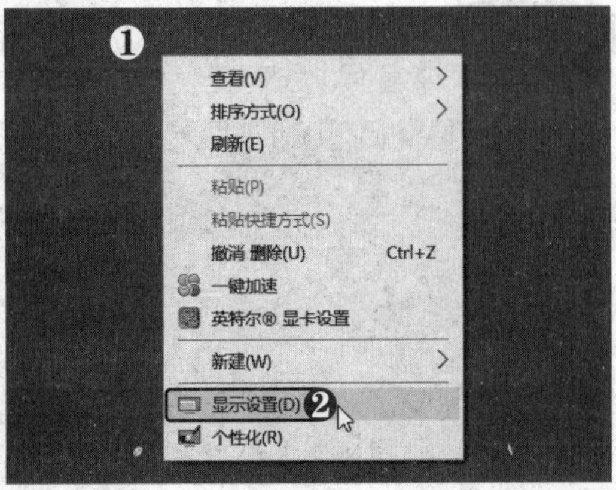

第2步 调整显示比例 打开“显示”设置窗口，拖动滑块设置显示比例即可。

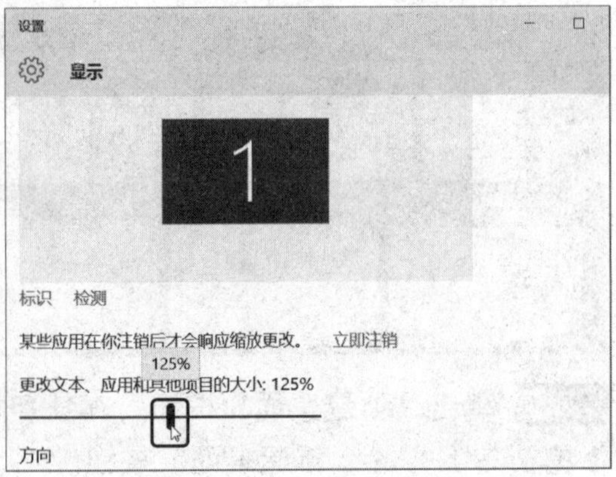

2.7.2 使用放大镜

Windows 10 系统附带了一款放大镜软件，使用它可以将屏幕上的内容放大，可以更好地帮助中老年人使用电脑。使用放大镜的具体操作方法如下：

第1步 选择“放大镜”程序 打开“开始”菜单，在“Windows 轻松使用”选项下选择“放大镜”程序。

第2步 选择视图方式 打开“放大镜”窗口，❶单击“视图”下拉按钮。❷选择“镜头”选项。

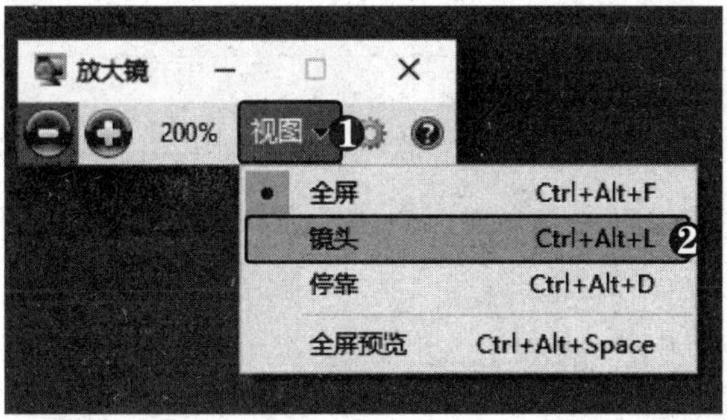

第3步 查看放大镜效果 进入“镜头”视图，在鼠标指针下出现一个“镜头”框放大区域并随鼠标指针移动。

第4步 设置放大镜 单击“放大镜”窗口中的“设置”按钮，可在弹出的对话框中调整镜头大小。要退出放大镜可关闭“放大镜”窗口，或直接按【Windows+Esc】组合键。

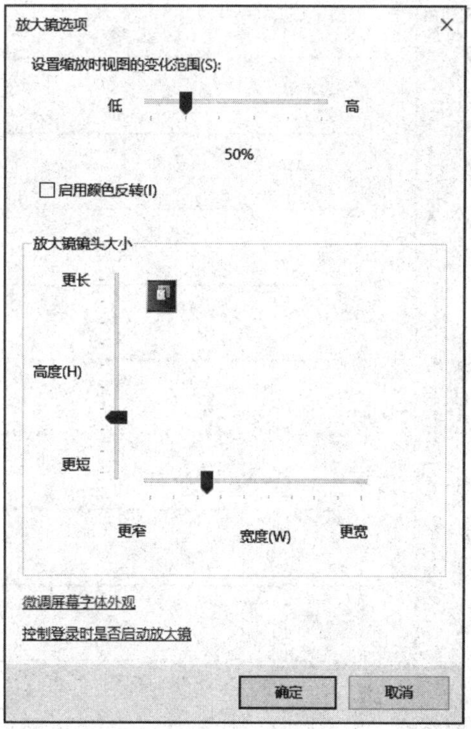

学习笔录

电脑小专家

问：如何快速关闭或切换虚拟桌面？

答：按【Windows+Ctrl+F4】组合键，可关闭当前虚拟桌面；按【Windows+Ctrl+←/→键】组合键，可切换虚拟桌面。

新手巧上路

问：如何快速启动放大镜？

答：按【Windows++】组合键，可启动放大镜程序，

第3章 电脑打字，你也可以运指如飞

章前导读

只要进行电脑操作，无论是工作，还是娱乐，都离不开文字的录入。对于中老年人来说，要想熟练地操作电脑，学会打字是非常必要的。本章将引领中老年人认识输入法，然后介绍中文输入法的使用方法，最后进行打字练习。

- 输入法基本操作
- 使用屏幕键盘
- 使用拼音输入法
- 使用五笔输入法
- 使用打字软件进行打字练习

小神通，在前面章节中讲解文件命名时，我都是在你和博士的帮助下输入的汉字，现在我很想学习怎样使用中文输入法快速而准确地打字。

王大爷，这好办，本章我们就来学习输入法，我将向你推荐几款好用而又简单的输入法，学会了这些您就可以轻松打字了。

本章我们将学习输入法，通过对几种常用输入法的体验，您可以选择适合自己的一种，通过练习你一定可以熟练地打字。

3.1 输入法基本操作

输入法，顾名思义，就是指在电脑中输入文字的方法。具体来讲，就是利用键盘上的字母按键，根据一定的编码规则输入汉字。常用的汉字输入法有拼音输入法和五笔字型输入法两种。下面一起来认识中文输入法，并学习输入法的基本操作方法。

提示您

拼音输入法面向的是一般的电脑操作人员，主要用于不需要输入大量汉字的场合。

3.1.1 中文输入法的分类

任何一个汉字，都具有音（读音）、形（字形）和义（意义）三个要素。使用键盘输入汉字，所依靠的不外乎这三个要素，即通过音、形和义来建立汉字与键盘按键的对应关系。

中文输入法可分为以下几类：

1．拼音输入法

使用键盘进行中文输入，最直接的方法就是使用拼音输入法。拼音输入法的优点是易学易用，只要会汉语拼音，即可输入汉字；其缺点为输入速度慢，因为汉字中的同音字较多，需要从中选取所需的汉字，导致浪费时间，从而降低输入速度。

2．拼形输入法

多学点

根据汉字字形开发的输入法有很多种，如郑码输入法、表形码输入法以及五笔字型输入法等。

凡是查过字典的人都知道，汉字是由多种偏旁部首组成的，而拼形输入法即是根据汉字的这一特点应运而生。拼形输入法的基本原理为：将每个英文字母键定义为多个偏旁部首，然后按照书写顺序按下各偏旁部首对应的按键即可。它的优点为录入速度快，但其学习起来较拼音输入法要困难得多。

3．音、形、义相结合输入法

由于拼音和拼形两种输入法优缺点互补，所以人们开发出了音、形、义相结合输入法。其中最为突出的为自然码，其特点为词汇输入采用拼音，而单字则采用声、韵、义、形来组字。

4．语音输入和手写输入

语音输入和手写输入主要是针对不常使用键盘且输入汉字不多的用户。顾名思义，语音输入法是由用户发音来输入汉字的，而手写输入法则是用户通过手写将汉字输入电脑中。这两种输入法均需要辅助设备，如语音输入要求声卡、麦克风和语音输入软件，手写输入需要一些辅助软件。

3.1.2 安装输入法

搜狗拼音输入法是目前最流行的中文拼音输入法之一，它可以自动采集用户的使用习惯，合理地将常用字词按使用频率进行排序。并依托强大的搜狗搜索引擎，能及时对词库进行更新，最大限度地满足了用户输入中文的需要。要使用它需要先将其安装到电脑上，具体操作方法如下：

第1步 搜索输入法 打开搜索框，❶ 输入搜索文字“搜狗输入法”。❷ 在搜索结果列表中选择所需的选项。

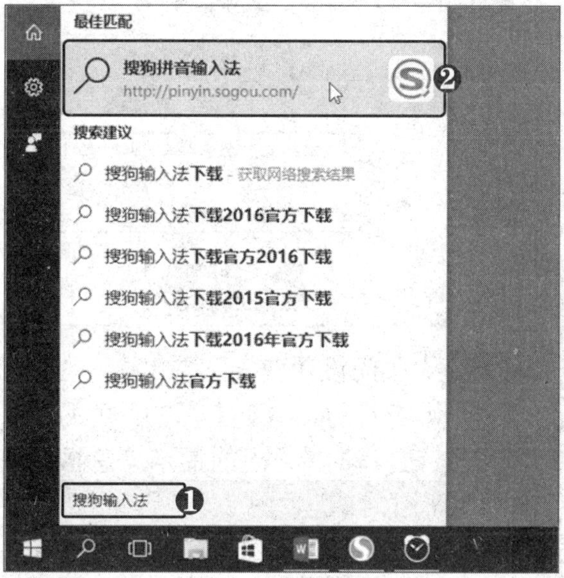

第2步 单击超链接 此时即可启动 Windows 10 自带的 Edge 浏览器，并自动进行搜索，单击超链接。

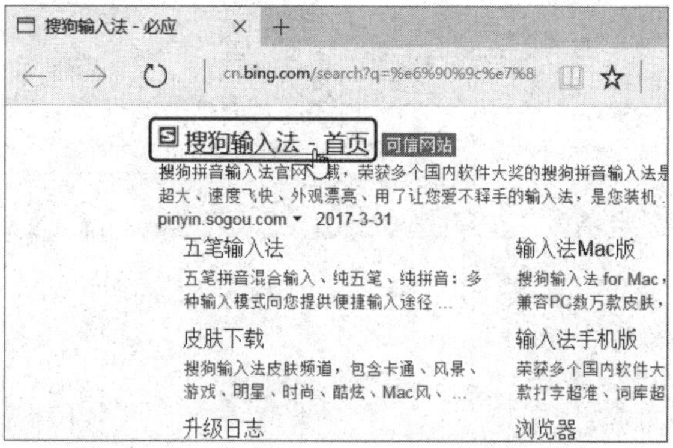

第3步 单击“正式版下载”按钮 打开搜狗输入法首页，单击“正式版下载”按钮。

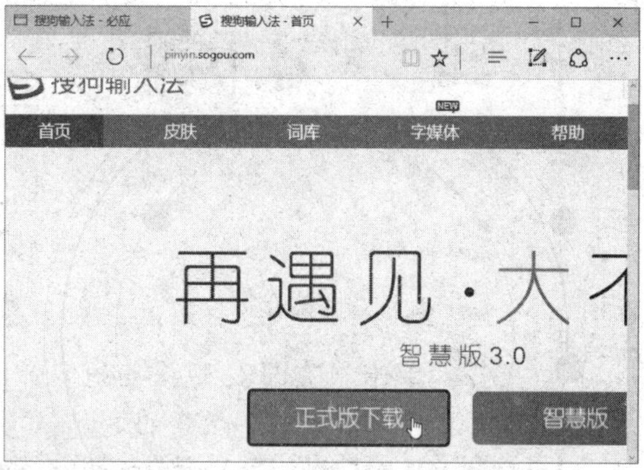

第4步 下载输入法 在页面下方提示正在下载，并显示下载进度。

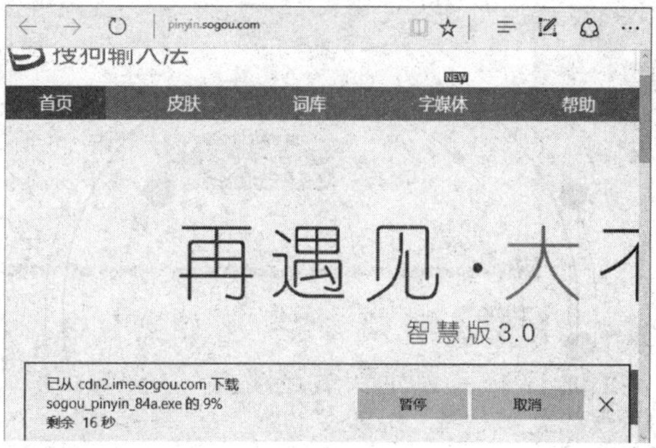

第5步 单击“打开文件夹”按钮 等待搜狗输入法下载完成后，单击“打开文件夹”按钮。

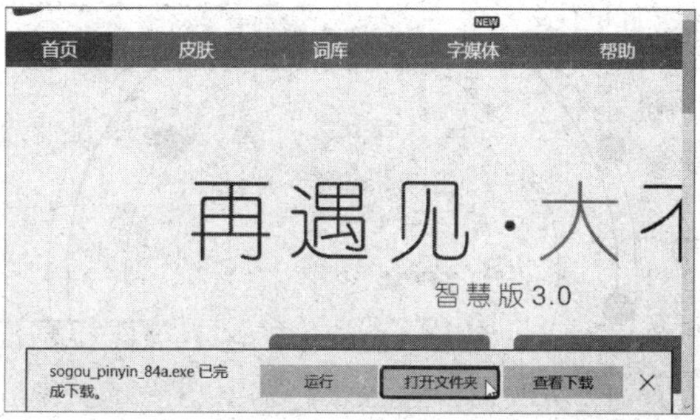

第6步 **双击安装程序** 打开“下载”窗口，双击下载的搜狗输入法安装程序。

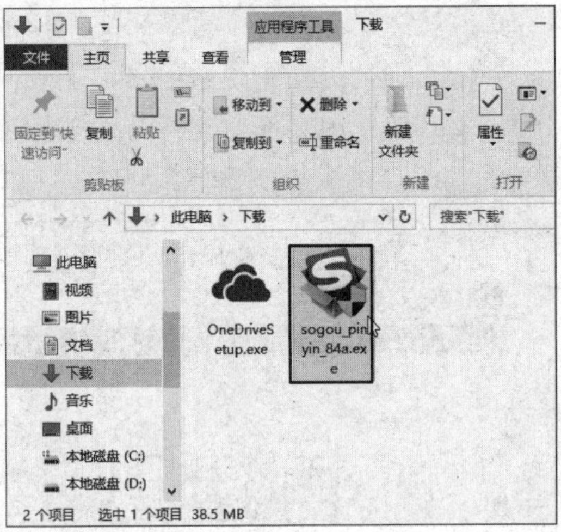

第7步 **单击“立即安装”按钮** 弹出安装向导对话框，单击“立即安装”按钮。

第8步 **开始安装** 开始安装搜狗输入法，并显示安装进度。

第9步 **安装完成** ❶取消选中不需要的复选框。❷单击“立即体验”按钮。

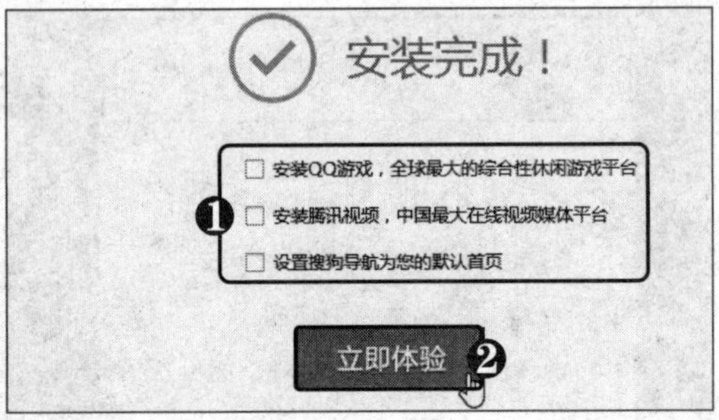

第10步 **关闭设置向导** 弹出“个性化设置向导”对话框，❶单击右上角的“关闭”按钮。❷在弹出的提示信息框中单击“确定”按钮。

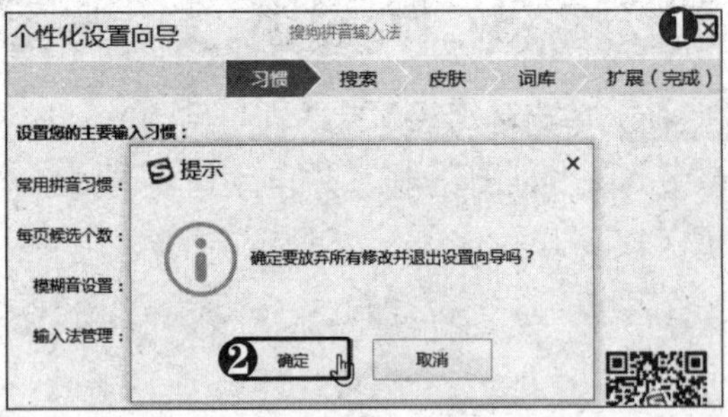

3.1.3 切换输入法

在输入文本前，应先选择要使用的输入法，即切换输入法，包括鼠标切换和键盘组合键切换两种方法。

方法1：鼠标切换

单击语言栏中的输入法图标M，在弹出的快捷菜单中选择所需的输入法，即可切换到该输入法，如下图所示。

电脑小专家

问：为什么我的输入法列表框中没有搜狗拼音输入法呢？

答：若要添加的输入法（如搜狗拼音输入法）不是系统自带的输入法，需要自行下载安装。

新手巧上路

问：五笔字型输入法很难学吗？

答：五笔字型输入法是一种形码输入法，比学习拼音输入法要难一些，但学好五笔输入法，输入汉字的速度会比拼音输入法要快许多。

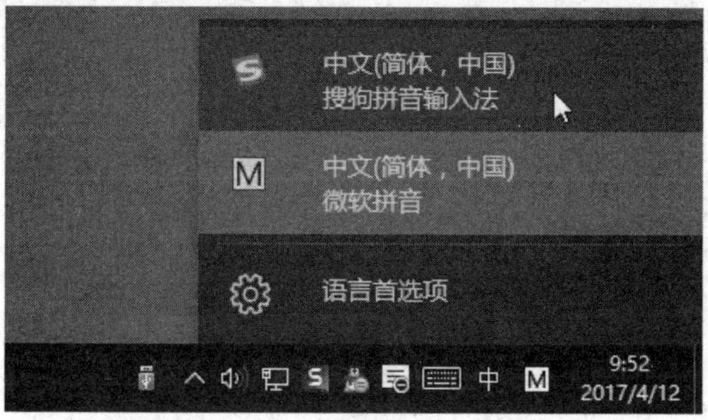

方法 2：键盘组合键切换

按住【Ctrl】键不放，然后依次按【Shift】键，可以按输入法列表中的先后顺序依次切换输入法；而按【Ctrl+空格】组合键，可以在中文输入法和英文输入法之间进行快速切换。

3.1.4 添加与删除输入法

大多数人在使用电脑进行打字时会使用自己熟悉的输入法，因此对于不经常使用的输入法可以将其从输入法列表中删除。如果需要使用已删除的输入法，可将其进行重新添加即可。

第1步 **选择“语言首选项”选项** ❶在任务栏右侧通知区域单击输入法图标M。❷选择“语言首选项”选项。

第2步 **单击“选项”按钮** 打开“时间和语言”设置窗口，❶选择“中文”语言。❷单击“选项”按钮。

第3步 **删除输入法** 打开“设置”窗口，❶选择要删除的输入法。❷单击“删除”按钮，即可将其删除。

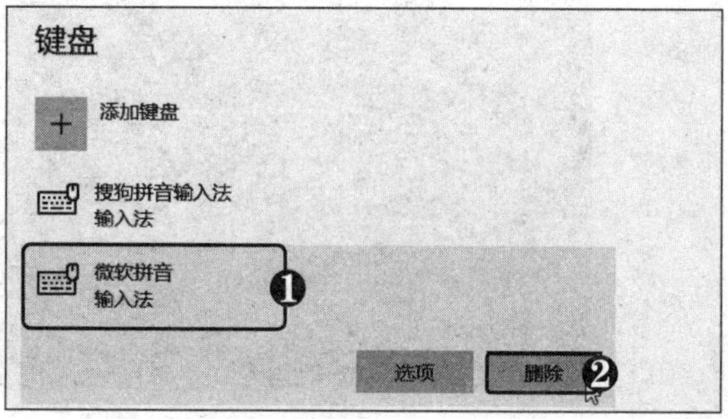

第4步 单击“添加键盘”按钮 若要重新添加输入法，可单击“添加键盘”按钮。

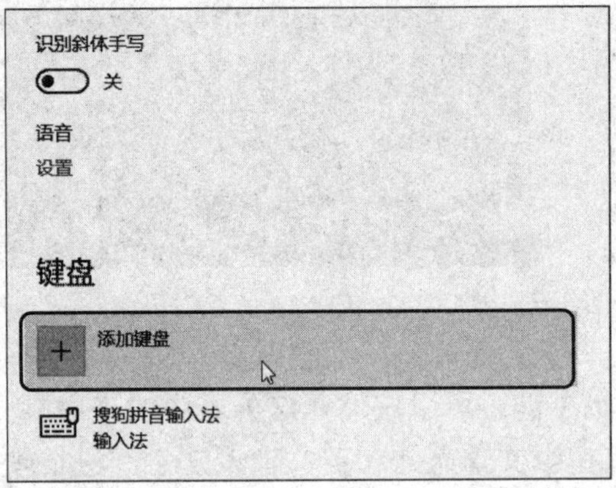

第5步 选择添加输入法 选择要添加的输入法，即可添加输入法。

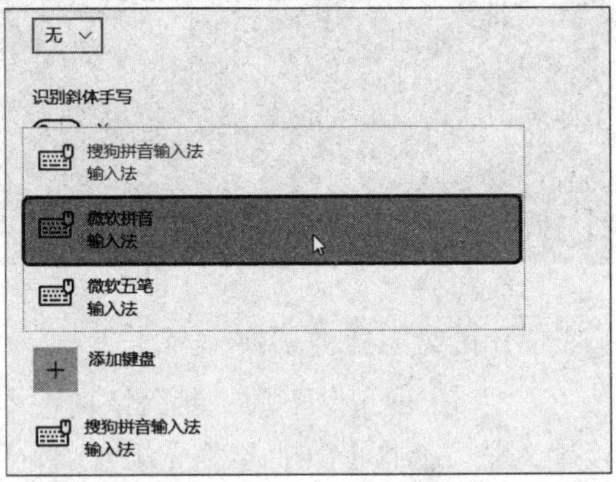

提示您

打开“搜索”框，搜索“屏幕键盘”，也可打开“屏幕键盘”程序。

3.2 使用屏幕键盘

屏幕键盘是一种实用工具，它在屏幕上显示一个虚拟键盘，可以通过单击屏幕键盘上的按键来输入内容。“屏幕键盘”一般用于有输入障碍的用户，也可通过屏幕键盘来熟悉键盘布局。

3.2.1 打开屏幕键盘

如果电脑屏幕支持触摸功能，则单击文本字段或其他键入区域，屏幕键盘会自动出现。如果电脑屏幕不支持触摸，也可打开触摸键盘，具体操作方法如下：

多学点

在“Windows附件”中包含了“数学输入面板”程序，使用它可以通过书写的方法输入数学公式。

第1步 显示触摸键盘按钮 ❶右击任务栏。❷选择“显示触摸键盘按钮”命令。

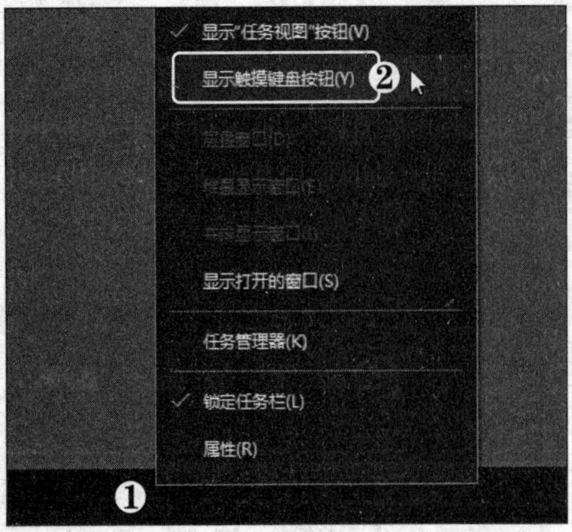

第2步 单击“触摸键盘”按钮 此时即可在任务栏右侧的通知区域显示“触摸键盘”按钮⌨，单击该按钮。

第3步 查看屏幕键盘 此时即可从任务栏下方弹出屏幕键盘，屏幕键盘的布局与实际键盘是一致的。

第4步 切换大小写 在屏幕键盘上单击【Caps】按键，即可将小写字母切换为大写字母。可以通过屏幕键盘来熟悉键盘上的按键分布。

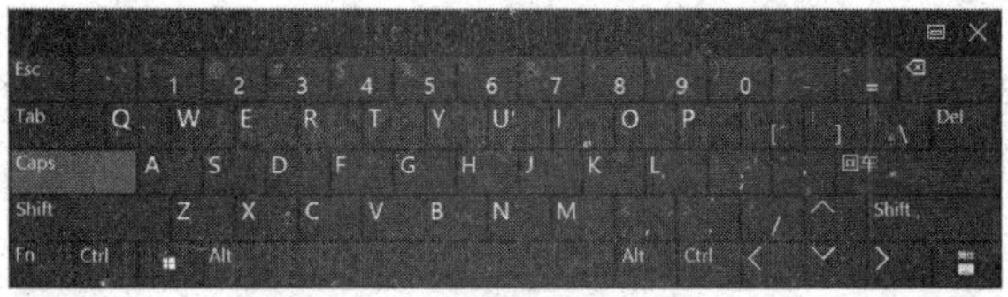

3.2.2 使用屏幕键盘输入文本

要输入文本，必须先打开待输入内容的程序窗口，然后在其中单击定位光标到要输入的位置，通过单击屏幕键盘上的按键进行输入，也可通过屏幕键盘来书写汉字，具体操作方法如下：

第1步 取消屏幕键盘停靠 在屏幕键盘右上方单击“取消停靠”按钮，然后拖动其上方的黑色条块，即可移动屏幕键盘的位置。

第2步 选择输入法 ❶ 单击右下方键盘图标。❷ 在弹出的列表中选择微软拼音输入法，即可更改为微软拼音屏幕键盘。

第3步 选择“写字板”程序 打开“开始”菜单，在“Windows 附件”下选择“写字板”程序。

第4步 单击按键输入 启动写字板程序，单击屏幕键盘上的按键输入 qing，使用鼠标在候选词栏中选择所需的文字。

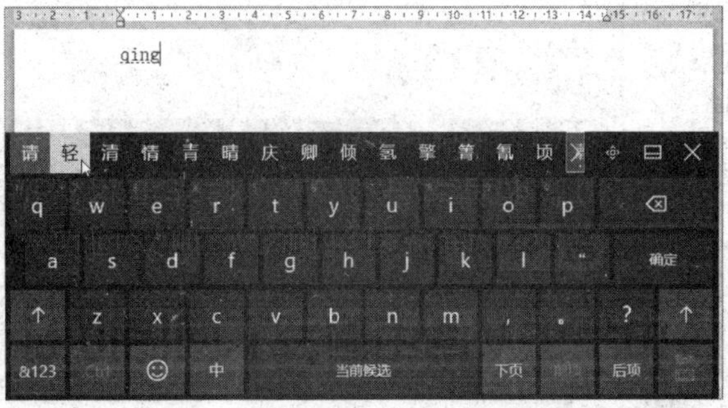

第5步 选择候选文字 此时即可将“轻”字输入写字板中，在候选词栏中显示出与“轻”字相关的词语，根据需要选择所需的文字，在此选择“松”字。

第6步 选择候选文字 在候选词栏中显示出与“轻松”或“松”字相关的词语，在此选择“学”字。

第7步 切换为手写输入 ❶单击右下方键盘图标。❷在弹出的列表中单击手写输入键盘按钮。

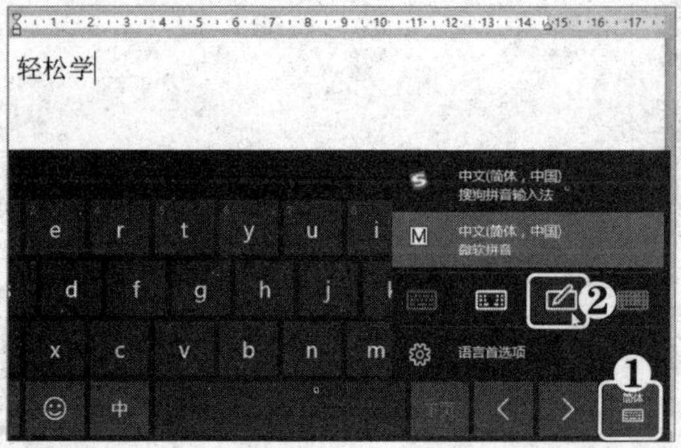

第8步 手写输入文字 切换为手写输入模式，❶在文字书写框中通过拖动鼠标书写文字。❷在选词栏中选择所需的文字，即可在写字板中输入“电”字。

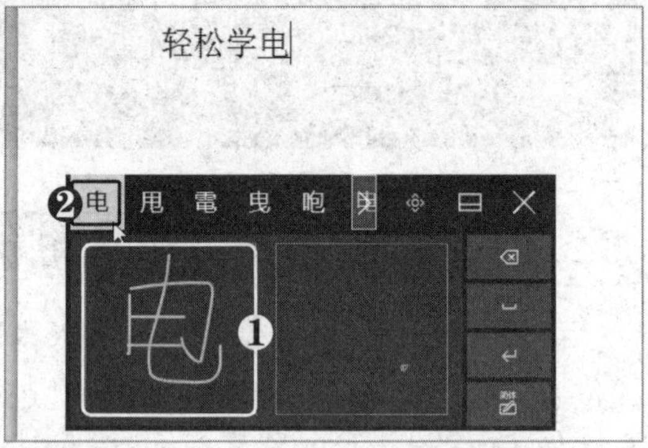

第9步 选择候选文字 此时，在候选词栏中显示出与“电”字相关的词语，根据需要选择所需的文字，在此选择“脑”字。

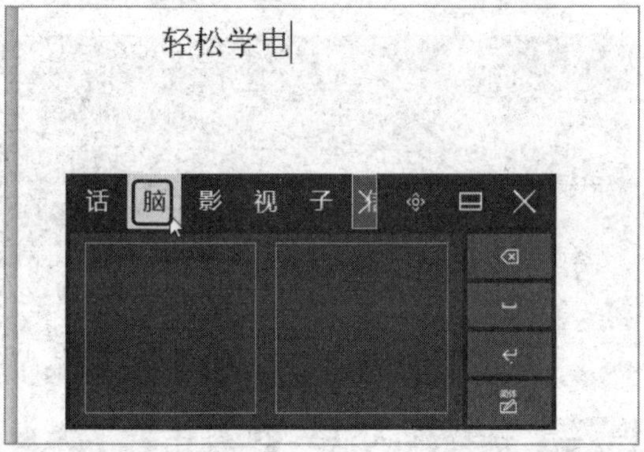

第10步 更改输入方法 ❶在输入面板右下方单击更改输入方法按钮。❷在弹出的列表中单击键盘图标，即可还原为按键输入方式。

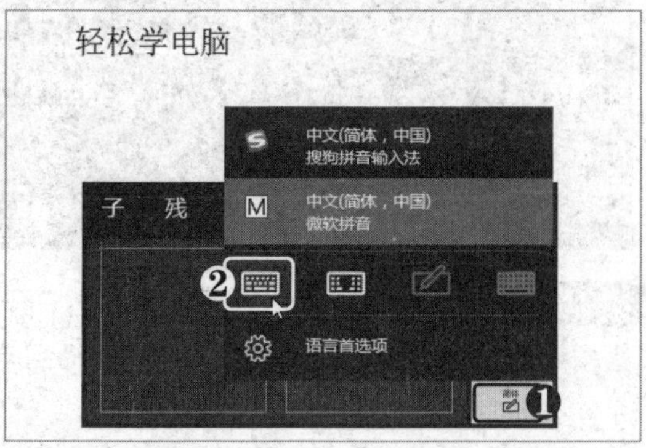

电脑小专家

问：“写字板”程序中闪动的小竖线是什么？

答：那是光标，表示当前文档中的位置，即要输入汉字的位置，在文档中单击即可定位光标。

新手巧上路

问：一般在什么程序中进行打字练习？

答：简单的文本输入在“记事本”程序中进行操作即可，右击窗口空白位置，选择“新建”|“文本文档”命令，即可新建记事本文档。

3.3 使用拼音输入法

对于初学打字的中老年人来说，拼音输入法非常容易上手，只要知道汉字的正确读法和拼音，即可输入汉字。下面将介绍如何使用微软拼音输入法和搜狗拼音输入法在“记事本”程序中输入汉字。

3.3.1 使用微软拼音输入法

微软拼音输入法是 Windows 10 系统自带的拼音输入法之一，它无须进行安装，可以直接使用。微软拼音输入法的使用方法如下：

第1步 **选择“记事本”程序** 打开“开始”菜单，在“Windows 附件”下选择“记事本”程序。

第2步 **定位光标** 打开“记事本”程序，在记事本中单击定位光标（光标即其中不断闪动的竖线）。

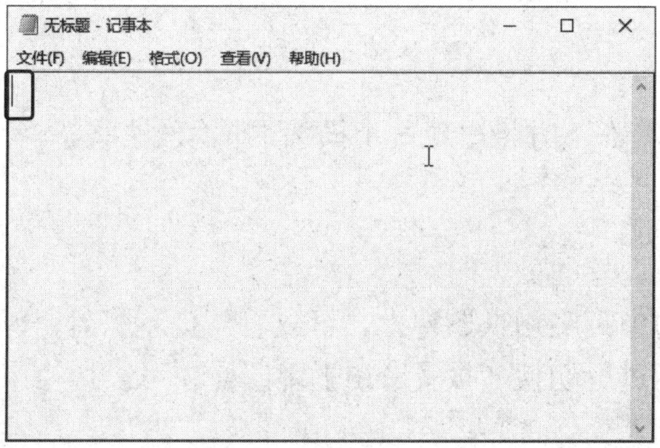

第3步 **选择输入法** ❶单击语言栏中的输入法图标。❷选择所需的输入法，在此选择“微软拼音”输入法，切换到该输入法。

第4步 **通过全拼输入** 在文档窗口中输入拼音 zuimeibuguo，此时拼音下面会出现一条横线，按空格键或数字键【1】，单击候选框上的词语，输入词语“最美不过”。

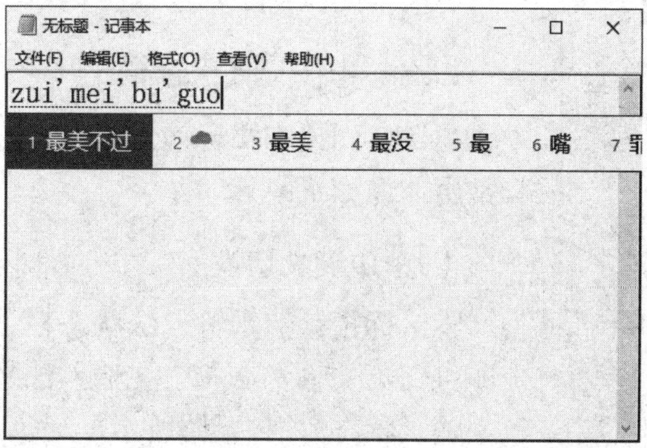

第5步 **通过简拼输入**　输入词语“夕阳红”的首字母“xyh”，候选框将出现一些词组，按数字键【4】或单击候选栏上的词语，即可输入词语“夕阳红”。

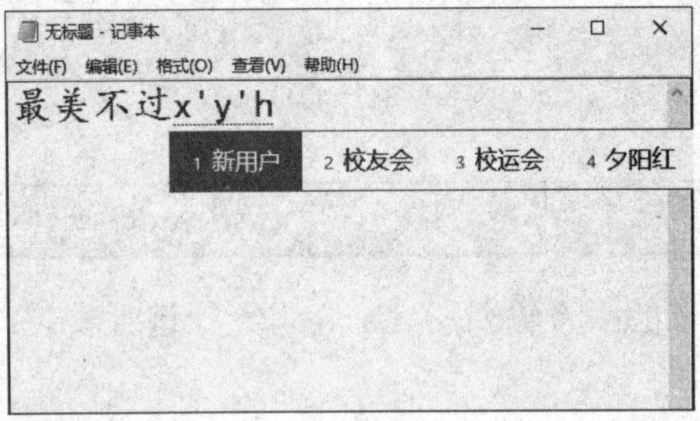

第6步 **全拼简拼混合输入**　若要输入较长的词语，可以全拼简拼混合输入，例如，要输入“温馨又从容”，可输入拼音“wenxyoucro”，即有的字使用全拼，有的字只输入其拼音的前一个或两个字母。

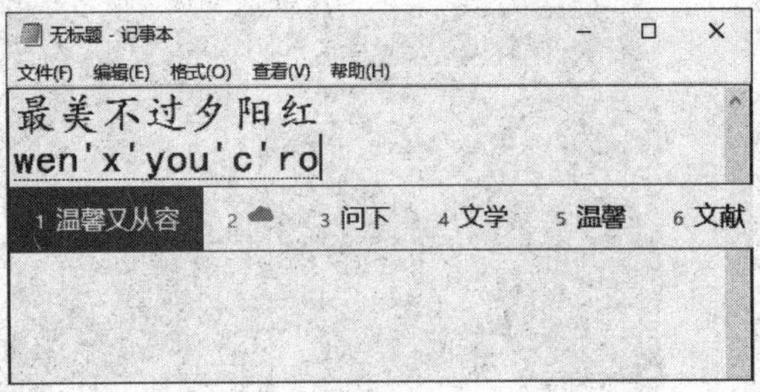

第7步 **输入大写字母**　若要临时输入大写字母，可在按住【Shift】键的同时输入字母。

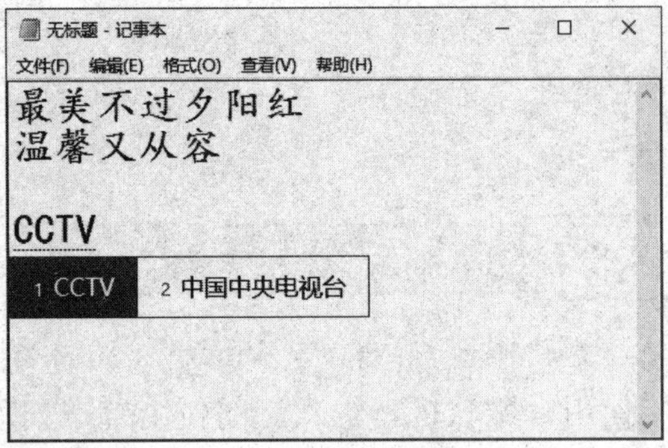

第8步 **输入英文或拼音**　若要输入英文或字母，可直接输入，然后按【Enter】键确认。

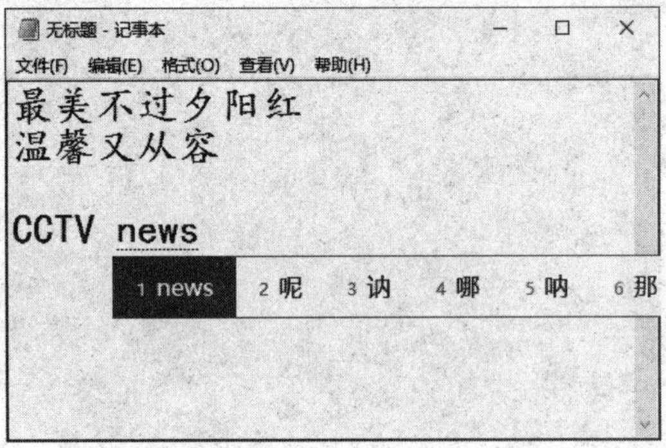

提示您

微软输入法虽然能够智能地识别一些词语，但输入速度仍不是很理想。在使用微软拼音输入法输入汉字时，单引号被用作分隔符。

多学点

在使用微软拼音输入法输入汉字时，汉字的下方会显示一条虚线，表示该汉字还没有被确认。若不是要输入的汉字，可按【←】键，再次显示汉字提示框，重新选择需要的汉字即可。

3.3.2 使用搜狗拼音输入法

搜狗输入法与传统方法不同的是，其采用了搜索引擎技术。由于采用了此项技术，输入速度有了质的飞跃，在词库的广度、词语的准确度上，搜狗都领先于其他输入法。下面将介绍如何使用搜狗拼音输入法输入文本。

1．使用输入法状态栏

当切换到搜狗拼音输入法后，在屏幕右下方将出现一个横条，即输入法状态栏，其常用功能如下：

（1）中英文切换

将鼠标指针置于输入法状态栏上的中英文切换图标上，可以看到提示信息，单击即可在英文输入法和中文输入法之间进行切换（按【Shift】键同样也可以切换中英文输入状态），如下图所示。

（2）全半角切换

在全角状态下输入的字母和数字占一个汉字位置，而在半角状态下输入的字母和数字只占半个汉字位置。在输入法状态栏上单击全半角切换图标，即可进行全、半角切换（按【Shift+Space】组合键也可实现），如下图所示。

（3）中英文标点符号切换

单击输入法状态栏上的中英文标点符号切换图标，可在中文标点符号和英文标点符号之间进行切换，如下图所示。

（4）语音输入

要使用“语音输入”功能，需要在电脑上安装麦克风，该功能可以将说的话转换为文字。在输入法状态栏上单击“语音输入”按钮，然后使用麦克风说话即可，如下图所示。

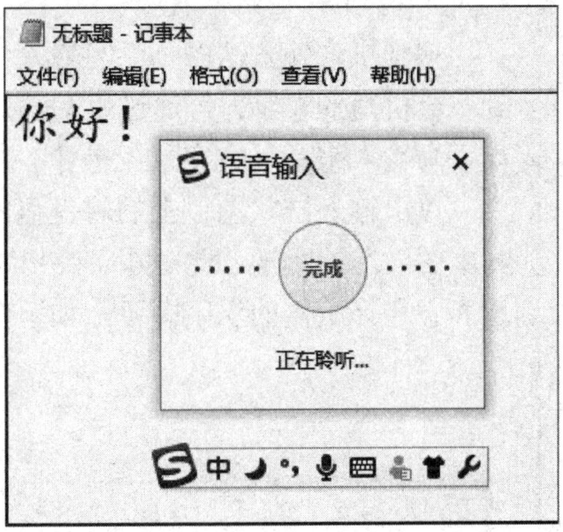

（5）软键盘的启用

软键盘上的按键布局与实体键盘大致相同。启用软键盘，可方便通过单击输入特定符号。单击输入法状态栏上的软键盘图标⌨，在弹出的面板中单击“软键盘”按钮，即可启用软键盘，如下图所示。

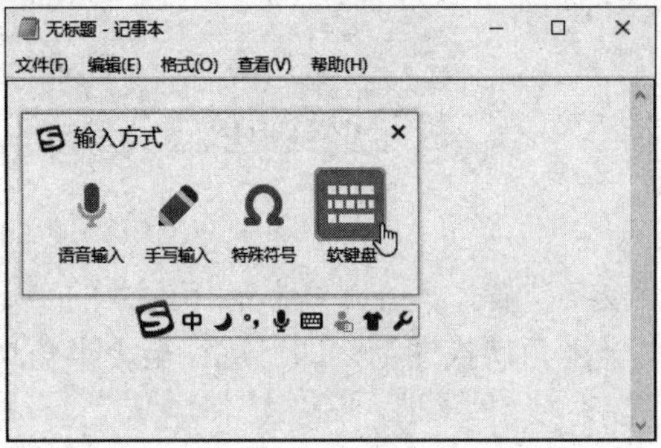

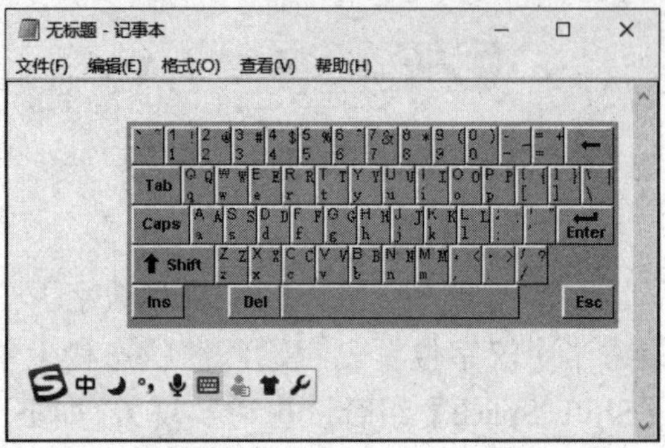

右击软键盘图标▦，在弹出的快捷菜单中可以选择所需的软键盘类型，如选择“拼音字母”软键盘，如下图（左）所示。此时即可打开“拼音字母”软键盘，单击相应的按键进行输入即可，如下图（右）所示。要关闭软键盘，只需再次单击软键盘图标▦。

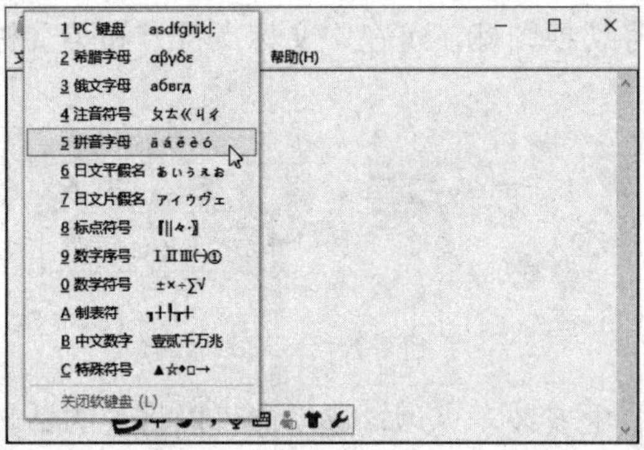

（6）手写输入

搜狗拼音输入法的“手写输入”功能对于很多特殊的情况是非常有用的，如遇到不会拼写的汉字，可通过手写输入功能来输入，甚至不会拼音的中老年人可以依靠手写输入来完成文字录入操作。

单击输入法状态栏上的软键盘图标▦，在弹出的面板中单击“手写输入”按钮，如下图（左）所示。此时即可弹出“手写输入”面板，使用鼠标书写汉字，然后在选表中选择所需的汉字即可，如下图（右）所示。

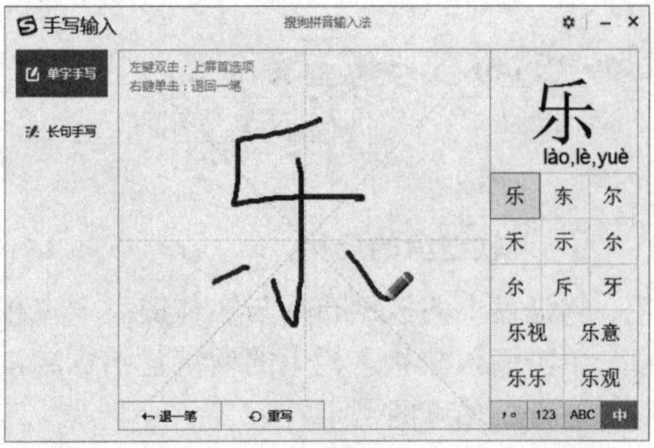

电脑小专家

问：搜狗搜索是什么？

答：在输入过程中若按分号所在键位，则会打开搜狗输入法工具箱，单击“搜索”按钮，即可在打开的网页中搜索输入的词语。

新手巧上路

问：如何将某个词语固定在候选词的首位？

答：输入拼音，将鼠标指针置于需要固定在首位的候选词上，选择“固定首字”命令即可。

（7）自定义状态栏按钮

要在搜狗拼音输入法状态栏上添加或删除功能按钮，可以对其进行自定义设置。单击搜狗拼音输入法状态栏最左侧的搜狗输入法图标，在弹出的面板中选中要显示图标前的复选框，单击“确定”按钮，如下图（左）所示。此时，可以看到输入法状态栏中增加了功能按钮，如下图（右）所示

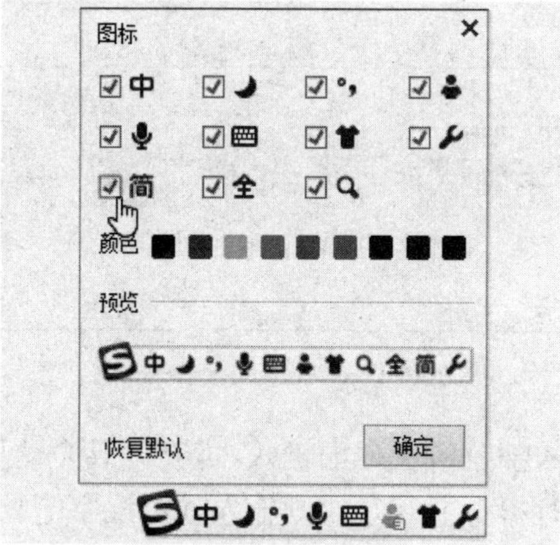

2．输入规则的应用

使用搜狗拼音输入法可以通过全拼或简拼的方式输入文字，其方法与微软拼音相同，在此不再赘述。除此之外，搜狗拼音输入法有很多新颖的功能，在生活和工作中可以很方便地输入需要的信息，如输入网址、日期、大写数字、生僻字等。

（1）简拼输入

有效地利用简拼输入，可以大大提高汉字输入效率。搜狗拼音输入法支持声母简拼和声母首字母简拼两种方式。例如，输入拼音编码 mbsf，即可获得所需的词汇“毛笔书法”，如下图（左）所示。若要在候选词中清除干扰项，可将“法”字输入为全拼，如输入 mbsfa，则可直接输入词语“毛笔书法”，如下图（右）所示。

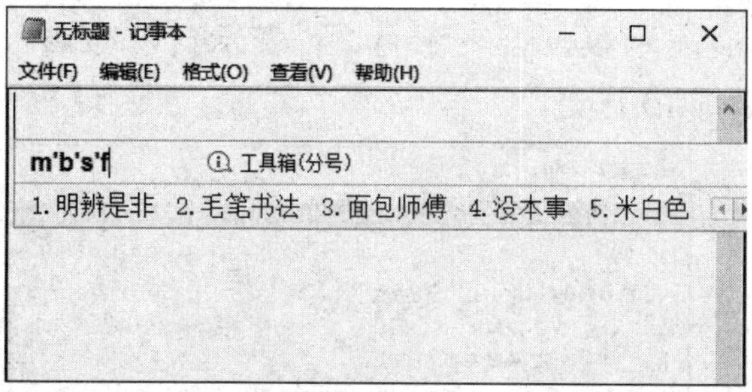

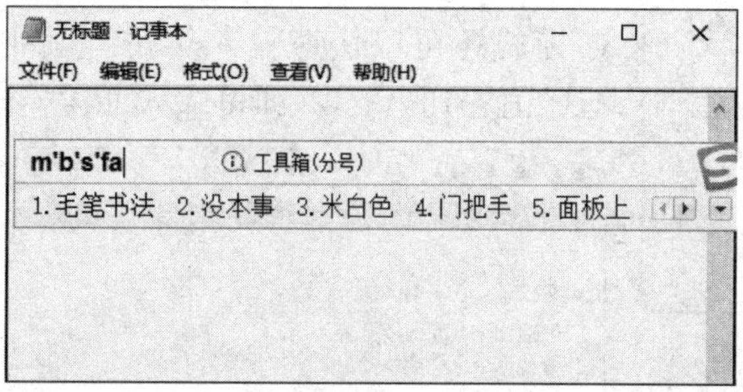

（2）直接输入网址

在中文输入状态下，直接输入网址即可自动启用网址输入模式，使用户不必手动切换到英文输入状态再进行输入，如下图（左）所示。

（3）笔画筛选

在输入单字时，可以通过笔顺来快速定位该字。各笔顺的字母代表为 h 横、s 竖、p 撇、n 捺、z 折。输入一个字或多个字后，按一下【Tab】键，然后依次输入第一个字的笔顺。例如，输入“莘”时，可先输入其拼音 shen，然后按【Tab】键，再输入其笔画编码 hssn，即可快速找到该字，如下图（右）所示。

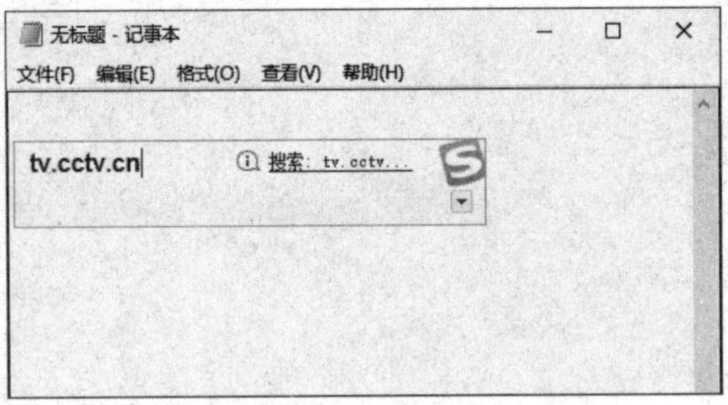

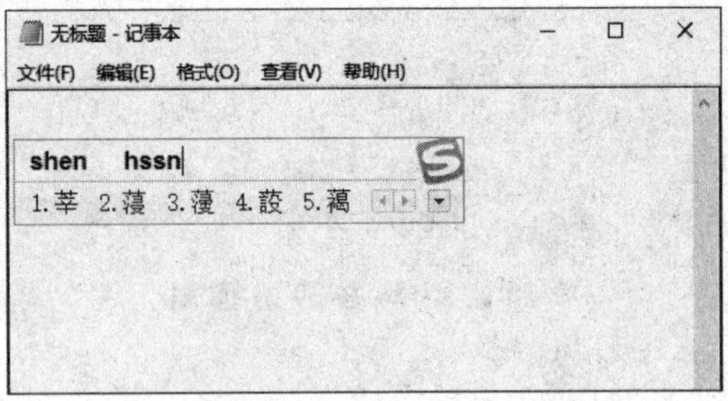

提示您

如果觉得输入法的状态条太过单调，可按【Ctrl+Shift+ H】组合键切换输入法皮肤。按住搜狗输入法状态条左右晃动，也可切换皮肤。

（4）u 模式拆分输入

对于不认识的汉字，可以输入 u 和汉字的部首拼音，如输入“傸”，只需输入 urenshuang，如下图（左）所示。对于无法进行拆分的汉字，则输入 u 和汉字笔顺，如输入“廾”，只需输入 uhps，如下图（右）所示。

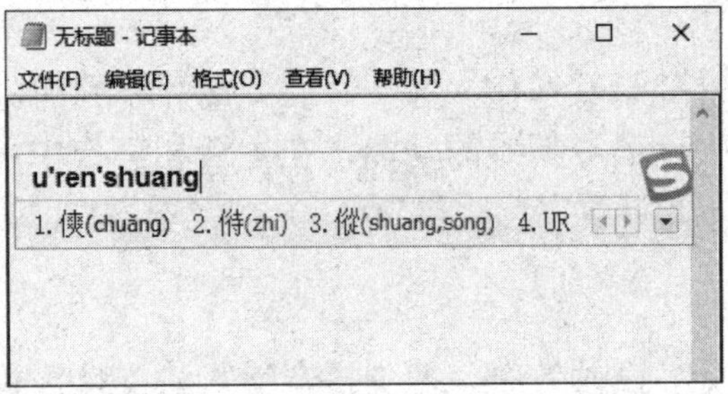

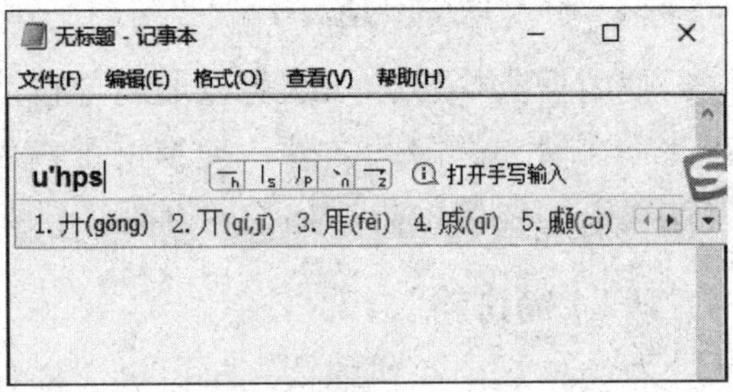

多学点

右击输入法状态条空白位置，在弹出的快捷菜单中选择“输入统计”命令，可查看累计输入字数、输入速度、今日输入数据统计、输入时段统计等相关数据。

（5）v 模式输入

通过 v 模式输入方式可以方便地输入中文数字、罗马数字以及年份。例如，输入“v128.78”，即可快速输入“一百二十八元七角八分”，如下图（左）所示。使用 v 模式还可以快速输入年份，其中，n 表示年，y 表示月，r 表示日，如输入“v2017n10y14r”，即可输入 2017 年 10 月 10 日。

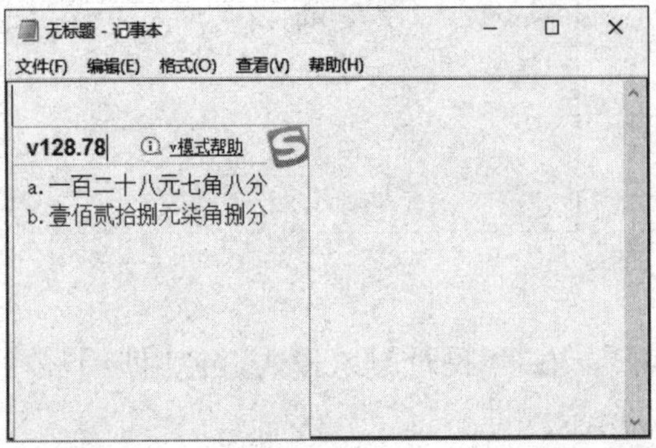

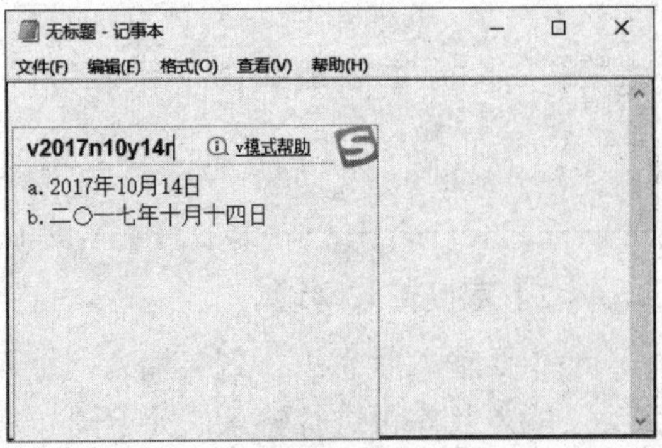

（6）日期时间输入

通过日期时间输入功能可以非常方便地输入当前的系统日期、时间和星期。例如，输入日期的首字母 rq，如下图（左）所示。

（7）输入表情符号

通过搜狗拼音输入法可以快速输入聊天表情。例如，输入拼音编码 ha，选择 4 即可显示笑脸表情，如下图（右）所示。

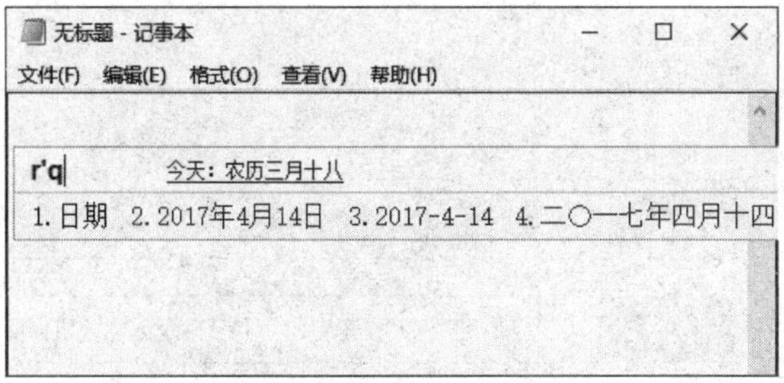

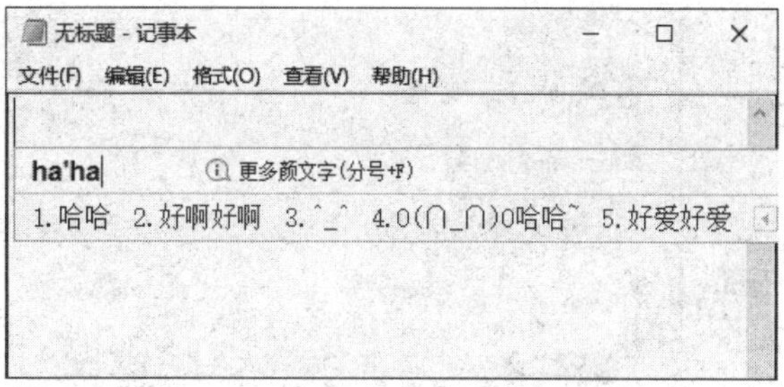

（8）输入表情符号

在输入表情符号时，单击选词栏上方的“更多颜文字”超链接，将弹出“字符表情”对话框。通过该对话框可以选择更多的表情符号，如下图（左）所示。

（9）查看天气情况

通过搜狗拼音输入法还可以快速查看天气。例如，输入拼音编码 tq，即可查看天气情况，如下图（右）所示。

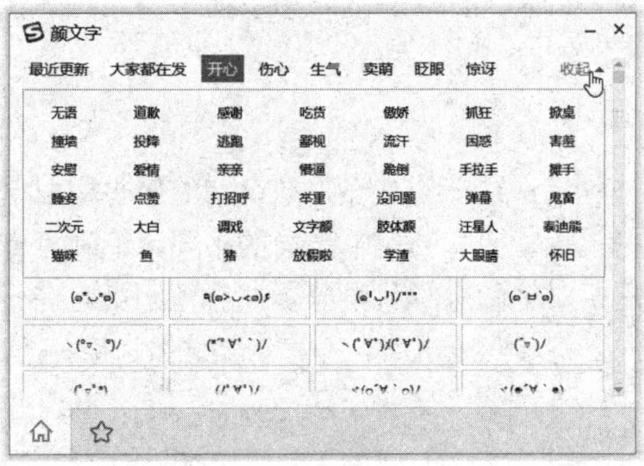

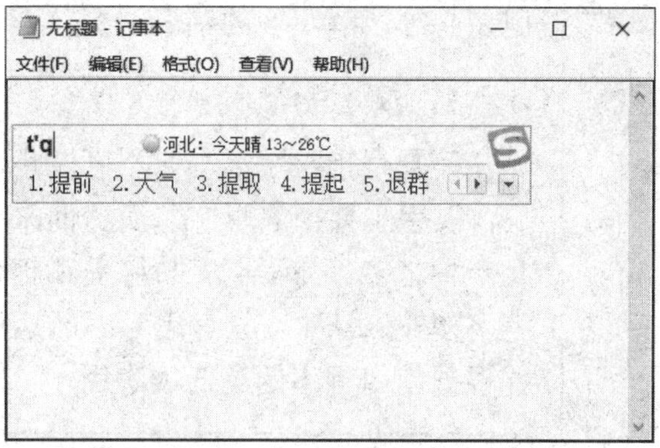

3.4 使用五笔字型输入法

五笔字型输入法是基于汉字的字形研发的输入法，只要了解汉字的字形即可进行输入。要掌握该输入法的使用，必须了解汉字的字形。下面将详细介绍汉字的结构分析，汉字的字根、汉字的拆分方法以及五笔字型输入法的输入规则等内容。

3.4.1 添加五笔字型输入法

按照前面介绍的“添加与删除输入法”的方法可以添加系统自带的“微软五笔”输入法，单击“添加键盘”按钮，选择“微软五笔”输入法即可，如下图（左）所示。

打开文字编辑软件，并切换为微软五笔输入法，通过输入文字或词语的编码即可快速输入文字，如输入 rspb 即可快速输入“打字”两字，如下图（右）所示。也可从网上下载并安装第三方五笔输入法，如搜狗五笔输入法、极品五笔输入法等。

电脑小专家

问：怎样个性化设置搜狗拼音输入法？

答：右击输入法状态条，选择“设置属性”命令，在弹出的对话框中进行所需的设置即可。

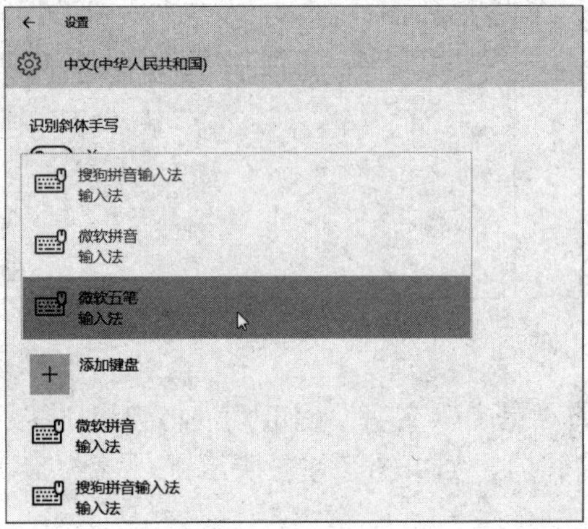

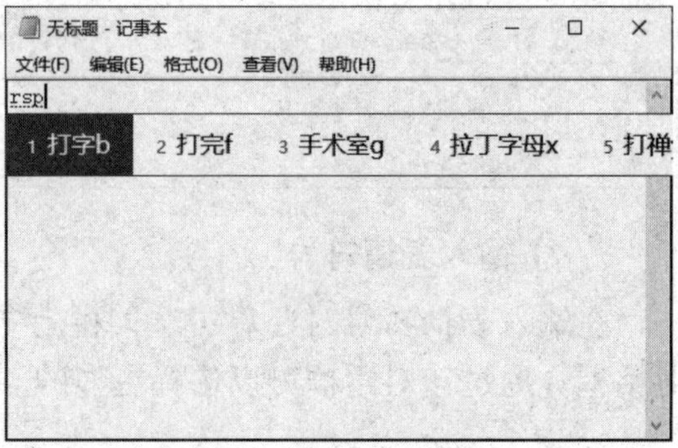

3.4.2 汉字的结构分析

五笔字型输入法是基于汉字的字形研发的输入法，所以要想掌握该输入法的使用，必须了解汉字的字形结构特点。

新手巧上路

问：折笔的笔画形状为什么为“乙”？

答：因为折笔的变形较多，所以此处所有的折笔画均用“乙”代替。

1. 汉字的笔画

笔画是指汉字书写时不间断地一次连续写成的一个线条，是汉字的最小构成单位。汉字主要由象形文字演变而来，根据长短、曲直和运笔走向的不同，笔画可有几十种之多。为了更容易接受和记忆，需要对笔画进行科学分析并合理归类。在五笔字型输入法中，只考虑笔画的运笔方向，将其归于五类，即横、竖、撇、捺、折，并根据使用频率的高低依次用 1、2、3、4、5 编码，详见下表。

笔画编码	笔画名称	笔画走向	笔画形状
1	横	左—右	一
2	竖	上—下	丨
3	撇	右上—左下	丿
4	捺	左上—右下	、
5	折	带转折	乙

在五笔字型中可以将基本笔画与其变形笔画视为同一笔画，原因如下：

- 当一些独体字在用作合体字的偏旁部首时，有些笔画会发生变化，如“培”字的偏旁“土”的第二个笔画横变为了“提”，但仍然认为它是横。
- 有一些旧体字的竖笔带左钩，如“木”字，所以同样将其视为竖笔。
- 其他的一切转弯、带钩的笔画均做折处理。

2．汉字的字型

字根在组成汉字时，根据位置关系可以将成千上万个方块汉字分为三种类型：左右型、上下型和杂合型，字型代号为 1~3，详见下表。

字型代号	字型名称	示　例	说　明
1	左右型	好 街 结 数	字根之间可以有间距，总体左右排列
2	上下型	吕 意 萌 盟	字根之间可以有间距，总体上下排列
3	杂合型	本 重 头 且 困 凶 年 果	字根之间虽有间距，但不分上下左右，即不分块

3.4.3 汉字的字根

凡使用过字典的人，对横、竖、撇、捺、折、单人旁、三点水、提手旁等偏旁部首的名称都不会陌生。在五笔字型输入法中，同样以偏旁部首为基本单位，被称为字根。五笔字型输入法中所选取的字根与字典中的偏旁部首并不完全相同，但其作用大致相同。五笔字型输入法的设计者根据汉字的结构精心选取了 125 个基本字根。

五笔字型输入法设计者按照分区划位原则，兼顾其键位设计的需要，将键盘共划分为五个区域，分别用 1~5 进行编号，每个区又分成五个位，同样用 1~5 进行编号。这样就得到 11~15、21~25、31~35、41~45 和 51~55 共 25 个键位，如下图所示。

字根是五笔字型中最基本的组字单位，基本字根有 125 个，加上一些基本字根的变形字根，共有 200 个左右，分别对应在键盘上的 25 个字母键上，如下图所示。

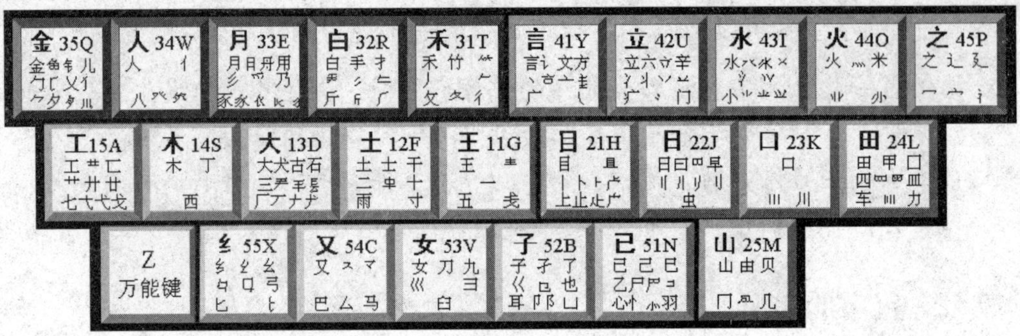

要想熟练使用五笔字型输入法，字根的分布是必须要记住的。下面给出一首字根口诀，并针对其中比较难理解的部分进行介绍，读者可以对照字根分布图进行记忆，详见下表。

区位号	键位	口诀	难点
11	G	王旁青头戋五一	“兼”与“戋”同音
12	F	土士二干十寸雨	
13	D	大犬三羊古石厂	“羊”指羊字底
14	S	木丁西	
15	A	工戈草头右框七	“右框”即“匚”
21	H	目具上止卜虎皮	“具”指具字的上半部
22	J	日早两竖与虫依	“两竖”指“刂”及其所有变形
23	K	口与川，字根稀	
24	L	田甲方框四车力	“方框”即“口”
25	M	山由贝，下框几	
31	T	禾竹一撇双人立， 反文条头共三一	“双人立”指“彳”，“条头”即“夂”
32	R	白手看头三二斤	“看头”指的是“ ”
33	E	月彡（衫）乃用家衣底	“家衣底”即“豕、𧘇”
34	W	人和八，三四里	“人、八”在34键位上
35	Q	金勺缺点无尾鱼，犬旁留儿一点夕，氏无七（妻）	“无尾鱼”指“鱼”，“犬旁”指“犭”，“留叉儿”即“乂”和“儿”）
41	Y	言文方广在四一， 高头一捺谁人去	“高头”即“亠”，“谁人去”指去“亻”和“讠”剩下“主”

提示您

少数字根（尤其是变形字根）在助记词中表述得不是很明确，所以读者在记忆口诀时最好对照字根分布图，以避免口诀与字根不能对应记忆的情况。

多学点

要注意有些字的字根虽然连着，但在五笔中不认为它们是相连的，如“足、充、首、左、页”等。

续表

区位号	键位	口诀	难点
42	U	立辛两点六门病（疒）	两点的变形较复杂，读者需特别记忆
43	I	水旁兴头小倒立	指字根“氵、⺍、⺌、⺍、⺌”等
44	O	火业头，四点米	“业头”即“⺌”
45	P	之宝盖，摘礻（示）衤（衣）	“摘示衣”指“礻、衤”摘除末笔画，即“礻”
51	N	已半巳满不出己，左框折尸心和羽	“左框”即“コ”
52	B	子耳了也框向上	“框向上”即“凵”
53	V	女刀九臼山朝西（彐）	“山朝西”即“彐”
54	C	又巴马，丢矢矣（厶）	“矣”去“矢”为“厶”
55	X	慈母无心弓和匕，幼无力（幺）	“母无心”即“⺄”，“幼”去“力”为“幺”）

五笔字根在键盘上的分布具有以下规则：

（1）区号按起笔的笔画横、竖、撇、捺、折划分，如“禾、白、月、人、金”等字的首笔均为撇，撇为第 3 区，编号为 3，所以它们都被分配在 3 区。也就是说，以撇为首笔的字根，其区号为 3。

（2）一般说来，字根的次笔编号尽量与其所在的位号一致，如“土、白、门”等字的第 2 笔均为竖，竖的代号为 2，故它们的位号都为 2。但是，并非所有字根都完全如此，还存在特殊情况，如“工”字的次笔为竖（代号应为 2），但是它被放在了 15 位，而不是 12 位。

（3）单笔画与复笔画字根尽量与位号一致。例如，单笔画：一、丨、丿、丶、乙都在第 1 位，两个单笔画的复合字根：二、刂、⺈、冫、巛都在第 2 位，3 个单笔画的复合字根：三、川、彡、氵、巛都在第 3 位，依此类推。

3.4.4 字根间的关系

汉字都是由字根组成的，包括没有入选为基本字根的单体结构（注意，并不一定是汉字），也全部是由字根与字根组合或字根与单笔画组合而成。在组合成汉字时，字根之间存在一定的位置关系，这些位置关系大致可分为四种类型，分别为单、散、连、交。

1．单

单是指由一个基本字根单独构成汉字。例如：

土 寸 石 工 虫 人 广 水 心 马

2. 散

散是指构成汉字的各基本字根之间存在一定的距离。例如：

杏 = 木 + 口　　邵 = 刀 + 口 + 阝

汗 = 氵 + 干　　蝴 = 虫 + 古 + 月

3. 连

连是指构成汉字的基本字根之间是相连的关系。一般包含以下两种情况：

（1）单笔画与字根之间相连。例如：

自 = 丿 + 目　　天 = 一 + 大

千 = 丿 + 十　　且 = 月 + 一

（2）连的另一种情况是“带点结构”，这种情况下的字根与单笔画之间不能当作散的关系。例如：

太 = 大 + 、　　术 = 木 + 、

勺 = 勹 + 、　　主 = 、 + 王

示例中的点，距离稍远也可，近也可，连也可，不连也可。为了使问题更加简单、明了，五笔字型中规定，一个基本字根之前或之后的孤立点，一律看作是与字根相连。由此可以看出，一切基本字根与单笔画相连之后所形成的汉字，都不能分为几个保持一定距离的部分，因此，在判断这一类汉字的字型时只能是第三类字型，即杂合型。

4. 交

交是指汉字由多个字根交叉套叠而成。例如：

里 = 日 + 土　　农 = 冖 + 𧘇

夫 = 一 + 大　　夷 = 一 + 弓 + 人

由此可以看到，所有由多个字根相交组成的汉字，字根之间是没有间隔的，在判断这一类汉字的字型时，它们都属于杂合型。

电脑小专家

问：字型代码有什么用途？

答：字型代码不可以单独使用，它与汉字的末笔共同构成了末笔识别码，从而减少了重码的概率，提高了汉字录入的效率。

新手巧上路

问：会不会有些字根编码中没有？

答：有些部首很常用，但在五笔中没有被列为字根，比如“犭、礻、衤、革、骨、黑”等，例如“犭”，但可以拆成“、”和“丿”。

利用字根组合汉字时，还有一种情况是混合型的，即字根之间有的是散的关系、有的是连的关系，有的是交的关系，此类汉字也属于杂合型。例如：

奂 = ⺈ + 冂 + 大　　乎 = 丿 + 䒑 + 丨

丙 = 一 + 冂 + 人　　肃 = 彐 + 小 + 川

3.4.5 键面字的输入方法

拆分汉字的过程，也就是寻找汉字录入编码的过程。在五笔字型中，键面字就是指分布在键盘上的字根，主要包括键名字、成字字根和普通字根，如下图所示。其中，键名字和成字字根是两类比较特殊的汉字，其编码也不同于一般汉字。

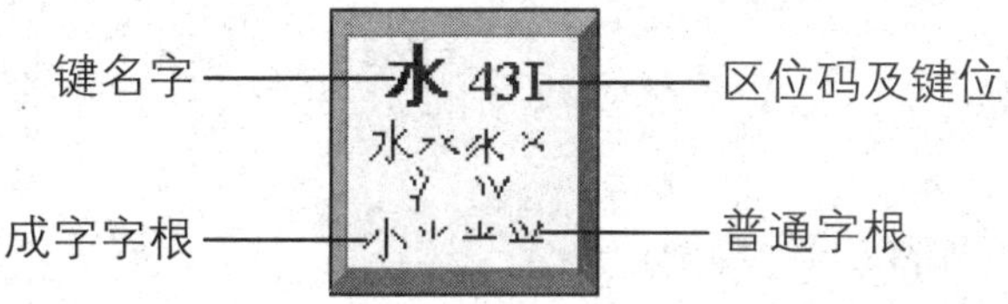

（1）键名字的输入

在五笔字型键盘上，每个键位的左上角都有一个完整的汉字，即键名字，它是所有字根中最具代表性的字根。键名字的编码规则很简单，只需要连续按四次其所在键位即可。例如：

王（GGGG）　木（SSSS）　金（QQQQ）

口（KKKK）　水（IIII）　女（VVVV）

五笔字型键盘上的键名字一共有 25 个，其编码分别如下：

王（GGGG）	土（FFFF）	大（DDDD）	木（SSSS）	工（AAAA）
目（HHHH）	日（JJJJ）	口（KKKK）	田（LLLL）	山（MMMM）
禾（TTTT）	白（RRRR）	月（EEEE）	人（WWWW）	金（QQQQ）
言（YYYY）	立（UUUU）	水（IIII）	火（OOOO）	之（PPPP）
已（NNNN）	子（BBBB）	女（VVVV）	又（CCCC）	纟（XXXX）

（2）成字字根的输入

每个键位上除了键名字外，还有一些完整的汉字，我们称其为成字字根。成字字根的编码规则如下：

成字字根=报户口（字根所在键位）+首笔代码+次笔代码+末笔代码

例如，“西”字所在键位为 S，其首笔为横，代码为 G，次笔为竖，代码为 H，末笔为横，代码为 G，所以“西”字的完整编码为 SGHG。

西 = 西 + 西 + 西 + 西（SGHG）

成字字根不足四码的，可补击空格键。例如，“刀”字只有两笔，其所在键位为V，首笔为折，代码为N，次笔为撇，代码为T，最后一码用空格补齐，所以“刀”字的完整编码为VNT+空格。

成字字根编码中的首笔、次笔和末笔均是指五种基本笔画，即横、竖、撇、捺、折，它们对应的字母键为G、H、T、Y和N，所以成字字根编码中，除该字根所在键位外，其他代码均为G、H、T、Y和N中一个或几个。

在成字字根中，单笔画字根是一个特殊的存在，如果按照成字字根的编码方法输入单笔画字根，则只有两码，即使补击空格键，也不能凑足四码。鉴于这种特殊情况，五笔字型规定单笔画字根的取码规则为：按两次字根所在键位，然后按两次【L】键。这里之所以使用【L】键，而不是使用别的按键，是因为【L】键除便于操作外，以竖为结尾的单体型汉字的识别键码是极不常用的，这足以保证编码的唯一性。

> **提示您**
> 在五笔字型中，成字字根共有65个。

五种单笔画的具体编码如下：

一（GGLL）　　丶（YYLL）
丨（HHLL）　　乙（NNLL）
丿（TTLL）

（3）普通字根的输入

对于除单笔画以外的字根来说，其输入方式与其他的成字字根相似，如输入字根“刂”，首先输入键名代码J，然后输入其第一笔和第二笔代码H、H，并补加空格即可；输入字根“冂”，同样先输入键名代码M，再输入第一笔代码H和第二笔代码N，然后补加空格即可。

> **多学点**
> 并不是所有普通字根都能进行输入，有很多字根是不能直接输入电脑中的。

3.4.6 汉字的拆分原则

使用五笔字型输入法进行汉字录入时，键名汉字和成字字根汉字只是汉字中极少的一部分，绝大多数情况下录入的汉字均为非键面汉字，这里可以称其为键外字。键外字的录入是五笔输入法学习的重点，下面将详细介绍键外字的拆分规则。

在拆分汉字时，通常一个汉字有多种拆分方法，而使用五笔字型输入法录入汉字，一个汉字只能有一种编码是正确的，因此，要想准确地录入汉字，必须掌握正确的拆分方法。汉字的具体拆分原则如下：

1．按照书写顺序拆分

在确保拆出来的字根是基本字根的前提下，按照书写顺序进行拆分。例如：

圆 = 囗 + 口 + 贝　　（正确：拆分顺序为“从外到内”）

圆 = 口 + 贝 + 囗　　（错误：拆分顺序为“从内到外”）

2．遵循“取大优先”原则

在保证书写顺序正确的情况下，拆分成尽可能大的基本字根，使其数目最少。例如：

章 = 立 + 早　　（正确：顺序正确，且字根数量最少）

章 = 立 + 日 + 十　　（错误：顺序正确，但字根数量多）

3．遵循“能散不连”原则

在保证书写顺序正确的情况下，能拆成“散”的形式就不要拆成“连”的形式。例如：

午 = 𠂉 + 十　　（正确：两个字根之间是“散”的关系）

午 = 丿 + 干　　（错误：单笔画与字根之间是“连”的关系）

4．遵循“能连不交”原则

在保证书写顺序正确的情况下，能拆成“连”的形式就不要拆成“交”的形式。例如：

于 = 一 + 十　　（正确：字根之间是“连”的关系）

于 = 二 + 丨　　（错误：字根之间是“交”的关系）

5．遵循“兼顾直观”原则

该原则是指拆分出的汉字字根要更简练，更易于辨认。例如：

羊 = 丷 + 手　　舟 = 丿 + 丹

生 = 丿 + 主　　自 = 丿 + 目

3.4.7 汉字的取码规则

在输入汉字之前需要先对其进行正确的拆分，然后按照字根选取该字的编码。由于不同汉字的字根个数不同，所以取码规则也有所不同。

1．拆分成两个字根的汉字

如果要输入的汉字只包含两个字根，则其取码方法为先取第一个字根的代码，再取第二个字根的代码，然后补加空格。用表达式表示为：

编码=第一个字根代码+第二个字根代码（+末笔识别码）+空格

例如，“吕”字可以拆分为两个“口”，但是只输入这两个字根并不能输入该字，这时需要补击空格键。

下面给出了一组此类汉字的具体拆分的过程和编码，以帮助中老年人熟练掌握。

习 = 习 + 冫 + 空格
困 = 囗 + 木 + 空格
无 = 二 + 儿 + 空格
里 = 日 + 土 + D（末笔识别码）
见 = 冂 + 儿 + B（末笔识别码）
灭 = 一 + 火 + I（末笔识别码）

2．拆分成三个字根的汉字

如果要输入的汉字能拆分成三个字根，则编码时应分别取第一个字根、第二个字根和第三个字根的代码，然后补加空格（或末笔识别码）。用表达式表示为：

编码=第一个字根代码+第二个字根代码+第三个字根代码+空格（或末笔识别码）

例如，“泥”字有三个字根“氵”、“尸”和“匕”，当输入三个字根的代码后，补加一个空格才能将其输入。

下面给出了一组此类汉字的具体拆分的过程和编码，以帮助中老年人熟练掌握。

串 = 口 + 口 + 丨 + 空格
麻 = 广 + 木 + 木 + 空格
死 = 一 + 夕 + 匕 + 空格
程 = 禾 + 口 + 王 + G（末笔识别码）
框 = 木 + 匚 + 王 + G（末笔识别码）
昏 = 𠂆 + 七 + 日 + F（末笔识别码）

3．拆分成四个及以上字根的汉字

如果汉字的字根数目为四个，则直接取四个字根的代码即可；若是汉字的字根总数在四个以上，那么在取码时就要舍弃一部分字根（即不参与录入字根），具体方法为：取第一个字根、第二个字根、第三个字根及末字根的代码。用表达式表示为：

编码=第一个字根代码+第二个字根代码+第三个字根代码+第四个（末）字根代码

电脑小专家

问：在汉字的拆分过程中，是不是所有键外字都遵循拆分原则呢？

答：不是的，有极少数的汉字拆分不完全遵循汉字拆分原则，需要特殊记忆。

新手巧上路

问：在五笔识别码的字型判断中应遵循什么原则？

答：凡单笔画与字根相连者或带点结构都视为杂合型；内外型字属杂合型；含两字根且相交者属杂合型；含“辶”的汉字属杂合型。

例如，汉字“容”包含四个字根，分别为“宀”、“八”、“人”和“口”，代码分别为 P、W、W 和 K，所以该字的编码为 PWWK；汉字“懂”的字根数大于四个，在取码时只需取第一、二、三和最末 4 个字根“忄”、“艹”、“丿”和“土”即可，其编码为 NATF。

下面给出了一组此类汉字的具体拆分的过程和编码，以帮助中老年人熟练掌握。

壁 = 尸 + 口 + 辛 + 土　　搭 = 扌 + 艹 + 人 + 口
潮 = 氵 + 十 + 早 + 月　　叠 = 又 + 又 + 又 + 一
照 = 日 + 刀 + 口 + 灬　　棒 = 木 + 三 + 人 + 丨

末笔字型识别码（也可以简称为“末笔识别码”），在五笔输入法中可以起到提高录入速度的作用。在正确录入一个汉字的所有编码且不足四码，而选字栏中还没有出现该字的情况下，可以补加一个末笔识别码进行输入。

末笔识别码主要用于区分拥有相同字根代码的汉字，五笔字型输入法将最常用的汉字排列在最前面，不常用的汉字排列在后面，并增加一个末笔识别码，以方便输入。

下表中详细列出了末笔识别码的具体使用规则。

字　型		左右型	上下型	杂合型
笔画	编号	1	2	3
横	1	11 （G）	12 （F）	13 （D）
竖	2	21 （H）	22 （J）	23 （K）
撇	3	31 （T）	32 （R）	33 （E）
捺	4	41 （Y）	42 （U）	43 （I）
折	5	51 （N）	52 （B）	53 （V）

例如，“代”和“仝”字拥有相同的字根编码，当按正确的顺序输入编码 WA 后，汉字提示信息框的首位将显示为“代”，而“仝”字列在第九位。此时若补加一个末笔识别码 F，将简化输入。根据上表所示，“仝”字的最后一笔为横，而该字又属于上下结构，所以末笔识别码取 F。

仝 = 人 + 工 + F（末笔识别码）

用于识别汉字的末笔，还有如下特殊规定：

- 所有包围型汉字中的末笔，规定取被包围部分的末笔。例如，“因”字末笔应取“、”，识别码为 I。
- 带“辶、走”等偏旁的半包围结构汉字规定取内部被包围部分的末笔作为末笔识别码。例如，“连”字末笔应取“丨”，识别码为 H。
- 对于末笔字根为“刀、九、力、匕”，而又需要识别时，一律用笔画“折”来识别。例如，“化”字的末笔识别码应取 N。
- “我、戈、成”等汉字应遵循“从上到下”的原则，取“丿”作为末笔。

3.4.8 简码的输入

为了提高汉字的录入速度，五笔字型引入了简码的概念，即将汉字中最常用的汉字编码进行简化，不需要输入所有编码，只输入前一、二或三码，即可将该汉字输入。

1．一级简码的输入

五笔字型输入法的设计者根据汉字的使用频率，将简码共设置了三个级别，即一级简码、二级简码和三级简码。一级简码的输入方法很简单，只需按一下简码字所在的按键，然后按一下空格，即可将其输入。

> **提示您**
>
> 偏旁部首的输入规则与成字字根的输入规则一样，即“编码=偏旁部首所在键位+首笔代码+次笔代码+末笔代码（末笔识别码）”。

五笔字型在众多汉字中挑出了使用频率最高的 25 个汉字，并将其分布在键盘的 25 个字母键位上，这 25 个汉字称为一级简码，如下图所示。

2．二级简码的输入

二级简码，只需要取汉字编码的前两码，即可将其输入。具体输入方法为取汉字的第一和第二个字根代码，然后按空格键。例如：

> **多学点**
>
> 并不是所有的汉字都能用二级简码来输入，五笔字型将一些使用频率较高的汉字作为二级简码，它同一级简码一样，需要用户进行记忆。

锭=钅+宀+空格（QP）　灿=火+山+空格（OM）
多=夕+夕+空格（QQ）　怪=忄+又+空格（NC）
胆=月+日+空格（EJ）　肌=月+几+空格（EM）
绿=纟+彐+空格（XV）　辽=辶+了+空格（BP）
肥=月+巴+空格（EC）　明=日+月+空格（JF）
瞳=目+立+空格（HU）　霜=雨+木+空格（FS）

3．三级简码的输入

三级简码的输入方法为敲击汉字的前三个字根代码，然后补加空格。只要一个字的前三个字根代码在整个编码体系中是唯一的，一般都会选为三级简码，共计 4 400 多个。

在输入该类汉字时，虽然要敲击空格键，这并没有减少敲击键盘的次数，但省略了最后一码或末笔识别码，从而减少了考虑的时间，同样实现了易学易用和提高编码输入速度的目的。下面给出一些三级简码的拆分实例。

壳=士+冖+几+空格	（FPM）		盟=日+月+皿+空格	（JEM）
唐=广+彐+丨+空格	（YVH）		蔼=艹+讠+日+空格	（AYJ）
般=丿+舟+几+空格	（TEM）		撮=扌+日+耳+空格	（RJB）
曼=日+四+又+空格	（JLC）		盖=丷+王+皿+空格	（UGL）
略=田+夂+口+空格	（LTK）		醋=西+一+廿+空格	（SGA）

3.4.9 词组的输入

五笔字型输入法以单字编码为基础，并且依据字型组成了与单字编码相兼容的大量词组编码。五笔字型编码方案中的词汇码全部来自于汉字的字型，一般不用特殊编码，也不用专门寻找词汇的规律。

1．双字词的编码规则

不论要输入的词汇是双字词、三字词、四字词还是多字词，五笔字型中的所有词组编码一律为等长的四码形式，且编码形式与单字相同。

双字词组在汉语词组中占有很大的比重，掌握双字词组的输入方法，可以在很大程度上提高录入速度。双字词组的具体编码规则为：

双字词组=第一个字的第一个字根代码+第一个字的第二个字根代码+第二个字的第一个字根代码+第二个字的第二个字根代码。

例如，词组“草药”，第一个字“草”的前两个字根为“艹”和“早”，代码分别为 AJ，第二个字“药”的前两个字根分别为“艹”和“纟”，代码分别为 AX，所以词组“草药”的编码为 AJAX。

2．三字词的编码规则

三字词的编码规则是：取前两个字的第一个字根代码，以及最后一个字的前两个字根代码，共四码。具体公式表达为：

三字词=第一个汉字的第一个字根代码+第二个汉字的第一个字根代码+第三个汉字的第一个字根代码+第三个汉字的第二个字根代码

例如，词组“动物园”，第一个字“动”的第一个字根为“二”，代码为 F；第二个字的第一个字根为“丿”，代码为 T；第三个字的前两个字根分别为“囗”和“二”，代码分别为 L 和 F，所以词组“动物园”的编码为 FTLF。

3．四字词的编码规则

汉语中的四字词组多为成语，其编码规则相对较简单，只需每个字取第一个字根代码即可。具体表达式如下：

四字词=第一个字的第一个字根代码+第二个字的第一个字根代码+第三个字的第一个字根代码+第四个字的第一个字根代码

例如，词组“邮政编码”，四个字的第一个字根分别为“由”、“一”、“纟”和“石”，其代码分别为 M、G、X 和 D，所以该词组编码为 MGXD。

4．多字词的编码规则

多字词组的拆分方法为：取前三个字的第一个字根代码和最后一个字的第一个字根代码。具体的表达式如下：

多字词=第一个字的第一个字根代码+第二个字的第一个字根代码+第三个字的第一个字根代码+末字的第一个字根代码

例如，词组“中华人民共和国”中，第一个字的第一个字根为“口”，编码为 K；第二个字的第一个字根为“亻”，代码为 W；第三个字的第一个字根为“人”，编码为 W；最后一个字的第一个字根为“囗”，代码为 L，所以该词组的编码为 KWWL。

电脑小专家

问：若在输入四字或多字词组中包含键名字或成字字根，该怎么输入呢？

答：只需按其所在键位即可。

3.5 使用打字软件进行打字练习

金山打字通是由金山公司推出的一款功能齐全、数据丰富、界面友好的打字练习软件。它提供了英文打字、拼音打字和五笔打字三种主流输入法的针对性练习，每种输入法从易到难逐步提高，能有效地提高用户的打字速度。下面将介绍如何使用金山打字通进行打字练习。

新手巧上路

问：在五笔字型输入法中，重码字对录入速度的影响大吗？

答：不大，因为在五笔字型输入法中重码字本来就极少，当出现重码字时又默认将最常用的汉字放在汉字提示框的首位。

3.5.1 安装金山打字通

要使用金山打字通进行打字练习，需要先将其安装到电脑中，具体操作方法如下：

第1步 单击“免费下载”按钮 打开网页浏览器，在地址栏中输入网址 51dzt.com，按【Enter】键确认，即可打开金山打字通首页，单击“免费下载”按钮。

第2步 单击“打开文件夹”按钮 开始下载金山打字通软件，等待软件下载完成后单击“打开文件夹”按钮。

第3步 **双击安装程序** 在打开的窗口中可以看到下载的安装程序，双击该安装程序。

第4步 **启动安装向导** 弹出金山打字通安装向导，单击"下一步"按钮。

第5步 **接受许可协议** 进入"许可证协议"界面，单击"我接受"按钮。

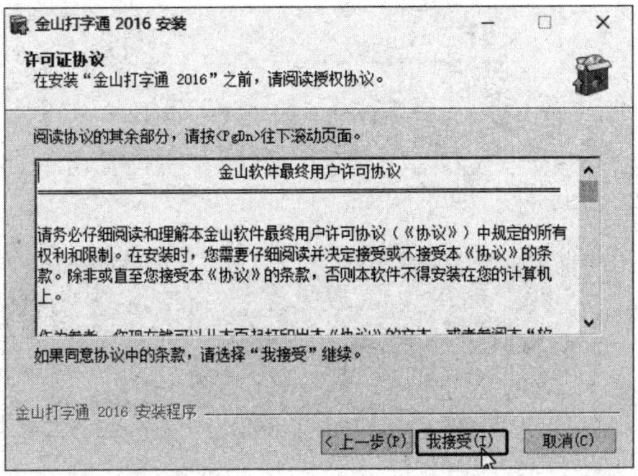

第6步 **取消选中 WPS Office** ❶取消选中 WPS Office 复选框。❷单击"下一步"按钮。

第7步 **设置安装位置** 在此保持安装位置不变，单击"下一步"按钮。

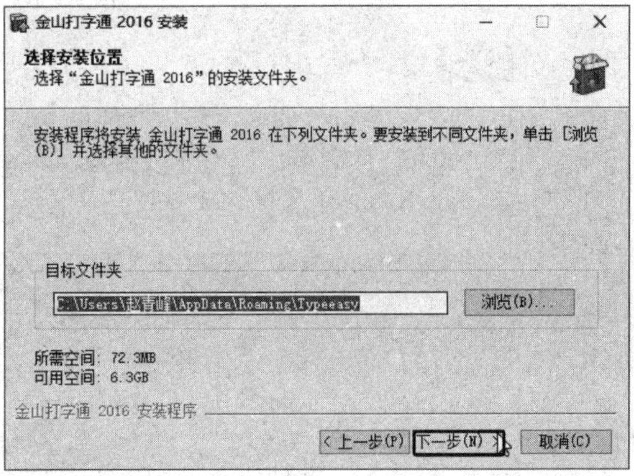

第8步 **输入名称** 在此保持默认名称不变，单击"安装"按钮。

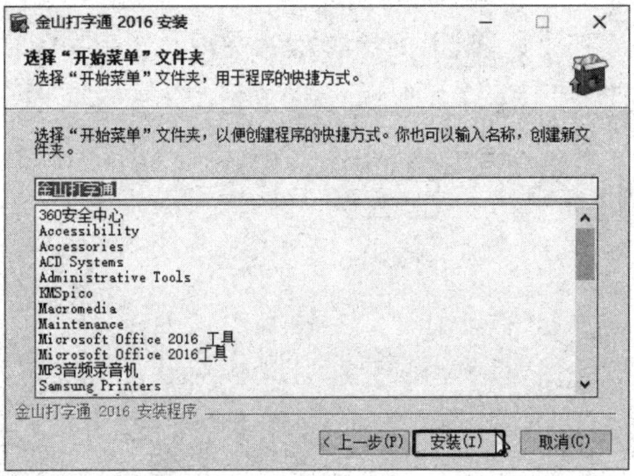

第9步 单击“下一步”按钮 开始安装金山打字通，并显示安装进度，单击“下一步”按钮。

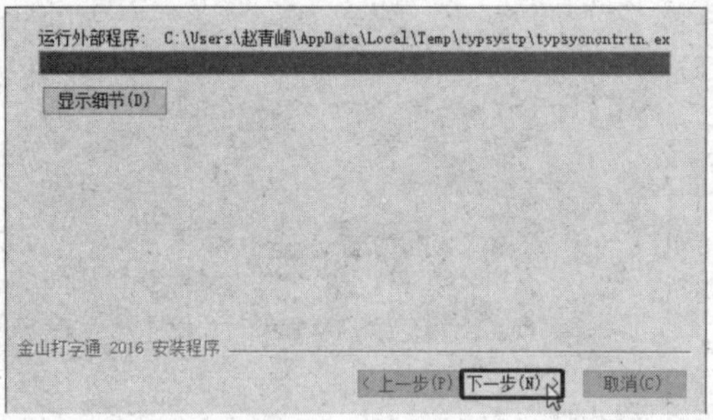

第10步 完成安装 ❶ 取消选中不需要的复选框。❷ 单击“完成”按钮。

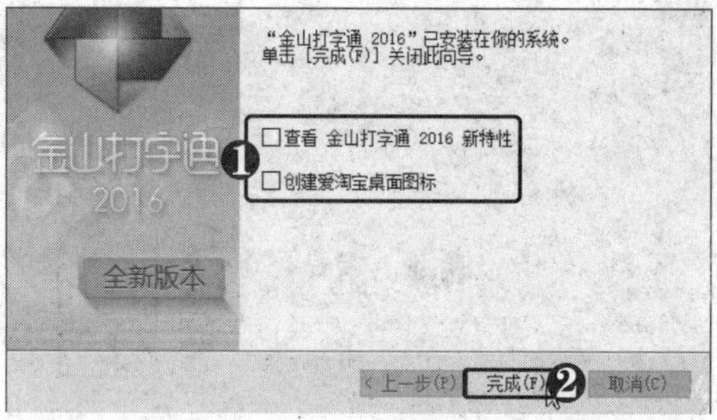

提示您

使用“金山打字通”软件，还可以针对经常出现错误的汉字进行练习。

3.5.2 键盘指法练习

如果对键盘上的各个键位还不熟悉，可以使用金山打字通的“新手入门”和“英文打字”功能来掌握键盘的使用方法，具体操作方法如下：

第1步 启动金山打字通 从“开始”菜单启动金山打字通，或双击桌面上的“金山打字通”快捷图标启动该程序，单击“新手入门”按钮。

多学点

在“金山打字通”软件中创建多个用户，可以对用户的练习成绩分开记录。

第2步 创建昵称 弹出“登录”对话框，❶ 输入昵称。❷ 单击“下一步”按钮。

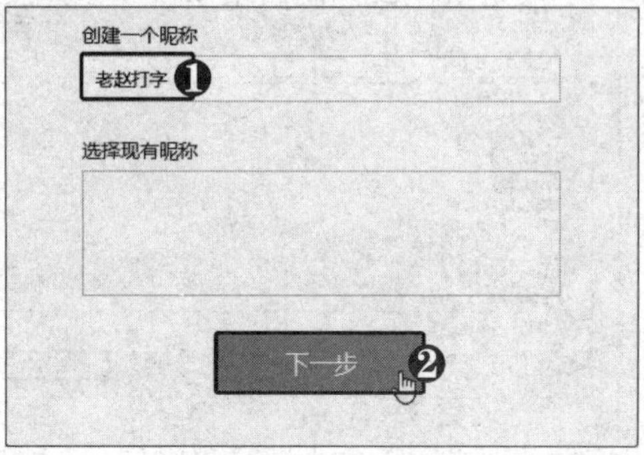

第3步 关闭对话框 设置绑定QQ号码，如果暂时不绑定，可单击右上角的“关闭”按钮。

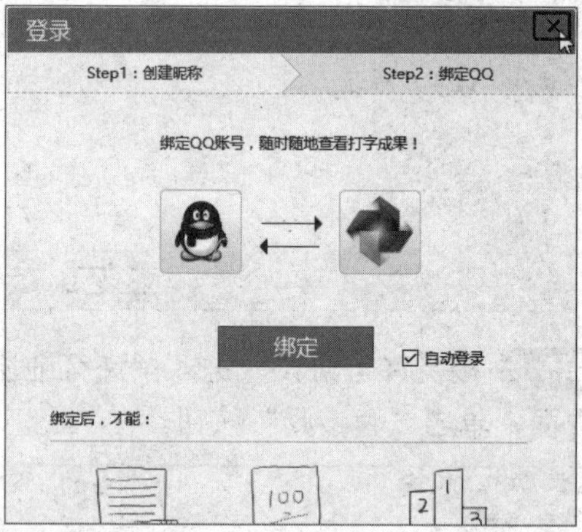

第4步 创建账户 此时即可创建一个登录账户，在金山打字通窗口右上方可以看到该账户名称。

第5步 选择练习模式 在主界面中单击“新手入门”按钮，弹出对话框，❶选择“自由模式”。❷单击“确定”按钮。

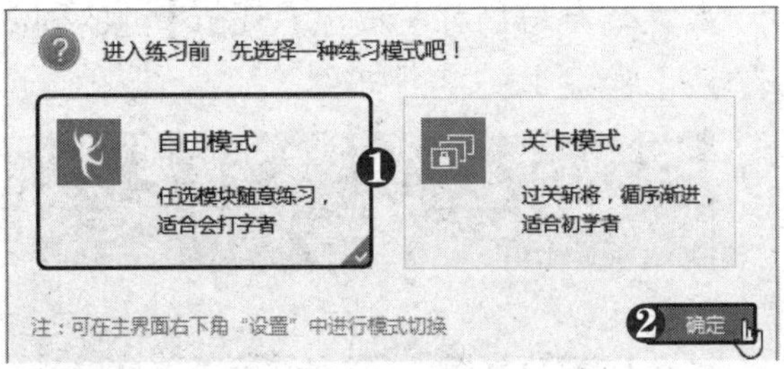

第6步 单击“打字常识”按钮 再次单击“新手入门”按钮，进入“新手入门”界面，单击“打字常识”按钮。

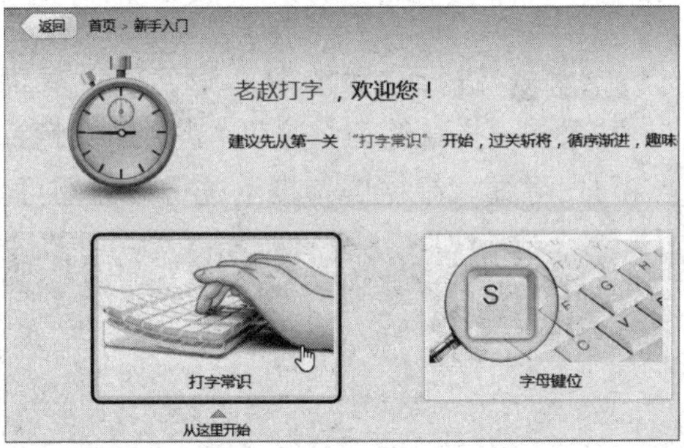

第7步 查看键盘布局 进入“打字常识”界面，查看键盘布局介绍，单击“下一步”按钮。

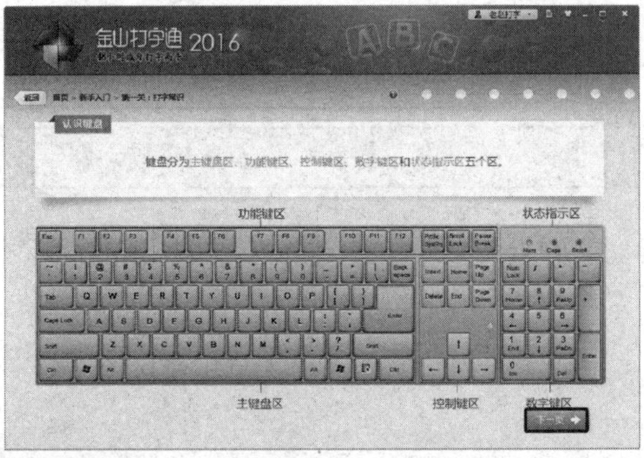

第8步 返回上一界面 依次查看打字姿势、基准键位、手指分工、NumLock 的使用方法、小键盘基准键位及手指分工等知识，单击左上方的“返回”按钮，返回上一界面。

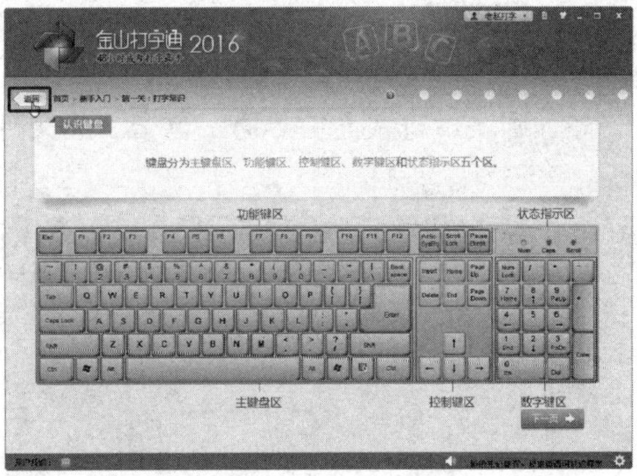

第9步 单击“字母键位”按钮 在“新手入门”界面中单击“字母键位”按钮。

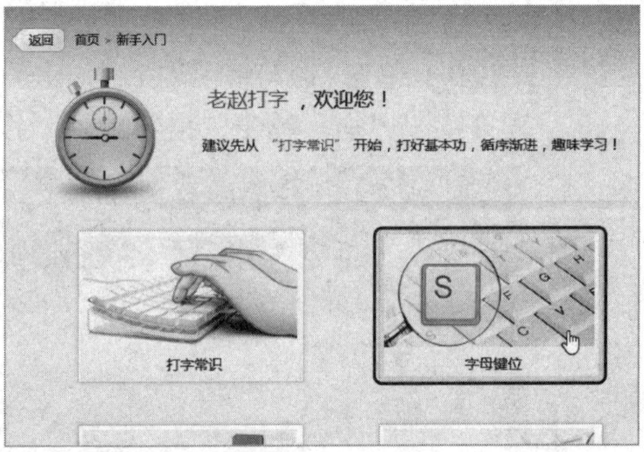

第10步 按提示练习键位 进入“字母键位”界面，按照界面上方提示的按键在键盘上按对应的按键。同样，可以在“新手入门”界面中进行“数字键位”、“符号键位”及“键位纠错”练习。当按键错误时程序会给出提示，并显示正确的按键位置和对应手指。

第11步 **单击“英文打字”按钮** 要进行综合键位练习，可进行英文打字练习。返回金山打字通主界面，单击“英文打字”按钮。

第12步 **单击“语句练习”按钮** 进入“英文打字”界面，单击“语句练习”按钮。

第13步 **进行语句练习** 进入“语句练习”界面，按照屏幕上方提示逐个输入字母，在输入时注意区分大小写。要临时输入大写字母，可在按住【Shift】键的同时按下键盘上的字母按键。

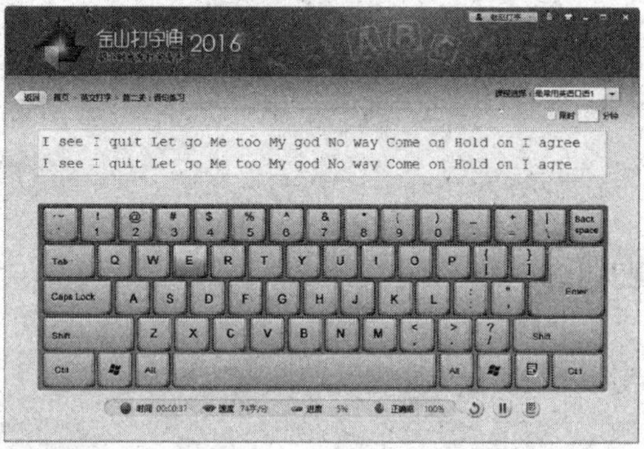

第14步 **进行文章练习** 返回上一界面并单击“文章练习”按钮，进入“文章练习”界面，根据屏幕提示进行练习即可。

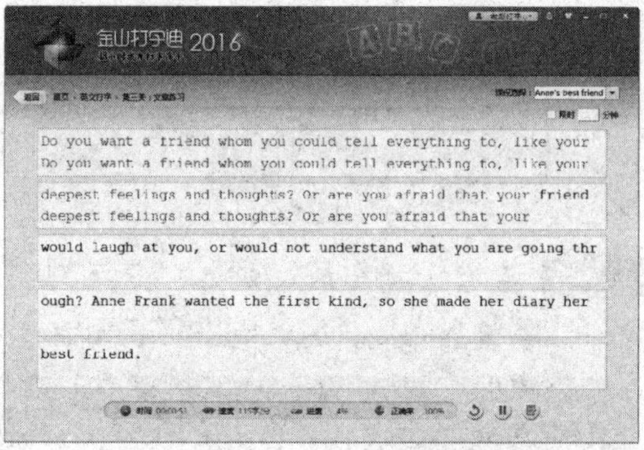

3.5.3 拼音打字练习

金山打字通的“拼音打字”练习包含音节练习、词组练习和文章练习三个阶段，具体操作方法如下：

第1步 **单击“拼音打字”按钮** 在金山打字通主界面中单击“拼音打字”按钮。

电脑小专家

问：在进行打字练习时，如何去掉打字音效？

答：在打字界面右上角单击“设置”按钮，在弹出的对话框中可取消按键音效。

新手巧上路

问：怎样对电脑上的记事本文件进行打字练习？

答：使用金山打字通进行文章练习，在选中课程时单击“自定义课程”按钮，然后导入电脑中的记事本文档即可。

第2步 **单击“音节练习”按钮** 进入“拼音打字”界面，单击“音节练习”按钮。

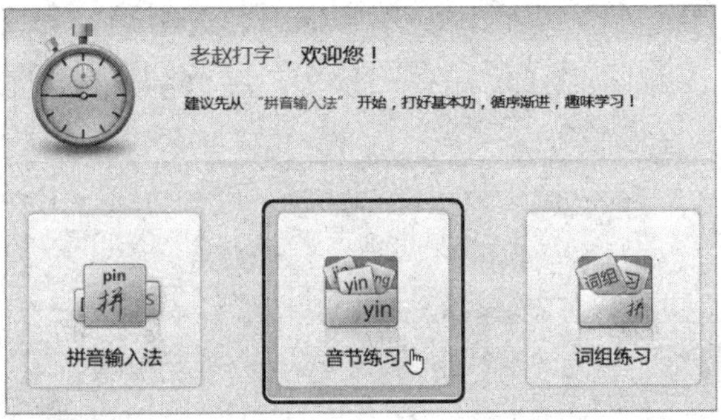

第3步 **音节练习** 进入“音节练习”界面，按照界面上方提示的字母在键盘上按对应的按键。

第4步 **选择课程** ❶在练习界面右上方单击“课程选择”下拉按钮。❷选择所需的项目。

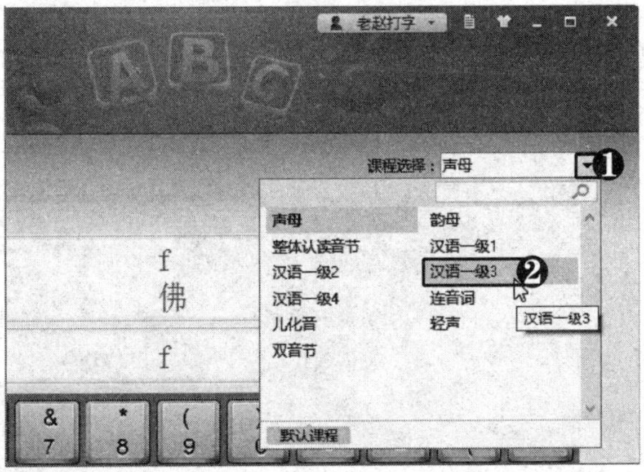

第5步 **进行打字练习** 此时即可切换打字课程，按照提示进行打字练习。

第6步 **词组练习** 返回上一界面，并单击“词组练习”按钮，进入“词组练习”界面。切换为搜狗拼音输入法，根据屏幕提示进行练习。

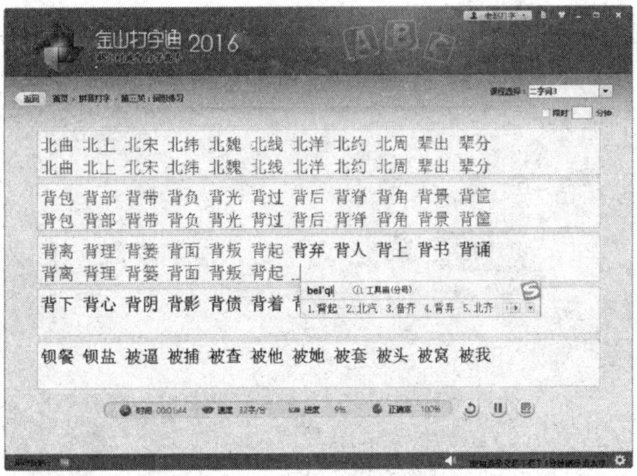

第7步 **文章练习** 返回上一界面，并单击“文章练习”按钮，进入“文章练习”界面。切换为搜狗拼音输入法，根据屏幕提示进行练习。

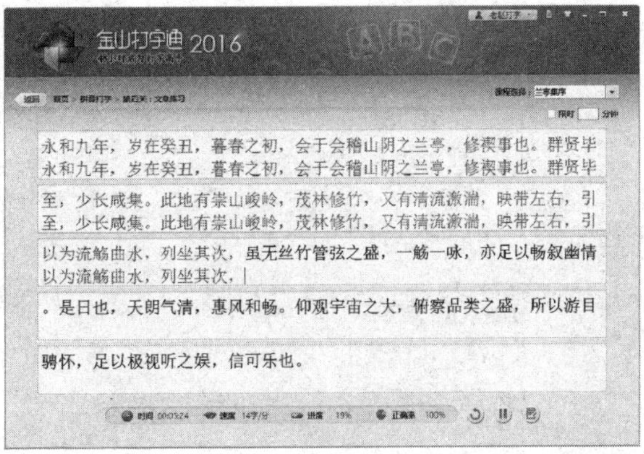

3.5.4 五笔打字练习

金山打字通的“五笔打字”练习主要包括字根练习、单字练习、词组练习和文章练习，可以帮助用户更快地熟练记忆五笔字根在键盘上的分布，以及掌握汉字的拆分方法，具体操作方法如下：

提示您

在使用“金山打字通”练习五笔打字时，应重点练习双字词的编码，因为汉字中大部分词语均为双字词。

第1步 单击“五笔打字”按钮 在金山打字通主界面中单击“五笔打字”按钮。

第2步 单击“字根分区及讲解”按钮 进入“五笔打字”界面，单击“字根分区及讲解”按钮。

多学点

在进行简码练习时，可将重点放在二级简码上，因为一级简码可以很轻松地进行记忆，而三级简码掌握拆分方法即可。

第3步 单击“跳过讲解”按钮 在打开的界面中可以查看有关五笔字根的相关知识，单击“跳过讲解”按钮。

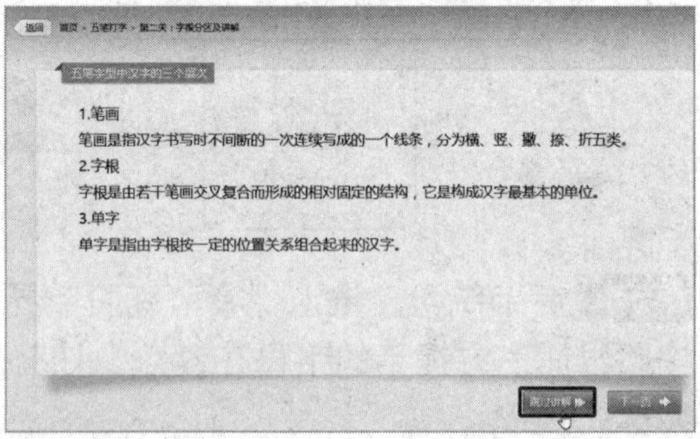

第4步 横区字根练习 进入“横区字根”练习界面，根据界面上方提示的字根依次按下与其对应的按键进行练习。

第5步 选择课程 ❶在字根练习界面右上方单击“课程选择”下拉按钮。❷选择“综合练习”选项。

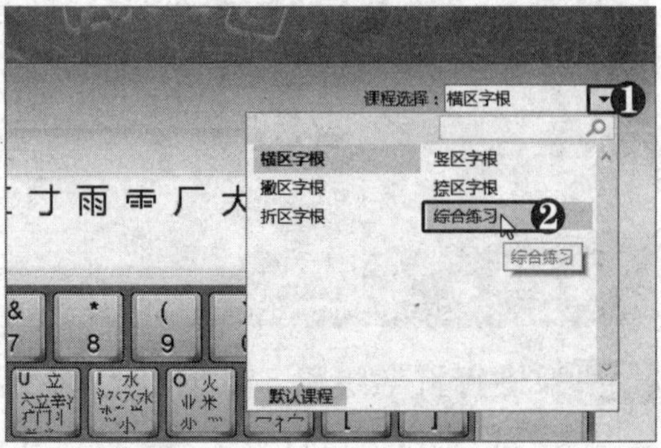

第6步 **综合练习字根** 切换到“综合练习”课程，根据屏幕提示按下相应的按键进行字根练习。

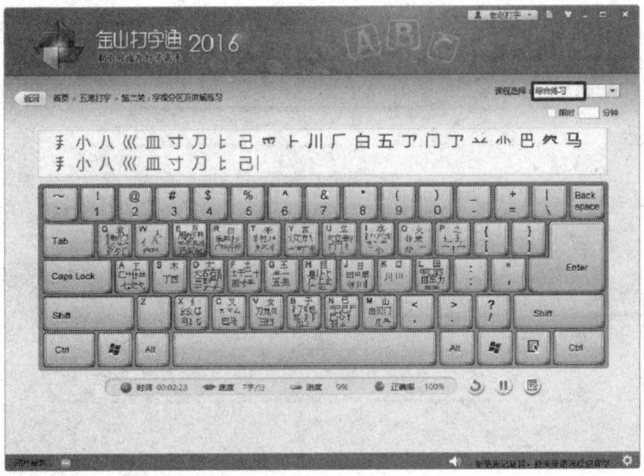

第7步 **单字练习** 返回“五笔打字”界面，单击“单字练习”按钮，进入“单字练习”界面，切换为五笔输入法进行练习即可。

第8步 **切换课程** 在“课程选择”下拉列表框中选择所需的课程，进行单字练习。

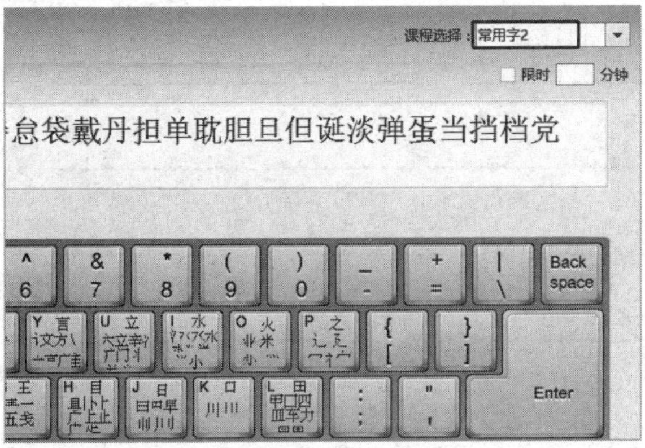

第9步 **取消编码提示** ❶单击右下角的“设置”按钮。❷在弹出的列表中取消选中“五笔编码提示”复选框，可隐藏五笔编码提示。

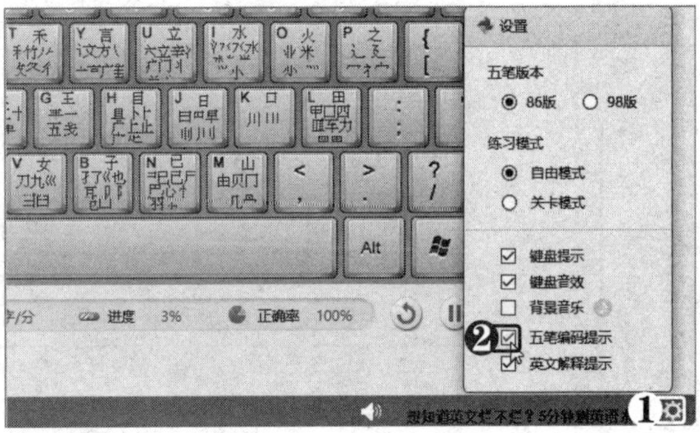

第10步 **词组练习** 返回“五笔打字”界面，单击“词组练习”按钮，进入“词组练习”界面，进行五笔输入法词组练习。

第11步 **文章练习** 返回“五笔打字”界面，单击“文章练习”按钮，进入“文章练习”界面，进行五笔输入法练习。

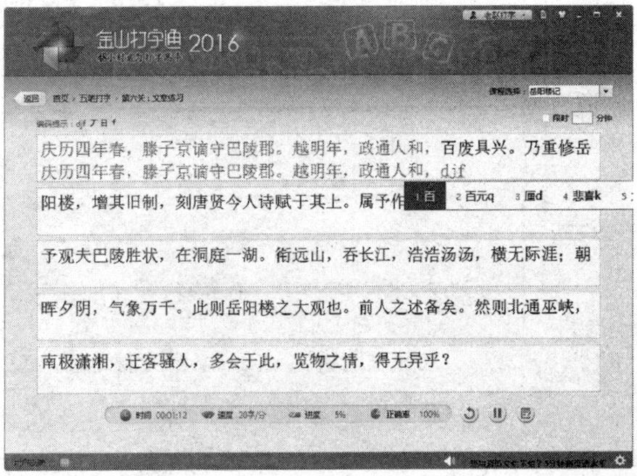

学习笔录

电脑小专家

问：怎样使用金山打字通练习效果会更好呢？

答：在练习字根时，可先进行分区练习，然后进行综合练习，再进行单字练习，循序渐进，逐步加强练习。

新手巧上路

问：在判断字形时，需要遵循什么特殊的原则吗？

答：在进行字形区分时，应遵循“能散不连”的原则。

第4章 易如反掌，文件管理有诀窍

章前导读

Windows 10 系统是通过文件资源管理器来存放和管理文件，它是系统自带的文件浏览程序。本章将学习如何使用文件资源管理器管理文件，帮助中老年人轻松整理电脑中的文件资料。

- 浏览文件与文件夹
- 文件和文件夹的基本操作
- 设置文件夹

小神通，电脑中的文件和文件夹对我来说很重要，应该怎么管理文件啊？

电脑用户几乎每天都在与文件和文件夹打交道，Windows 10 系统使用全新的文件资源管理器来管理用户的文件，而且非常高效、便捷。

在 Windows 10 系统中可以很方便地管理个人文件，如可以对文件进行快速打开、复制、移动、搜索、分组、排序、筛选与隐藏等操作。

4.1 浏览文件与文件夹

电脑中的用户资料都是以文件的形式保存的，在管理电脑资源的过程中需要随时查看文件，下面将详细介绍如何浏览和搜索文件。

4.1.1 认识文件与文件夹

提示您

硬盘是电脑的数据存储器，硬盘的容量一般以 GB 为单位，1GB = 1 024MB。

电脑中的文件是以单个名称在电脑上存储的信息集合，如编辑的文档、存放的照片和图片、安装的应用程序等，可以这样说，在电脑中看见的东西都可以称为文件。

在 Windows 10 系统中，在已经设置了显示文件扩展名的情况下，在电脑中看到的文件通常具有三个字母的文件扩展名，用于指示文件类型。例如，图片文件以 JPEG 格式保存时，文件扩展名为.jpg。

所有文件的标识都由两部分组成：图标和文件名。其中，文件名又由文件本身的名字和扩展名两部分组成，两者之间用一个点（分隔符）分开，如下图（左）所示。如果系统设置隐藏了文件扩展名，则不显示扩展名，只显示文件图标和文件名，如下图（右）所示。

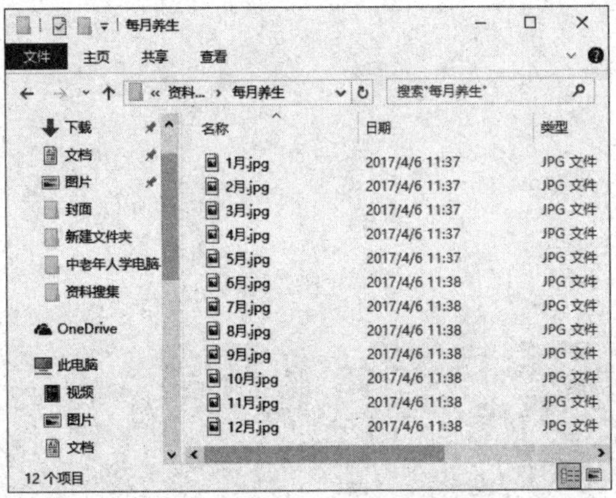

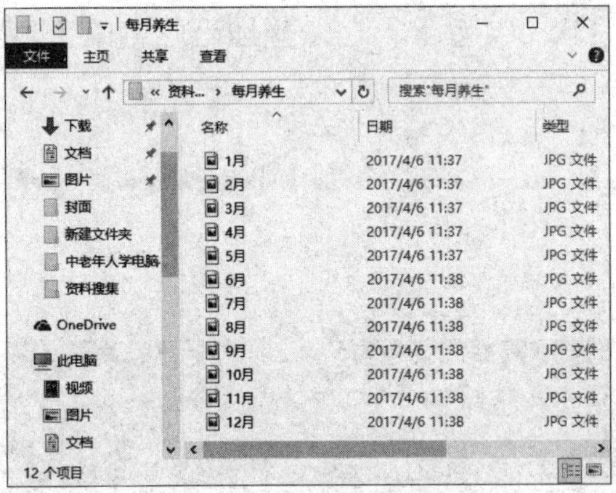

多学点

硬盘分区是指把硬盘的物理存储空间划分为多个逻辑区域，各个区域之间相互独立，即我们在"此电脑"窗口中看到的 C、D、E、F 等分区。

理解了什么是电脑中的文件，文件夹也就不难理解了。文件夹是用来分类存放文件，协助管理电脑文件的。它就像日常用于存储档案的档案柜中的众多抽屉一样，把不同类别的文件分门别类地存放在文件夹中，以便查找和使用。当打开一个文件夹时，它会以窗口的形式显示在桌面上；关闭文件夹时，则会变成一个图标，如右图所示。

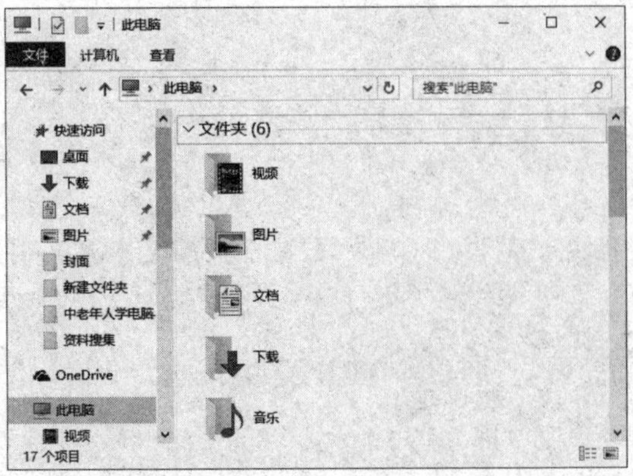

文件夹一般由图标和名称两部分组成，如右图所示。一个文件夹中不仅可以装入一个或多个文件，还可以装入一个或多个子文件夹，而这些子文件夹中又可以装一个或多个文件或子文件夹。

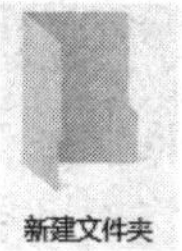

4.1.2 快速浏览电脑中的文件

要启动文件资源管理器有很多方法，如在桌面上双击“此电脑”图标，从“开始”菜单选择“文件资源管理器”程序，双击任意一个文件夹等。打开“文件资源管理器”窗口后，可以使用左侧的导航窗格浏览电脑中的所有文件，使用地址栏来快速更改位置。

1．使用“导航”窗格浏览文件

“导航”窗格位于文件夹的左侧，它提供的树形的文件系统结构使我们能更清楚、更直观地查看电脑的文件和文件夹。使用“导航”窗格浏览文件的具体操作方法如下：

第1步 **选择“文件资源管理器”选项** ❶单击“开始”按钮，打开“开始”菜单。❷选择“文件资源管理器”选项。

第2步 **启动文件资源管理器** 此时即可启动“文件资源管理器”，默认打开“快速访问”窗口，其中显示了最近访问的文件夹和最近使用的文件。

第3步 **双击磁盘** ❶在左侧“导航”窗格选择“此电脑”选项，打开“此电脑”窗口。❷双击要打开的磁盘，如双击“本地磁盘（F:）”。

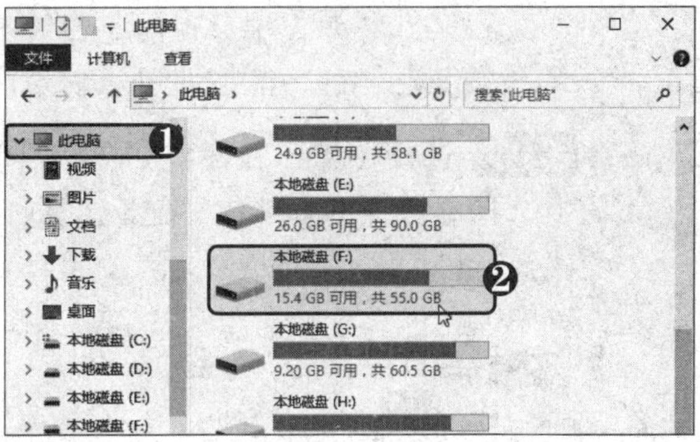

第4步 **打开磁盘** 此时即可打开F盘，在窗口上方地址栏中可以看到当前的窗口路径。

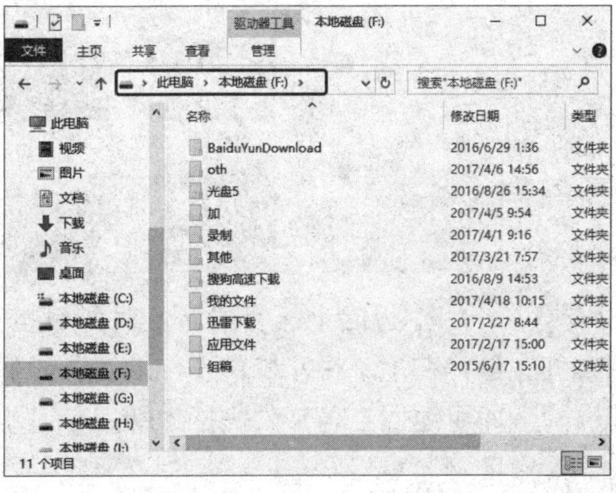

第5步 展开目录 在左侧“导航”窗格中单击文件夹左侧的“展开/折叠”按钮，即可展开该文件夹目录。根据需要依次展开要打开的文件夹，在“导航”窗格中单击文件夹，即可在窗口中显示其中的文件。

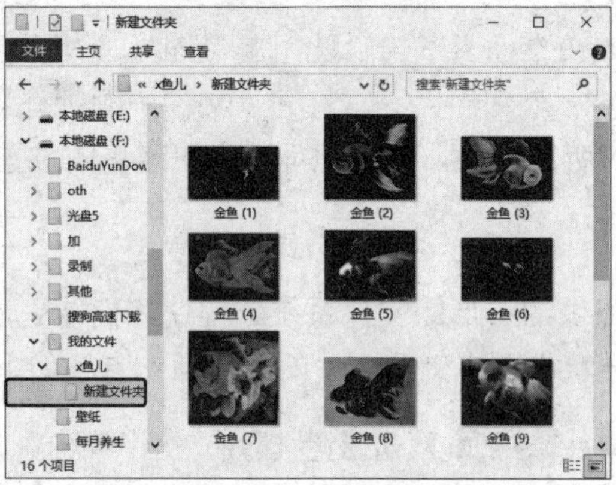

第6步 在新窗口打开 ❶在左侧“导航”窗格中右击要打开的文件夹。❷选择“在新窗口打开”命令，即可在新的文件资源管理器窗口打开该文件夹。

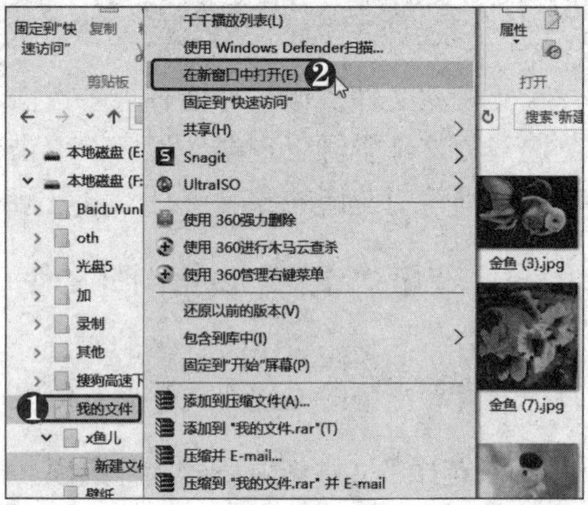

2. 使用地址栏浏览文件

在文件资源管理器窗口上方的地址栏中显示了当前文件夹的具体路径，通过地址栏及其左侧的功能按钮可以快速浏览电脑中的文件，具体操作方法如下：

第1步 选择位置 在左侧“导航”窗格中选择要打开的文件夹，在此选择“本地磁盘（E:）”。

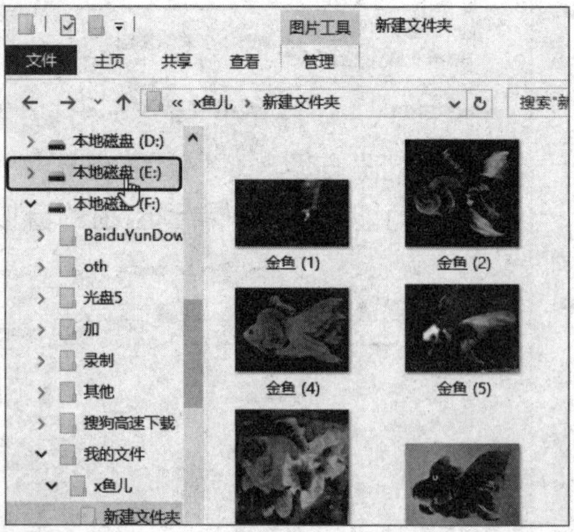

第2步 返回上级目录 此时即可打开E盘，在地址栏左侧单击“向上”按钮↑，即可返回当前文件夹的上级目录，即“此电脑”窗口。

第3步 打开最近访问的文件夹 ❶在地址栏左侧单击“最近浏览的位置”下拉按钮⌄。❷在弹出的列表中可以选择最近访问的位置。

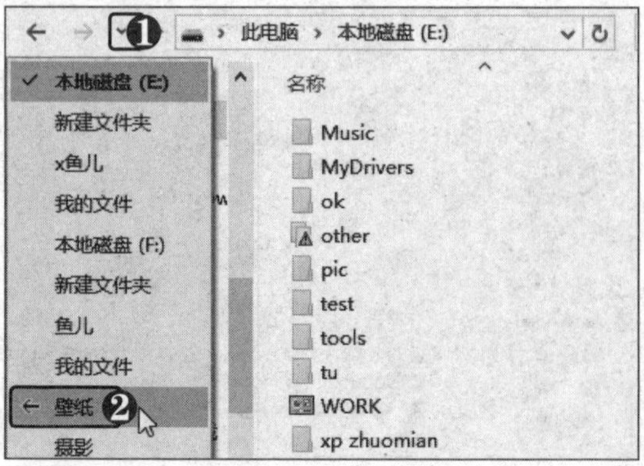

电脑小专家

问：如何获取文件路径信息？

答：选中文件后在“主页”选项卡下单击“复制路径”按钮，然后打开一个记事本程序，按【Ctrl+V】组合键进行粘贴，即可看到文件的路径信息。

新手巧上路

问：怎么打开常用位置？

答：在窗口左上方单击“文件”选项卡，在弹出的面板右侧可选择文件常用位置。

第4步 **返回上一个位置** 单击地址栏左侧的“返回”按钮←，即可返回上一个位置。

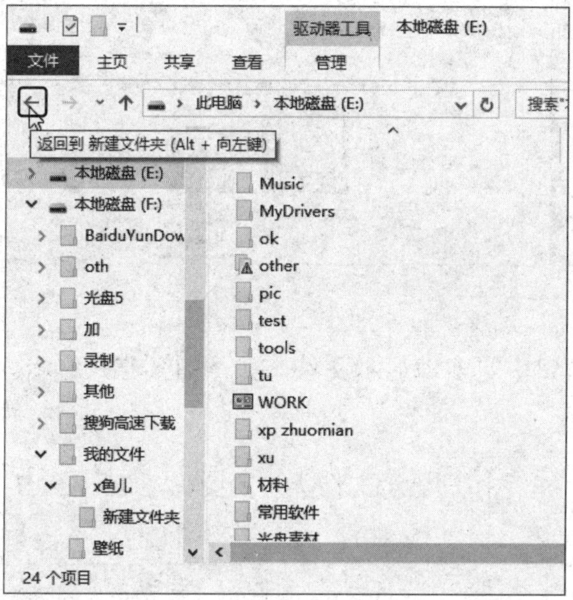

第5步 **从地址栏选择文件夹** 若要打开上级目录中的其他文件夹，❶ 在地址栏中单击上一级目录右侧的›按钮。❷ 选择所需的文件夹。

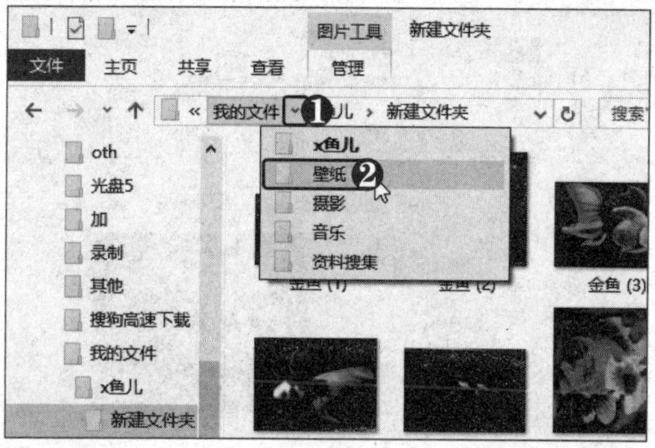

第6步 **打开指定文件夹** 此时即可打开指定的文件夹。

4.1.3 查看文件

当打开一个文件夹时，为了能够更清楚、更快捷地了解文件夹中包含的内容，可以按照自己的需要来选择文件和文件夹图标在文件资源管理器窗口中的显示方式。

对于中老年人来说，若要在不打开文件的情况下了解文件的内容，特别是对于图片类的文件，可以将其显示方式设置为大图标。

在 Windows 10 系统中包含多种文件的视图方式，其中：

（1）超大图标

文件以超大图标显示时，可以方便浏览文件内容，尤其对于图片文件，可以浏览其缩略图，如下图（左）所示。

（2）大图标

文件以大图标显示时，图标比超大图标略小，也可以粗略查看文件的内容，如下图（右）所示。

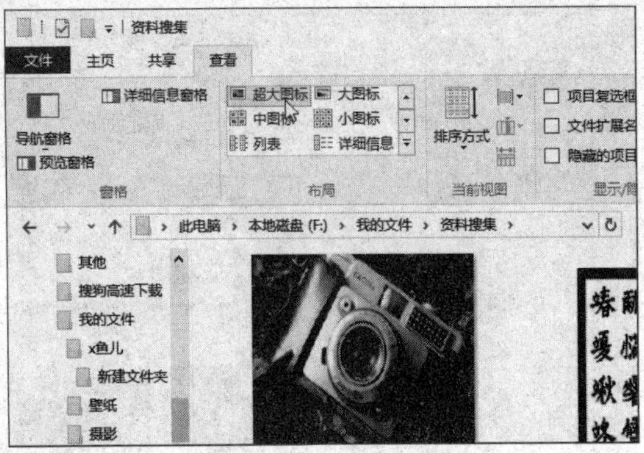
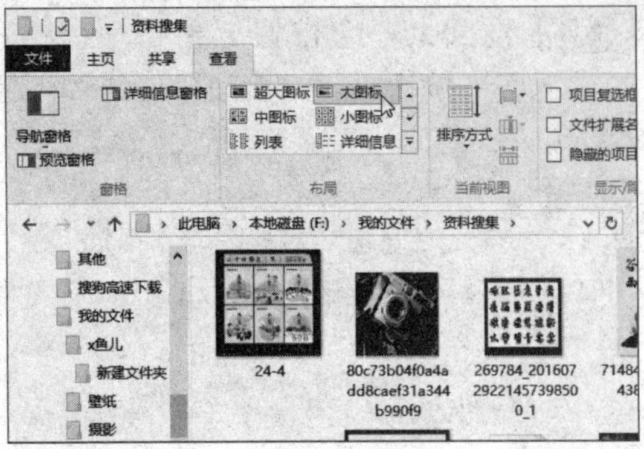

提示您

按【Windows+E】组合键，可快速打开文件资源管理器窗口。

（3）中等图标

文件以中等图标显示时，可以在窗口中更多地显示文件，如下图（左）所示。

（4）小图标

文件以小图标显示时，不显示文件缩略图，只显示文件类型的图标，如下图（右）所示。

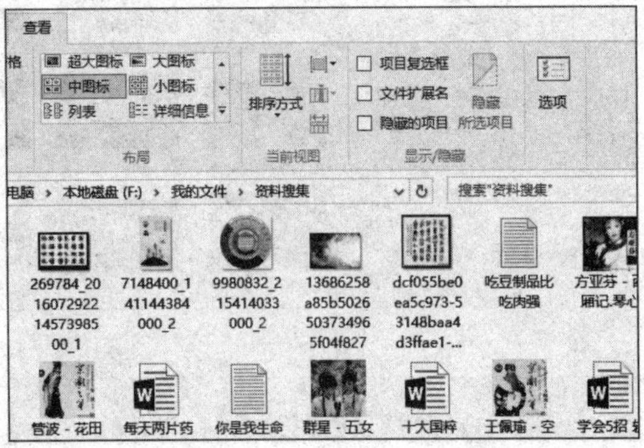
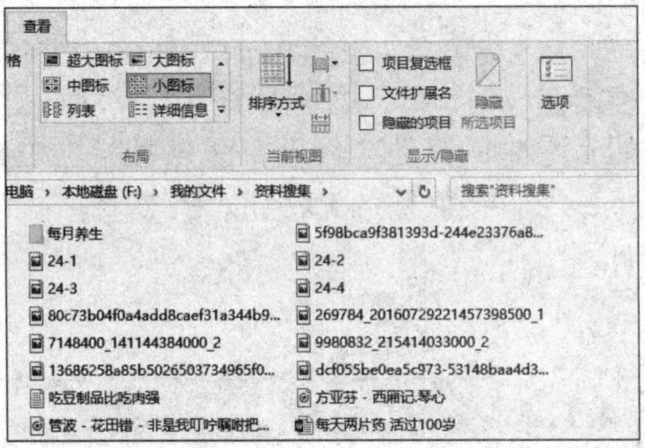

多学点

按住【Ctrl】键的同时滚动鼠标滚轮，也可更改文件查看方式。

（5）列表

文件以列表的形式进行排列时，适合文件较多时进行查看，并显示完整的文件名，如下图（左）所示。

（6）详细信息

文件以详细信息显示时，可以查看文件的各种信息，如创建日期、文件类型等，如下图（右）所示。

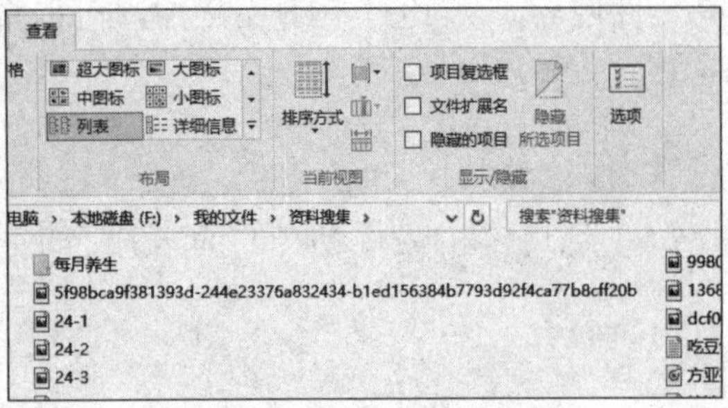
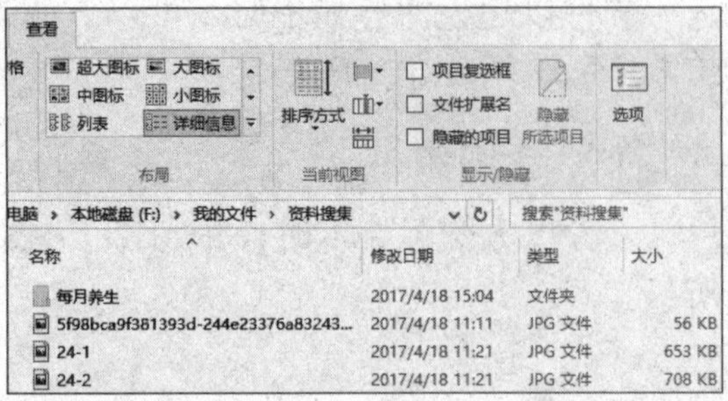

（7）平铺

文件平铺显示时，以 Windows 默认的标准来查看文件，这样可以了解文件的名称、类型和大小，如下图（左）所示。

（8）内容

文件以内容显示时，将显示文件名称、类型以及作者名称等，如下图（右）所示。

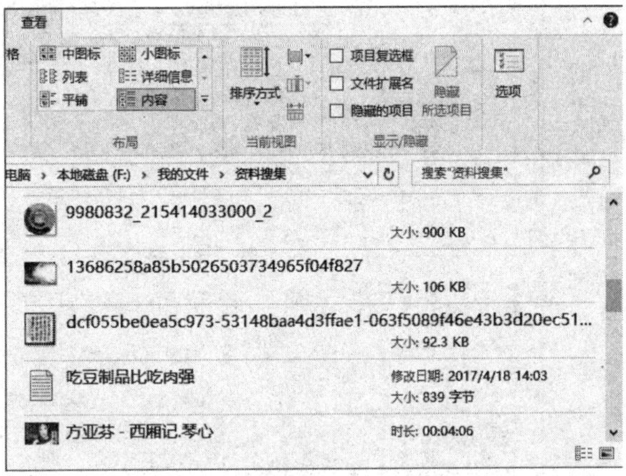

此外，单击窗口右下角的视图按钮，可以快速将文件切换为“大图标”或“详细信息”视图，如下图（左）所示。要显示文件的扩展名，可在“查看”选项卡下“隐藏/显示”组中选中“文件扩展名”复选框，如下图（右）所示。

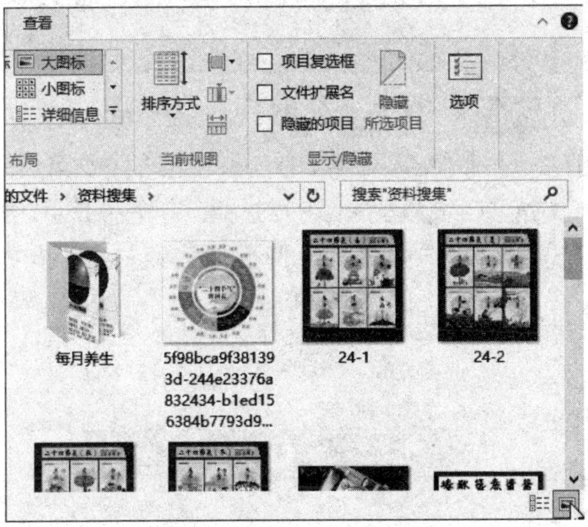

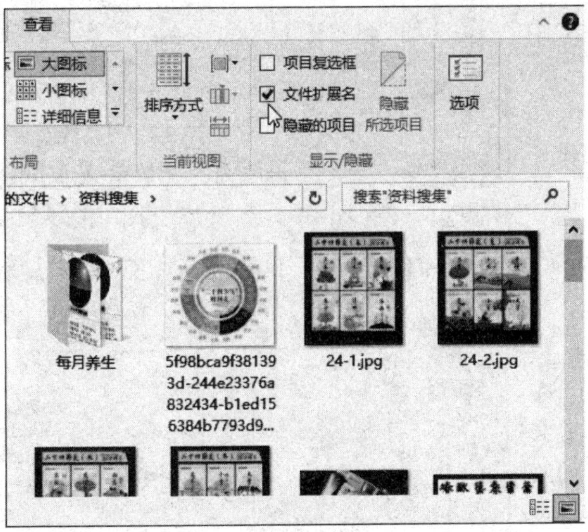

4.1.4 打开文件

打开文件即通过特定的程序打开文件以查看文件内容，使用鼠标双击文件即可将其打开。若文件有多种打开方式，还可以选择指定的方式打开文件，具体操作方法如下：

第1步 双击文件 要打开某个文件，只需双击该文件，如双击一个文本文件。

第2步 打开文件 此时即可使用"记事本"程序打开该文本文件,查看文件内容。

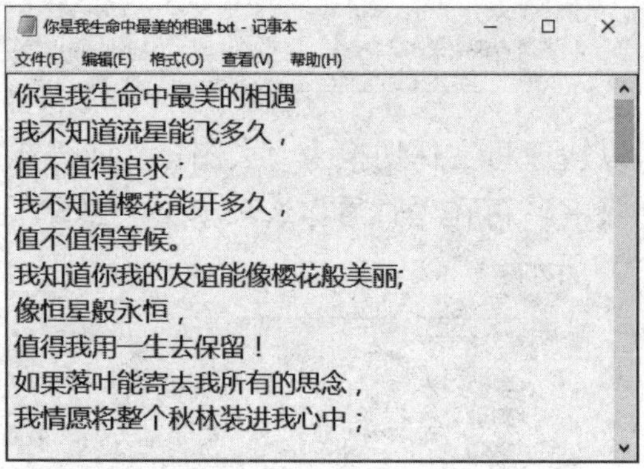

第3步 选择打开程序 ❶单击文件将其选中。❷在"主页"选项卡下"打开"组中单击"打开方式"下拉按钮。❸选择所需的程序，如"写字板"。

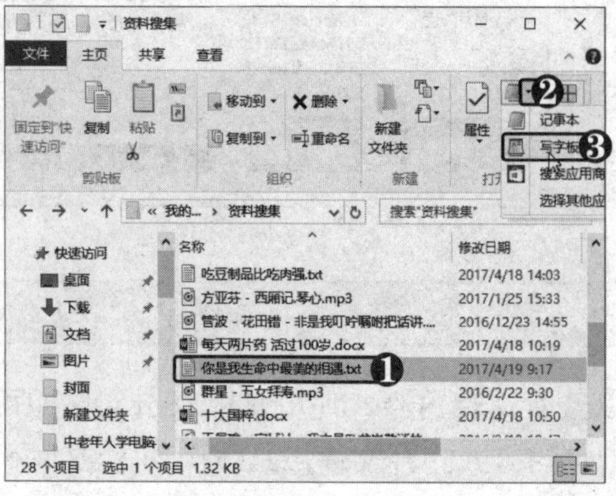

第4步 打开文件 此时即可启动"写字板"程序，打开选中的文件。

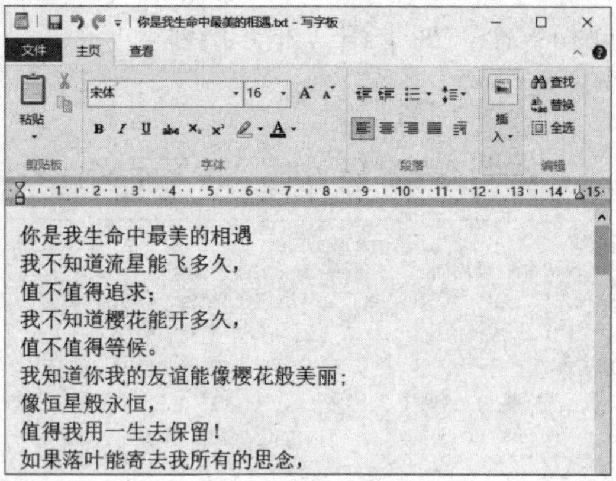

第5步 选择打开方式 ❶右击要打开的文件。❷选择"打开方式"命令。❸选择所需的打开方式，如"写字板"。

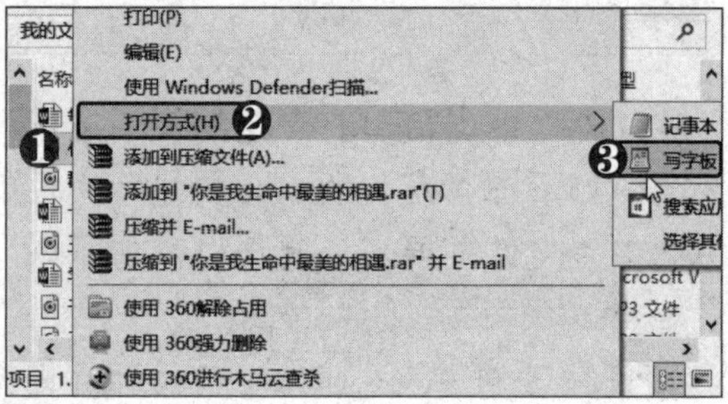

第6步 设置文件默认打开方式 若在"打开方式"列表中选择"选择其他应用"选项，❶在弹出的对话框中选择应用程序。❷选中"始终使用此应用打开.txt文件"复选框。❸单击"确定"按钮。

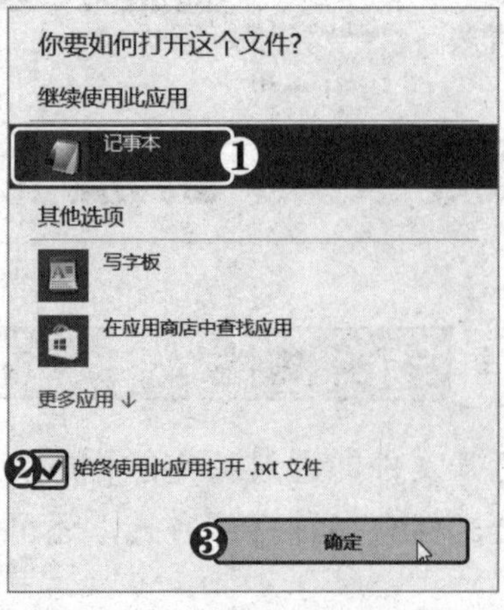

电脑小专家

问：怎样快速在新的窗口中打开文件夹？

答：按住【Ctrl】键的同时双击文件夹，即可在新窗口中打开该文件夹。

新手巧上路

问：怎样折叠文件资源管理器上方的功能区？

答：只需双击功能区中的选项卡，即可折叠或展开功能区，如双击"主页"选项卡。

4.1.5 排序文件

在一个文件夹中如果存放了数目较多的文件，可能会无法快速找到自己需要的文件，这时可以通过对文件进行排序或筛选快速找到该文件。下面将介绍如何对文件进行排序。

1．自定义排序标签

对文件进行排序或筛选，通常在“详细信息”文件视图中进行，在对文件进行排序时，可先对排序标签进行自定义设置，具体操作方法如下：

第1步 **隐藏功能区** 打开文件夹窗口，双击功能区中的任意选项卡，如双击“主页”选项卡，隐藏功能区。

第2步 **更改视图方式** 单击窗口右下角的“详细信息”视图按钮，切换为详细信息视图。

第3步 **调整标签大小** 将鼠标指针置于窗口上方标签右侧的分割线上，待鼠标指针变为双向箭头时拖动鼠标，即可调整标签大小。

第4步 **调整标签位置** 使用鼠标左键直接拖动标签，即可调整标签的位置。

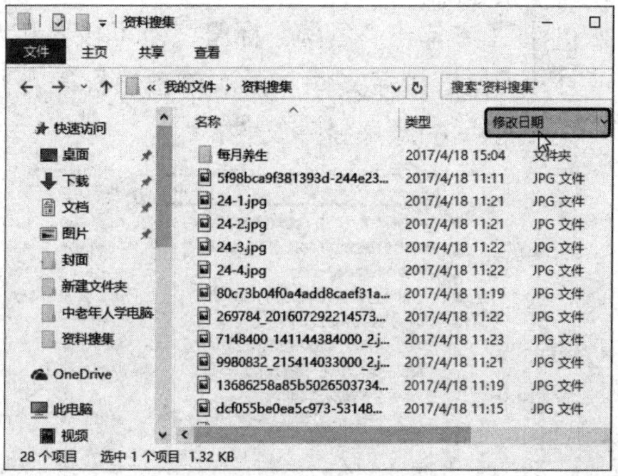

第5步 添加标签 ❶右击标签。❷选择要添加的标签，即可添加该标签项。

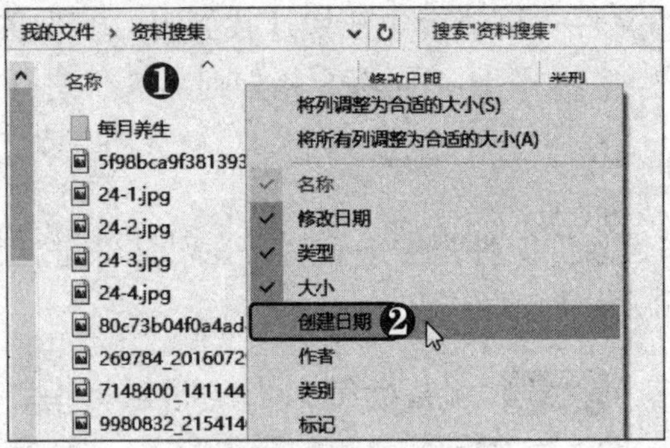

第6步 删除标签 查看添加的"创建日期"标签，❶右击任意标签。❷取消选中"创建日期"命令复选框，即可删除该标签。

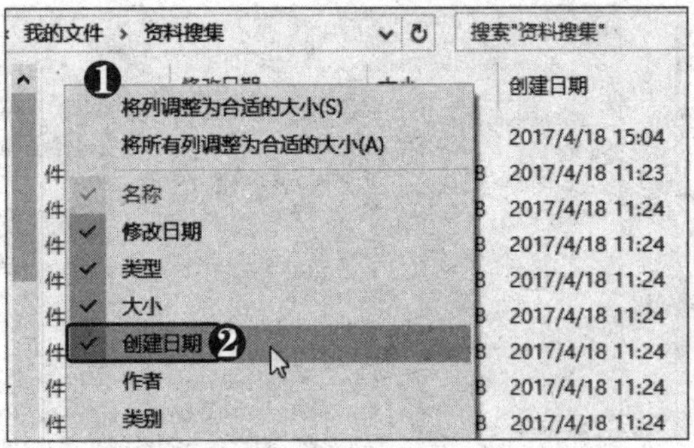

第7步 自动调整标签大小 将鼠标指针置于窗口上方标签右侧的分割线上，待鼠标指针变为双向箭头时双击，即可自动调整标签的大小。

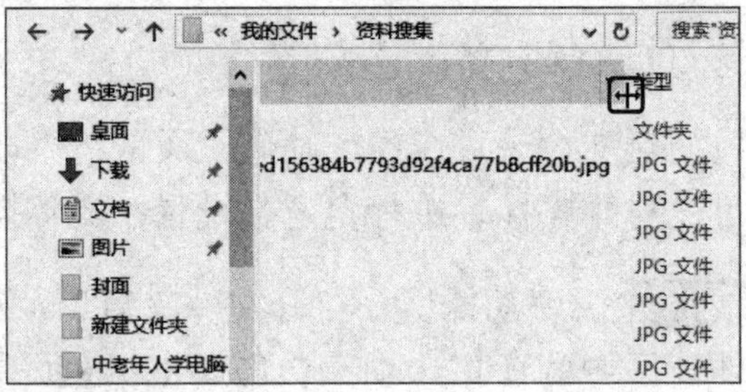

第8步 自动调整所有标签 ❶右击标签。❷选择"将所有列调整为合适的大小"命令。

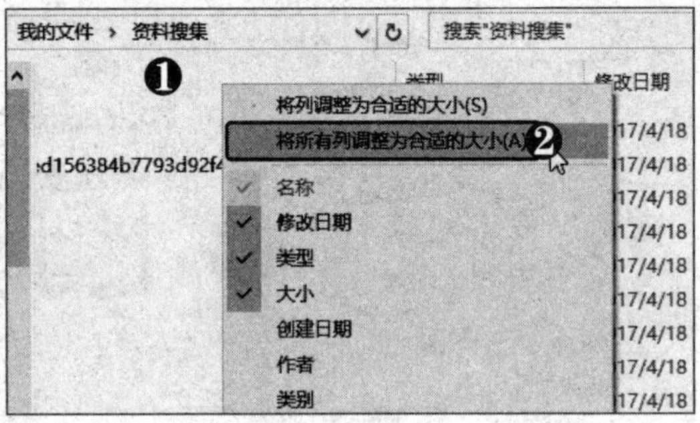

提示您

选中文件后在功能区中单击"属性"按钮，在弹出的对话框中选择"详细信息"选项卡，从中可以查看或编辑文件属性信息，如"标题"、"作者"和"版权"等。

2. 排序文件

文件的排序是指在窗口中排列文件图标的顺序，可以根据文件名、文件大小、创建日期和类型等属性对文件进行快速排序，具体操作方法如下：

多学点

要在其他视图下排序文件，可右击窗口的空白位置，选择"排序方式"命令。

第1步 按名称排序文件 在文件夹窗口上方单击"名称"标签，即可按名称从Z到A排序文件。再次单击该标签，则以相反的顺序排序文件。

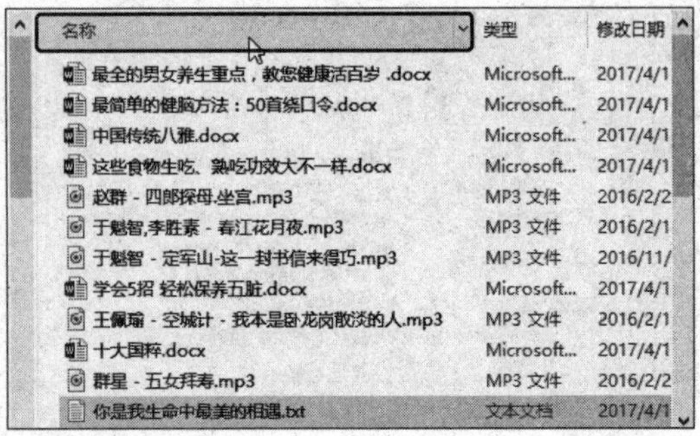

第2步 按类型排序文件 单击"类型"标签，即可按类型排序文件。

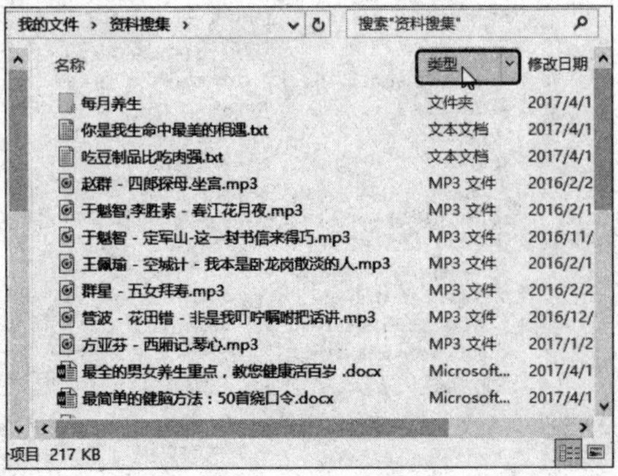

4.1.6 筛选文件

如果文件夹中的文件众多，可以通过筛选文件使文件夹中只显示指定特征的文件，如只显示文本文档，具体操作方法如下：

第1步 单击下拉按钮 单击窗口上方标签右侧的下拉按钮，将弹出下拉列表，如单击“类型”标签右侧的下拉按钮。

第2步 按类型筛选文件 选中要显示的文件类型左侧的复选框，即可进行文件筛选。

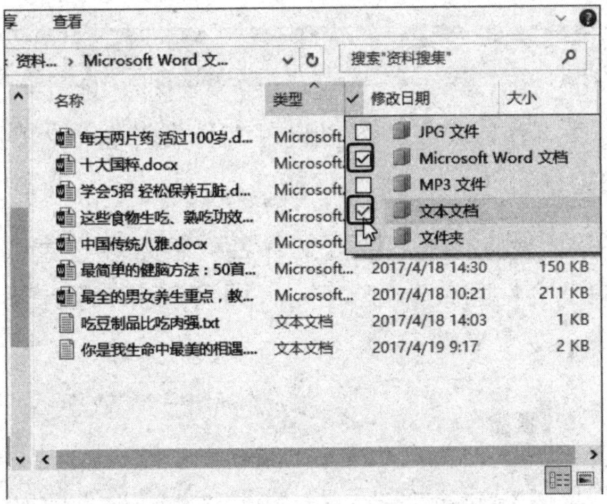

第3步 按名称筛选文件 单击“名称”标签右侧的下拉按钮，在弹出的下拉列表中继续对文件名称进行筛选。

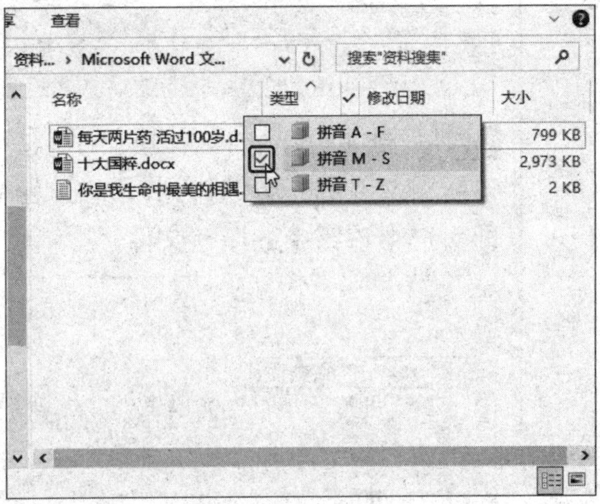

第4步 取消筛选 要取消筛选，可在文件资源管理器的地址栏中单击文件夹名称。

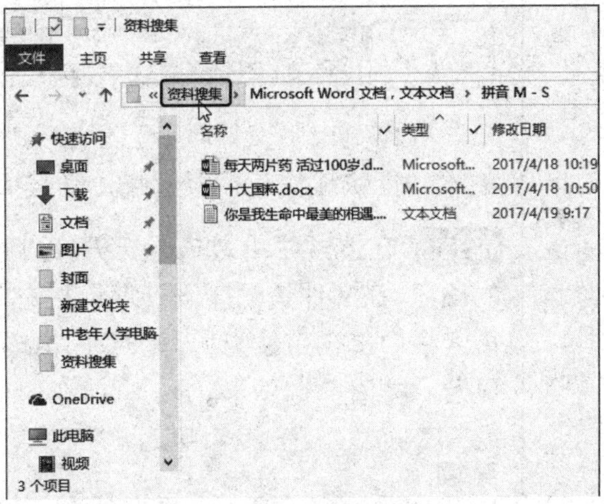

4.1.7 分组文件

将文件夹中的众多文件进行分组，也是便于查询和管理的一种方法。按照一定的依据对文件进行分组后，可以使文件更清晰地显示在窗口中。分组文件的具体操作方法如下：

电脑小专家

问："此电脑"窗口中的文件图标显示不正常怎么办？

答：在"此电脑"窗口中右击空白位置，选择"查看"|"平铺"命令，然后选择"分组依据"|"类型"命令。

第1步 选择分组依据 ❶在文件夹窗口的空白位置右击。❷选择"分组依据"命令。❸选择所需的命令，如"类型"。

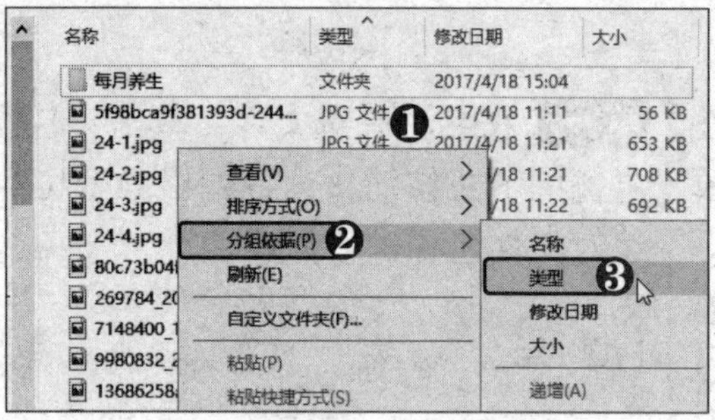

第2步 选中分组文件 此时即可按类型对所有文件进行分组排列，单击分组名称即可选中该组中的所有文件。

第3步 展开或折叠分组 单击分组名称左侧的"扩展/折叠"按钮，可折叠或展开分组。选中分组名称后，也可通过按【←】和【→】方向键来折叠或展开分组。

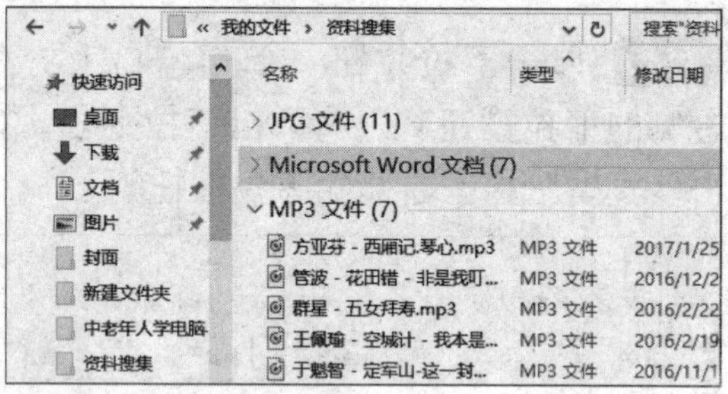

第4步 取消文件分组 ❶右击窗口中的空白位置。❷选择"分组依据"命令。❸选择"无"命令。

新手巧上路

问：如何保存搜索结果？

答：搜索完成后，可将搜索结果保存为搜索文件，下次就不需进行重新搜索，在"搜索"选项卡下单击"保存搜索"按钮即可。

4.1.8 搜索文件

在浏览电脑文件时若忘记了文件的具体存放位置，可以通过文件资源管理器的搜索功能快速进行搜索查找，具体操作方法如下：

第1步 在搜索栏中单击 打开文件所在的磁盘，在文件资源管理器地址栏右侧的搜索栏中单击定位光标，此时在功能区将显示"搜索"选项卡。

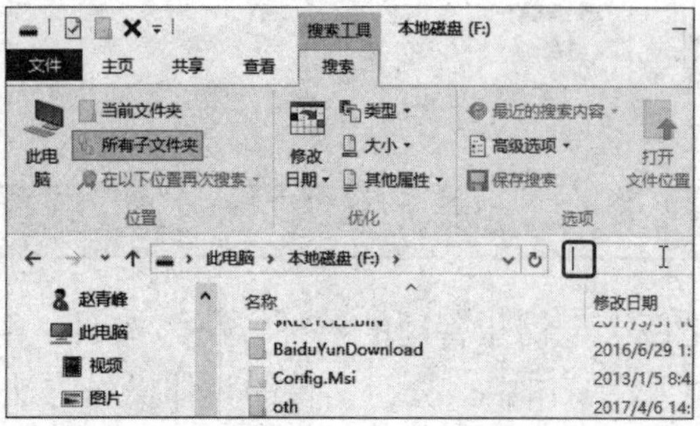

第2步 输入搜索文件名 输入要搜索的文件名或部分文件名，即可在当前目录下搜索文件。

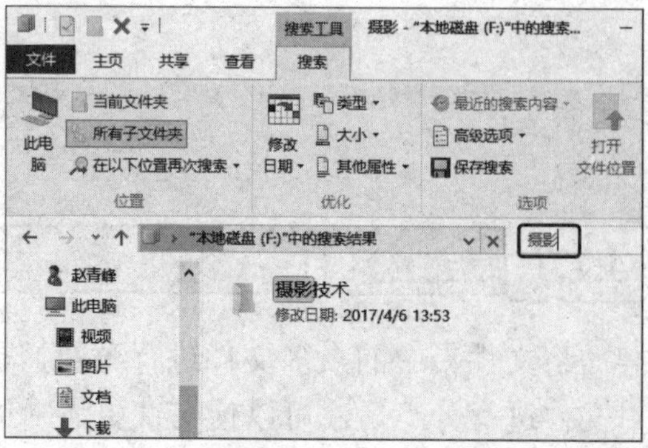

第3步 **查看搜索结果**　等待文件资源管理器搜索完成，即可显示搜索结果。

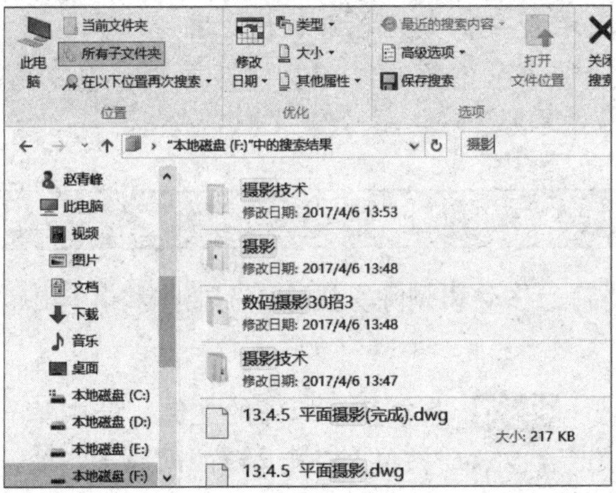

第4步 **优化搜索**　若要对搜索结果进行筛选，可在“搜索”选项卡下“优化”组中进行设置，❶单击“修改时间”下拉按钮。❷选择“本月”选项。

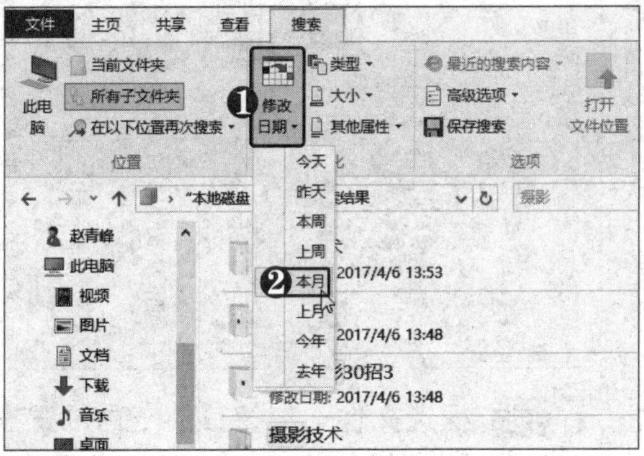

第5步 **查看显示文件**　此时，在搜索结果列表中只显示修改日期为“本月”的文件。

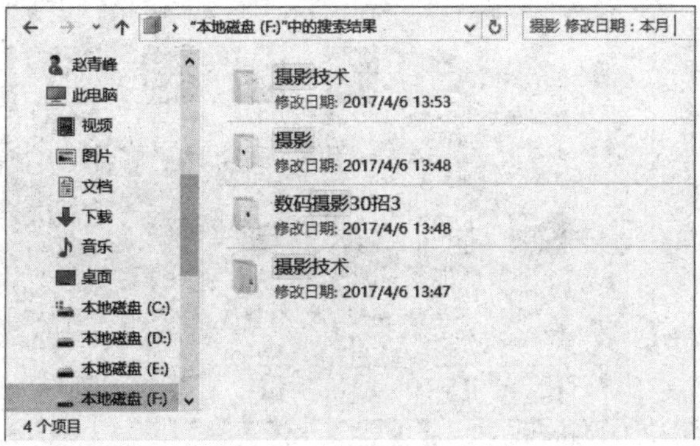

第6步 **单击“打开文件位置”按钮**　❶在搜索结果列表中选择文件。❷在功能区中单击“打开文件位置”按钮。

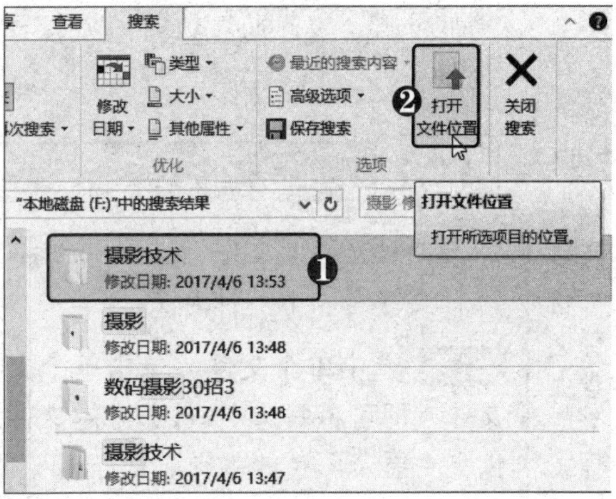

第7步 **打开文件夹**　此时即可打开该文件所在的文件夹。

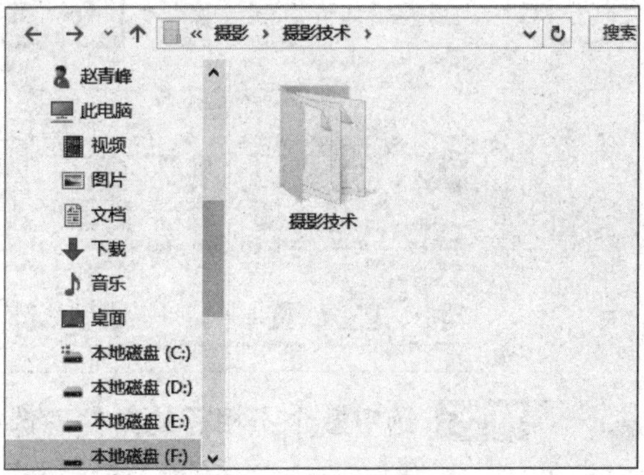

第8步 **搜索类型**　在搜索框中输入要搜索文件的扩展名，如MP3，将在当前目录下搜索出所有MP3格式的音频文件。

4.2 文件和文件夹的基本操作

对文件或文件夹操作主要包括文件及文件夹的新建、重命名、复制、移动和删除等，通过执行这些操作可以使电脑中的文件和文件夹井然有序。

4.2.1 选择文件

要对文件或文件夹进行重命名、复制、移动和删除等操作，需要先将其选中。选择文件有以下多种方法：

提示您

在窗口左侧“导航”栏中选中文件夹后，按键盘上的【↑/↓】方向键可选择文件，按【←/→】方向键可展开或折叠文件夹。

第1步 选中单个文件 单击单个文件或文件夹即可将其选中，被选中的文件或文件夹上显示蓝色的阴影。

第2步 选中多个不相邻的文件 选中第一个文件，然后按住【Ctrl】键，依次单击其他文件，即可选中多个不相邻的文件。

第3步 选中多个相邻的文件 选中第一个文件，按住【Shift】键的同时单击要选中的最后一个文件，即可选中多个相邻的文件。

第4步 框选文件 在窗口的空白位置按住鼠标左键并拖动，即可框选多个文件。

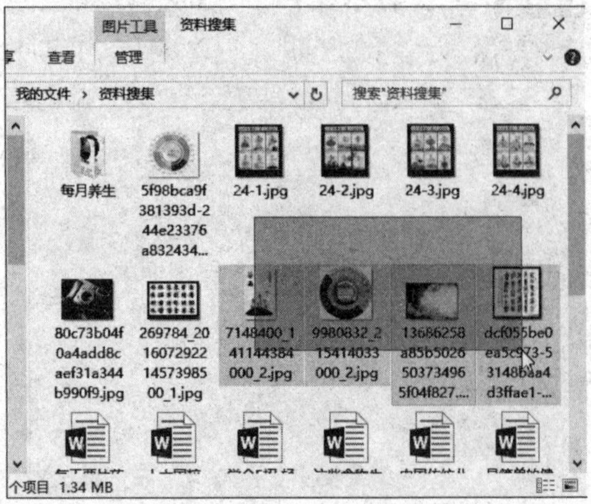

多学点

在窗口中按【F5】键可进行刷新操作，以使更改的设置生效。

第5步 **反选文件** 若要选择文件夹中大部分的文件，❶先选中不需要选中的少数文件。❷在“主页”选项卡下“选择”组中单击“反向选择”按钮。

第6步 **全选文件** ❶选择“主页”选项卡。❷在“选择”组中单击“全部选择”按钮，或按【Ctrl+A】组合键，即可选中全部文件。

若选择众多不相邻的文件，则前面介绍的方法操作起来就不太方便了，此时可以设置显示选择复选框，通过选中复选框来选择多个文件，具体操作方法如下：

第1步 **选中“项目复选框”复选框** ❶选择“查看”选项卡。❷在“显示/隐藏”组中选中“项目复选框”复选框。

第2步 **选择多个文件** 此时将鼠标指针置于文件上将显示复选框，选中该复选框即可选择文件，根据需要选择所需的多个文件。

4.2.2 新建文件/文件夹

要创建一个新的文件夹或文件有多种方法，下面将分别进行介绍。

方法1：通过“主页”选项卡新建

在“主页”选项卡下单击“新建文件夹”按钮，如下图（左）所示。此时即可创建一个新的文件夹，文件夹处于重命名状态，输入名称并按【Enter】键确认即可，如下图（右）所示。

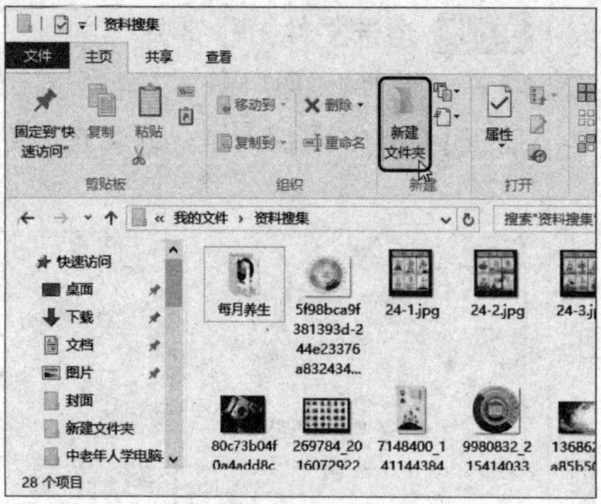

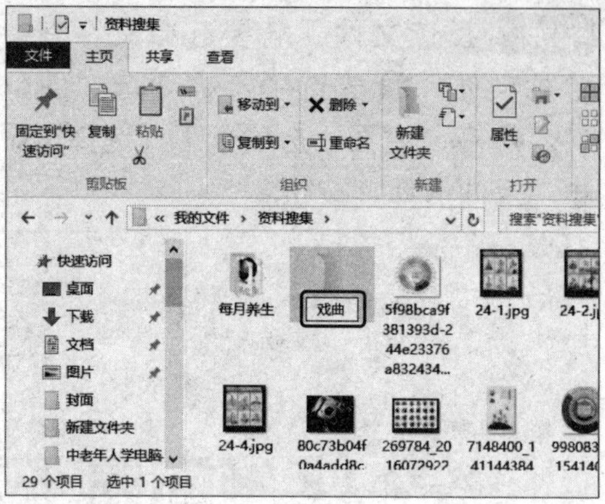

若要新建某种类型的文件，如新建一个文本文件，可单击“新建项目”下拉按钮，在弹出的下拉列表中选择“文本文档”选项，如下图（左）所示。此时即可新建一个文本文件，输入文件名并【Enter】键确认，如下图（右）所示。

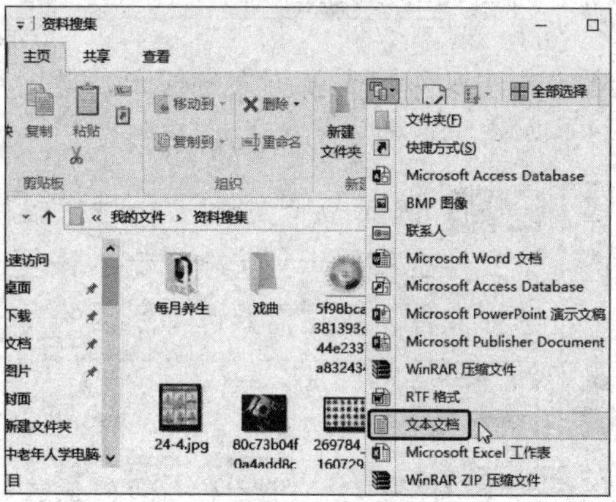

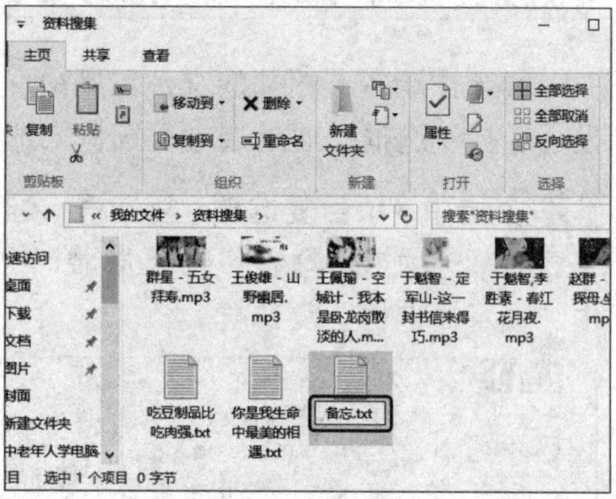

方法 2：通过右键菜单新建

在窗口的空白位置右击，在弹出快捷菜单中选择“新建”|“文件夹”命令，即可创建文件夹，如下图（左）所示。右击窗口的空白位置，选择“新建”|“文本文档”命令，即可创建一个文本文件，如下图（右）所示。

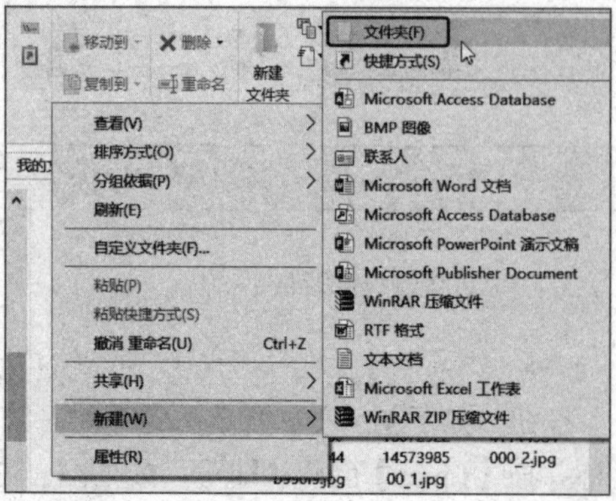

电脑小专家

问：怎样快速创建文件夹？

答：按【Ctrl+Shift+N】组合键，可快速创建一个新文件夹。

新手巧上路

问：怎样使用键盘打开右键菜单？

答：按键盘上主键区右下方的按键即可，其一般位于【Alt】键和【Ctrl】键之间。

方法 3：通过快速访问工具栏新建

在文件资源管理器窗口中，若当前没有在“主页”选项卡下，此时要新建文件夹，可单击窗口左上方快速访问工具栏中的“新建文件夹”按钮，如下图（左）所示。

若在快速访问工具栏中找不到“新建文件夹”按钮，可单击右侧的“自定义快速访问工具栏”下拉按钮，在弹出的列表中选中“新建文件夹”复选框即可，如下图（右）所示。

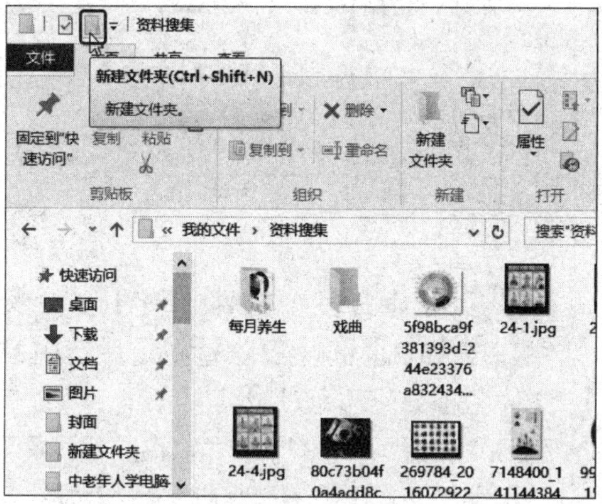

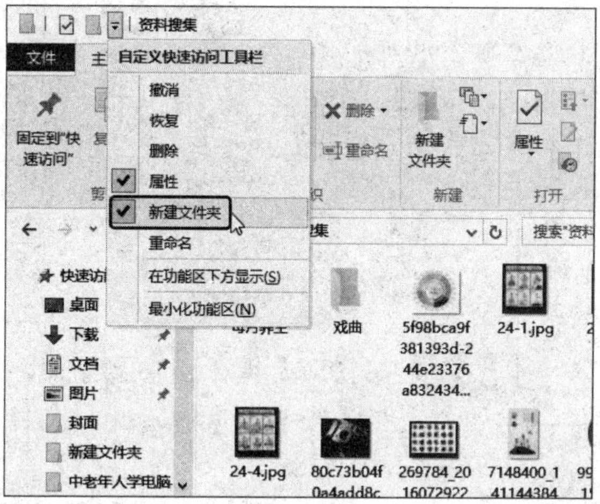

4.2.3 重命名文件/文件夹

有了新的文件夹，中老年人可以把原来的文件夹进行重命名，重命名文件的方法有多种，常用的方法如下：

第1步 单击“重命名”按钮 ❶选中要重命名的文件。❷在“主页”选项卡下“组织”组中单击“重命名”按钮，此时文件名处于选中可编辑状态。

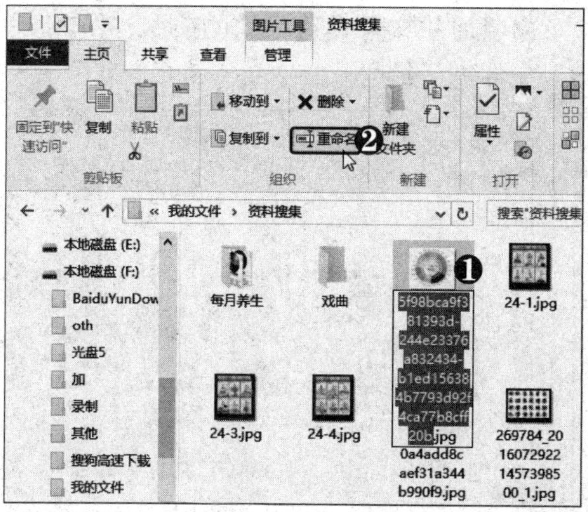

第2步 输入新文件名 输入新的文件名并按【Enter】键确认，即可重命名文件。

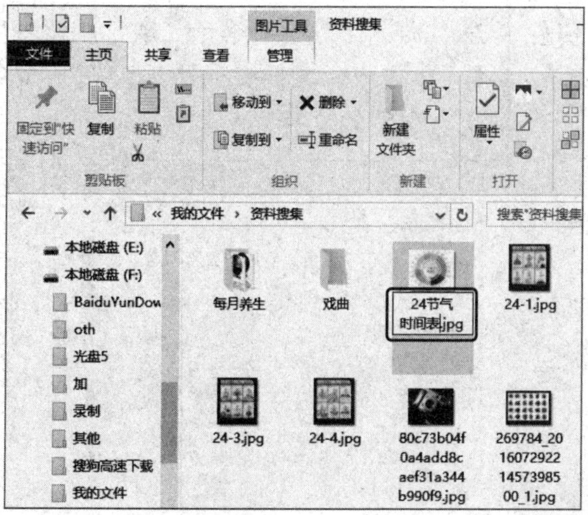

第3步 复制文件名 选中要重命名的文件并按【F2】键，此时文件名处于选中可编辑状态，按【Ctrl+C】组合键复制文件名。

提示您

若文件正处于打开状态，则无法对其进行重命名，需先将其关闭后再进行重命名。

第4步 按【F2】键 选中要重命名的另一个文件并按【F2】键，此时文件名处于选中可编辑状态。

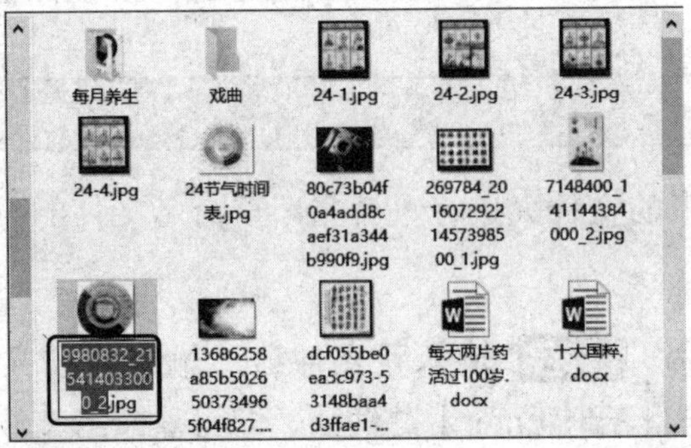

多学点

选择"查看"选项卡，在左侧单击"详细信息窗格"按钮，可在窗口右侧显示"详细信息"窗格，选中文件后即可查看文件属性。

第5步 粘贴文件名 按【Ctrl+V】组合键粘贴复制的文件名，按【Enter】键，弹出提示信息框，单击"是"按钮。可以看到，同一个文件夹内不能存在两个名称完全相同的文件。

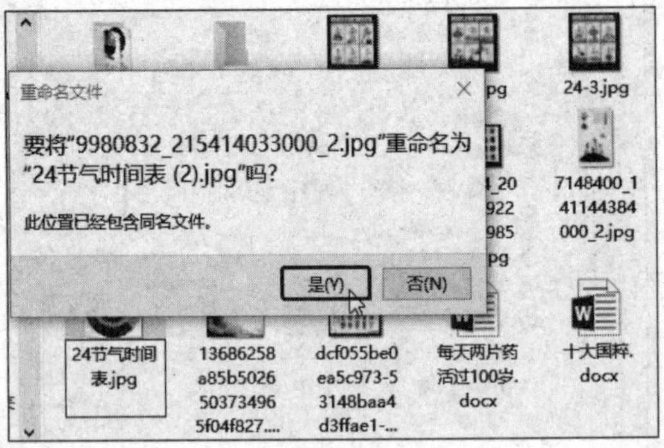

第6步 单击文件名 选中文件后单击文件名，也可以重命名该文件。

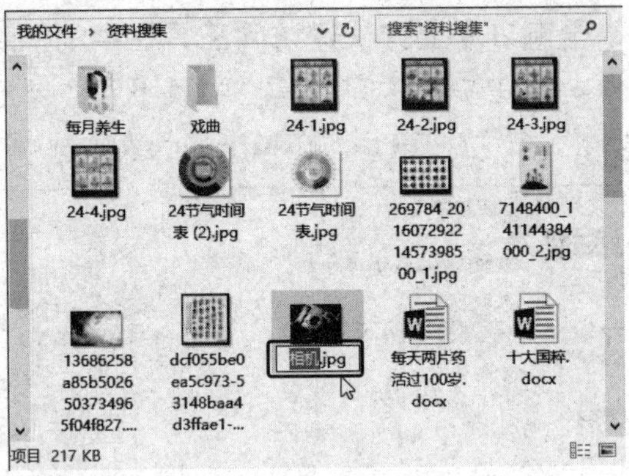

第7步 重命名多个文件 选中多个文件，按【F2】键，可以看到最后选中的文件名称处于可编辑状态。

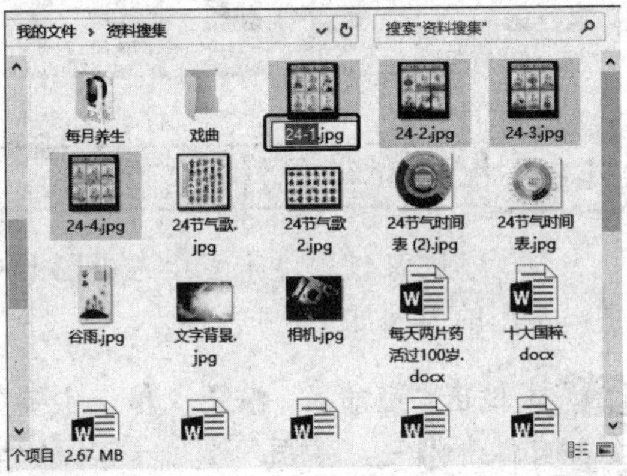

第8步 查看效果 按【Enter】键确认，即可重命名所选的多个文件，可以看到重命名后的文件具有相同的前缀，并自动对文件进行编号。

4.2.4 移动和复制文件/文件夹

对电脑中的文件进行组织，最常用的操作就是移动或复制文件。移动文件就是将文件从当前位置移至其他位置；复制文件就是将文件从当前位置复制到其他位置，当前位置的文件不会被删除。

移动文件和复制文件的操作方法类似，且有多种方法，下面以移动文件为例进行介绍。

方法 1：通过功能按钮移动文件

第1步 单击“剪切”按钮 ❶选择需要移动的文件或文件夹。❷单击“主页”选项卡下的“剪切”按钮✂。

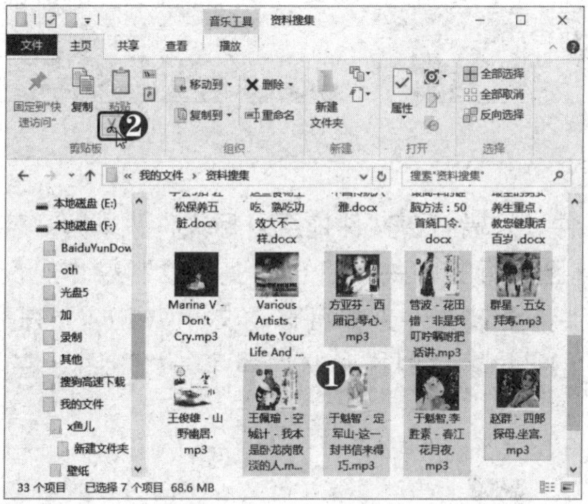

第2步 查看剪切效果 此时可以看到被剪切后的文件颜色变淡。

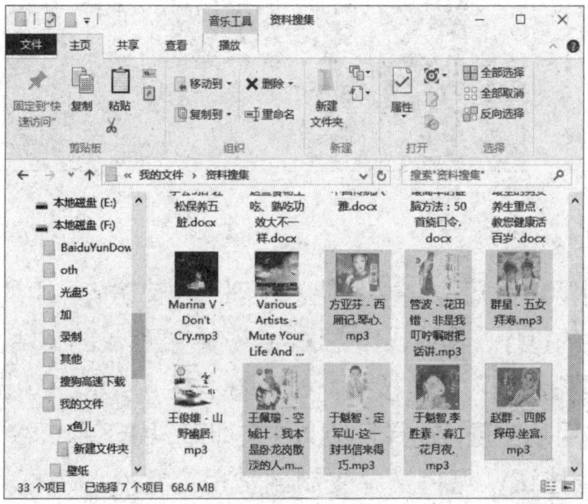

第3步 打开目标文件夹 双击要打开的目标文件夹。

第4步 移动文件 在“主页”选项卡下单击“粘贴”按钮，即可将剪切的文件移至该文件夹。

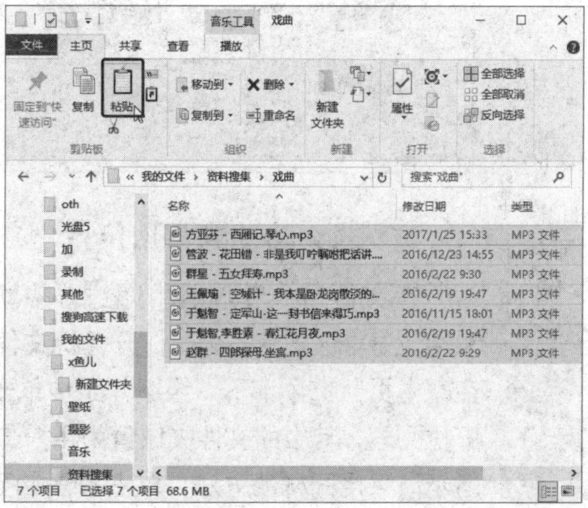

方法 2：通过右键快捷菜单移动文件

选择需要移动的文件并右击，在弹出的快捷菜单中选择“剪切”命令，如下图（左）所示。打开目标位置并右击空白位置，在弹出的快捷菜单中选择“粘贴”命令，即可移动文件，如下图（右）所示。

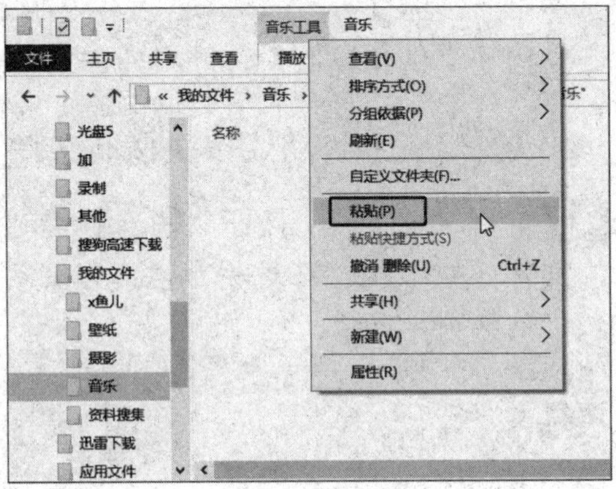

方法 3：通过拖动鼠标移动文件

若文件位于同一磁盘中，要移动文件，只需将该文件拖至目标文件夹即可。若目标文件夹位于不同的磁盘，将文件拖至目标文件夹时将自动变为复制操作。例如，在导航窗格展开目标文件夹，将文件拖至该文件夹即可移动文件，如下图（左）所示。若要复制文件，只需在按住【Ctrl】键的同时拖动文件即可，如下图（右）所示。

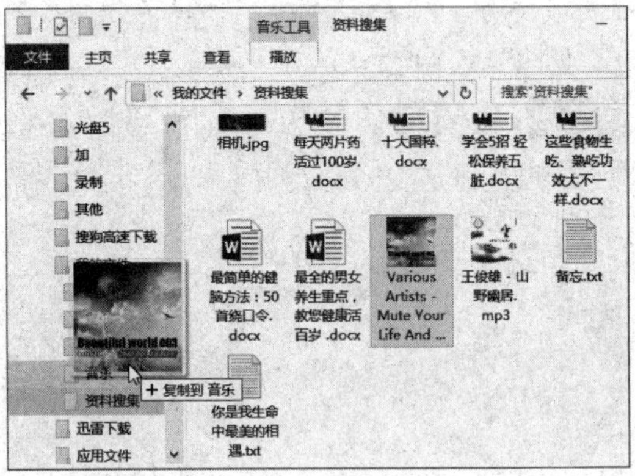

方法 4：移动到常用位置

在文件资源管理器中通过“移动到”功能可以将文件快速移到“快速访问”中的常用位置，这样就省去了打开目标文件夹的操作，具体操作方法为：选中要移动的文件，在“主页”选项卡下“组织”组中单击“移动到”下拉按钮，如下图（左）所示。弹出下拉列表，其中的文件夹位置为用户最常用的位置，选择目标文件夹即可，如下图（右）所示。采用同样的方法，单击“复制到”按钮，可将文件复制到常用位置。

电脑小专家

问：移动或复制文件后怎样撤销操作？

答：单击窗口左上方的“自定义快速访问工具栏”下拉按钮，选择“撤销”选项，显示“撤销”按钮，单击该按钮即可进行撤销操作。

新手巧上路

问：对文件进行剪切后怎样取消？

答：若要取消剪切或复制操作，可按【Esc】键。也可按【F5】键进行刷新，即可取消剪切操作。

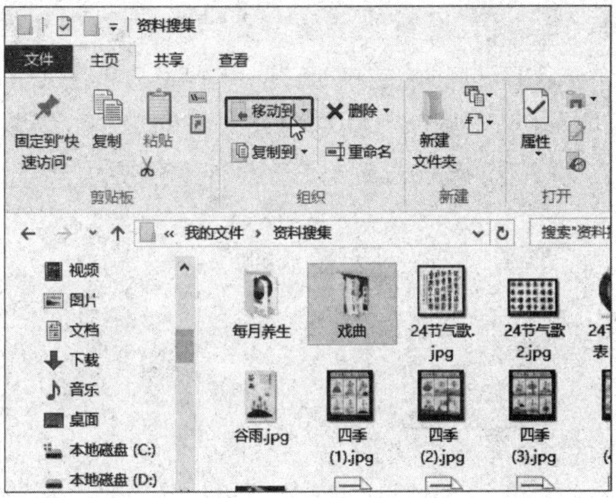

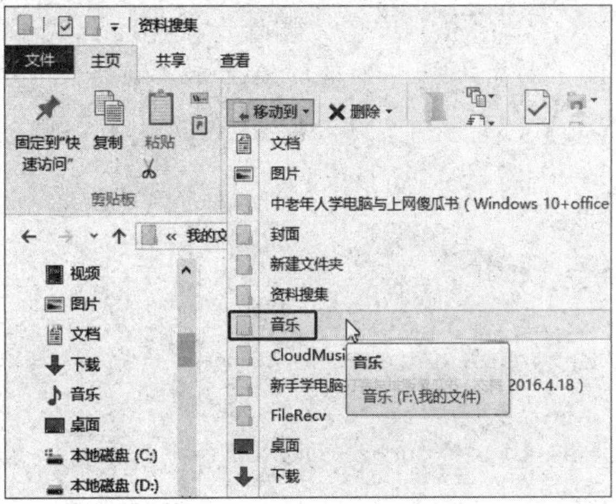

方法 5：使用快捷键移动文件

选中文件后，按【Ctrl+X】组合键即可剪切文件（按【Ctrl+C】组合键可复制文件），打开目标位置后按【Ctrl+V】组合键即可粘贴文件。

4.2.5 删除与还原文件/文件夹

对于不需要的文件或文件夹，可以将其移到回收站或彻底从电脑中删除，下面将介绍如何删除与还原文件。

1. 将文件移至回收站

默认情况下，删除文件是将其从当前窗口中删除，移至回收站窗口，回收站中的文件还可根据需要还原到原来的位置，具体操作方法如下：

第1步 选择“删除”命令 ❶选中要删除的文件并右击。❷选择“删除”命令，即可删除所选文件。选中文件后直接按【Delete】键，也可以删除文件。

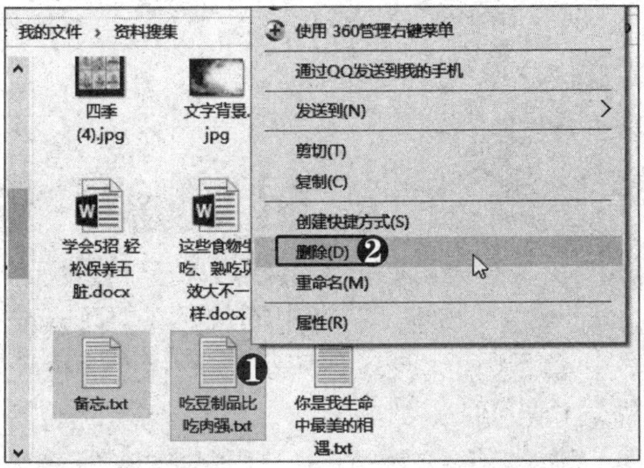

第2步 选择“删除”选项 ❶在窗口左上方单击“自定义快速访问工具栏”下拉按钮▾。❷选择“删除”选项。

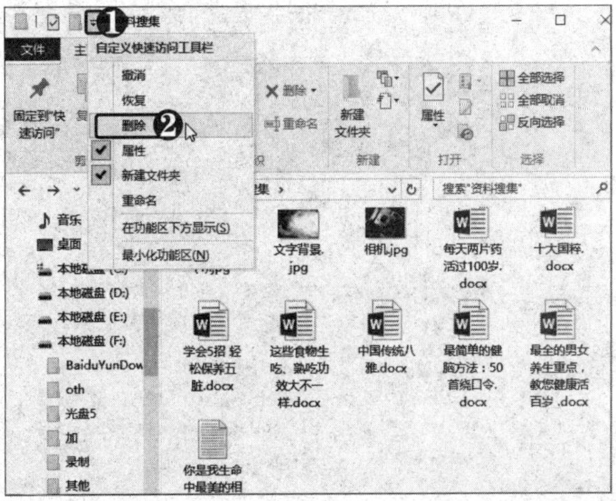

第3步 单击“删除”按钮 此时即可在快速访问工具栏中添加“删除”按钮✕，❶选中文件。❷单击“删除”按钮，即可删除所选文件。

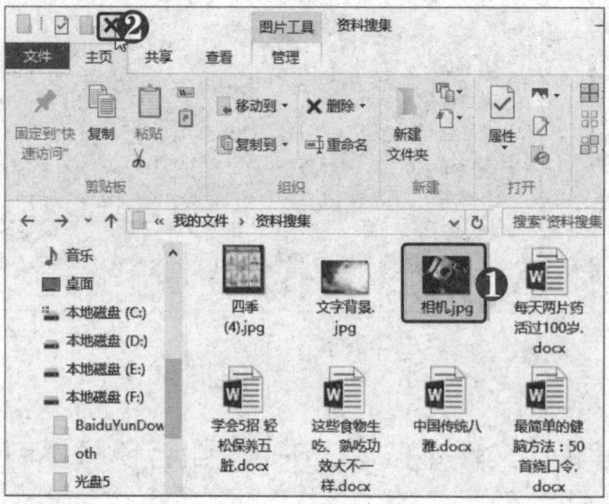

提示您

右击“回收站”窗口空白位置，选择“排序方式”|“删除日期”命令，可按删除日期排序回收站中的文件。

第4步 双击“回收站”图标 返回电脑桌面，双击“回收站”图标。

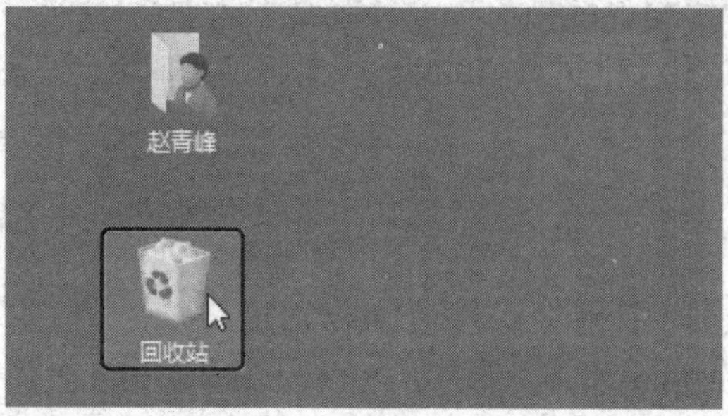

多学点

在选中文件后按住【Shift】键的同时按【Delete】键，即可彻底删除文件。

第5步 还原文件 打开“回收站”窗口，可以查看删除的文件。❶选中文件。❷在“管理”选项卡下单击“还原选定的项目”按钮，可将文件还原到原来的位置。

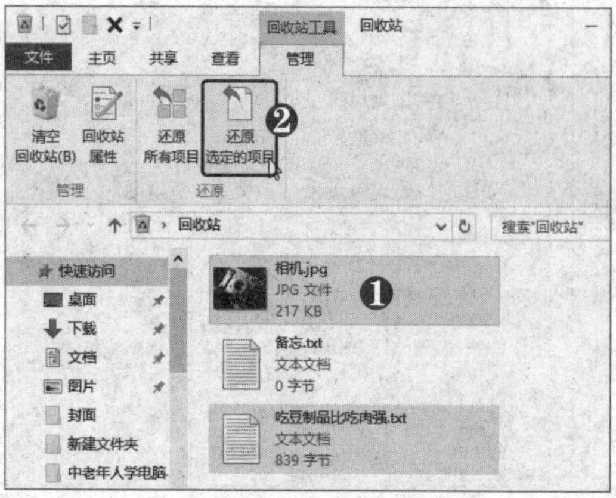

第6步 设置显示所有文件夹 ❶在文件窗口的功能区中选择“查看”选项卡。❷在“窗格”组中单击“导航窗格”下拉按钮。❸选择“显示所有文件夹”选项。

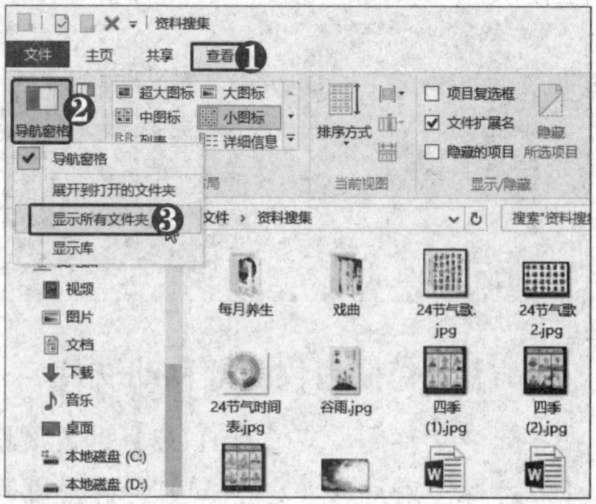

第7步 移动文件到回收站 此时可以看到在左侧“导航”窗格中显示出“回收站”选项，将要删除的文件直接拖至回收站，即可删除文件。

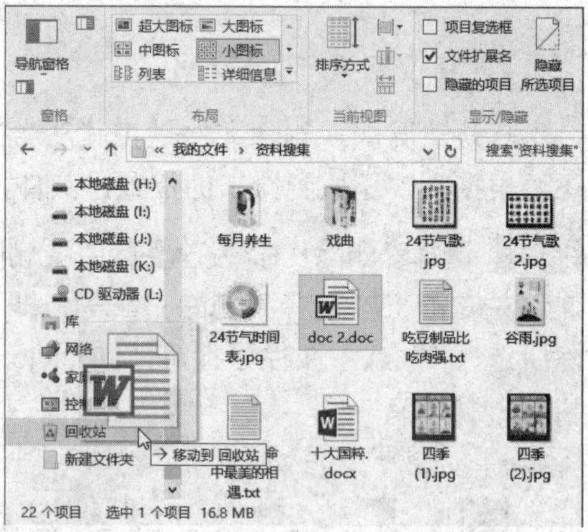

高手点拨

在“回收站”窗口中单击“回收站属性”按钮，在弹出的对话框中可以设置各分区回收站大小，或不将文件移到回收站。

2．彻底删除文件

彻底删除文件，即将文件从电脑中永久删除，无法进行还原，具体操作方法如下：

第1步 选择“永久删除”选项 ❶选中要删除的文件。❷在“主页”选项卡下单击“删除”下拉按钮。❸选择“永久删除”选项。

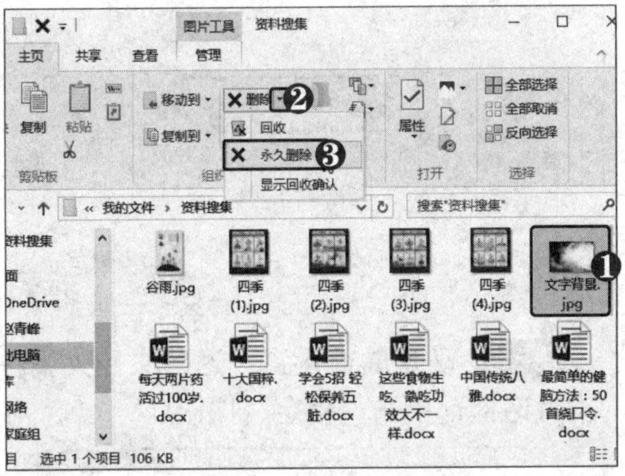

第2步 确认删除 弹出“删除文件”对话框，单击“是”按钮，即可永久删除文件，而不将其移至回收站。

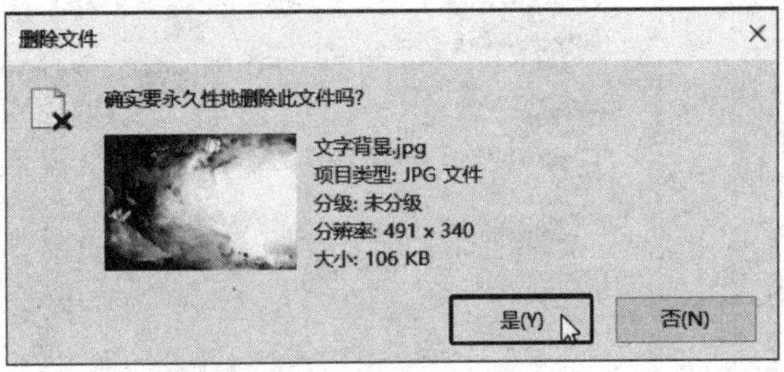

第3步 清空回收站 打开“回收站”窗口，在“管理”选项卡下单击“清空回收站”按钮，即可彻底删除回收站中的所有文件。

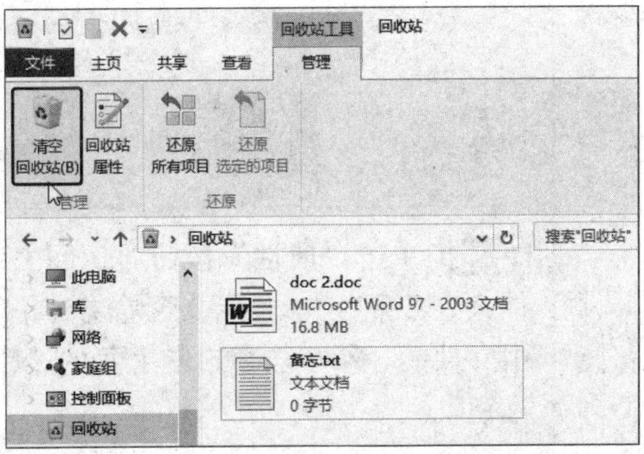

第4步 选择“清空回收站”命令 ❶在“导航”窗格中右击“回收站”选项。❷选择“清空回收站”命令，即可彻底删除回收站中的所有文件。

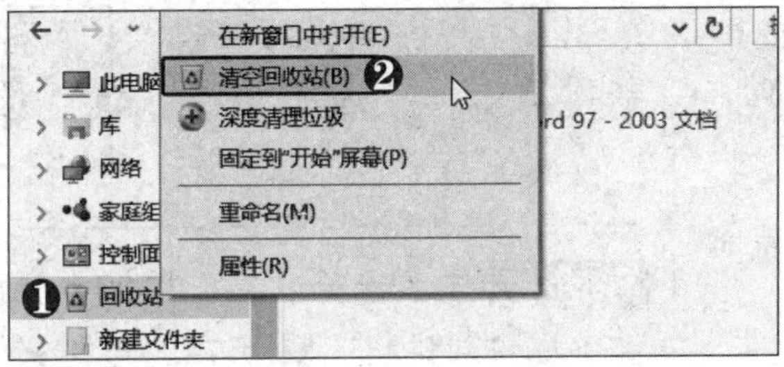

4.3 设置文件夹

通过对文件夹进行设置，可以更好地优化文件夹的显示效果或打开方法，如设置文件夹预览图片、更改文件夹显示图标，固定文件到“快速访问”或“开始”屏幕等。

4.3.1 设置文件夹预览图片

为文件添加预览图片，可以在浏览文件时不需打开文件夹即可知道其中包含的内容，具体操作方法如下：

第1步 存放图片 将所需的图片放入文件夹中。

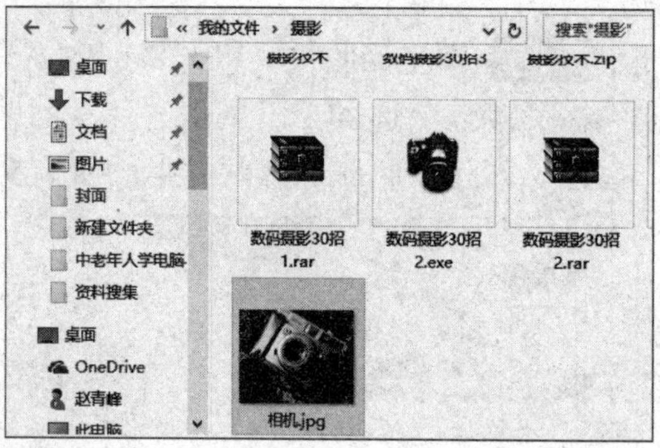

第2步 单击“属性”按钮 返回上级文件夹，切换为“大图标”查看方式。❶选中文件夹。❷单击窗口左上角的“属性”按钮☑。

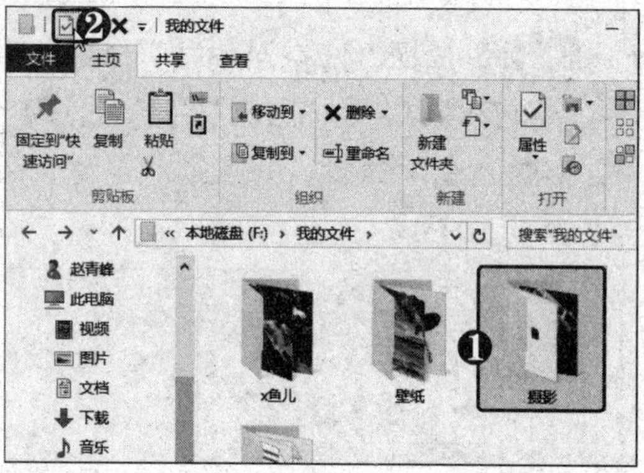

第3步 单击“选择文件”按钮 弹出文件夹属性对话框，❶选择“自定义”选项卡。❷在“文件夹图片”选项区中单击“选择文件”按钮。

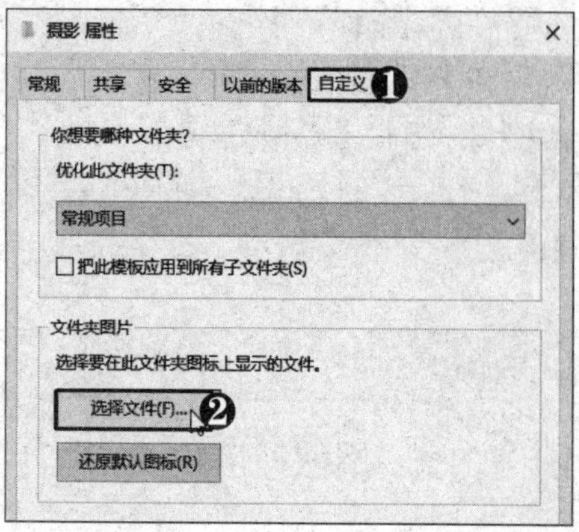

第4步 选择打开图片 弹出“浏览”对话框，❶选择文件夹中所包含的图片。❷单击“打开”按钮。

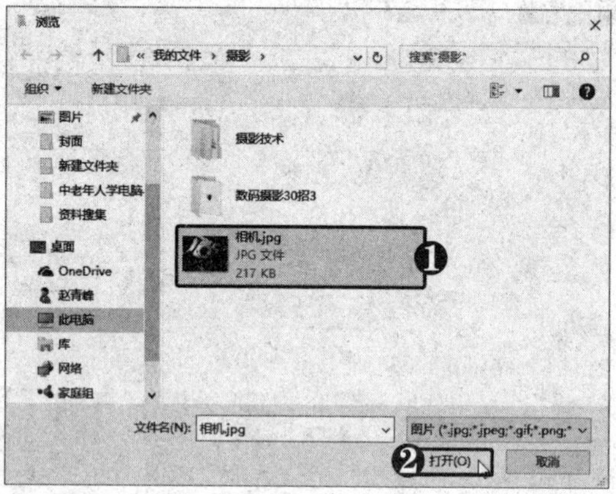

第5步 确定属性设置 返回文件夹属性对话框，单击“确定”按钮。

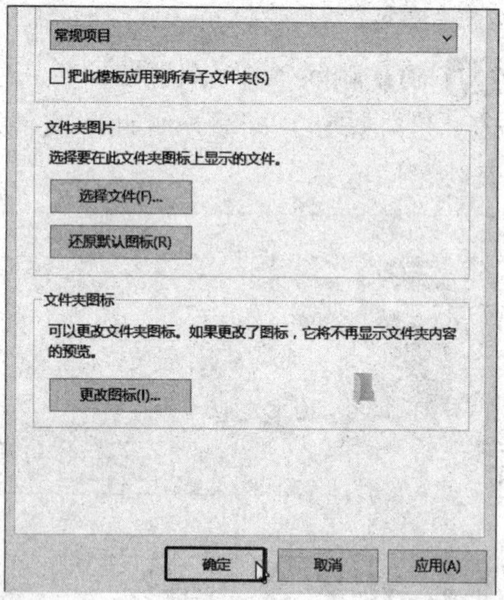

第6步 查看设置效果 此时查看文件夹图标，即可看到自定义的文件夹图片。

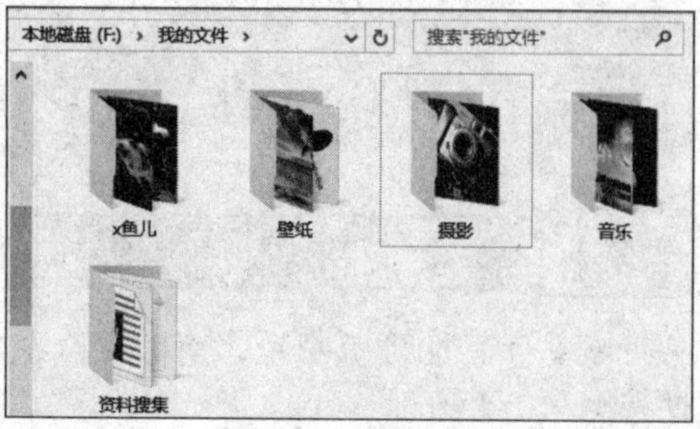

电脑小专家

问：怎样设置打开“资源管理器”时自动转到“此电脑”窗口？

答：在左上方单击“文件”按钮，选择“更改文件夹和搜索选项”命令，弹出“文件夹选项”对话框，在“常规”选项卡下进行设置即可。

新手巧上路

问：怎样显示隐藏的文件？

答：选择“查看”选项卡，在“显示/隐藏”组中选中“隐藏的项目”复选框即可。要隐藏个人文件，可选中文件后单击“隐藏所选项目”按钮。

4.3.2 更改文件夹显示图标

通过为文件夹设置不同的图标样式，可以突出显示或快速识别它，具体操作方法如下：

第1步 单击“属性”按钮 ❶选中要更改图标的文件夹。❷单击窗口左上角的“属性”按钮。

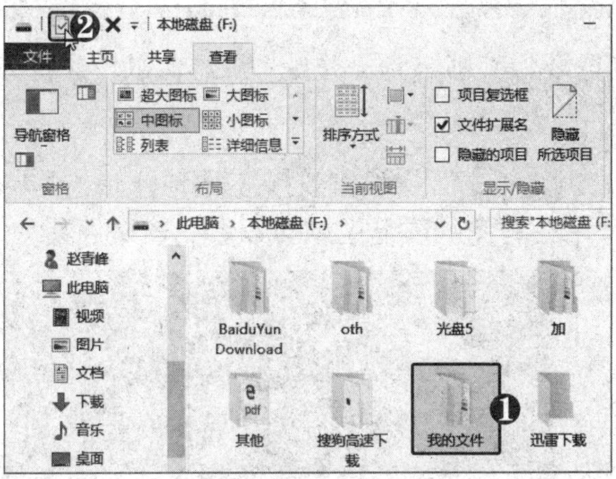

第2步 单击“更改图标”按钮 弹出文件夹属性对话框，❶选择“自定义”选项卡。❷单击“更改图标”按钮。

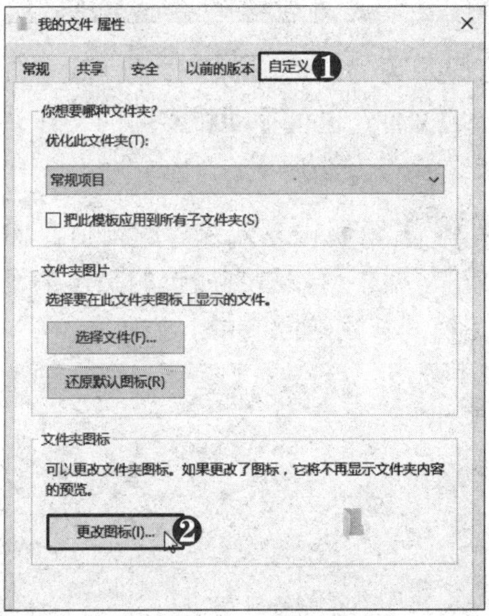

第3步 选择图标样式 弹出对话框，❶在图标列表中选择要使用的图标样式。❷单击“确定”按钮。

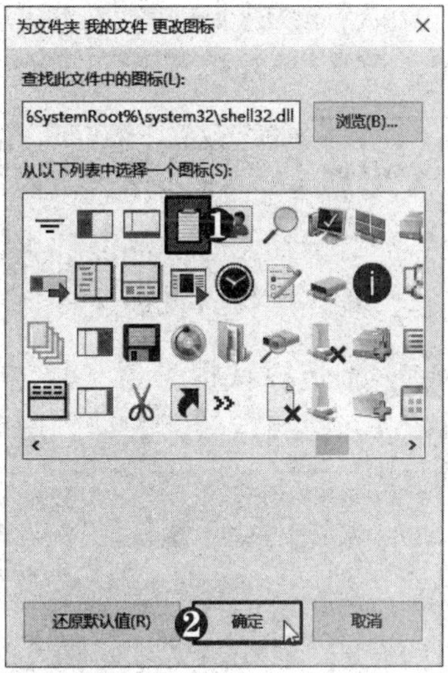

第4步 确定属性设置 返回文件夹属性对话框，单击“确定”按钮。

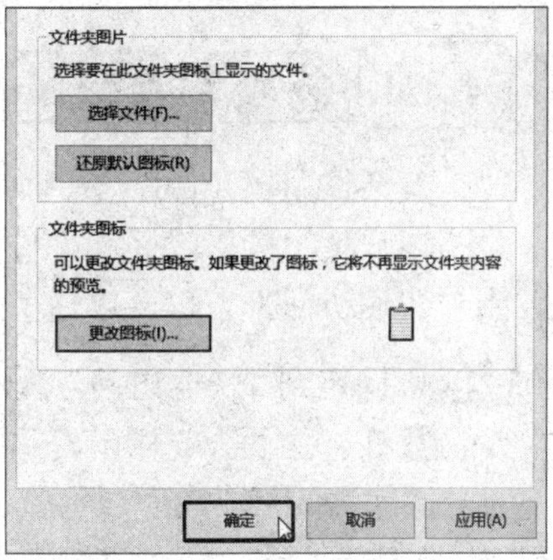

第5步 查看设置效果 此时即可更改文件夹图标样式，查看设置效果。

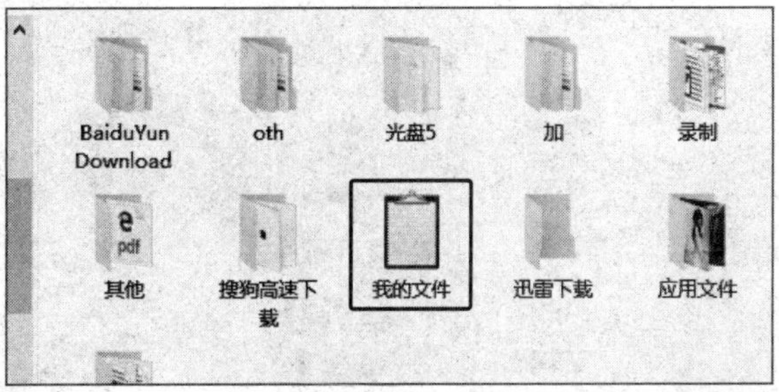

高手点拨

如果想要还原文件夹图标，可在“为文件夹 更改图标”对话框中单击“还原默认值”按钮 还原默认值(R)。

> **提示您**
> 在“查看”选项卡下单击“选项”按钮，弹出“文件夹选项”对话框，在“常规”选项卡下的“隐私”组中单击“清除”按钮，即可清除最近访问的文件记录。

4.3.3 将文件固定到“开始”屏幕

对于经常查看的文件夹，可以根据需要将其固定到“开始”屏幕，以快速打开它，具体操作方法如下：

第1步 选择快捷命令 ❶右击文件夹。❷选择“固定到‘开始’屏幕”命令。

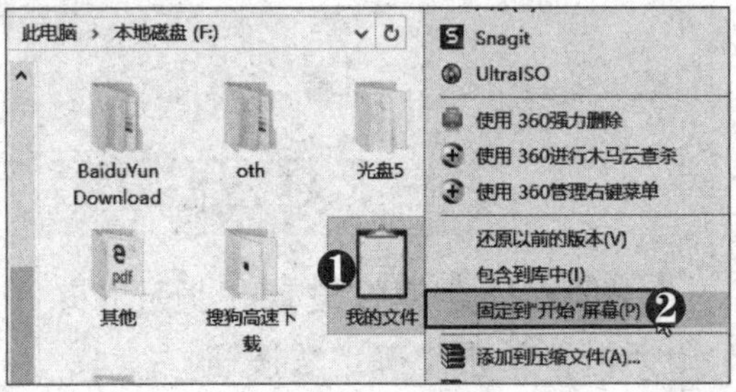

第2步 查看设置效果 打开“开始”菜单，在右侧的磁贴区中可以看到该文件夹。

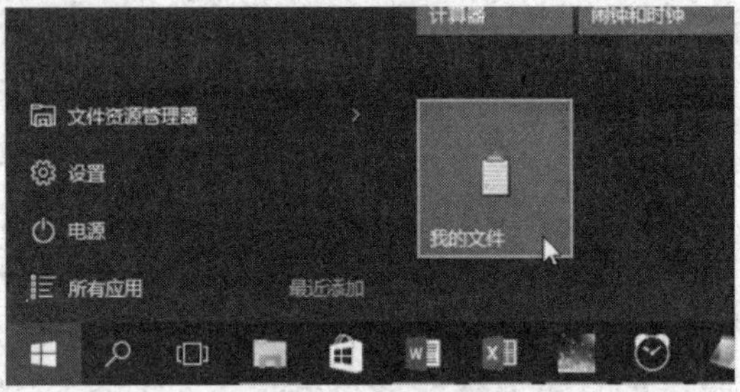

4.3.4 将文件固定到“快速访问”

在文件窗口左侧的“导航”窗格最上方显示为“快速访问”位置，其中自动收集了用户使用频率较高的文件夹和最近打开的文件，也可手动将常用的文件夹固定到“快速访问”窗口，以便快速打开它，具体操作方法如下：

> **多学点**
> 右击文件夹，选择“固定到‘快速访问’”命令，也可将其固定到“快速访问”中。

第1步 固定到“快速访问” ❶选中文件夹。❷在“主页”选项卡下单击“固定到‘快速访问’”按钮。

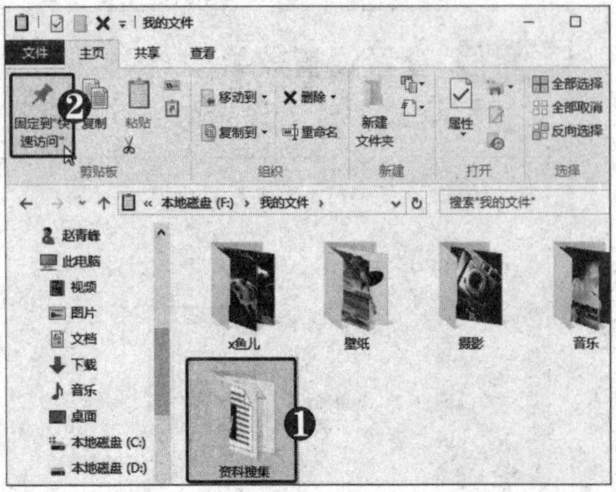

第2步 查看设置效果 在窗口左侧“导航”窗格中可以看到所选的文件夹已经固定在“快速访问”中。

第5章 方便实用，使用系统内置小工具

章前导读

在 Windows 10 系统中内置了多种小工具，包括照片、相机、闹钟和时钟、计算器、地图等，这些小工具对中老年人的日常生活是非常有帮助的，本章就来学习这些系统内置小工具的使用方法。

- 照片
- 相机
- Windows Media Player
- 闹钟和时钟
- 地图
- 计算器
- 便利贴
- 画图
- 写字板
- 玩小游戏

小神通，听说 Windows 10 系统自带了很多小工具，用起来是不是很方便呢，又该怎样启动这些程序呢？

Windows 10 附带出色的内置应用，如照片、相机、地图、闹钟等，这些应用运行起来非常流畅，并且会随系统自动更新，在“开始”菜单中即可启动这些应用。

Windows 10 系统内附带的应用功能几乎涵盖了用户日常所用到的各个方面，且操作灵活、简便，本章就来学习常用 Windows 小工具的使用方法。

5.1 照片

Windows 10 系统内置的“照片”工具用于查看电脑中的图片，还可以对图片进行一系列的编辑与调整。下面将介绍如何使用“照片”工具。

5.1.1 查看图片

提示您

单击“照片”窗口右上方的“查看更多”按钮，选择“设置为”|“设置为背景”命令，可将图片设置为桌面背景。

“照片”工具是 Windows 10 系统默认的图片查看器，使用它可以打开在电脑中保存的 JPG、PNG 格式的图片。使用“照片”工具查看图片的具体操作方法如下：

第1步 选择“照片”选项 ❶选择图片。❷在“主页”选项卡下单击“打开方式”下拉按钮。❸选择“照片”选项。

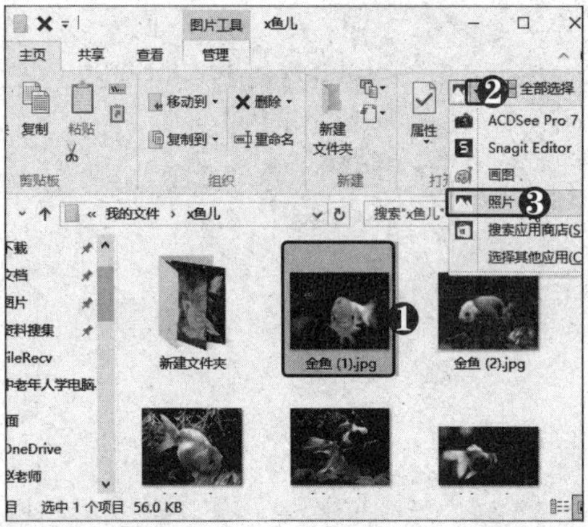

第2步 打开图片 此时即可使用“照片”工具打开所选的图片。

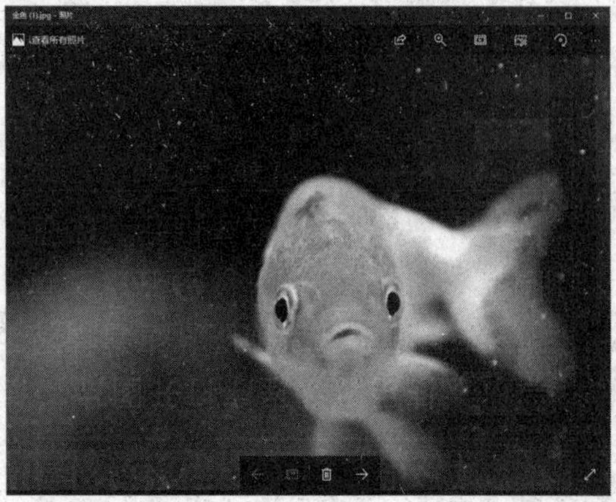

第3步 放大图片 滚动滚轮或单击上方工具栏中的放大镜按钮，拖动滑块可以放大图片。

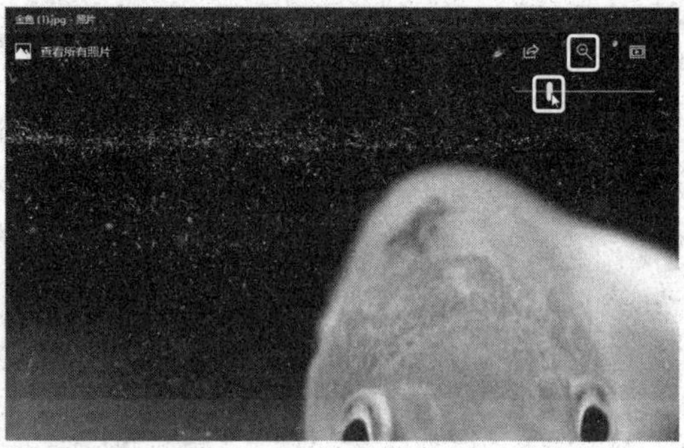

第4步 浏览图片 按键盘上的【←】或【→】键或单击下方的或按钮，可以浏览上一张或下一张图片。单击工具栏中的“幻灯片放映”按钮。

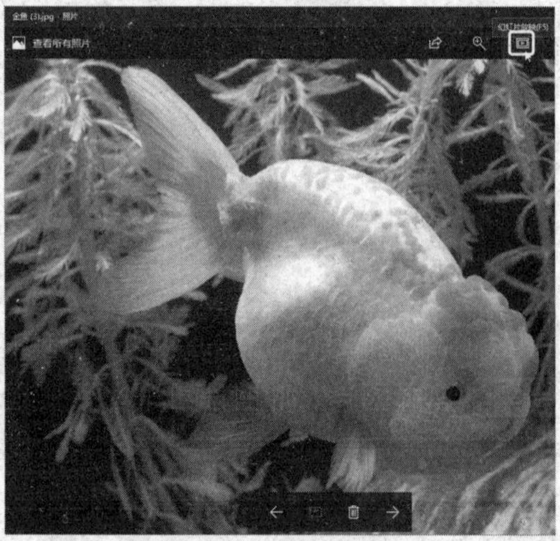

多学点

在“照片”窗口中右击图片，可在弹出的快捷菜单中选择所需的命令。

第5步 放映图片 此时即可进入全拼视图，并自动放映图片所在文件夹中的所有图片。

第6步 单击"旋转"按钮 单击即可退出全拼放映模式，单击工具栏中的"旋转"按钮。

第7步 旋转图片 此时即可旋转所选择的图片。

第8步 使用默认程序打开图片 使用"照片"工具还可在当前图片查看情况下查看其他图片，❶选择图片。❷在"主页"选项卡下单击"使用默认程序打开"按钮。

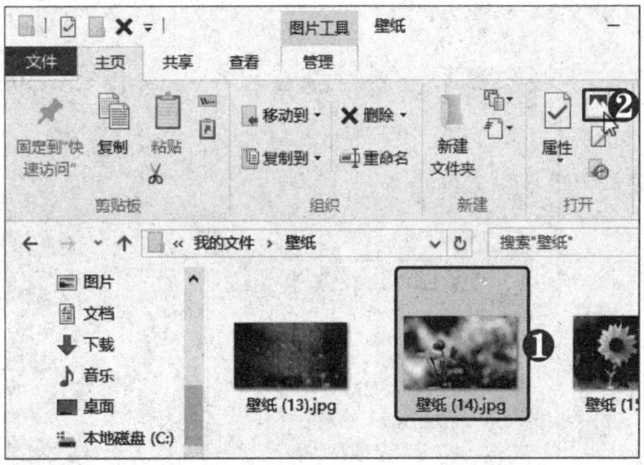

第9步 打开图片 此时即可使用"照片"工具打开所选的图片，并将打开的两张图片并排显示。

第10步 旋转或放映图片 选中图片后选择"管理"选项卡，可对图片进行旋转或放映。

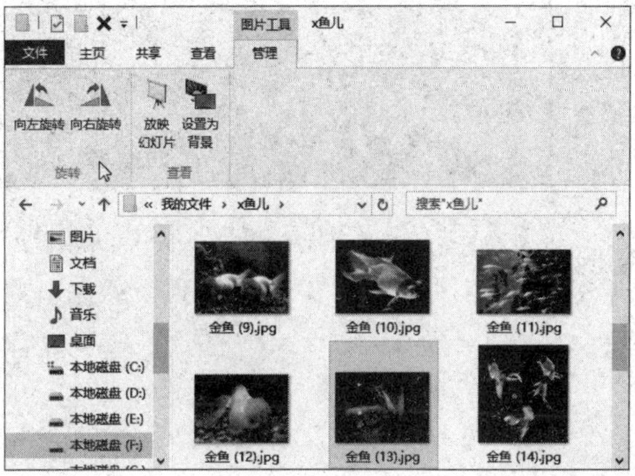

5.1.2 调整图片颜色

使用“照片”工具可以对图片颜色进行简单的编辑，如调整图片的光线、色调、清晰度等，中老年人可以使用“照片”工具调整拍摄的照片效果，具体操作方法如下：

电脑小专家

问：怎样退出照片编辑模式？

答：按键盘上的【Backspace】键，或单击“照片”窗口左上方的“返回”按钮←。

新手巧上路

问：怎样一键美化图片？

答：在“增强照片”选项下的图片缩略图中单击并调整强度即可。

第1步 选择“照片”命令 ❶右击图片。❷选择“打开方式”命令。❸选择“照片”命令。

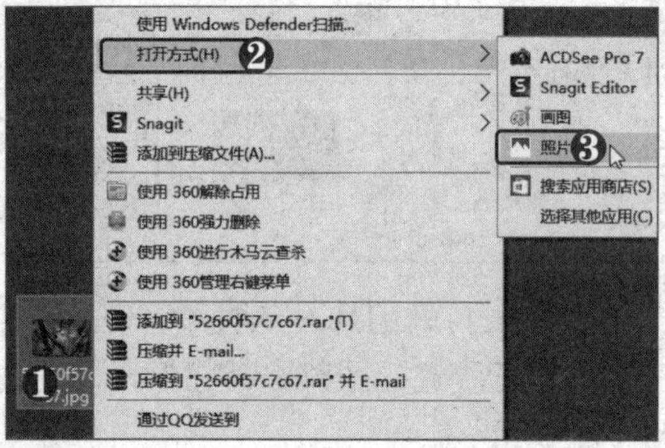

第2步 单击“编辑”按钮 此时即可打开所选图片，在工具栏中单击“编辑”按钮。

第3步 选择滤镜 进入照片编辑模式，在右侧选择所需的照片滤镜效果。

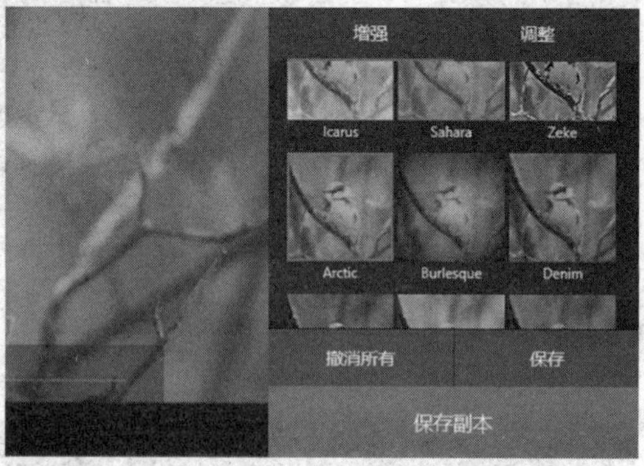

第4步 调整光线 ❶选择“调整”选项卡。❷在“光线”选项下调整对比度、曝光、突出显示、阴影等。

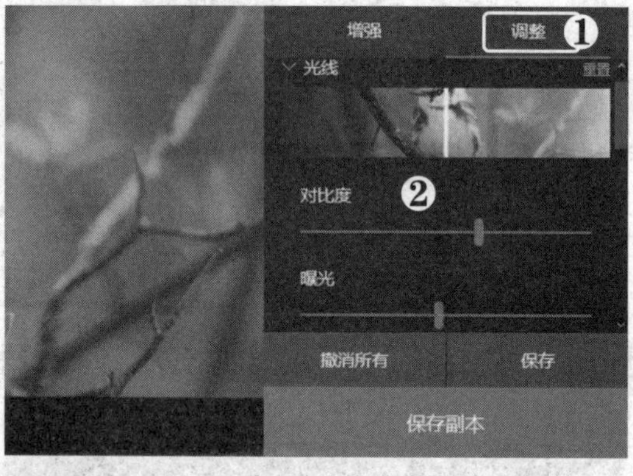

第5步 调整颜色 在“颜色”选项下调整“色调”和“暖度”参数。

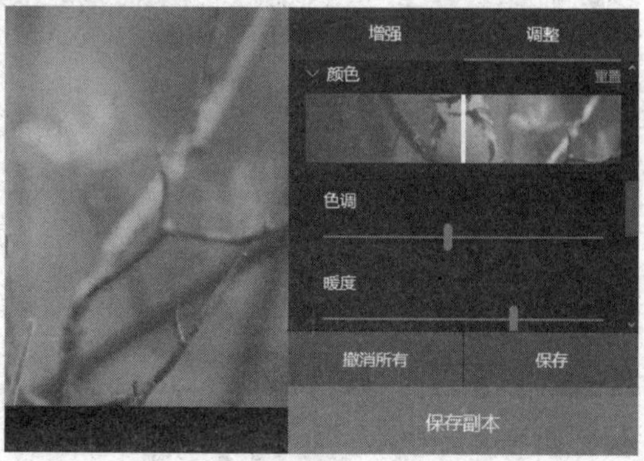

第6步 调整清晰度和晕影 ❶调整“清晰度”和“晕影”参数。❷单击“保存副本”按钮。

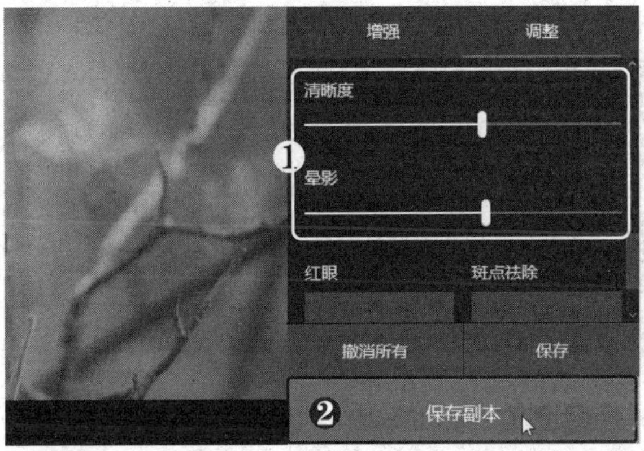

第7步 保存图片 弹出“另存为”对话框，❶选择保存位置。❷输入文件名。❸单击“保存”按钮。

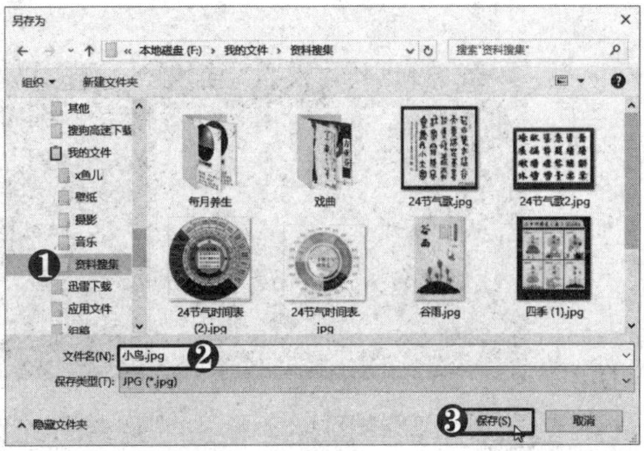

5.1.3 裁剪和旋转图片

使用“照片”工具的编辑功能可以轻松地裁剪和旋转图片，具体操作方法如下：

第1步 单击“编辑”按钮 使用“照片”工具打开图片，在工具栏中单击“编辑”按钮。

第2步 单击“裁剪和旋转”按钮 进入照片编辑模式，单击“裁剪和旋转”按钮。

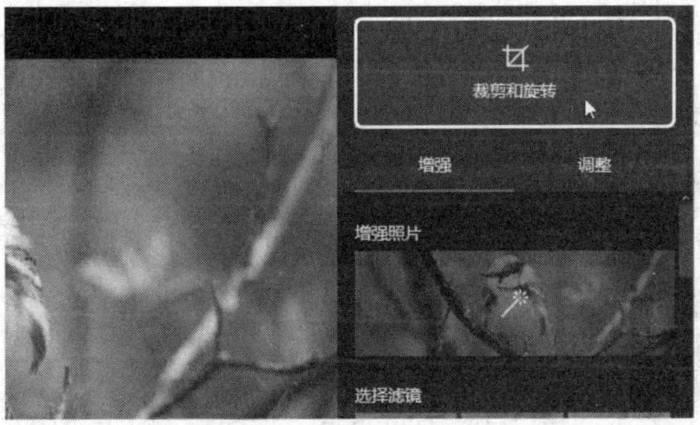

第3步 选择纵横比 ❶单击“纵横比”下拉按钮。❷选择所需的比例，如“正方形”。

第4步 裁剪为正方形 此时即可将图片裁剪为正方形，拖动图片调整其在裁剪框中的位置。

第5步 调整裁剪框大小 拖动裁剪框四角的控制点，调整裁剪框的大小，根据需要调整图片在裁剪框中的位置。

第6步 翻转图片 单击“翻转”按钮，可以水平翻转图片。

第7步 旋转图片 单击“重置”按钮，可将图片恢复为原始状态。❶拖动图片右侧的旋转按钮，可以旋转图片的角度。❷单击“完成”按钮。

第8步 保存副本 退出“裁剪和旋转”编辑模式，查看图片效果，单击“保存副本”按钮保存图片。

提示您

调整裁剪框大小后拖动图片，即可调整图片在裁剪框中的位置。

多学点

要调整裁剪框的宽度和高度，可单击“纵横比”按钮，选择“自定义”选项，然后调整裁剪框即可。

5.2 相机

Windows 10 系统内置的“相机”工具用于进行拍照和录像。要使用“相机”工具，电脑上须配备摄像头，其具体操作方法如下：

第1步 选择“相机”工具 打开“开始”菜单，在所有应用列表中选择“相机”工具。

第2步 单击“拍照”按钮 启动“相机”工具，单击“拍照”按钮或按空格键即可进行拍照，将当前图像保存到电脑中。

第3步 进入录像模式 单击“录像”按钮，进入录像模式。

第4步 录制视频 单击“录像”按钮，开始录制视频，下面显示录像时间。

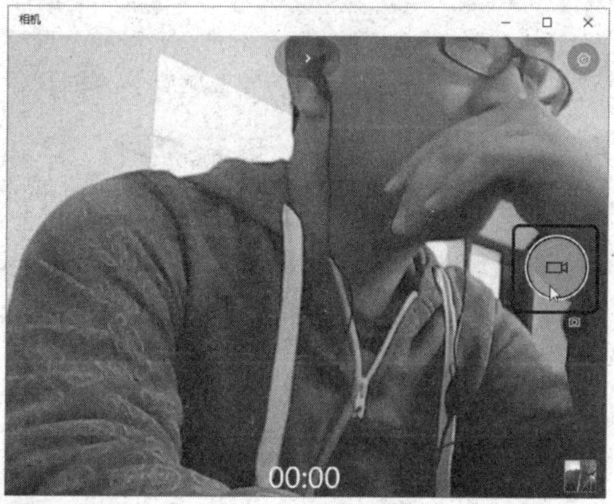

第5步 停止录像 单击“暂停”按钮，可暂停录像。单击“停止”按钮，可停止录像。

第6步 单击缩略图 单击窗口右下方的缩略图。

第7步 双击文件夹 此时即可打开“图片”窗口，双击“本机照片”文件夹。

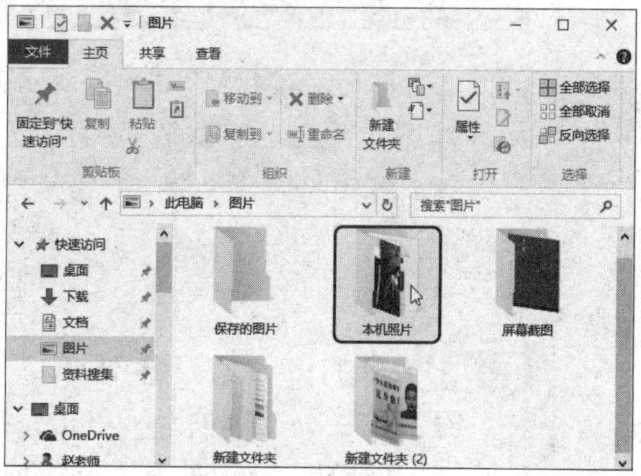

第8步 选择“照片”选项 打开“本机照片”文件夹，其中包含拍摄的图片和视频文件。❶选中视频文件。❷单击“打开方式”下拉按钮。❸选择“照片”选项。

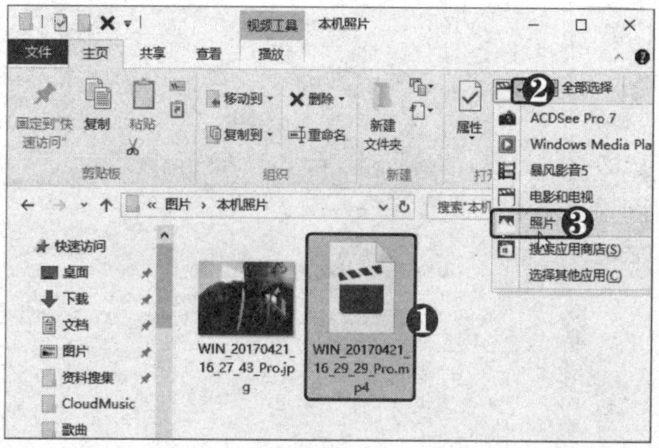

第9步 单击“剪裁”按钮 此时即可使用”照片”工具打开视频文件并进行播放，单击上方的“剪裁”按钮。

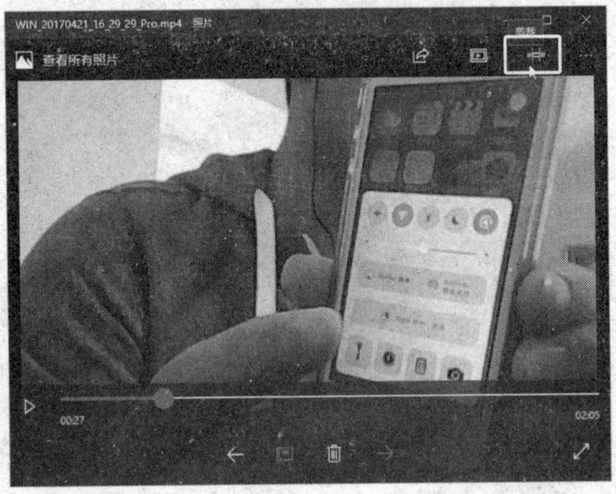

第10步 剪裁视频 进入视频剪裁状态，❶调整开始和结束位置。❷单击“保存”按钮，即可剪裁视频。

电脑小专家

问：怎样设置照片连拍？

答：单击“相机”窗口右上方的“设置”按钮，在弹出的窗格中可设置长按相机键进行“照片连拍”。

5.3 Windows Media Player

Windows Media Player 是系统自带的一款播放器，简称 WMP，使用它可以播放 MP3、WMA、WAV 等格式的音频文件，还可以播放 MP4、AVI、WMV 格式的视频文件。下面以播放音乐文件为例进行介绍，具体操作方法如下：

新手巧上路

问：怎样定时拍摄照片？

答：单击“相机”窗口上方的“照片计时器”按钮，即可设置定时拍摄时间；单击“拍照”按钮，即可开始倒计时。

第1步 选择打开方式 ❶选中音乐文件。❷在“主页”选项卡下单击“打开方式”下拉按钮。❸选择 Windows Media Player 选项。

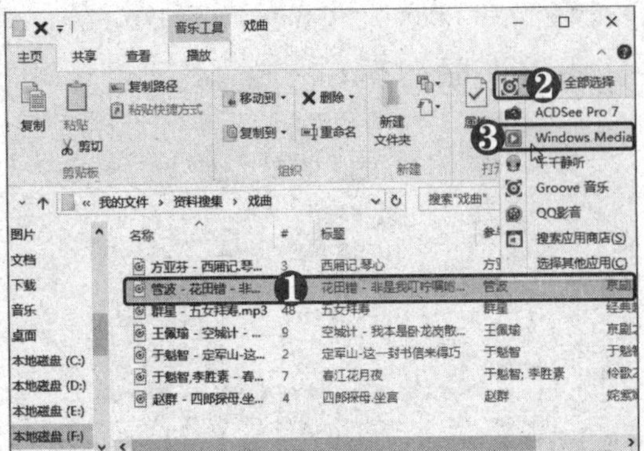

第2步 使用推荐设置 启动 Windows Media Player 程序，❶选择“推荐设置”单选按钮。❷单击“完成”按钮。

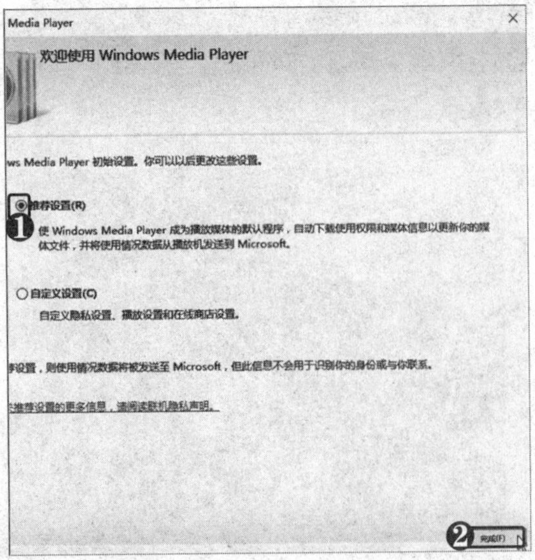

第3步 **切换到媒体库** 开始播放音乐文件，单击右上方的“切换到媒体库”按钮。

第4步 **控制音乐播放** 切换到媒体库窗口，程序自动加载该文件夹下的所有音乐文件，在窗口下方单击相应的按钮可以控制音乐播放。

第5步 **播放音乐** 在音乐列表中双击标题名称，即可播放该音乐。

第6步 **创建播放列表** ❶在左窗格中选择“播放列表”选项。❷单击“创建播放列表”按钮。

第7步 **输入列表名称** 此时即可创建一个播放列表，输入列表名称，并按【Enter】键确认。

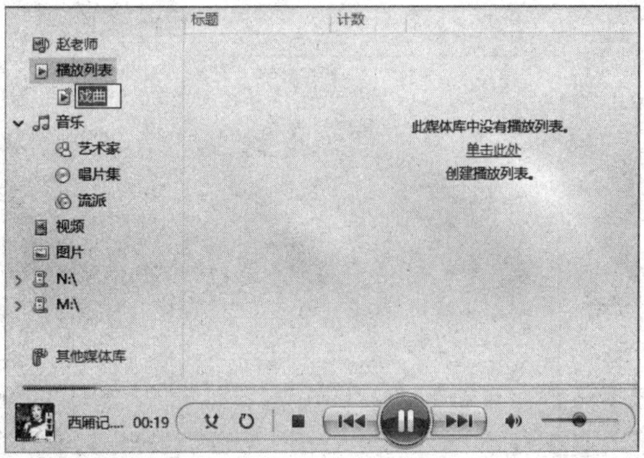

第8步 **将音乐拖动到播放列表** ❶在左窗格中选择“音乐”选项，打开音乐列表。❷拖动音乐到创建的播放列表中。

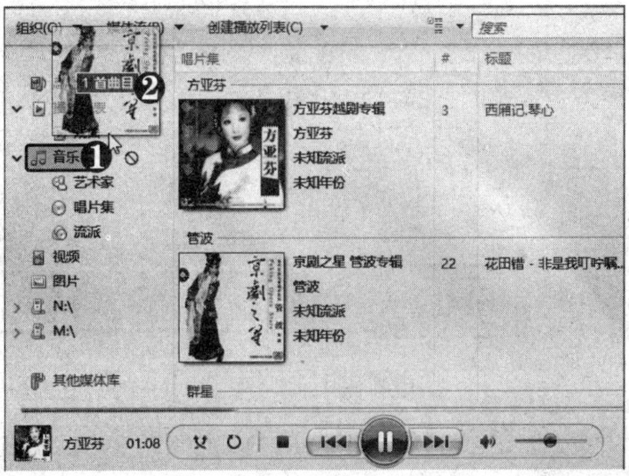

第9步 将音乐添加到播放列表 ❶ 按【Ctrl+A】组合键全选音乐并右击。❷ 选择“添加到”命令。❸ 选择创建的播放列表。

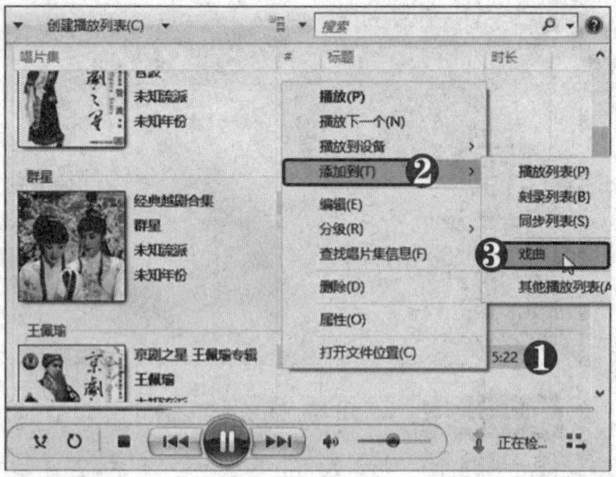

第10步 查看播放列表 在左窗格选择播放列表，可以查看其中包含的音乐。

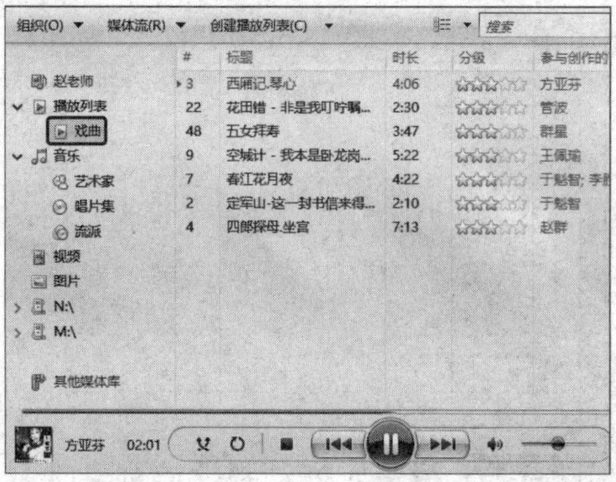

第11步 选择“删除”命令 ❶ 右击播放列表。❷ 选择“删除”命令。

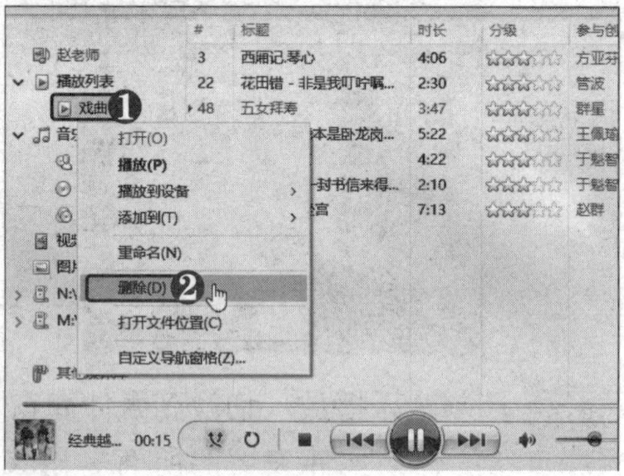

第12步 确定删除操作 弹出对话框，❶ 选中“仅从媒体库中删除”单选按钮。❷ 单击“确定”按钮。

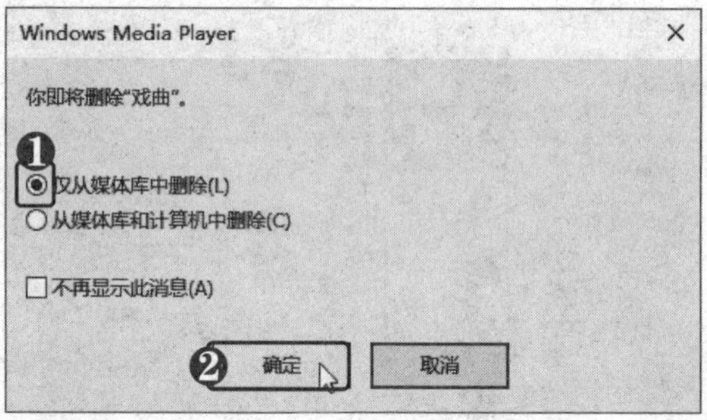

提示您

右击歌曲文件，选择“打开文件位置”命令，可打开包含该歌曲的文件夹，并自动选中该歌曲文件。

多学点

在包含音乐的文件夹上右击，选择“包含到库中”|“音乐”命令，即可将文件夹中的歌曲添加到音乐库中，可在Windows Media Player窗口中查看音乐库。

5.4 闹钟和时钟

Windows 10 系统内置的“闹钟和时钟”工具包含闹钟、世界时钟、计时器和秒表四个功能，每项功能都很实用，操作起来也非常简便，下面将分别对其进行介绍。

5.4.1 闹钟功能

通过添加闹钟可以设置指定时间，以提醒自己要做的事情，可以添加多个闹钟，设置多项提醒方式，具体操作方法如下：

第1步 **选择“闹钟和时钟”工具** 打开“开始”菜单，在所有应用列表中选择“闹钟和时钟”工具。

第2步 **单击“添加新闹钟”按钮** 启动“闹钟和时钟”工具，❶单击“闹钟”按钮，进入“闹钟”窗口。❷单击右下方的“添加新闹钟”按钮+。

第3步 **设置闹钟** 进入“新闹钟”窗口，❶设置新闹钟时间。❷输入闹钟名称。❸设置“重复”选项。

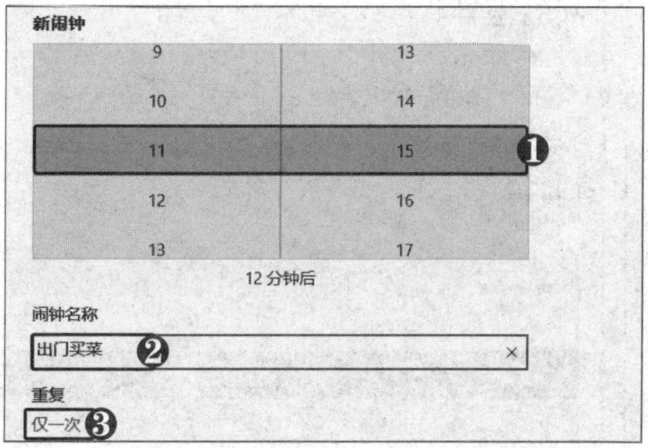

第4步 **设置声音** ❶设置闹钟“声音”选项。❷单击“保存”按钮。

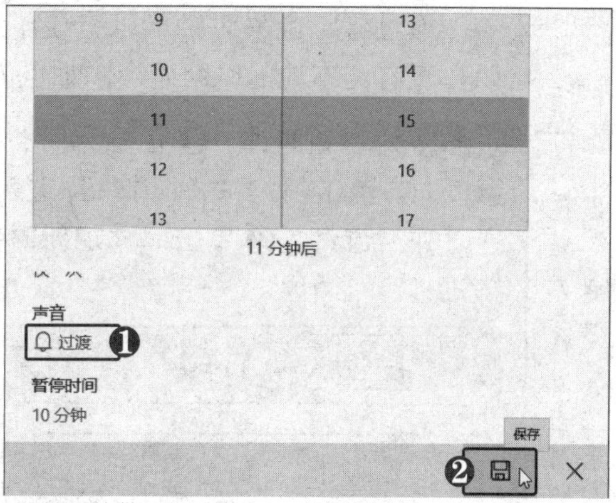

第5步 **删除闹钟** 此时即可看到创建的“闹钟”，❶单击开关按钮，可启用或关闭闹钟。❷右击闹钟。❸选择“删除”命令，可删除闹钟。

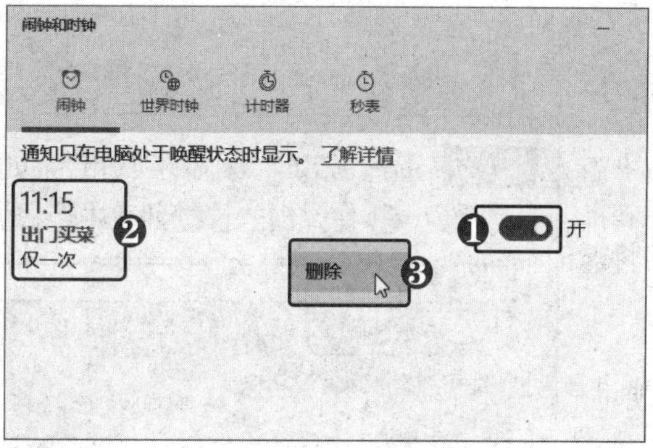

第6步 **闹钟提醒** 当到达闹钟时间时，将在屏幕右下方弹出提醒通知，并伴随着闹钟声音。

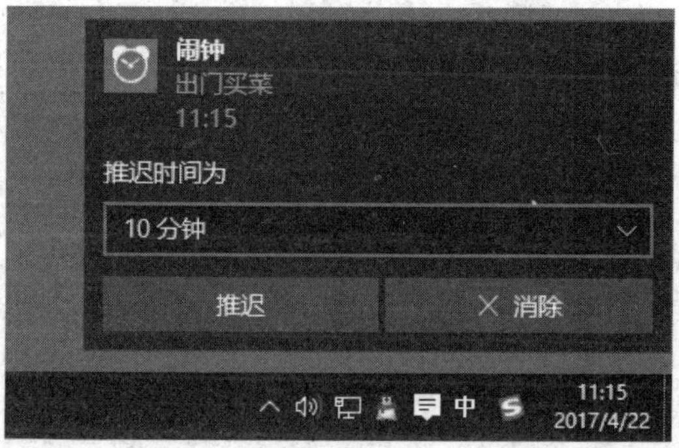

5.4.2 世界时钟

通过添加世界时钟可以方便了解其他国家城市的当前时间，可以对比多个城市，查看与本地的时间差。添加世界时钟的具体操作方法如下：

第1步 添加新时钟 ❶在“闹钟和时钟”窗口上方单击“世界时钟”按钮，进入“世界时钟”窗口。❷单击“添加新时钟”按钮+。

第2步 选择城市 ❶输入城市名，如输入“纽约”。❷在弹出的快捷列表中选择城市。

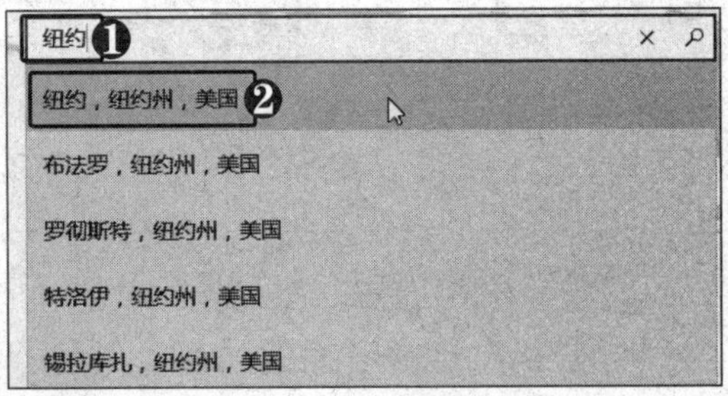

第3步 添加时钟 此时即可添加“纽约”的日期和时间。

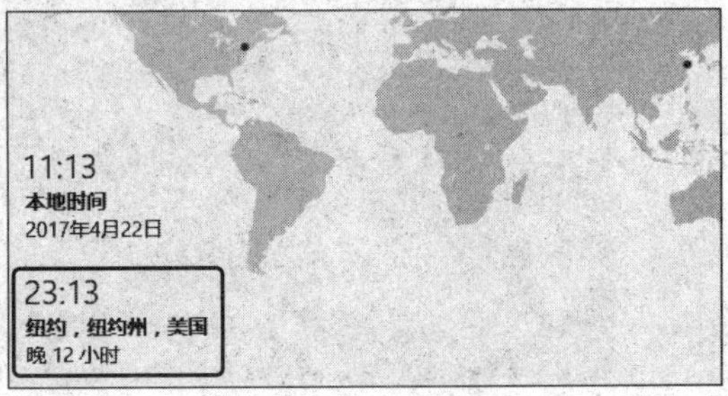

第4步 添加城市 采用同样的方法，添加全球其他地区的城市，放大窗口查看效果。

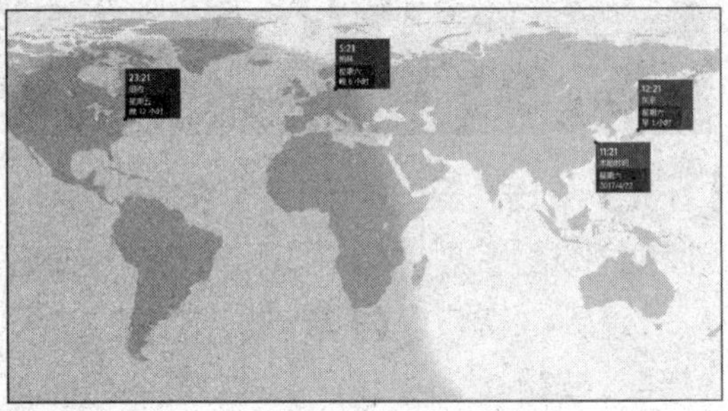

第5步 单击“比较”按钮 若要比较各地时钟的差别，可单击下方的“比较”按钮。

第6步 比较时间差异 此时在窗口下方展开时间栏，将鼠标指针置于时间栏上，并滚动鼠标滚轮，比较不同时间下各地时间的差异。

电脑小专家

问：怎样在“开始”屏幕中查看世界时钟？

答：右击某个世界时钟，选择“固定到‘开始’”命令即可。

新手巧上路

问：“闹钟”应用在电脑锁定的情况下能用吗？

答：能用。闹钟采用渐进唤醒设计，所以闹钟声音开始较小，然后逐渐变大。按【Windows+L】组合键，即可快速锁定电脑。

5.4.3 计时器和秒表

计时器即通常所说的“倒计时”，可以通过创建计时器来规定完成某项事情的时间。秒表功能可以精确到微秒，提供分圈计时和分段计时。下面将介绍如何使用“闹钟和时钟”工具的计时器和秒表，具体操作方法如下：

第1步 添加新计时器 ❶单击“计时器”按钮，进入“计时器”窗口。❷单击“添加新计时器”按钮+。

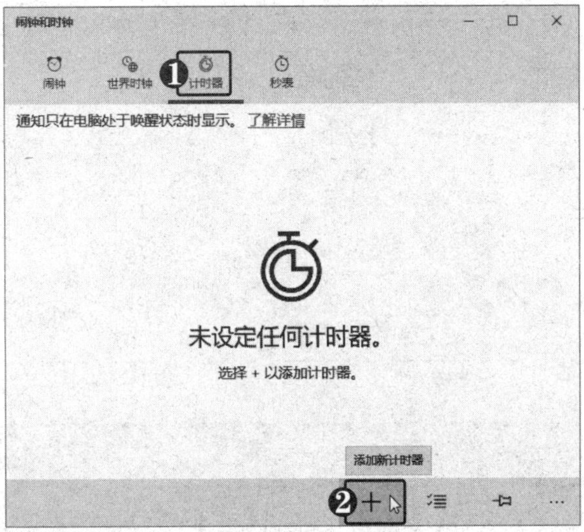

第2步 输入计时器名称 进入“新计时器”窗口，❶设置计时器时间。❷输入计时器名称。❸单击“保存”按钮。

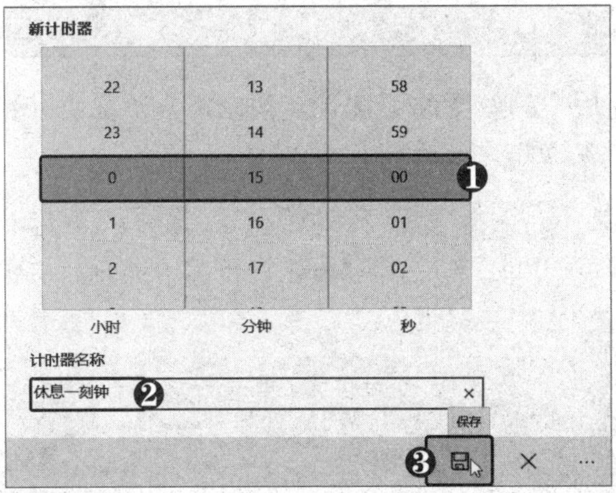

第3步 单击“开始”按钮 此时即可创建计时器，单击“开始”按钮，即可开始倒计时。

第4步 开始倒计时 单击“暂停”按钮，可暂停计时。单击“重置”按钮，可重新开始。

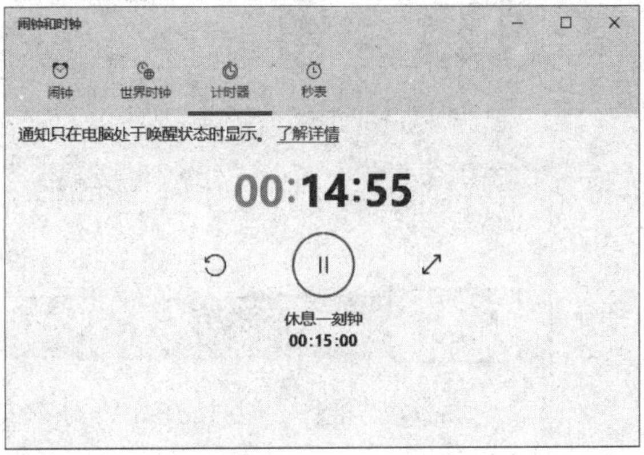

第5步 计时器操作完成 当倒计时为 0 时，将在屏幕右下方弹出“计时器操作完成”通知。

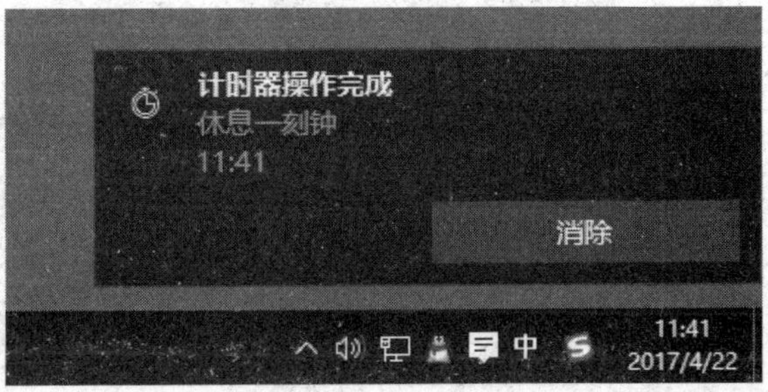

第6步 **单击“开始”按钮** ❶单击“秒表”按钮，进入“秒表”窗口。❷单击“开始”按钮，即可开始计时。

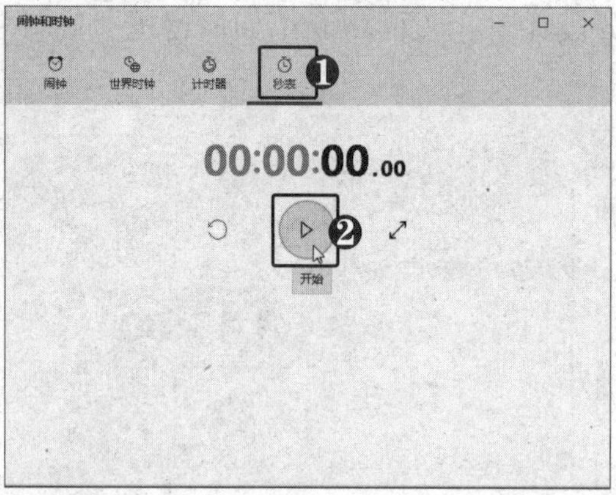

第7步 **单击“分圈计时/分段计时”按钮** ❶单击“分圈计时/分段计时”按钮，可以保存多个计时记录。❷单击“暂停”按钮，可以暂停计时。

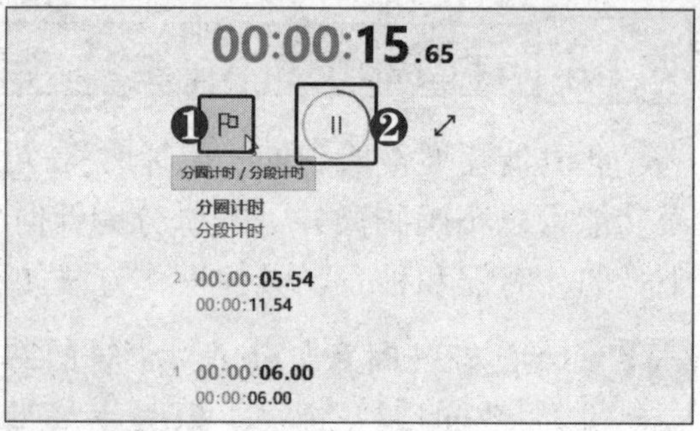

第8步 **重置秒表** 暂停计时后，单击“重置”按钮，可将秒表归零。

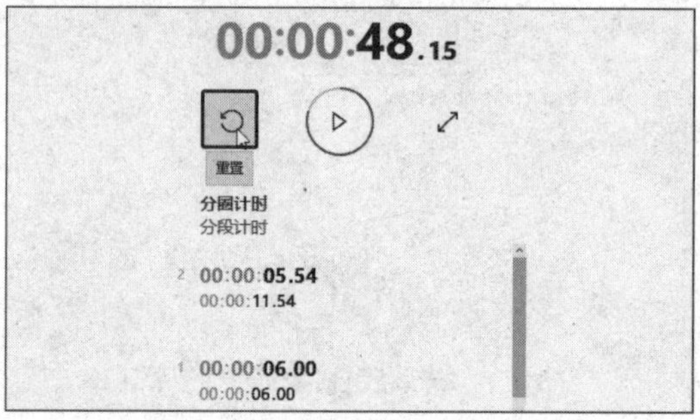

> **提示您**
>
> 按【Windows+Print Screen】组合键可创建屏幕截图，图像放在用户“图片”文件夹的“屏幕截图”中。

5.5 地图

Windows 10 系统内置了全新的“地图”工具，使用它可以定位位置、搜索位置、获取路线和收藏位置等。

> **多学点**
>
> 在“秒表”应用中单击右下方的“将秒表固定到‘开始’菜单”按钮，可将其添加到“开始”菜单的“磁贴”区。

5.5.1 查看地图

启动“地图”工具并允许地图访问用户的位置即可实现定位功能，下面将介绍如何操作地图，如放大、旋转、倾斜、鸟瞰等，具体操作方法如下：

第1步 **选择“地图”工具** 打开“开始”菜单，在所有应用列表中选择“地图”工具。

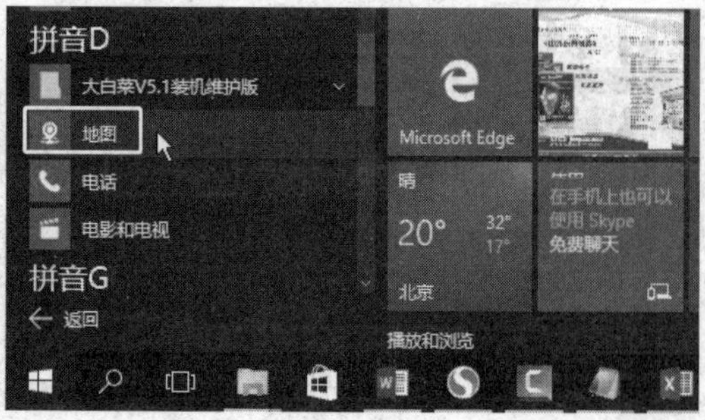

第2步 **显示我的位置** 此时即可启动“地图”工具，单击右侧的“显示我的位置”按钮。

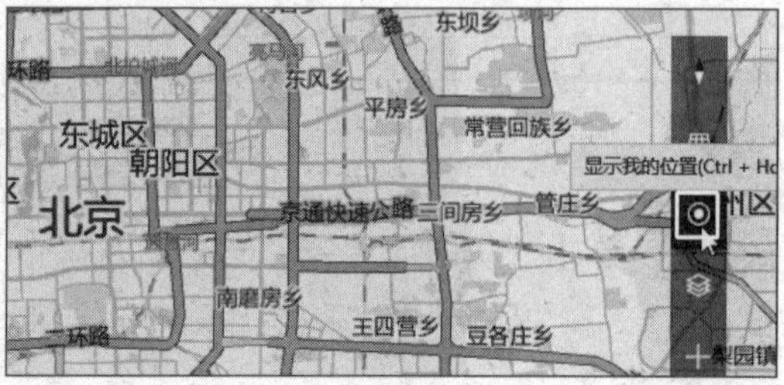

第3步 **放大地图显示**　此时即可定位到当前位置，滚动鼠标滚轮可放大或缩小地图显示。

第4步 **旋转地图**　将鼠标指针置于工具栏的“旋转”按钮上，显示逆时针和顺时针旋转按钮，单击即可旋转地图，也可通过按【Ctrl+←】或【Ctrl+→】组合键来旋转地图。

第5步 **倾斜地图**　单击“倾斜”按钮，可以倾斜地图。也可通过按【Ctrl+↑】或【Ctrl+↓】组合键来倾斜地图。

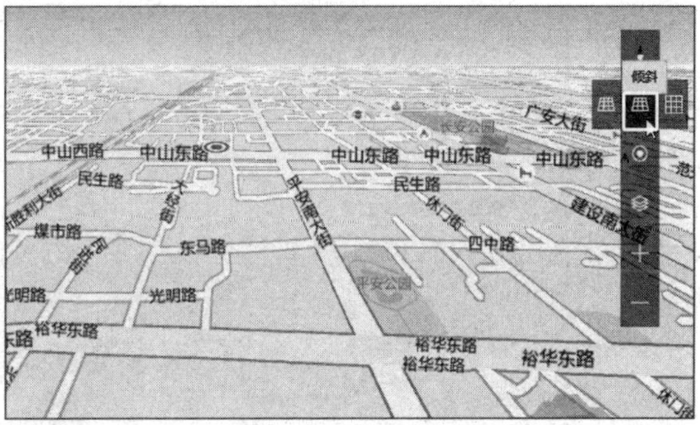

第6步 **进入鸟瞰视图**　❶ 单击“地图视图”按钮。❷ 选择“鸟瞰图”选项，进入鸟瞰视图，查看地图效果。

5.5.2 查询路线

在“地图”工具中可以搜索地点，查询两个地点之间的路线，还可将需要的地点收藏起来，具体操作方法如下：

第1步 **搜索地点**　❶ 在左上方单击“搜索”按钮。❷ 输入一个地名。❸ 选择所需的地点。

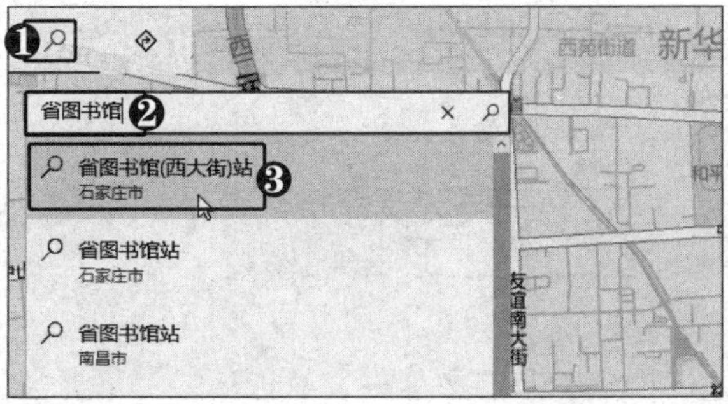

第2步 **单击“路线”按钮**　此时在地图上即可转到相应的位置，单击“路线”按钮。

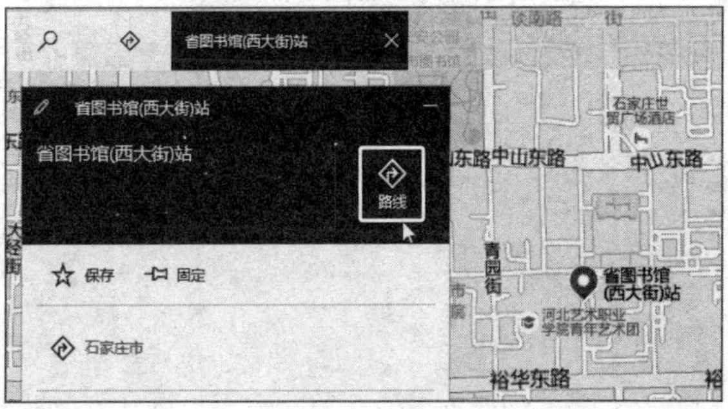

第3步 选择“出发点”命令 打开“路线”面板，❶在地图上找到要设置为起点的位置并右击。❷选择“出发点”命令。

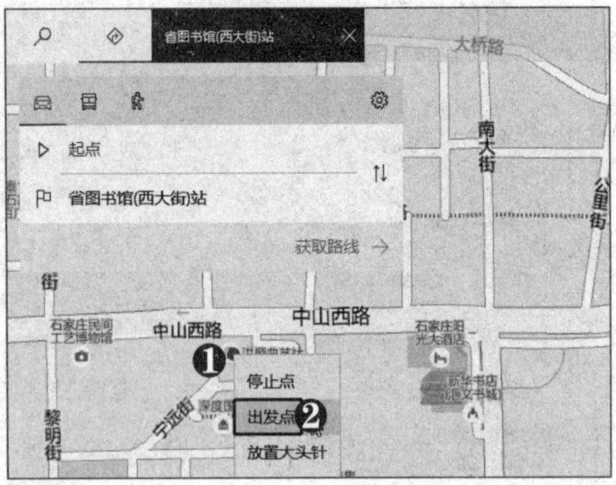

第4步 单击“获取路线”按钮 在“路线”面板中单击“获取路线”按钮。

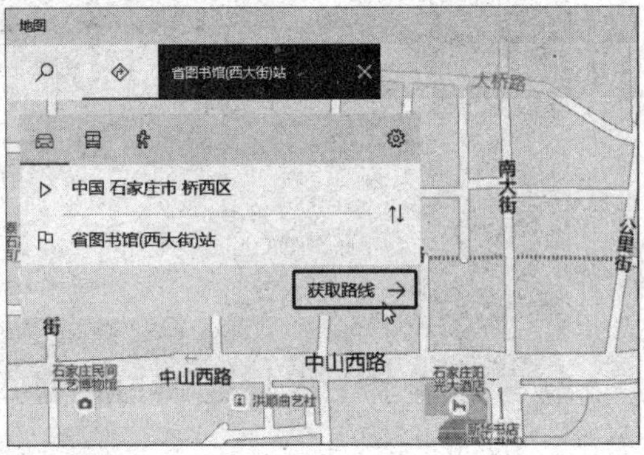

第5步 查看路线 此时弹出路线列表，❶选择“公交”选项卡。❷查看公交路线，将鼠标指针置于列表选项上，在地图上将显示相应的路线。

第6步 选择“放置大头针”命令 ❶在地图上找到要标记的位置并右击。❷选择“放置大头针”命令。

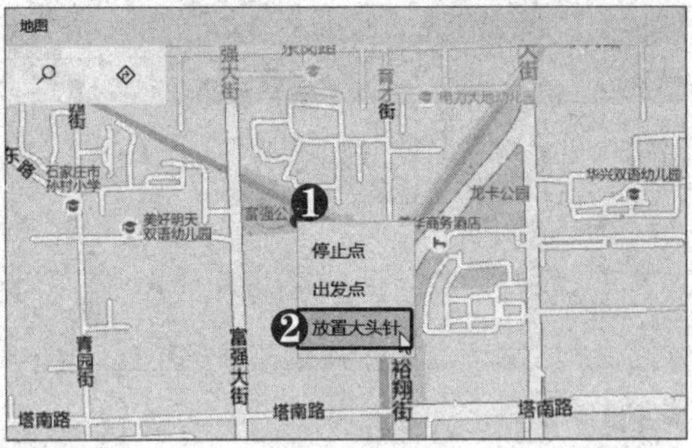

第7步 设置保存地点 ❶在弹出的面板中单击“保存”按钮。❷选择“收藏夹”选项，即可保存该地点到收藏夹。

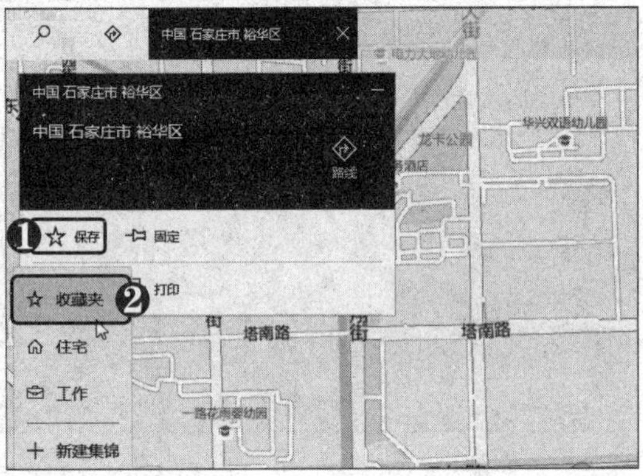

第8步 查看保存的地点 ❶单击“保存的地点”按钮。❷在打开的面板中可以查看收藏的地点，选择该地点，显示其在地图上的位置。

电脑小专家

问：如何进行录音？

答：从“开始”菜单启动“语音录音机”程序，即可使用电脑上安装的麦克风进行录音。

新手巧上路

问：怎样下载地图？

答：打开“系统”设置窗口，在左侧选择“脱机地图”选项，在右侧单击“下载地图”按钮即可。

5.6 计算器

Windows 10 系统内置功能强大的“计算器”工具，使用它可以进行标准型、科学型及程序员模式的运算，还可以进行长度、重量、时间等单位间的换算。

5.6.1 计算数据

下面将介绍如何使用“计算器”工具计算数据，标准计算器用于进行加、减、乘、除这样简单的运算，科学计算器可以进行比较复杂的运算，还可以使用“计算器”工具计算日期，具体操作方法如下：

第1步 **选择“计算器”工具** 打开“开始”菜单，在所有应用列表中选择“计算器”工具。

第2步 **启动“计算器”工具** 通过单击程序界面上的按钮或数字键盘上的按键来输入计算公式，单击等号按钮或按【Enter】键进行计算。

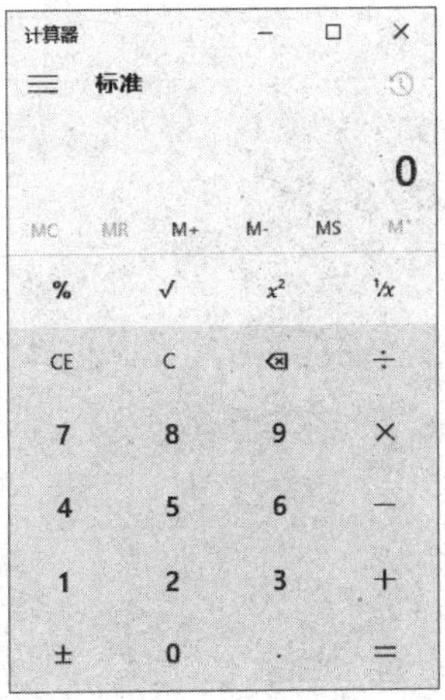

第3步 **调整窗口宽度** 调整“计算器”窗口的宽度，也可看到“历史记录”和“存储”信息。

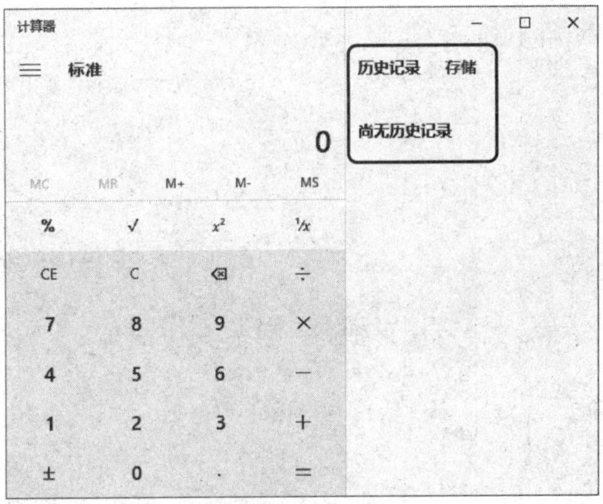

第4步 **进行数据计算** 输入所需的数据进行运算，单击等号按钮=。

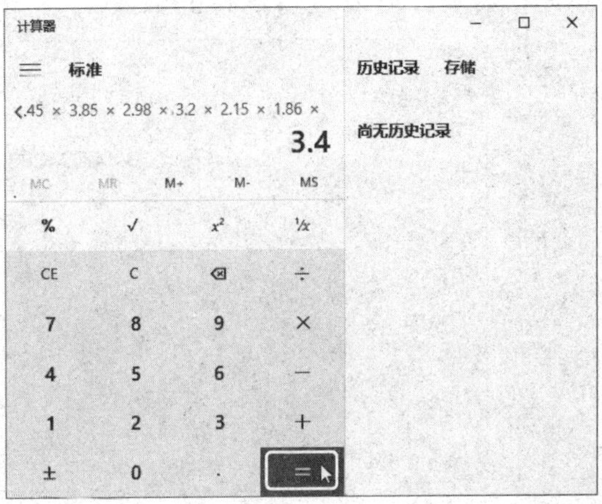

第5步 保存数字 得到计算结果，并自动将该运算保存到“历史记录”面板中。单击MS按钮，可保存当前数字。

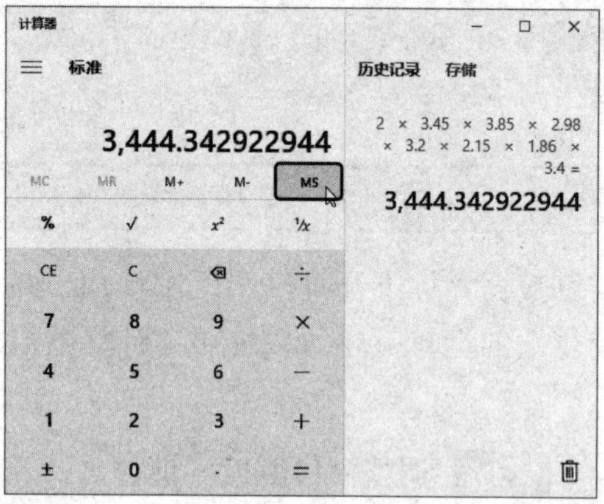

第6步 清除数字 单击CE按钮，可清除当前输入的数字；单击C按钮，可清除当前运算。

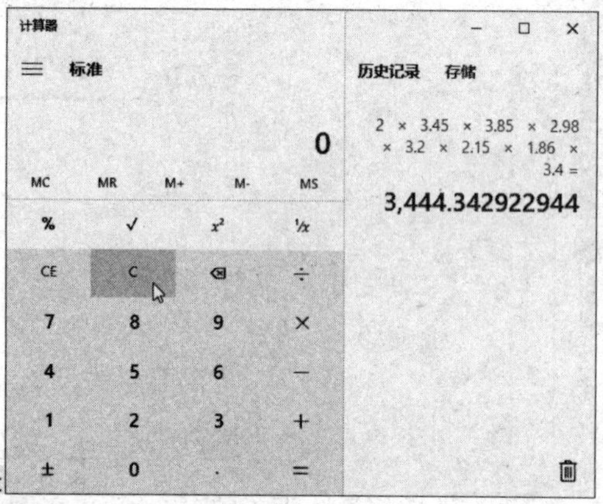

第7步 查看保存数字 选择“存储”选项卡，可以查看保存的数字。

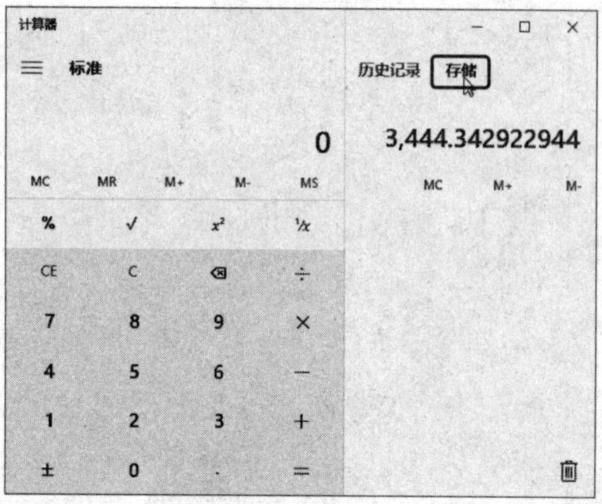

第8步 继续计算 使用“计算器”工具继续进行所需的运算，单击+按钮。

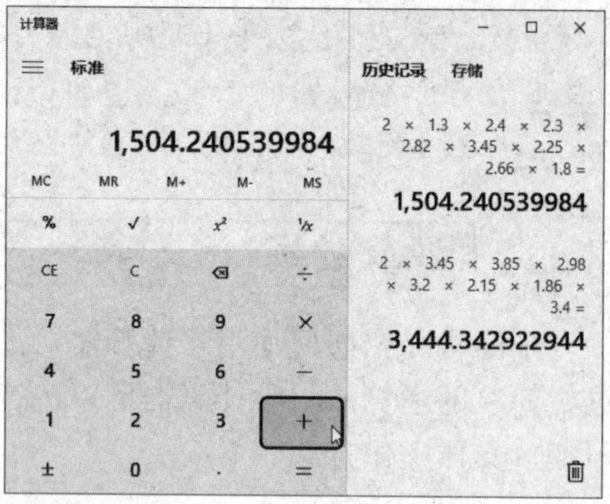

第9步 选择存储数字 ❶选择“存储”选项卡。❷选择存储的数字，即可将其添加到运算中。

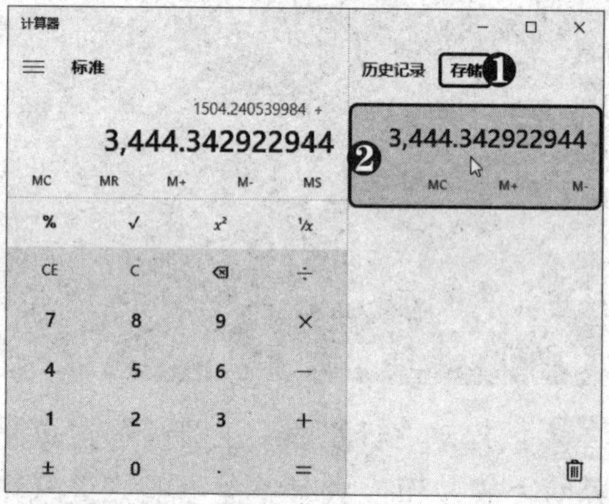

第10步 选择计算器 ❶单击计算器左上方的功能菜单按钮☰。❷选择“科学”选项。

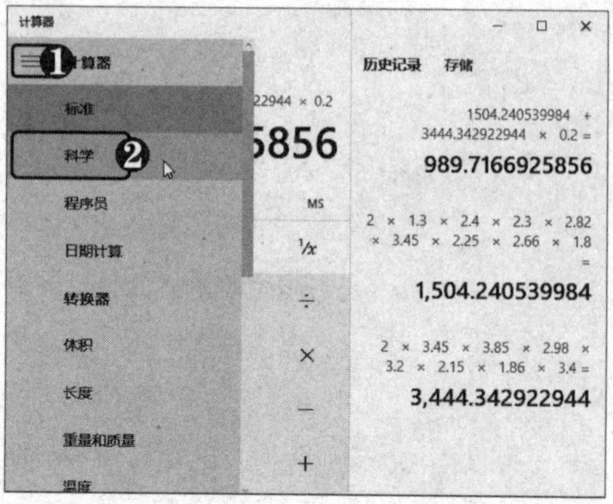

提示您

按【Esc】键，可快速清除当前的运算式。

多学点

输入数字后，单击“计算器”下方的±按钮，可将数字设置为负数。

第11步 **使用科学型计算器** 切换为科学计算器窗口，进行所需的运算，如计算 7 的 8 次方。

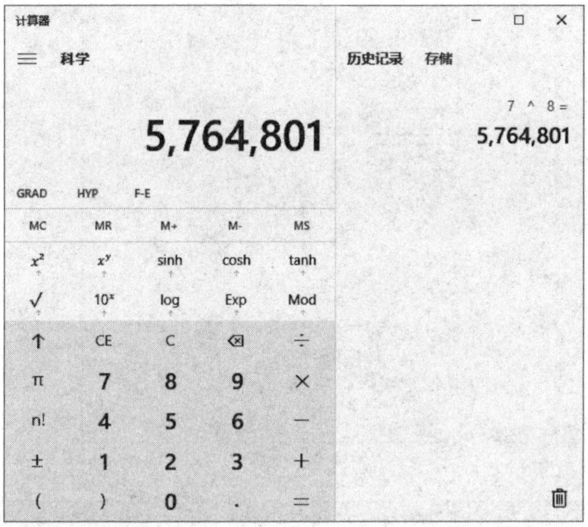

第12步 **选择“日期计算”选项** ❶ 单击计算器左上方的功能菜单按钮☰。❷ 选择“日期计算”选项。

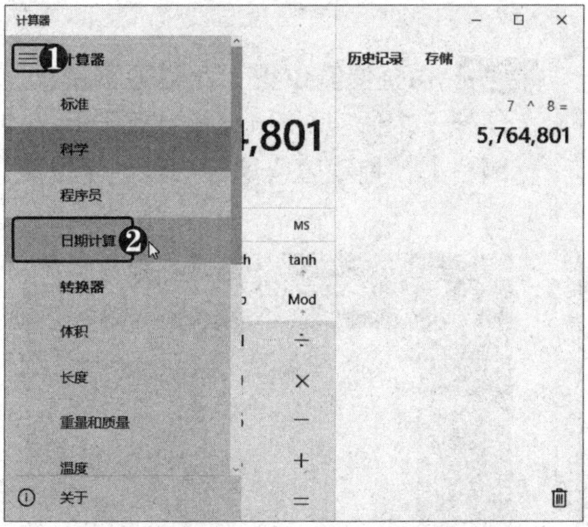

第13步 **计算日期间隔** 进入“日期计算”窗口，❶ 选择“日期之间的相隔时间”选项。❷ 分别设置“自”和“至”日期，查看计算结果。

第14步 **添加或减去天数** ❶ 选择“添加或减去天数”选项。❷ 选择“添加”单选按钮。❸ 选择添加的天数，查看计算结果。

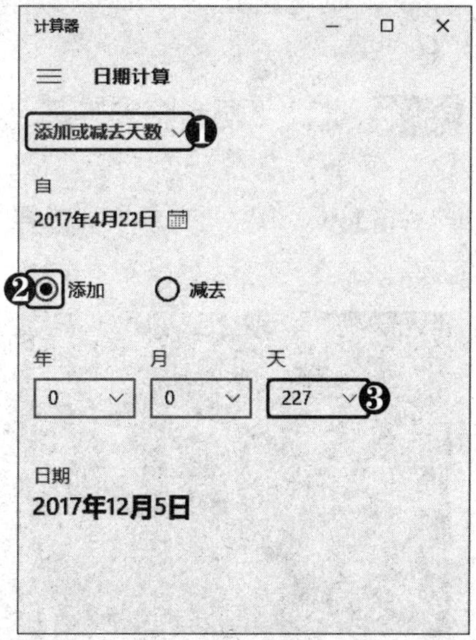

5.6.2 单位转换

使用“计算器”工具除了可以进行数字计算外，还支持单位换算，具体操作方法如下：

第1步 **选择单位类别** ❶单击计算器左上方的功能菜单按钮☰。❷在“转换器”选项下选择“长度”选项。

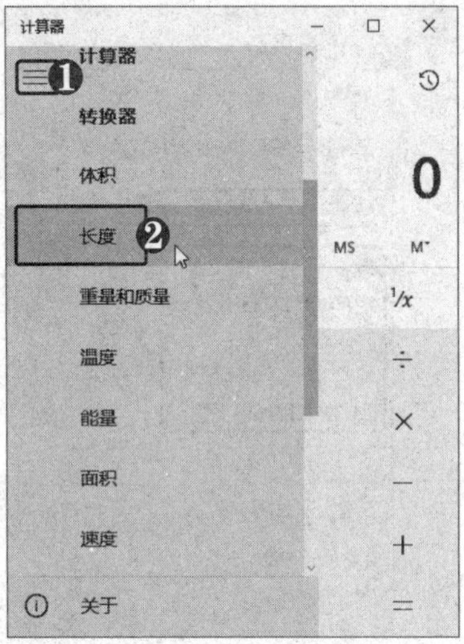

第2步 **进行单位换算** ❶分别设置换算单位，在“厘米”选项上单击。❷输入数值，即可查看换算为“英尺”的结果。

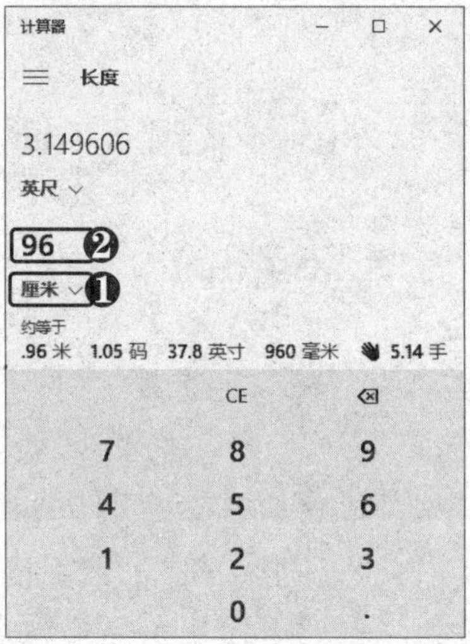

5.7 便利贴

便利贴是一款提供快捷记录、日程提醒的实用小工具，它显示在电脑桌面上。中老年人可以在便利贴上记录内容，提醒自己当天的安排、重要事项或给他人留言等，具体操作方法如下：

第1步 **选择“便利贴”工具** 打开“开始”菜单，在“所有应用”列表中打开“Windows 附件”文件夹，选择“便利贴”工具。

第2步 **调整便笺位置** 此时即可在桌面上创建一个便笺，将鼠标指针置于便笺的标题栏上，拖动鼠标即可调整便笺位置。

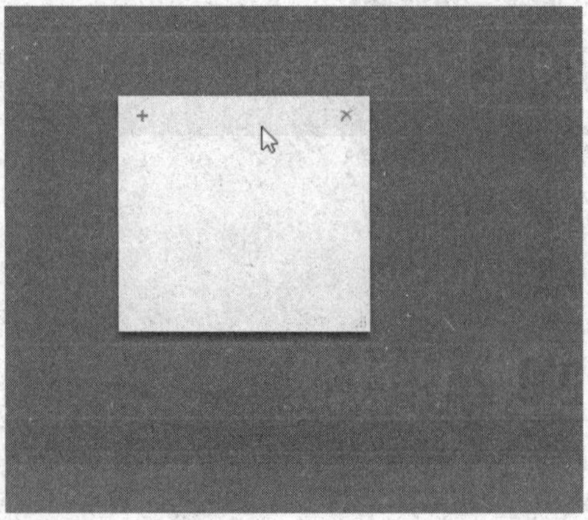

电脑小专家

问：怎样将计算结果复制下来？

答：在“计算器”窗口中单击计算结果，按【Ctrl+C】组合键进行复制，然后即可将其粘贴到文字编辑程序中。

新手巧上路

问：怎样将输入的公式使用计算器计算？

答：在“记事本”程序中输入公式，选中并按【Ctrl+C】组合键复制该公式，将“计算器”程序切换为“科学”计算器，按【Ctrl+V】组合键即可粘贴公式。

第3步 输入内容 ❶根据需要输入便笺内容。❷单击左上方的“新建便笺”按钮＋。

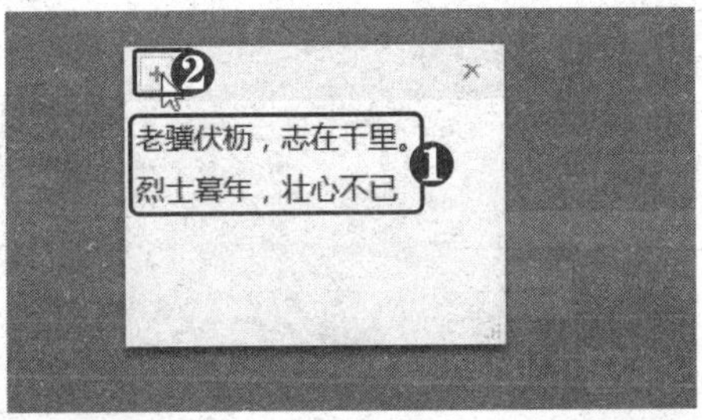

第4步 新建便笺 此时即可创建一个新的便笺，输入内容。

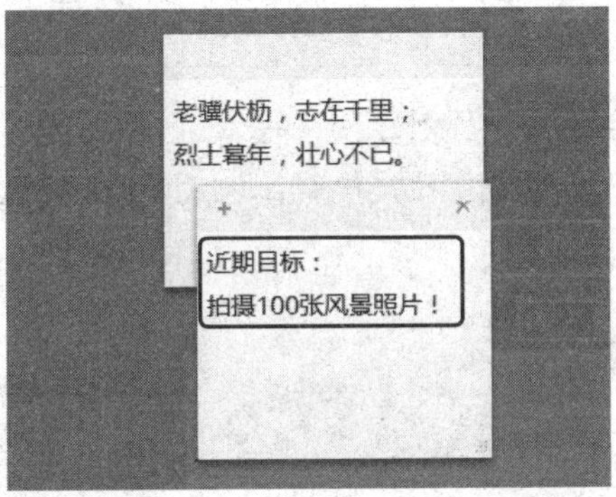

第5步 选择便笺颜色 ❶在便笺内右击。❷选择便笺颜色，如选择“紫”。

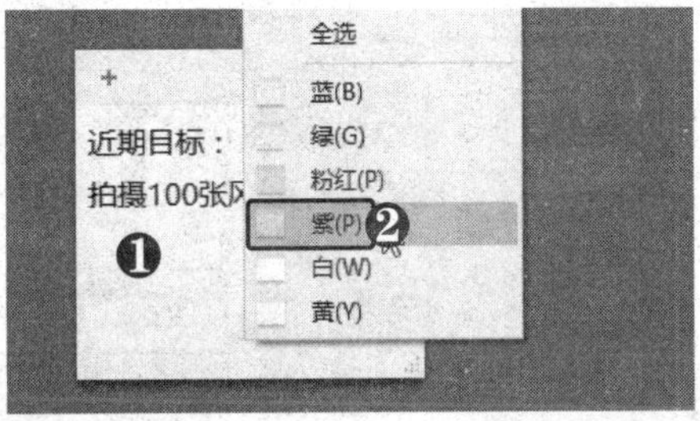

第6步 更改便笺颜色 此时便笺颜色变为紫色。拖动便笺的右下角，可以调整便笺大小。

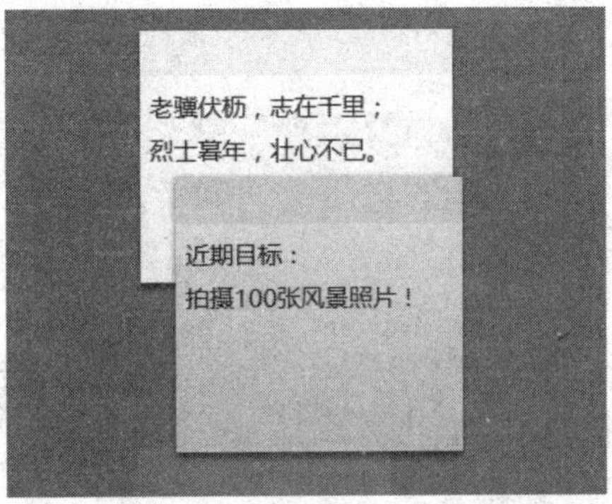

5.8 画图

“画图”是 Windows 10 系统自带的一个画图工具，使用它中老年人可以与孙子、孙女等绘制一些简单的图形或图画。使用“画图”工具绘制图形的具体操作方法如下：

第1步 选择“画图”工具 打开“开始”菜单，在“所有应用”列表中打开“Windows 附件”文件夹，选择“画图”工具。

第2步 选择“椭圆”形状 启动“画图”工具，在“形状”组中选择“椭圆”形状。

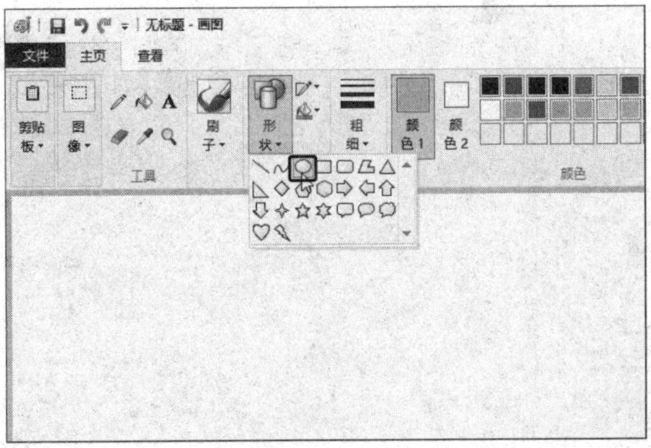

第3步 **选择线条粗细** ❶单击“粗细”下拉按钮。❷选择线条粗细。

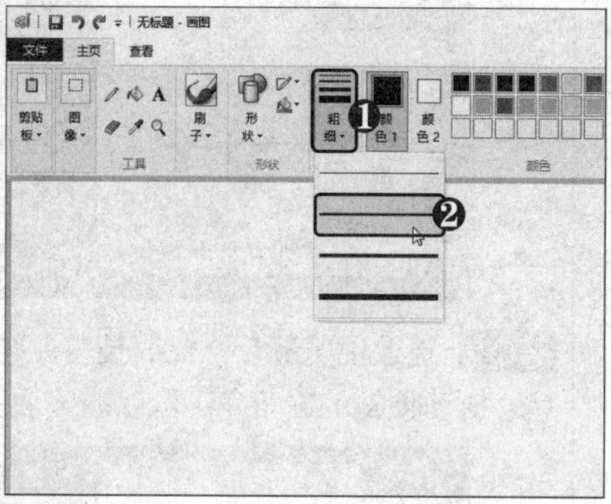

提示您

拖动画图区域右侧或下方的控制点，即可调整画布大小。

第4步 **选择颜色** ❶单击“颜色 1”按钮。❷选择所需的颜色。

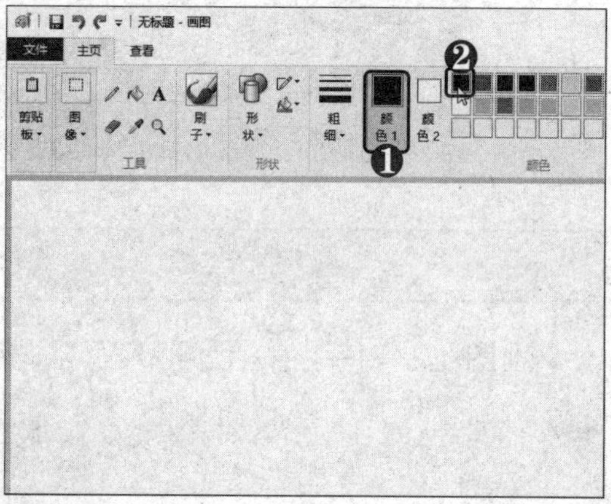

多学点

在“颜色”组中设置“颜色 1”为前景色，用于设置形状的轮廓颜色；“颜色 2”为背景色，用于设置形状的填充颜色。

第5步 **绘制图形** 拖动鼠标，绘制椭圆形状。

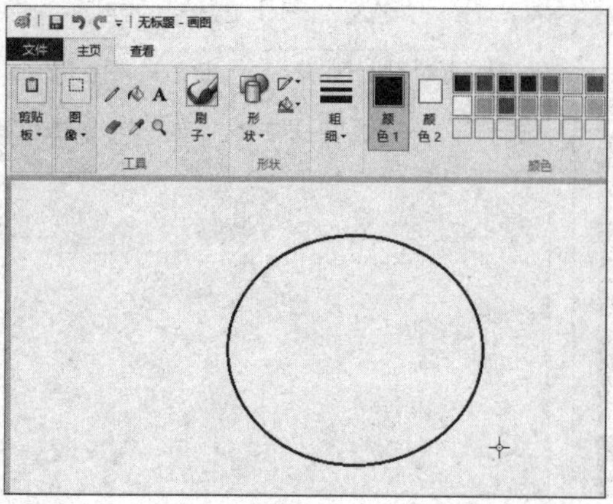

第6步 **绘制直线** 采用同样的方法，绘制一条直线形状。

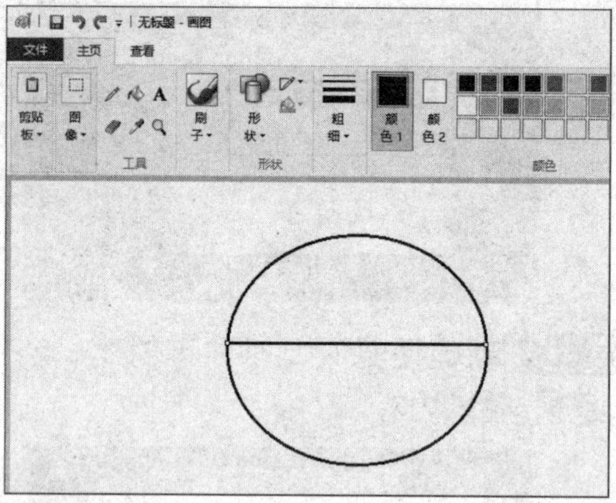

第7步 **擦除图形** 在“工具”组中单击“橡皮擦”按钮，拖动鼠标擦除不需要的线条。

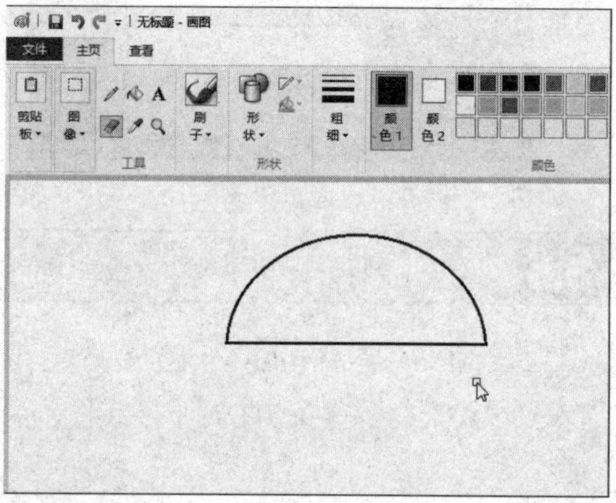

第8步 **绘制椭圆** 使用“椭圆”形状绘制多个椭圆图形。

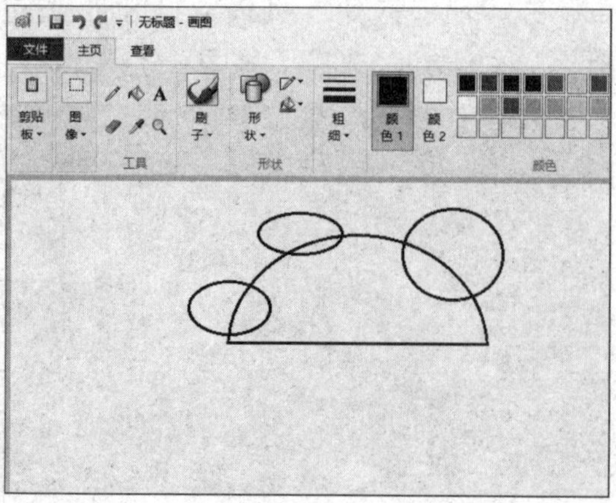

第9步 **擦除图形** 使用“橡皮擦”工具擦除不需要的线条。

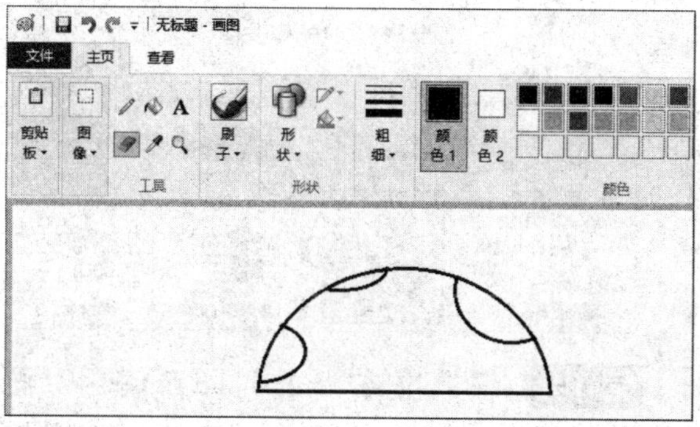

第10步 **绘制其他图形** 采用同样的方法，使用形状工具绘制所需的图形。

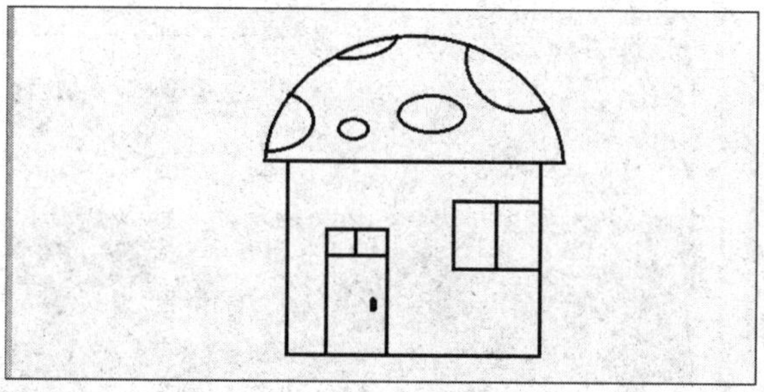

第11步 **选择填充颜色** ❶选择“用颜色填充”工具。❷单击“颜色 1”按钮。❸选择所需的颜色。

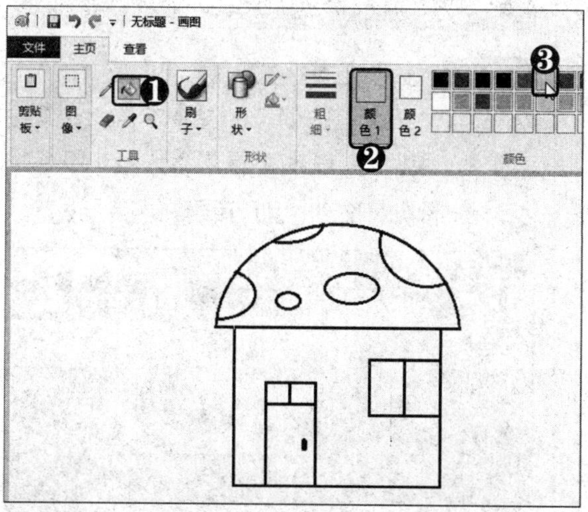

第12步 **填充颜色** 在图形内单击，即可填充颜色。在“颜色”组中单击“编辑颜色”按钮。

第13步 **自定义颜色** 弹出“编辑颜色”对话框，❶选择颜色。❷单击“确定”按钮。

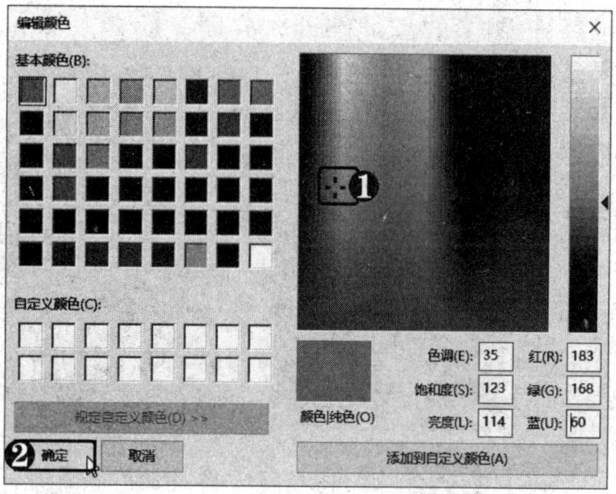

第14步 **单击“选择”按钮** 根据需要为图形的其他部分填充颜色，在“图像”组中单击“选择”按钮。

第15步 移动图形位置 拖动鼠标选择图像，然后拖动所选图像到合适的位置。

第16步 绘制其他图形 根据需要绘制图像的其他部分，并填充颜色。

第17步 保存图片 单击窗口左上方的“保存”按钮，弹出“另存为”对话框，❶选择保存位置。❷输入文件名。❸单击“保存”按钮。

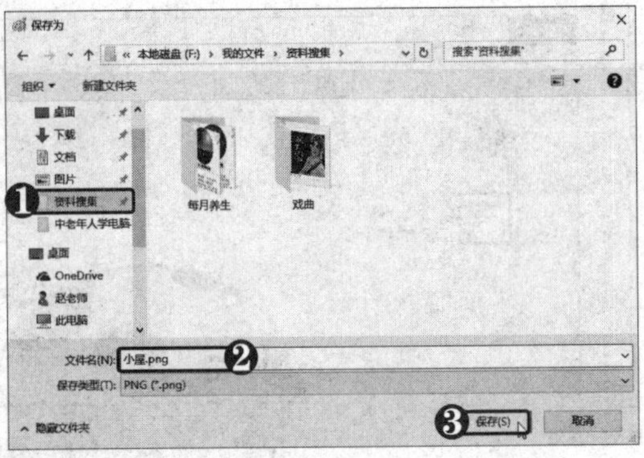

第18步 选择“画图”选项 打开图片的保存位置，❶选中图片。❷单击“打开方式”下拉按钮。❸选择“画图”选项。

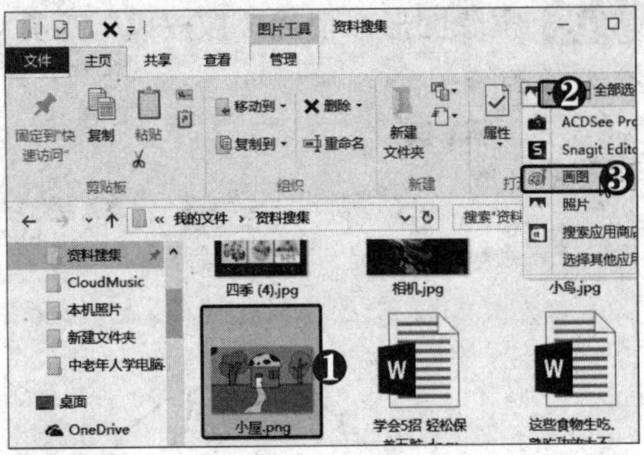

第19步 输入文本 此时即可使用“画图”程序打开所选图片，❶在“工具”组中单击“文本”按钮A。❷在图像中单击，输入所需的文本。

第20步 设置文本格式 ❶选中文本。❷选中“文本”选项卡，设置字体大小和文本颜色。❸将鼠标指针置于文本框上，当其变为✥形状时拖动，即可调整文字的位置。

电脑小专家

问：如何为形状设置特殊的填充？

答：选择形状后，设置“颜色1”和“颜色2”，然后绘制形状，单击“填充”下拉按钮，选择所需的填充选项，如“普通铅笔”。

新手巧上路

问：画图完成后怎样裁剪？

答：在“图像”组中单击“选择”按钮，选择要保留的图像区域，单击“裁剪”按钮即可。

5.9 写字板

写字板是用来进行文字编辑的应用程序，它比记事本程序的功能要强大一些，可以进行文字格式的编辑，还能插入图片，适用于一些不复杂的文档编辑，具体使用方法如下：

第1步 选择“写字板”工具 打开“开始”菜单，在“Windows 附件”文件夹下选择“写字板”工具。

第2步 打开写字板 启动“写字板”工具，由功能区和文字编辑区构成。

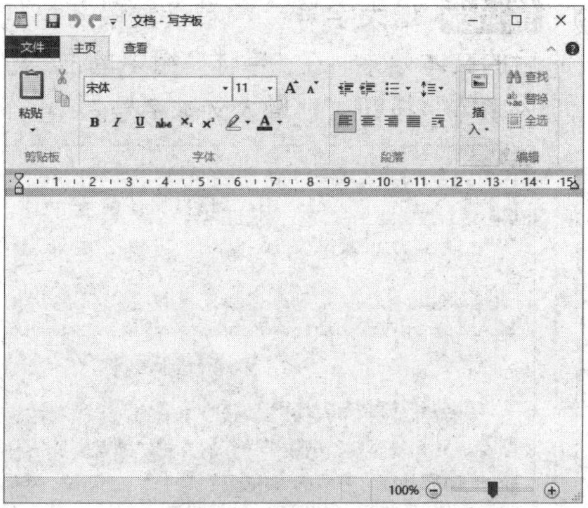

第3步 复制文本 打开记事本素材文件，按【Ctrl+A】组合键全选文本。❶单击“编辑”菜单项。❷选择“复制”命令，复制文字。

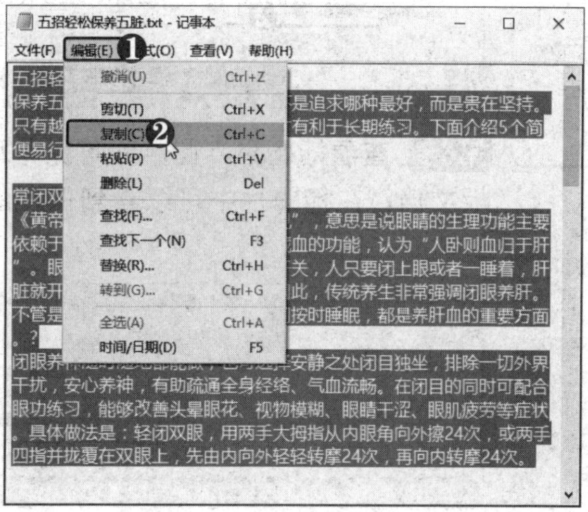

第4步 粘贴文本 打开“写字板”窗口，单击“粘贴”按钮，即可粘贴文本。

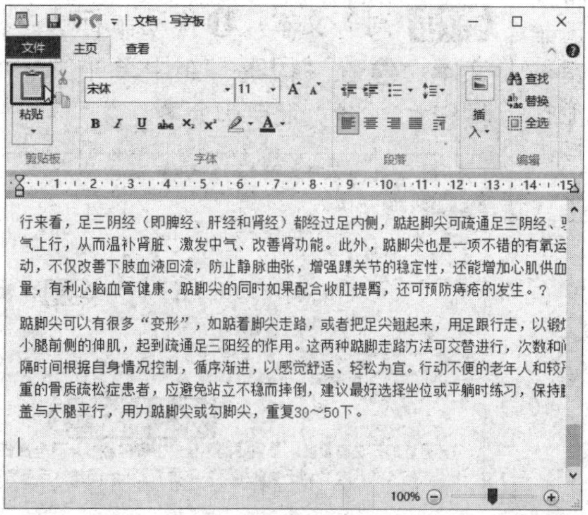

第5步 保存写字板文档 单击“保存”按钮或按【Ctrl+S】组合键，弹出“另存为”对话框，❶选择保存位置。❷输入文件名。❸单击“保存”按钮。

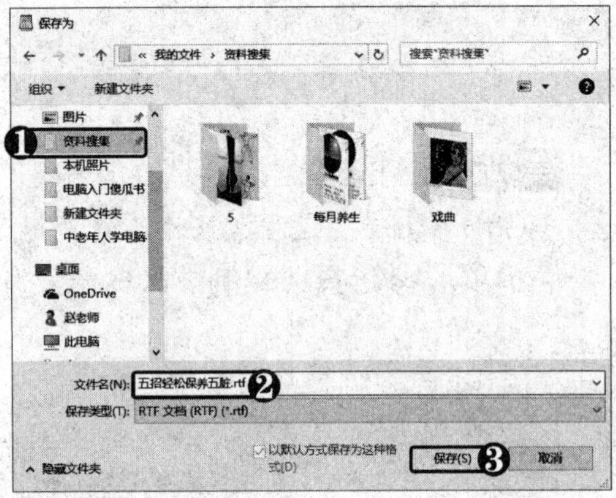

第6步 查看标题栏 此时即可保存写字板文档，在标题栏中可以看到保存的文件名。

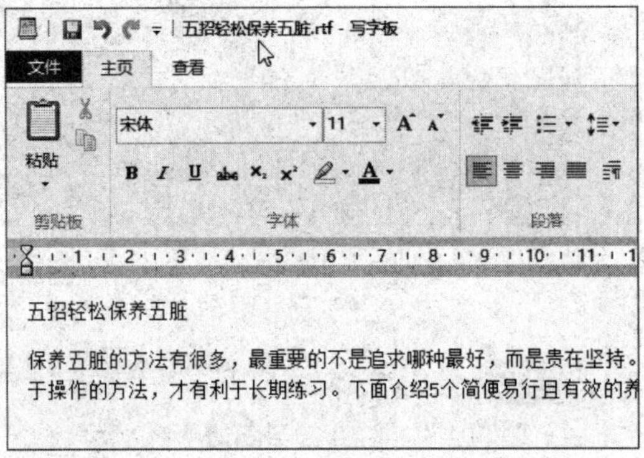

第7步 对齐文本 ❶拖动鼠标选中标题文本。❷在“段落”组中单击“居中”按钮，将文本居中对齐。

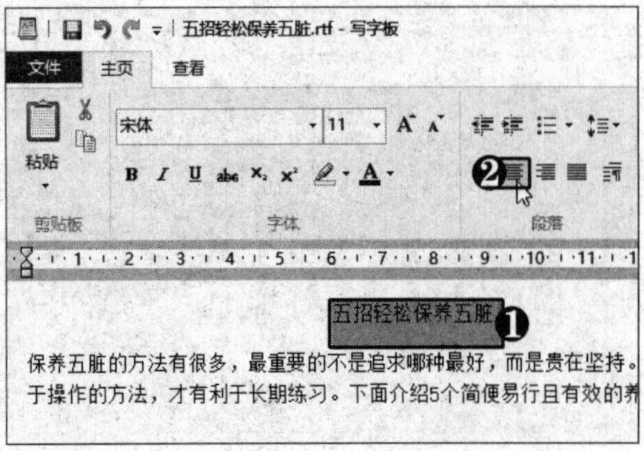

第8步 单击“段落”按钮 ❶在“编辑”组中单击“全选”按钮，全选文本。❷在“段落”组中单击“段落”按钮。

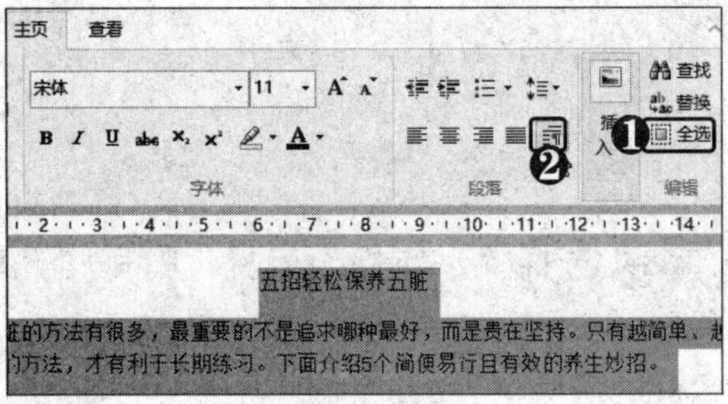

第9步 设置段落格式 弹出“段落”对话框，❶设置“首行”缩进1厘米。❷设置“行距”为1.15。❸选中“在段落之后添加10pt的空格”复选框。❹单击“确定”按钮。

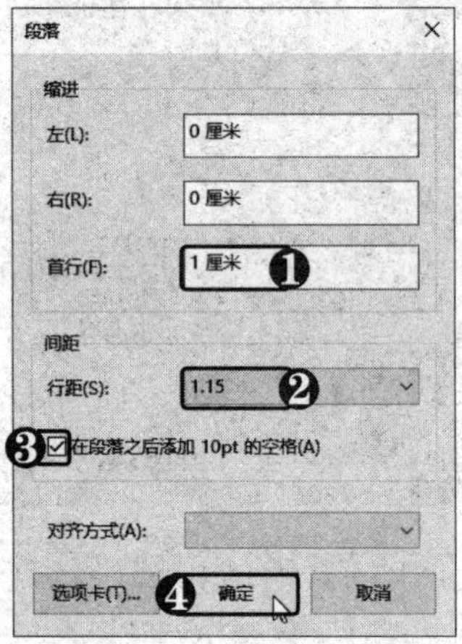

第10步 增大字号 查看设置段落格式后的文本效果。在“字体”组中单击“增大字体”按钮，增大文本字号。

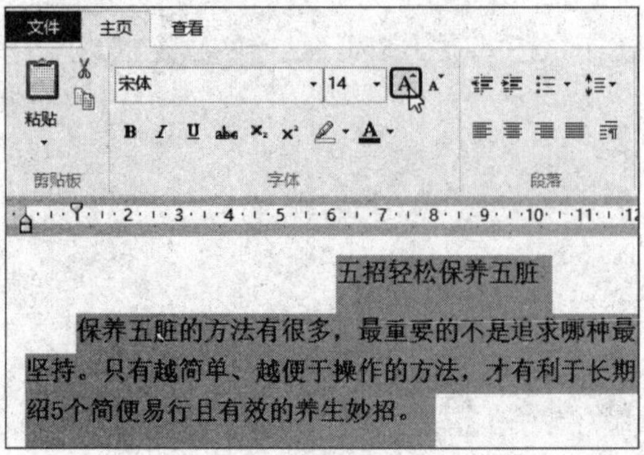

提示您

在写字板中单击“绘图”按钮，可启动“画图”程序，绘制图像后可直接将该图像插入“写字板”文档中。

多学点

使用写字板保存的文档格式为RTF格式，该格式具有很好的兼容性，使用很多软件都能打开RTF格式的文档。

第11步 输入文本 在文本中单击定位光标，输入所需的文本。采用同样的方法，输入其他文本。

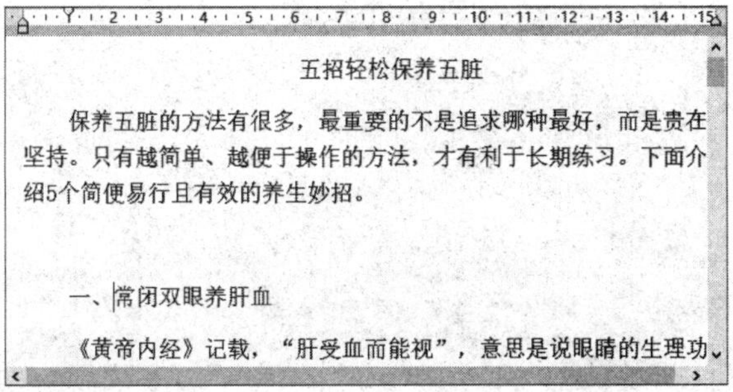

第12步 设置标题文本字体格式 ❶选中标题文本。❷在“字体”组中设置字体格式，如设置字体为“微软雅黑”，字号为 18。❸单击“加粗”按钮**B**。

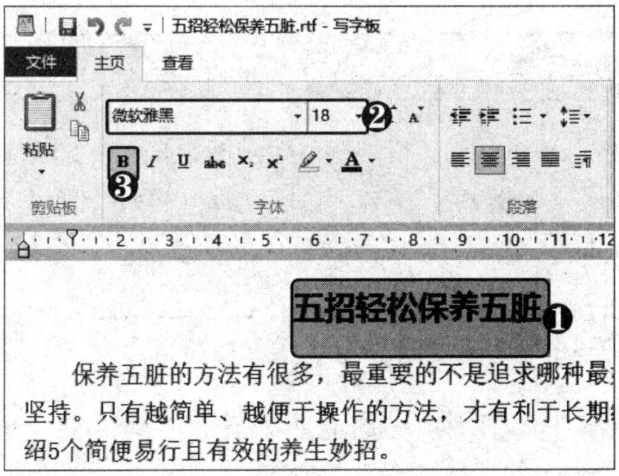

第13步 单击“图片”按钮 ❶在要插入图片的位置定位光标。❷在“插入”组中单击“图片”按钮。

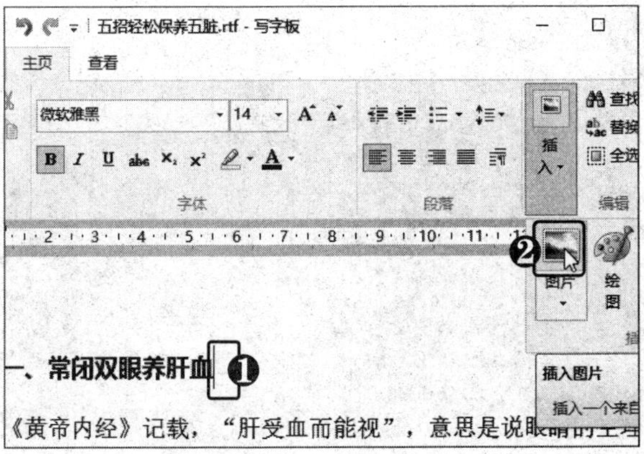

第14步 选择图片 弹出“选择图片”对话框，❶选中要插入的图片。❷单击“打开”按钮。

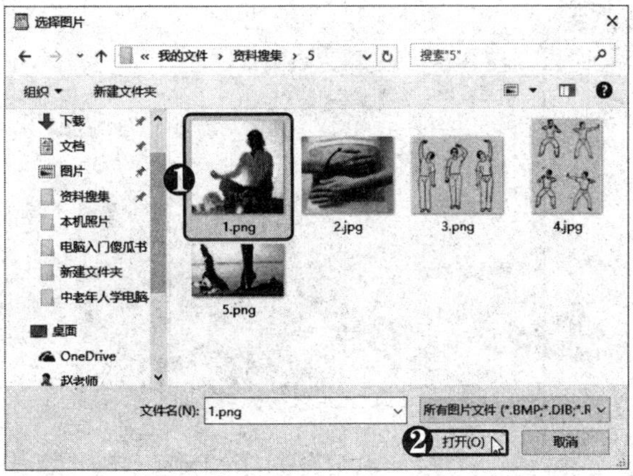

第15步 调整图片 此时即可将图片插入文档中，设置图片居中对齐。拖动图片四周的控制点，调整图片大小。

第16步 复制图片 打开文件夹，选中要插入的图片，按【Ctrl+C】组合键复制图片。

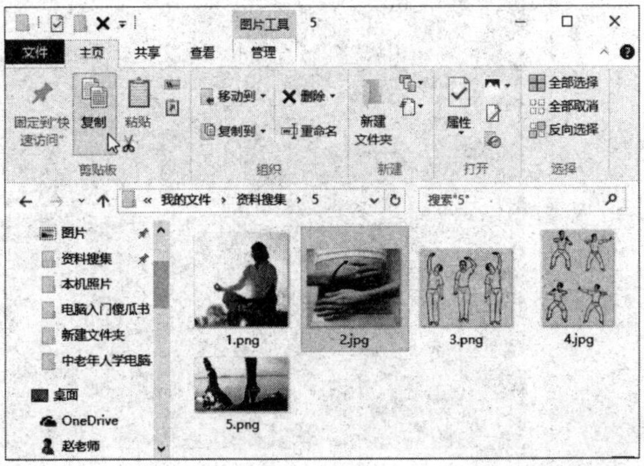

第17步 **粘贴图片到文档** 切换到写字板窗口，按【Ctrl+V】组合键粘贴图片，即可将图片插入文档中。

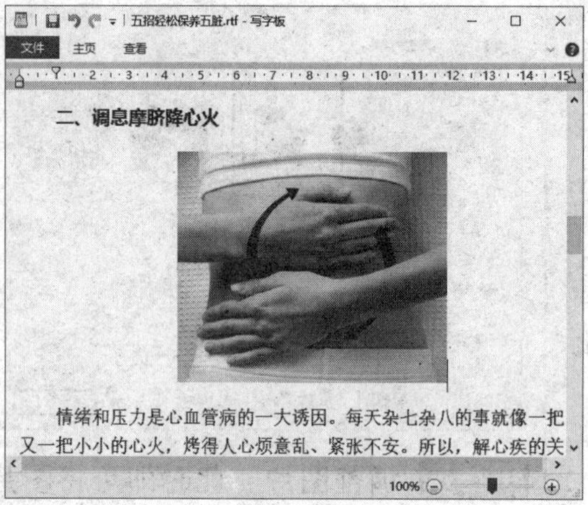

第18步 **突出显示文本** 若要突出显示文档中的文本，可以选中文本后为文本设置字体格式，如设置下画线、加粗、文本颜色、突出显示颜色等。

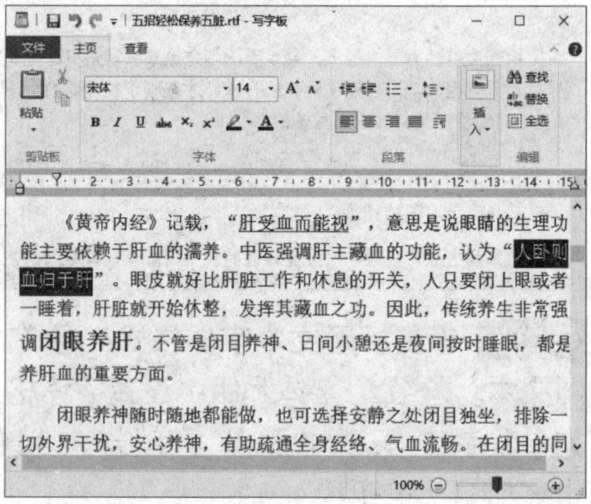

> **电脑小专家**
>
> 问：怎样清除“写字板”文档中的文本格式？
>
> 答：选中文本后按【Ctrl+X】组合键剪切文本，打开“记事本”程序，按【Ctrl+V】组合键粘贴文本，然后将粘贴的文本重新复制到“写字板”文档中即可。

5.10 玩小游戏

Windows 10 系统的“应用商店”中提供了多种应用软件和游戏供用户下载使用，中老年人可以在闲暇时玩玩小游戏，增加生活乐趣，放松身心。

5.10.1 安装小游戏

要玩小游戏，需要先将其下载到电脑中，使用“应用商店”安装游戏需要登录微软账户。下面以安装纸牌游戏为例进行介绍，具体操作方法如下：

> **新手巧上路**
>
> 问：什么是微软账户？
>
> 答：它相对于电脑本地账户而言，是使用微软账号登录的网络账户，需要在线注册账号。

第1步 **打开应用商店** 打开“开始”菜单，在磁贴区单击“应用商店”工具。

第2步 **选择“登录”选项** 打开“应用商店”窗口，❶单击“账户”按钮。❷选择“登录”选项。

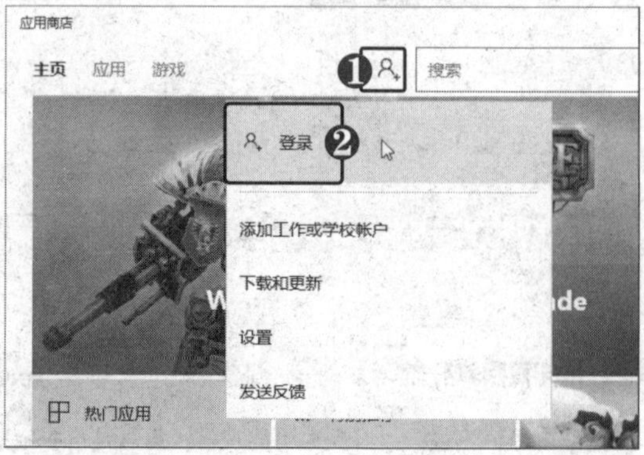

第3步 选择账户 在弹出的对话框中选择账户，在此选择当前登录的 Microsoft 账户。

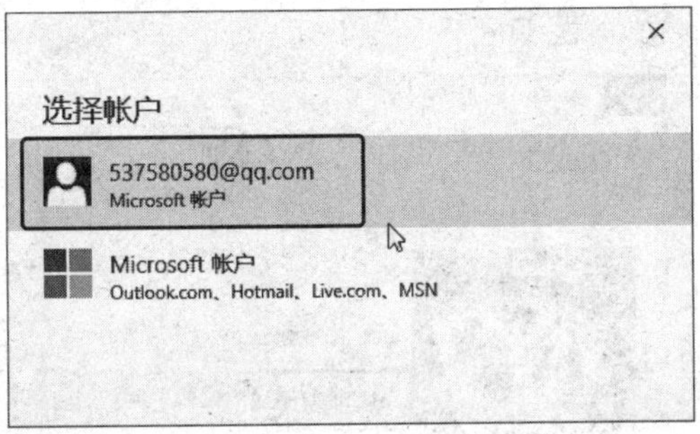

第4步 登录账户 在弹出的对话框中，❶输入账户密码。❷单击“登录”按钮。

第5步 选择游戏分类 ❶选择“游戏”选项卡，进入“游戏”界面。❷选择“集锦”分类。

第6步 选择子分类 在打开的窗口中选择“经典游戏”分类。

第7步 选择游戏 在打开的游戏列表中选择 Microsoft solitaire collection 游戏（即单人纸牌游戏）。

第8步 单击“获取”按钮 在打开的窗口中可以查看游戏描述及截图，单击“获取”按钮。

第9步 **完善账户资料** 弹出对话框，提示需要完善账户信息，❶根据需要设置相关信息。❷单击“下一步”按钮。

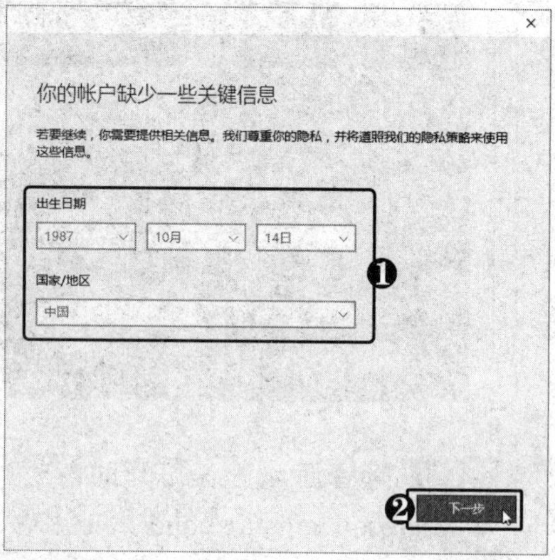

第10步 **安装游戏** 开始下载并安装单人纸牌游戏。

第11步 **安装完成** 纸牌游戏安装完成，可以看到“此产品已安装”的提示信息。

第12步 **选择“下载和更新”选项** ❶在上方单击账户图标。❷选择“下载和更新”选项。

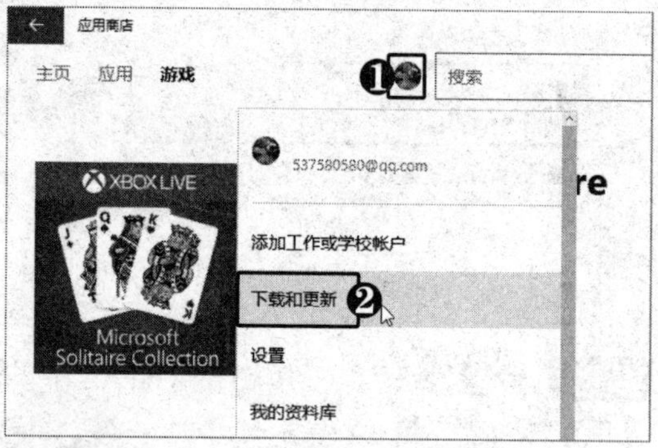

第13步 **查看已安装应用** 在打开的窗口中可以查看已安装的 Windows 10 应用程序。

第14步 **设置应用** 若在“账户”下拉列表中选择“设置”选项，则会打开“设置”窗口，可以设置是否开启应用更新或动态磁贴。

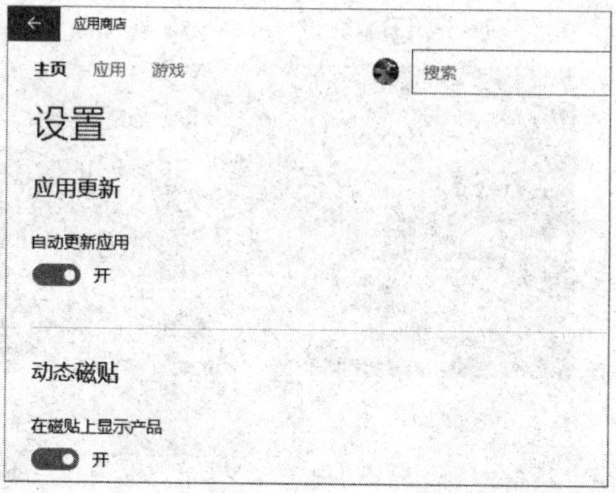

提示您

若无法启动“应用商店”程序，则可以尝试对系统进行更新，然后重启电脑。

多学点

打开“开始”菜单后直接输入文本可进行相关搜索。

5.10.2 开始玩游戏

将游戏安装到电脑后，即可使用“开始”菜单启动它。下面将介绍如何玩纸牌游戏，具体操作方法如下：

第1步 选择游戏程序 打开“开始”菜单，找到并选择 Microsoft solitaire collection 程序。

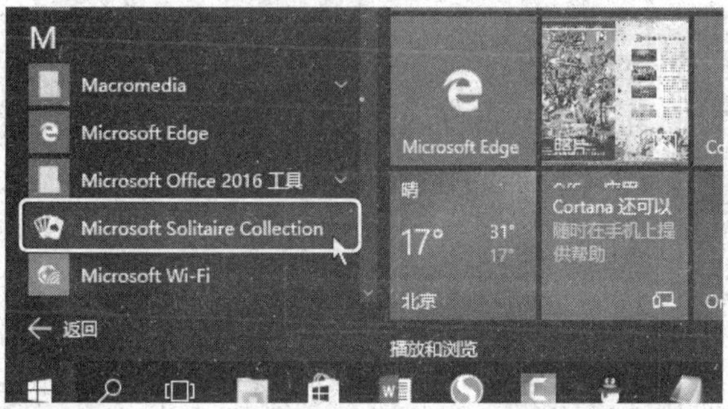

第2步 启动游戏 开始启动纸牌游戏，并下载相关数据。

第3步 选择游戏 单人纸牌游戏包括 5 种类型，在此选择 Spider（即蜘蛛纸牌）游戏。

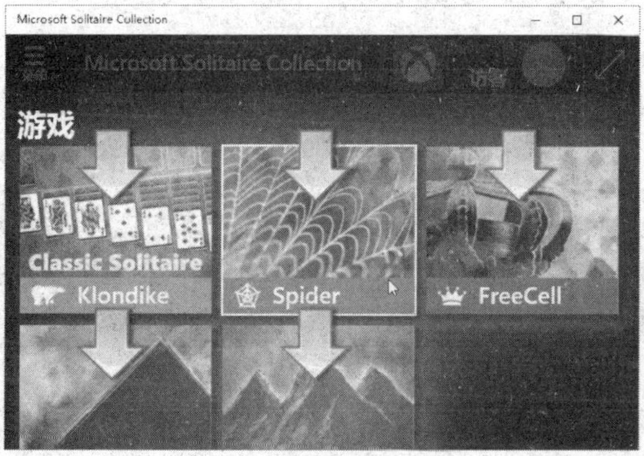

第4步 单击“开始吧”按钮 弹出提示信息框，单击“开始吧”按钮。

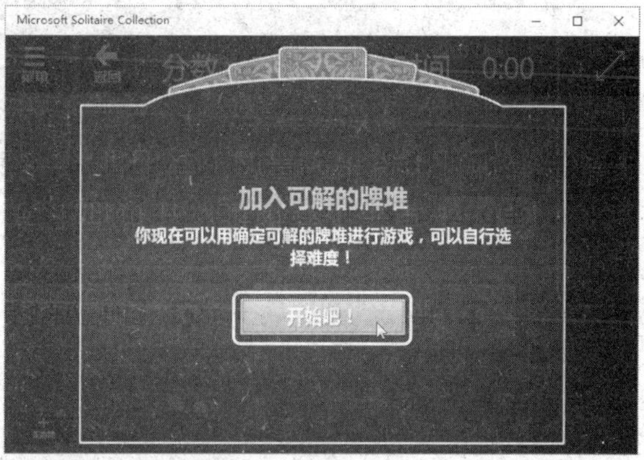

第5步 设置游戏选项 ❶选择牌堆。❷选择难度。❸单击“进行可解的游戏”按钮。

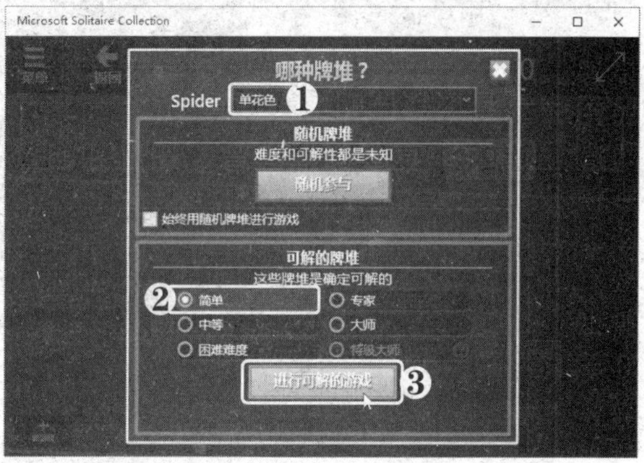

第6步 查看提示信息 弹出“玩法介绍”提示信息框，单击“关闭”按钮。

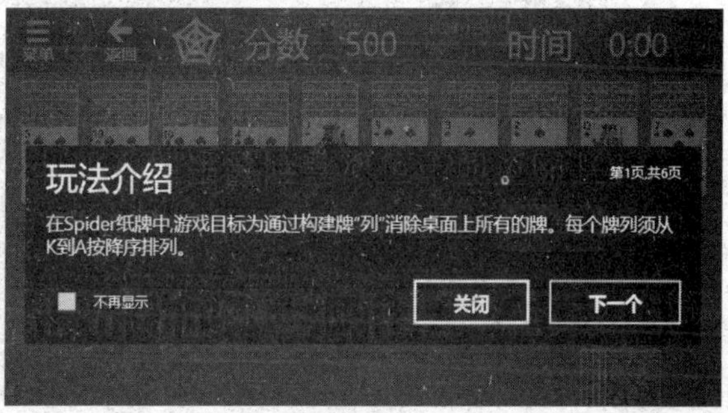

电脑小专家

问：怎样任意截图？

答：从“开始”菜单启动“截图工具”，单击“新建”下拉按钮，选择“任意格式截图”选项，然后拖动鼠标选择图像即可。

新手巧上路

问：怎样搜索系统设置？

答：按【Windows+I】组合键打开“设置”窗口，在右上方的搜索框中输入搜索文字即可。

第7步 **移动纸牌** 将“黑桃 4”拖至“黑桃 5”下方，采用同样的方法依次降序排列纸牌。

第8步 **排列纸牌** 拖动“黑桃 5”至“黑桃 6”的下方。

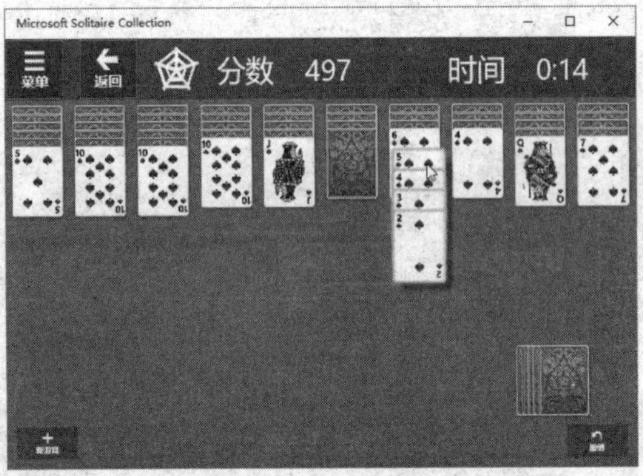

第9步 **拖至空列** 将“黑桃 Q”拖至空列上。

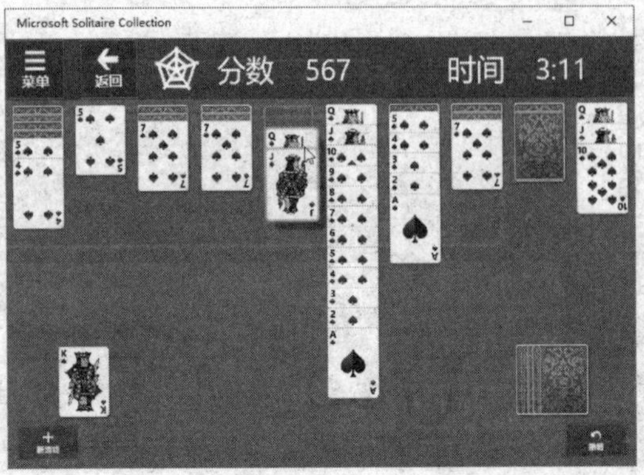

第10步 **发放新牌** 当无牌可移，则单击右下方的牌堆发放一排新牌。注意，当有任何空列时无法发放新牌。

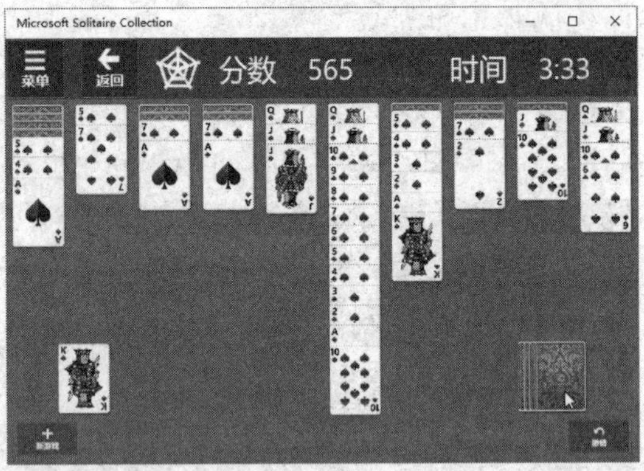

第11步 **结束游戏** 已完成的 K→A 牌列将自动消除，当牌列全部消除时游戏结束。单击“新游戏”按钮，可以进行新一轮的游戏。

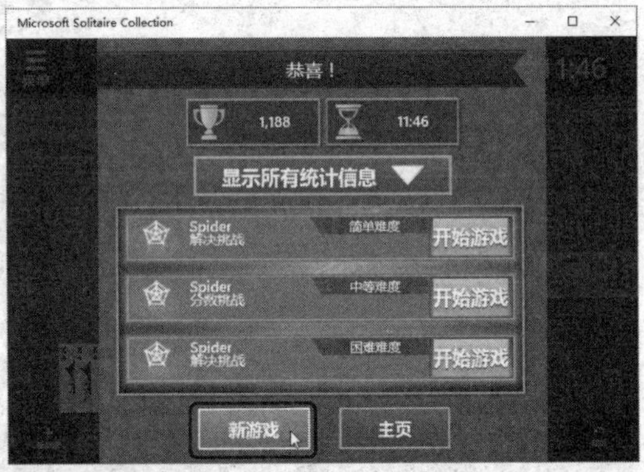

第12步 **显示操作提示** ❶单击“菜单”按钮。❷选择“提示”选项，可以显示游戏操作提示。

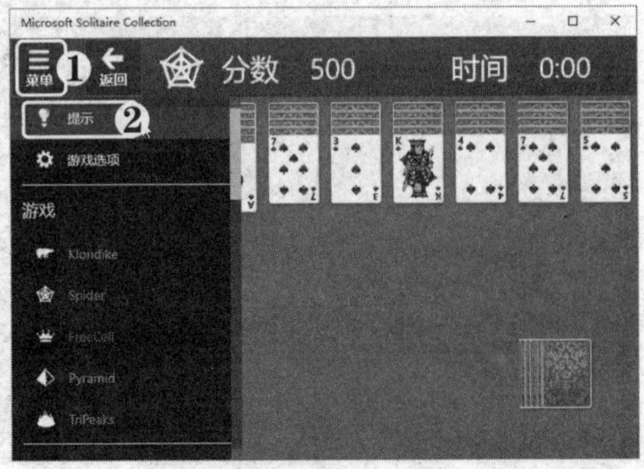

第6章 如虎添翼，常用工具软件应用

章前导读

无论是在电脑上听音乐还是看视频，都离不开应用软件的支持。这些工具软件不仅使电脑应用更加丰富，更给用户带来了丰富的应用体验。本章将为中老年人介绍如何安装工具软件，以及常用工具软件的应用方法与技巧。

- 常用工具软件的安装与卸载
- 压缩软件——WinRAR
- 照片处理软件——光影魔术手
- 音乐播放软件——千千静听
- 视频播放软件——暴风影音
- 电脑安全维护软件——360 安全卫士

小神通，我的电脑上有几个书法教学视频，怎样才能播放它？

视频文件需要借助视频播放软件来观看，如暴风影音软件等。一般电脑中都要安装一些常用的工具软件，这些软件需要从网下下载并安装到电脑上。

是的，本章我们就来学习常用工具软件的使用方法，其中包括常用工具软件的安装与卸载、压缩软件、照片处理软件、音乐播放软件、视频播放软件，以及电脑安全维护软件的使用等。

6.1 常用工具软件的安装与卸载

在 Windows 10 系统中，中老年人可以通过多种方法将应用软件安装到电脑中，如从应用商店安装应用，从网站下载并安装应用等。对于不需要的软件，应将其从系统中卸载。

6.1.1 使用应用商店安装

Windows 10 应用商店中提供了成千上万的通用应用程序，从各种游戏到帮助用户保持交流和高效工作的应用程序，应有尽有。要获得应用商店，需要网络连接和登录微软账户，具体操作方法如下：

> **提示您**
>
> 可以在“账户”设置窗口注册微软账户，也可在网页上注册微软账户（网址为 https://login.live.com）。

第1步 启动应用商店 打开“开始”菜单，在“所有应用”列表中选择“应用商店”程序，也可从磁贴区和任务栏中启动应用商店。

第2步 输入 PIN 码 弹出“确保那是你”界面，输入 PIN 码。

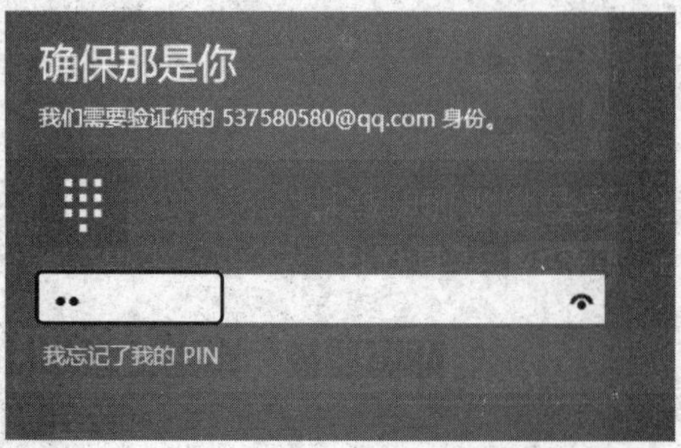

> **多学点**
>
> PIN 码即个人识别码，它是仅与本机关联的密码，与微软账户密码相互独立，作为账户的附加登录方式，可以在账户“登录选项”中进行设置。

第3步 单击“显示全部”超链接 打开“应用商店”窗口，❶选择“应用”选项卡，进入“应用”界面。❷在“热门免费应用”列表右侧单击“显示全部”超链接。

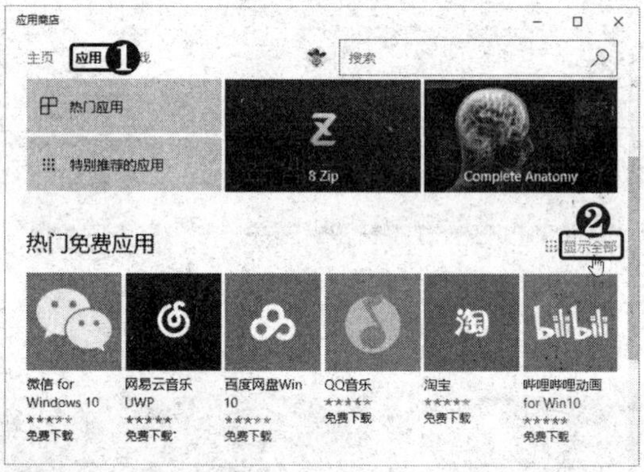

第4步 选择应用 打开应用程序列表，选择所需的应用程序，如“ACG 播放器”。

第5步 **单击“获取”按钮** 在打开的窗口中可以查看有关这款软件的详细信息，单击“获取”按钮。

第6步 **下载并安装软件** 开始下载并安装该软件，窗口上方会显示“下载”图标↓。

第7步 **软件安装完成** 软件安装完成，单击“启动”按钮，即可打开该软件。

第8步 **查看软件** 打开“开始”菜单，可以查看新添加的软件。

第9步 **选择打开方式** 该软件是一款视频播放器，要使用它，❶可以选择视频文件。❷单击“打开方式”下拉按钮。❸选择“ACG 播放器”选项。

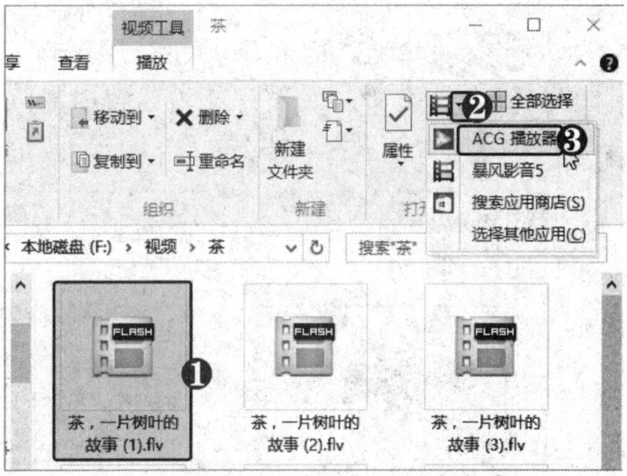

第10步 **查看播放效果** 此时即可使用 ACG 播放器播放所选的视频文件。

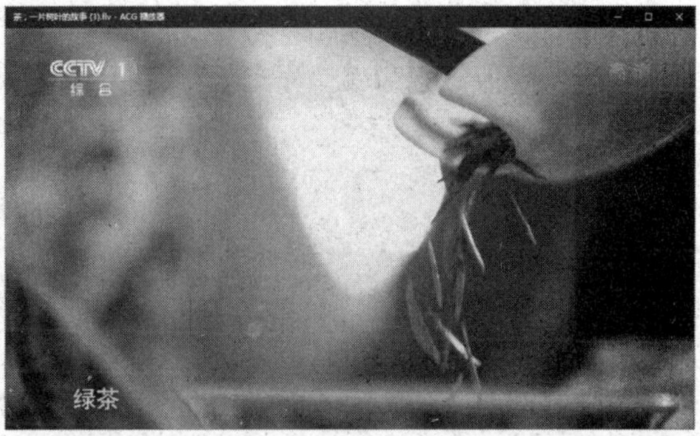

6.1.2 从官方网站下载

对于要下载的软件，可以从其官方网站上获取该软件最新版本的安装程序。下面以下载和安装“腾讯 QQ”聊天软件为例进行介绍，具体操作方法如下：

第1步 单击“软件”超链接 启动 Microsoft Edge 浏览器，❶在地址栏中输入网址 qq.com，按【Enter】键确认。❷打开腾讯 QQ 网站主页，单击“软件”超链接。

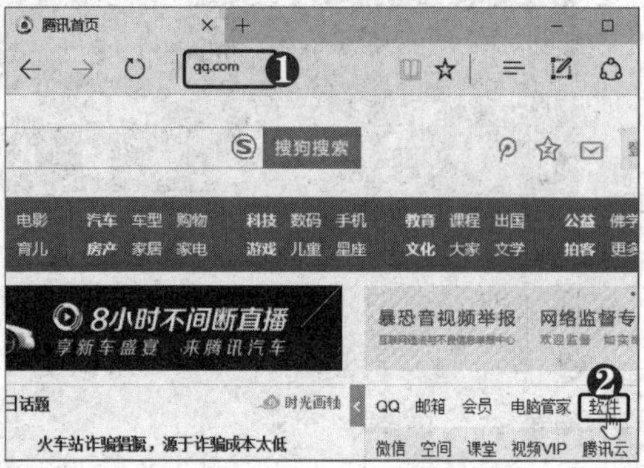

第2步 单击“腾讯 QQ”超链接 打开“腾讯软件中心”页面，单击“腾讯 QQ”超链接。

第3步 单击“普通下载”按钮 打开腾讯 QQ 下载页面，单击“普通下载”按钮。

第4步 单击“打开文件夹”按钮 开始下载腾讯 QQ 安装程序，下载完成后单击“打开文件夹”按钮。

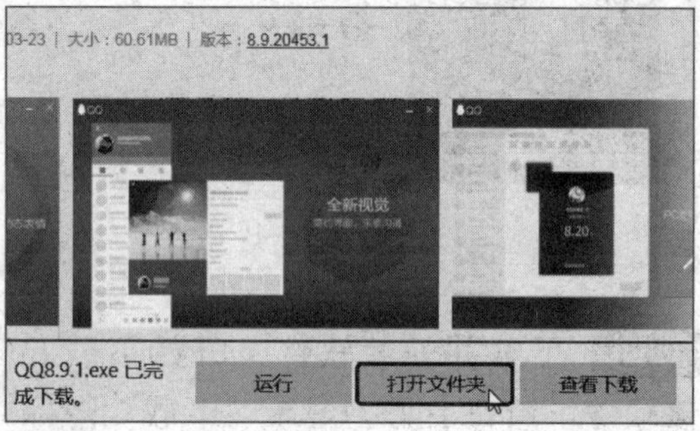

第5步 双击安装程序 打开“下载”窗口，要安装 QQ，双击腾讯 QQ 安装程序。

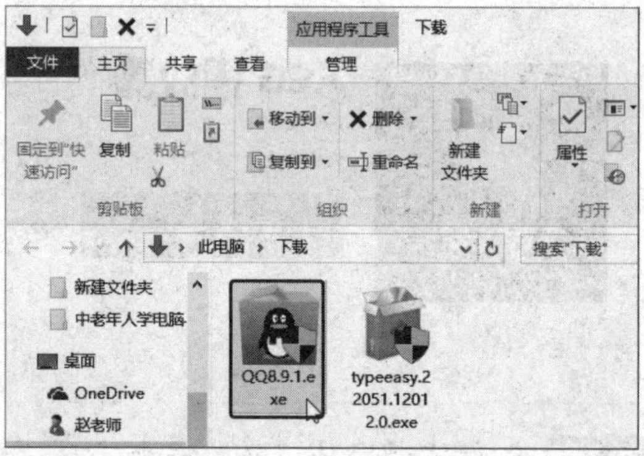

第6步 单击“立即安装”按钮 弹出 QQ 安装对话框，单击“立即安装”按钮。

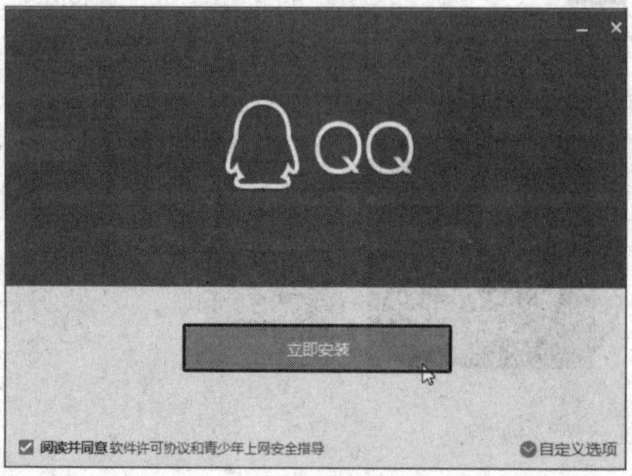

电脑小专家

问：怎样打开软件下载的官方网站？

答：一般通过网页进行搜索即可，搜索“软件名称+官方”，如使用百度搜索“网易云音乐 官方”。

新手巧上路

问：下载的安装程序文件可以删除吗？

答：可以，程序安装完成后即可将安装程序文件删除，也可对其进行备份，以避免下次安装时重新进行下载。

第7步 开始安装 开始安装腾讯 QQ，并显示安装进度。

第8步 安装完成 ❶取消选中不需要的复选框。❷单击“完成安装”按钮。

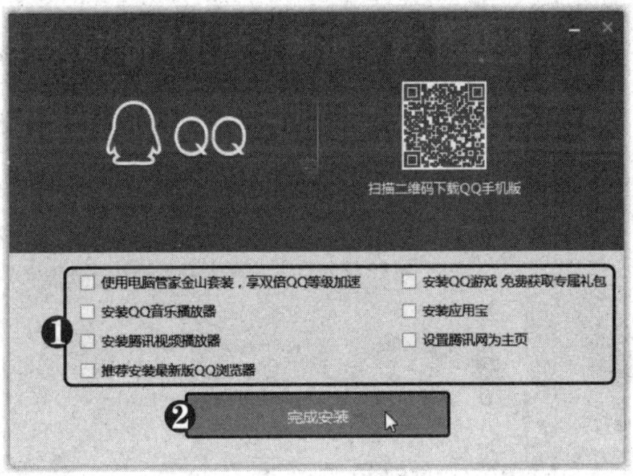

6.1.3 软件下载网站下载

有些专门的软件下载网站提供丰富的免费软件资源供用户下载，常用的软件下载网站有天空下载站、华军软件园、中关村下载、太平洋下载、天极下载、多特下载、下载吧等，其中的软件都通过了安全监测，保证无木马病毒、恶意广告等。从网页上下载应用程序的具体操作方法如下：

第1步 打开百度首页 启动网页浏览器，在地址栏中输入网址 baidu.com，按【Enter】键确认。打开百度首页，在搜索栏中单击定位光标。

第2步 单击超链接 ❶输入搜索文字“软件下载网站”，查看搜索结果。❷单击“华军软件园”所在的网页超链接。

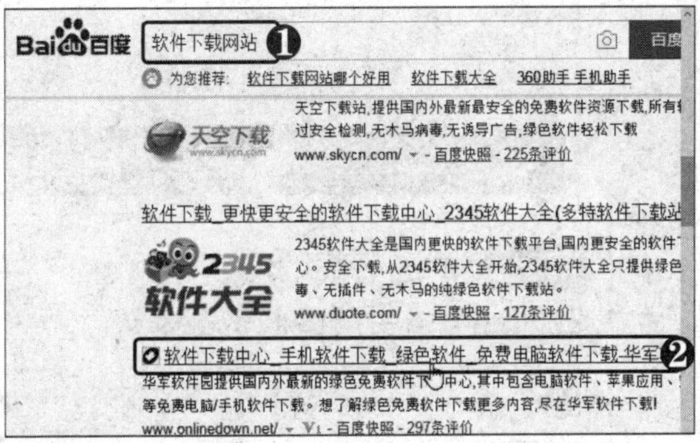

第3步 选择软件分类 打开软件下载中心页面，在左侧选择软件分类，在此单击“音频播放”超链接。

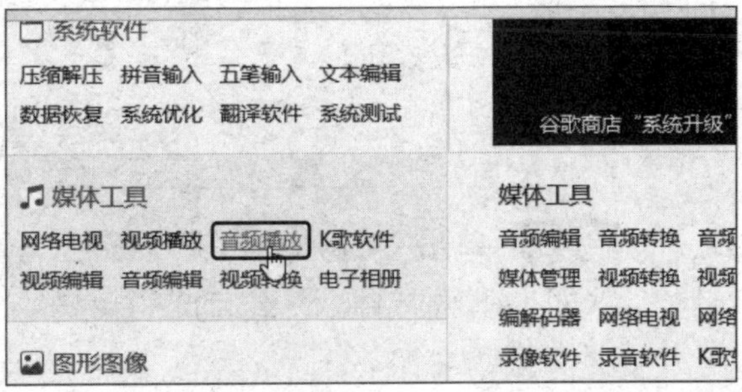

提示您

还可从第三方电脑维护程序中下载软件，如360安全卫士、腾讯电脑管家等，这类工具除了拥有系统维护功能外，还提供了丰富的软件库，从中可以快速搜索和下载软件。

多学点

在下载软件时，若某个下载地址下载速度慢或无法下载，可尝试更换其他下载地址，如电信宽带用户选择电信下载地址，也可用联通下载地址下载。

第4步 **单击“千千静听”超链接**　在打开的页面中可以看到音乐播放软件列表，在此单击“千千静听”超链接。

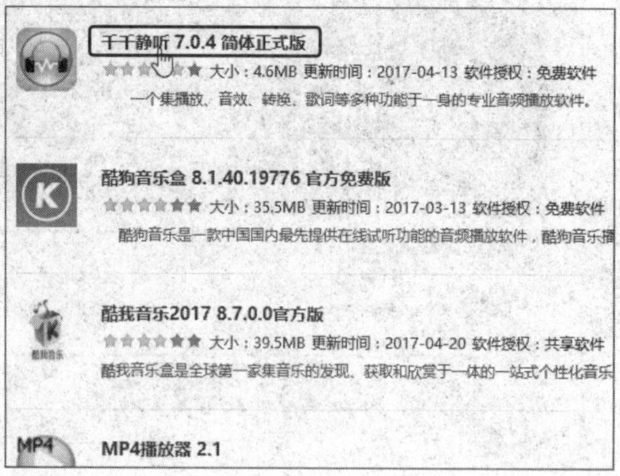

第5步 **查看软件信息**　在打开的页面中查看该软件的详细信息。

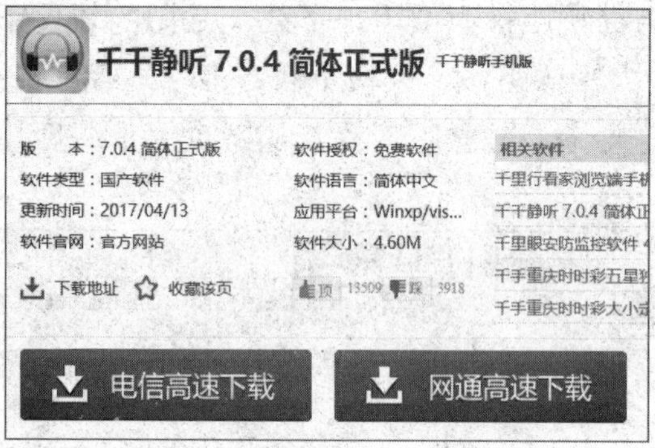

第6步 **单击下载地址**　在页面下方的下载地址中单击所需的下载地址。

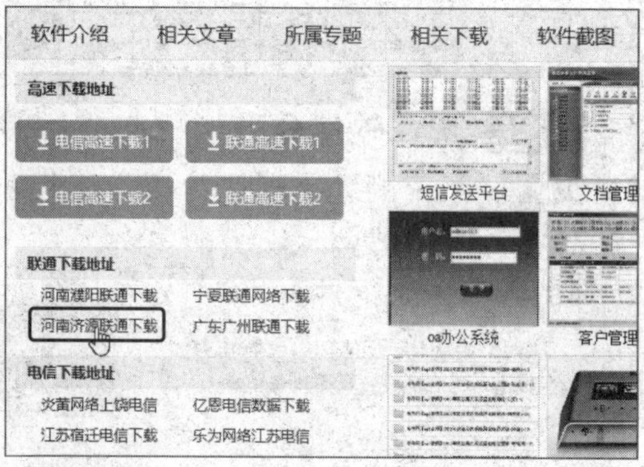

第7步 **单击“打开文件夹”按钮**　开始从网上下载软件，下载完成后单击“打开文件夹”按钮。

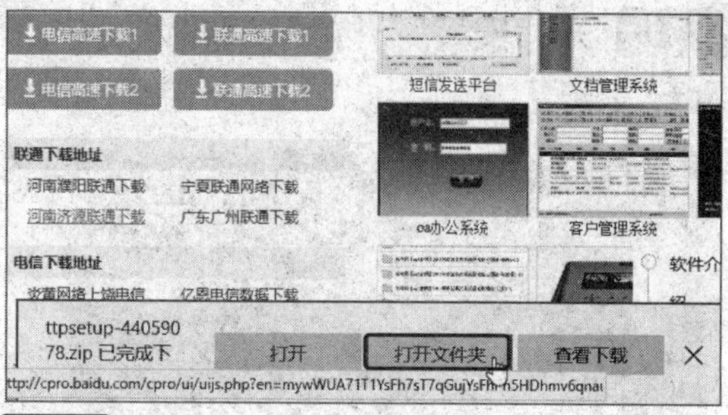

第8步 **解压文件**　打开“下载”窗口，可以看到下载文件为一个压缩包文件。❶右击文件。❷选择与文件名对应的解压命令。

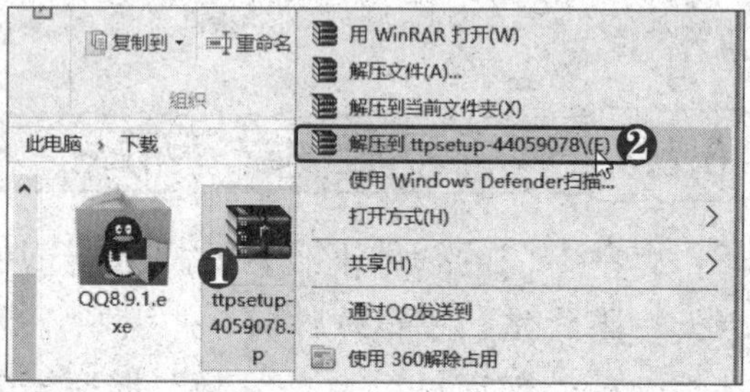

第9步 **打开文件夹**　此时即可解压出一个与压缩包同名的文件夹，双击打开该文件夹。

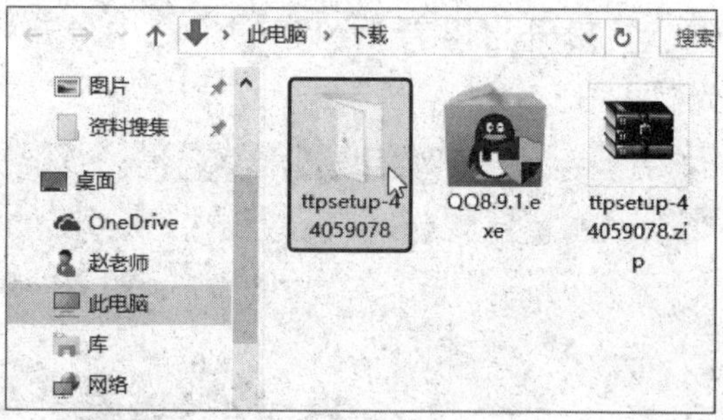

第10步 **双击安装程序**　找到安装程序并双击它，安装程序的文件扩展名一般为.exe。

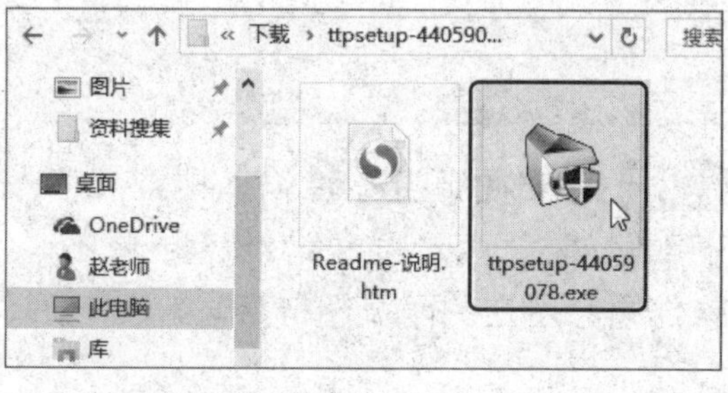

第11步 单击“开始”按钮 启动千千静听安装程序，单击“开始”按钮。

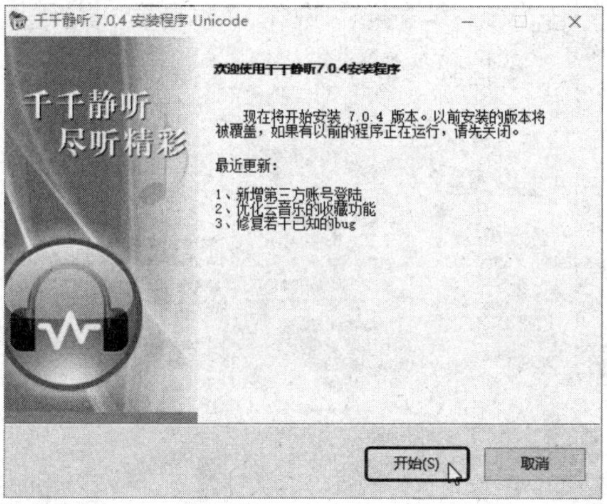

第12步 接受许可协议 打开“许可证协议”窗口，单击“我同意”按钮。

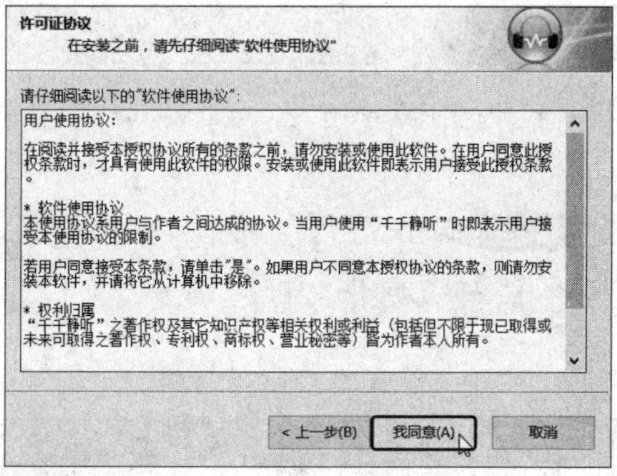

第13步 选择组件 ❶选中要安装组件前的复选框。❷单击“下一步”按钮。

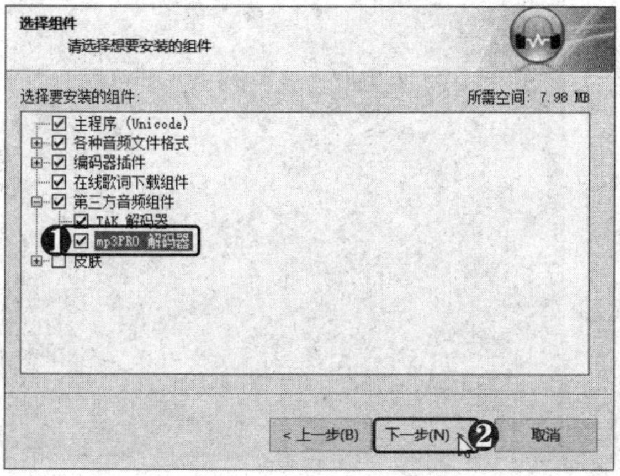

第14步 设置安装位置 设置安装软件的目标文件夹，在此保持默认不变，单击“下一步”按钮。

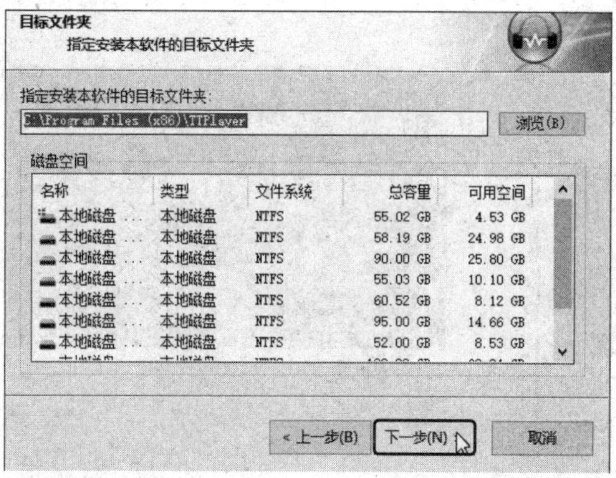

第15步 设置附加任务 ❶取消选中不需要的复选框。❷单击“下一步”按钮。

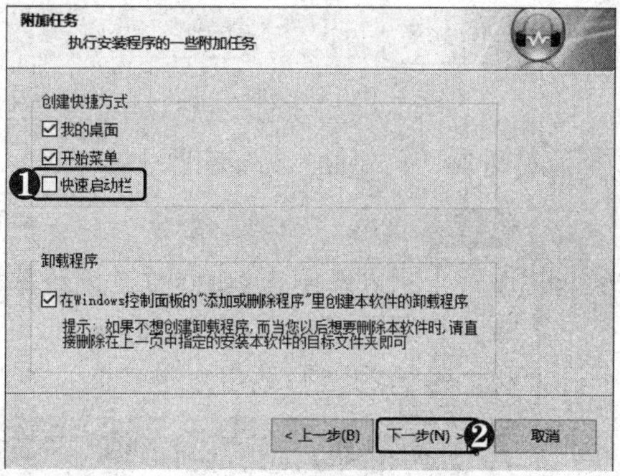

第16步 安装完成 开始安装千千静听，等待软件安装完成，单击“完成”按钮。

第17步 **单击“设置”按钮** 打开“千千静听”主界面，单击“设置”按钮。

第18步 **设置程序选项** 弹出“千千静听 - 选项”对话框，❶在左侧选择“常规”选项。❷在右侧进行参数设置，如设置“不检查”软件更新。

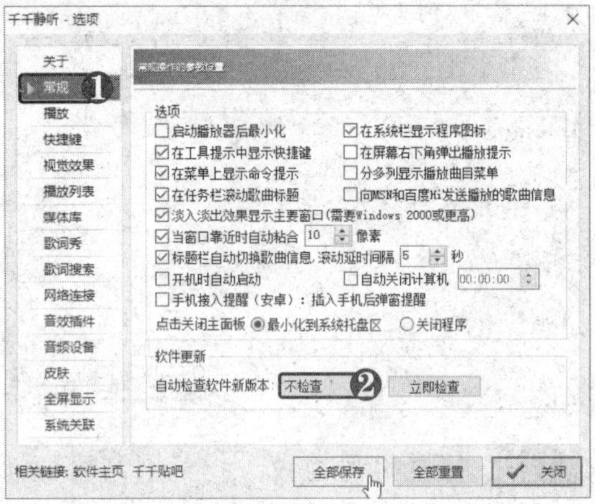

问：在安装软件时，可以将其安装到其他磁盘吗？

答：可以，软件默认安装在C盘Program Files文件夹下，在安装时可以手动选择安装文件夹，一般单击“浏览”按钮即可选择安装目录。

6.1.4 卸载软件

当不再需要某个软件，或该软件妨碍到自己的正常使用时，可以将其从电脑中卸载，具体操作方法如下：

第1步 **选择“卸载”命令** 对于使用应用商店安装的软件，可以对其进行快速卸载，打开“开始”菜单，❶右击软件名称。❷选择“卸载”命令。

第2步 **单击“卸载”按钮** 在弹出的提示信息框中单击“卸载”按钮。

问：为何安装软件后经常会自动装上许多不需要的程序？

答：在安装软件时不要一味地单击“下一步”按钮，在每一步应查看安装说明，对于不需要的选项应及时取消选中。

第3步 **选择“卸载”命令** 对于普通安装的软件，❶可在“开始”菜单中右击任意软件。❷选择“卸载”命令。

第4步 **单击“卸载”按钮** 打开“程序和功能”窗口，❶在程序列表中选中要卸载的软件。❷单击“卸载”按钮。

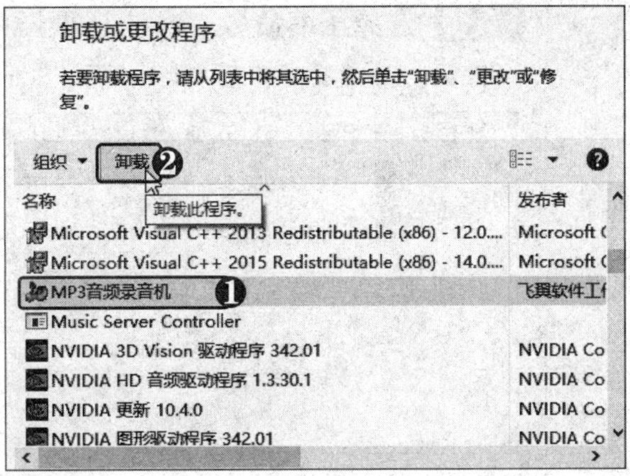

第5步 **确认卸载操作** 弹出提示信息框，单击“是”按钮。

第6步 **卸载完成** 软件卸载完成，单击“确定”按钮。

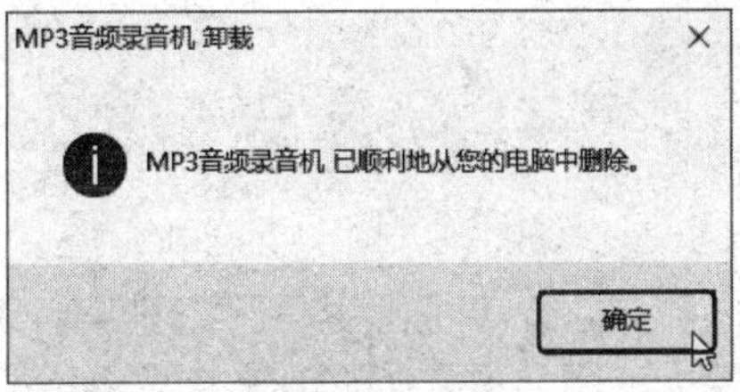

6.2 压缩软件——WinRAR

对文件进行压缩可以将多个文件打包为一个文件并减小文件的体积，且便于网络传输。WinRAR 是一款功能强大的压缩和解压缩软件，使用起来非常简便。下面将介绍 WinRAR 的使用方法。

6.2.1 压缩文件

在进行文件压缩时，可以根据需要采用不同的压缩模式，如“存储”、“最快”、“快速”、“常规”、“较好”和“最好”模式。压缩文件的具体操作方法如下：

第1步 选择压缩命令 ❶右击要压缩的文件夹。❷选择“添加到压缩文件”命令。

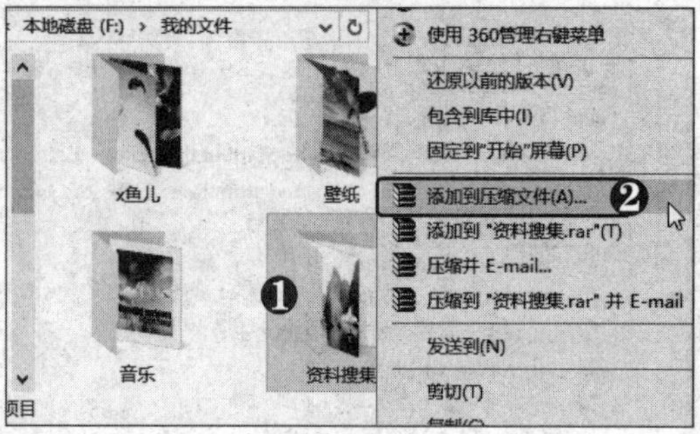

第2步 设置压缩选项 弹出对话框，❶在“压缩方式”下拉列表中选择“最快”选项。❷单击“确定”按钮。

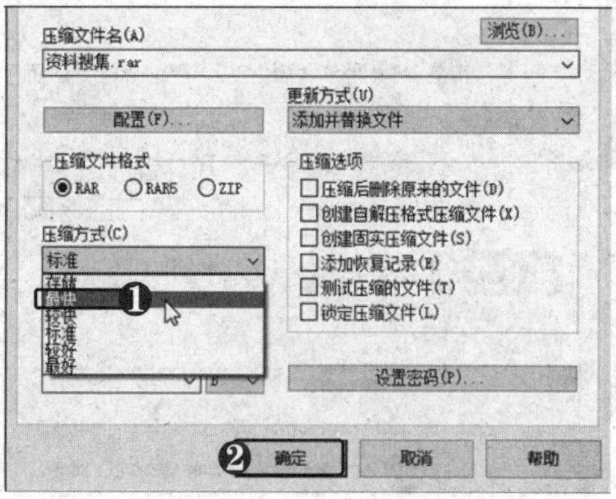

提示您

在“压缩文件名和参数”对话框中单击“设置密码”按钮，在弹出的对话框中可为压缩包设置打开密码。

第3步 开始压缩文件 开始压缩文件并显示压缩进度，等待压缩完成即可。

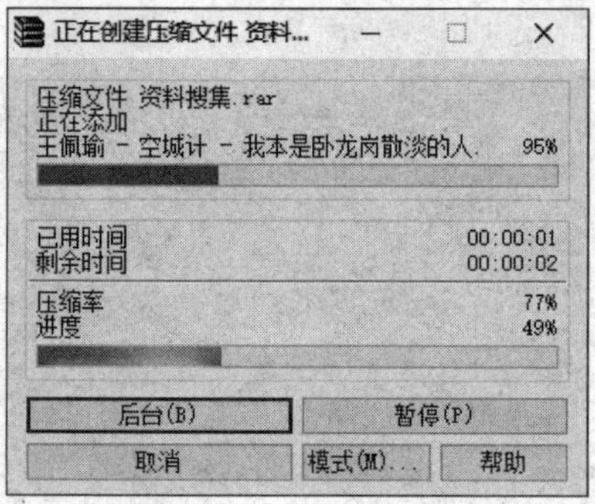

第4步 压缩完成 压缩完成后，即可生成一个压缩包文件。

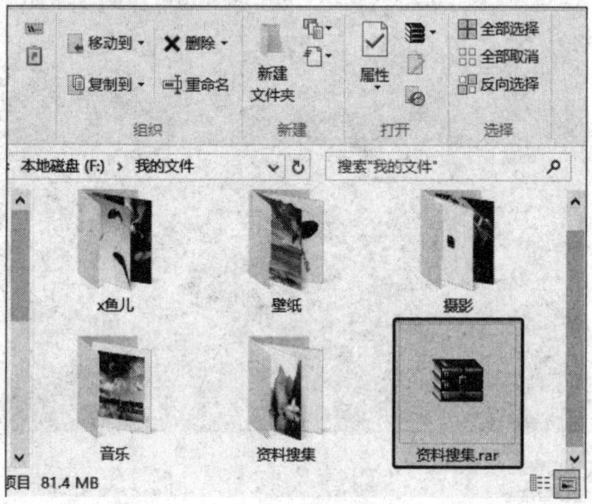

6.2.2 解压文件

要使用压缩包中的文件，需要先对其进行解压缩。解压文件的具体操作方法如下：

多学点

在“压缩文件名和参数”对话框中选择“注释”选项卡，从中可以输入注释信息对压缩包进行说明，如输入压缩密码的提示信息。

第1步 解压整个压缩包 ❶右击压缩包。❷选择与文件名对应的解压命令。

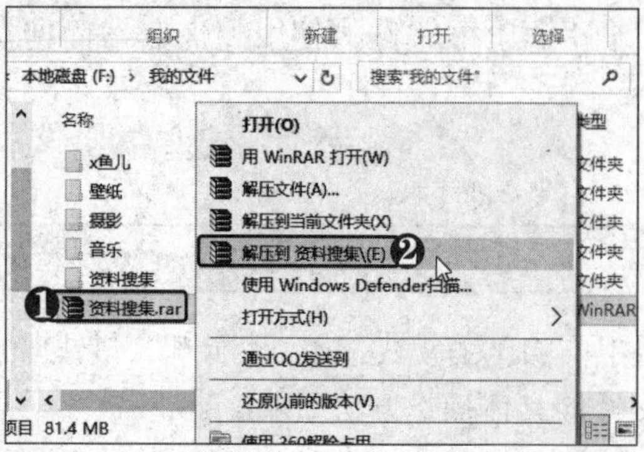

第2步 双击压缩包 要解压压缩包内单独的文件，可以双击压缩包文件将其打开。

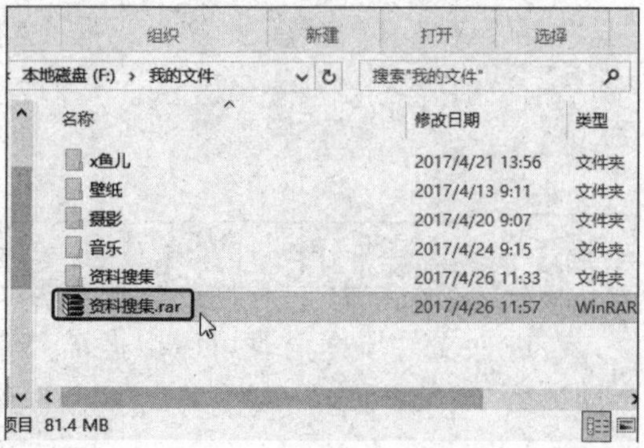

第3步 **打开目标文件夹** 打开 WinRAR 程序窗口，双击目标文件夹。

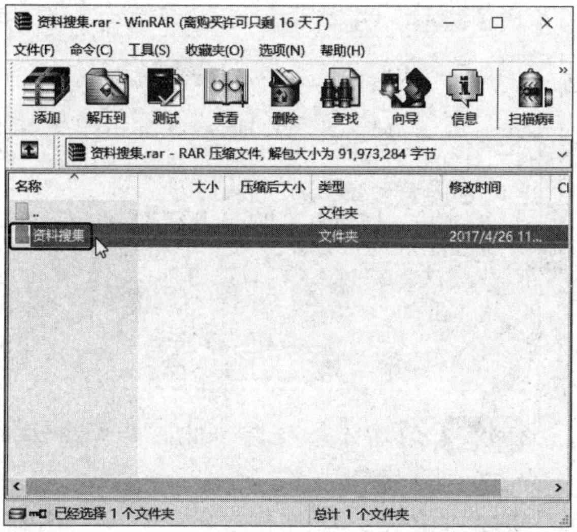

第4步 **单击"解压到"按钮** ❶选中要解压的文件。❷在工具栏中单击"解压到"按钮。

第5步 **选择解压位置** 弹出对话框，❶在右侧选择目标文件夹，如"桌面"。❷单击"确定"按钮，即可将选中的文件解压到桌面。

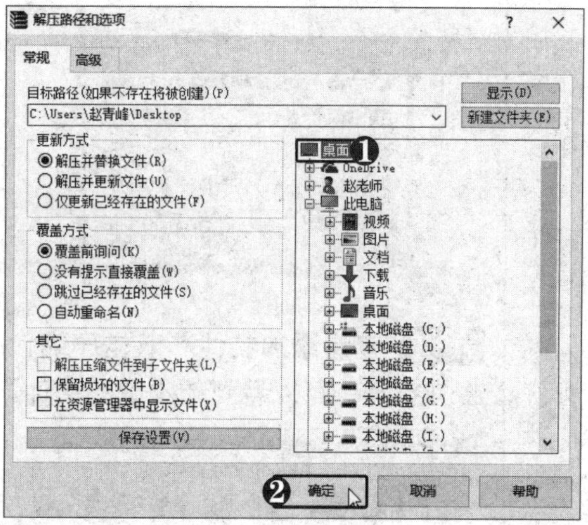

第6步 **查看解压文件** 返回桌面，可以查看解压的文件。

6.2.3 在压缩包中添加或删除文件

要将文件添加到压缩包中，无须将压缩包解压后重新压缩，只需将其添加到压缩包即可，同样可以根据需要从压缩包中删除不需要的文件，具体操作方法如下：

第1步 **拖动文件** 要向压缩包中添加文件，可以将文件直接拖至压缩包图标上。

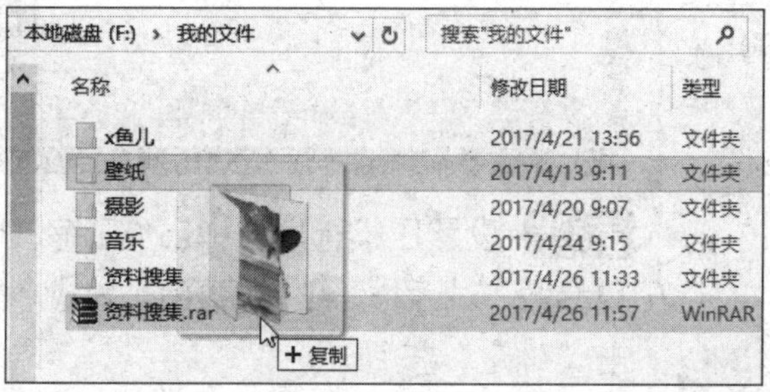

第2步 **更新压缩文件** 开始更新压缩文件，并显示更新进度。

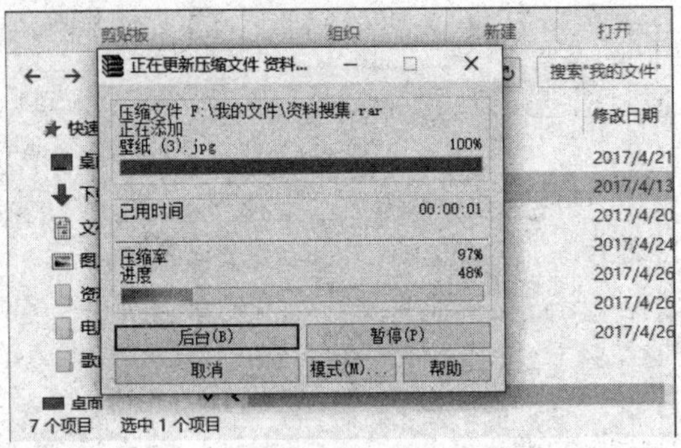

第3步 **查看添加文件** 双击压缩包文件将其打开，可以看到新添加的文件。

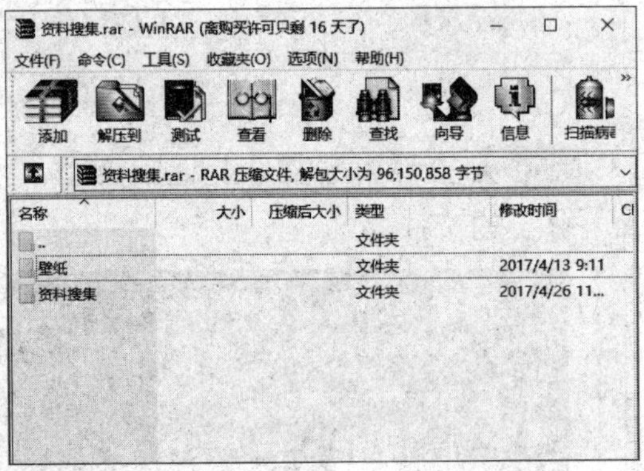

第4步 **继续添加文件** 要继续添加文件，可以将要添加的文件直接拖入压缩包窗口。

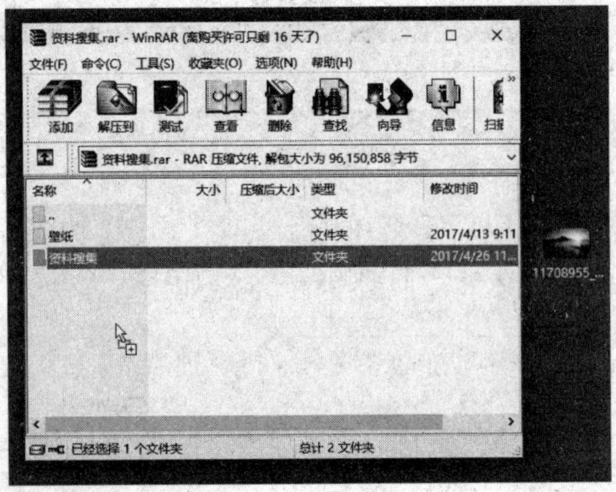

第5步 **设置压缩选项** 弹出“压缩文件名和参数”对话框，❶ 选择压缩方式。❷ 单击“确定”按钮。

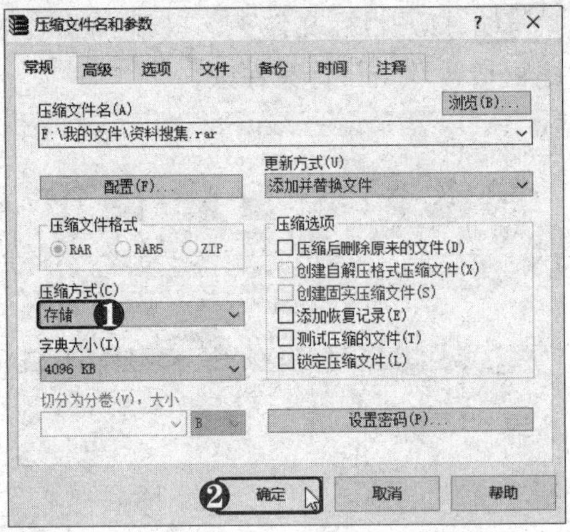

第6步 **成功添加文件** 此时即可将文件添加到压缩包中。

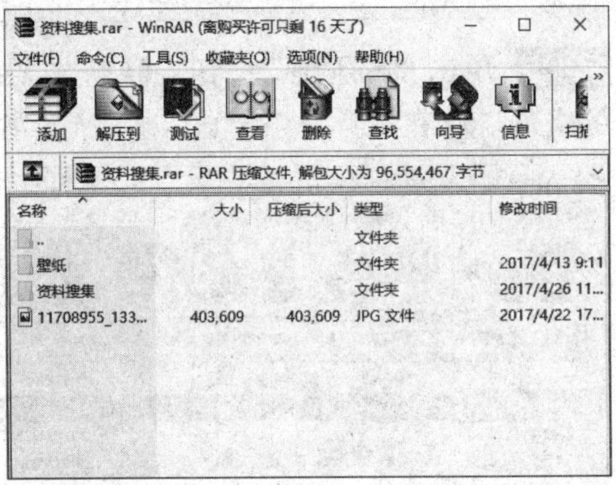

第7步 **从压缩包中删除文件** 打开压缩文件，❶ 选中要删除的文件。❷ 在工具栏中单击“删除”按钮。❸ 在弹出的提示信息框中单击“是”按钮。

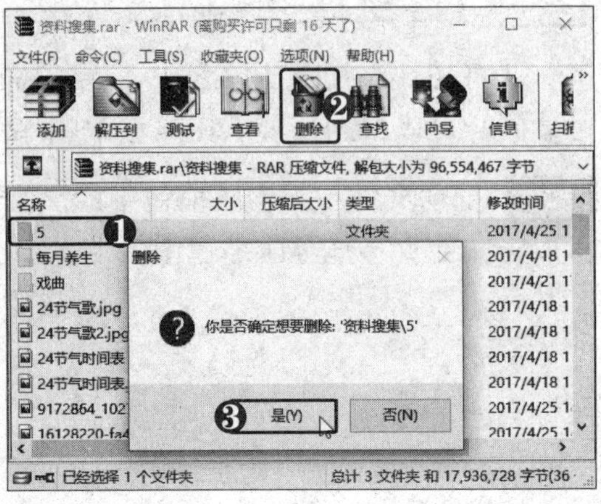

电脑小专家

问：怎样将一个文件压缩为若干个小的压缩文件？

答：将文件进行分卷压缩即可，在“压缩文件名和参数”对话框的“切分为分卷”文本框中设置分卷大小即可。

新手巧上路

问：如何为每个文件都创建一个压缩文件？

答：选中要压缩的文件并右击，选择“添加到压缩文件”命令，在弹出的对话框中选择“文件”选项卡，选中“把每个文件放到单独的压缩文件中”复选框，单击“确定”按钮。

6.3 照片处理软件——光影魔术手

光影魔术手是一款对数码照片画质进行改善及效果处理的常用软件，简单、易用，不需要任何专业的图像技术，就可以制作出专业摄影的色彩效果。下面将介绍光影魔术手的使用方法。

6.3.1 调整图片色彩

使用相机或手机拍摄的图片，往往会由于光线问题而导致图像失真，此时可以使用光影魔术手一键调整图片色彩或手动调整图片色彩，具体操作方法如下：

第1步 启动光影魔术手 打开"开始"菜单，在所有应用列表中选择"启动光影魔术手"选项。

第2步 单击"打开"按钮 启动光影魔术手，在上方工具栏中单击"打开"按钮。

第3步 选择图片 弹出"打开"对话框，❶选择图片。❷单击"打开"按钮。

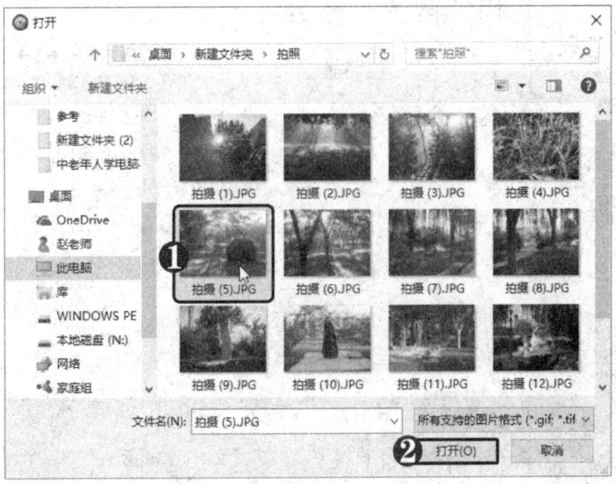

第4步 打开图片 此时即可使用光影魔术手打开所选图片，在下方单击"上一张"或"下一张"按钮，可以浏览其他图片。

第5步 一键调整图片 ❶ 在窗口右侧单击“基本调整”按钮。❷ 在“一键设置”选项中依次单击“自动曝光”按钮和“自动白平衡”按钮，调整图片曝光度和白平衡。

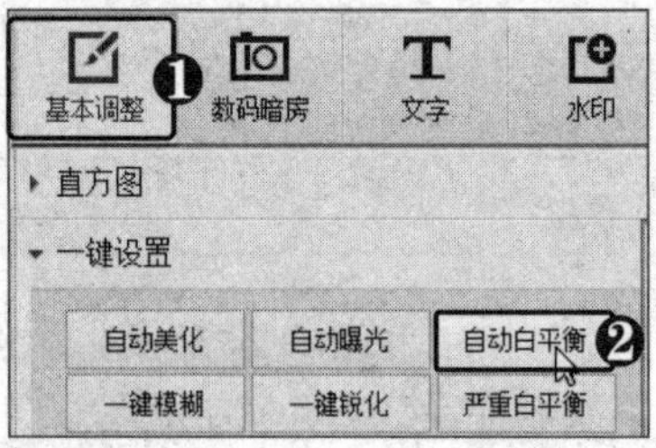

提示您

要在图片上添加文字，可在窗口右上方单击“文字”按钮，然后在打开的界面中输入文字，并设置文本格式即可。

第6步 调整色彩平衡 展开“色彩平衡”选项，拖动滑块调整“青色”、“洋红”和“蓝色”参数。

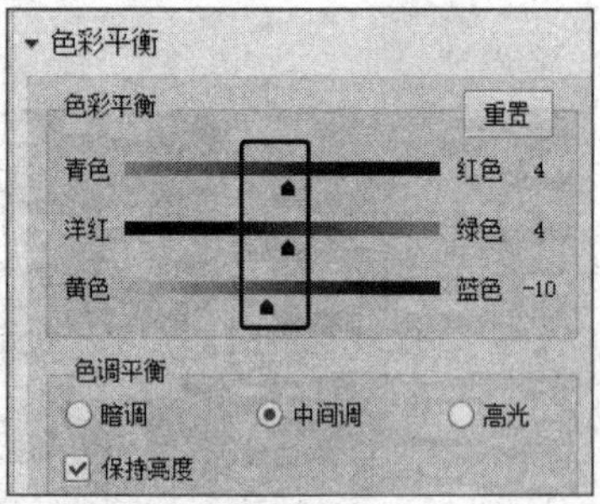

第7步 单击“对比”按钮 查看调整颜色后的图片显示效果，在图片下方的状态栏中单击“对比”按钮。

多学点

要扩展画布大小，可在工具栏中单击“边框”按钮，选择“自定义扩边”选项，在打开的界面中设置边框大小和边框颜色。

第8步 查看对比效果 此时即可对比原图和调整后的图片效果。

第9步 单击“另存”按钮 图片调整完成后，在上方工具栏中单击“另存”按钮。

第10步 设置保存位置 弹出“另存为”对话框，❶ 选择保存位置。❷ 单击“保存”按钮，保存图片。

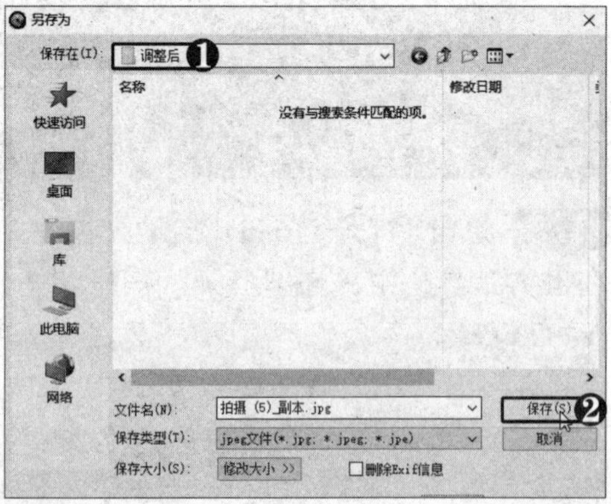

6.3.2 应用滤镜效果

使用光影魔术手可以为照片添加滤镜效果，从而生成特效图片，如黑白效果、艳丽色彩、复古效果，以及各种颜色的滤镜，具体操作方法如下：

第1步 **打开图片** 使用光影魔术手打开需要编辑的图片。

第2步 **裁剪图片** ❶在工具栏中单击“裁剪”按钮。❷在图像中拖动鼠标选择裁剪范围，然后拖动裁剪框四周的控制柄调整裁剪区域大小。❸单击“确定”按钮。

第3步 **选择滤镜效果** ❶在窗口右侧单击“数码暗房”按钮。❷选择所需的滤镜效果，如“黑白效果”。

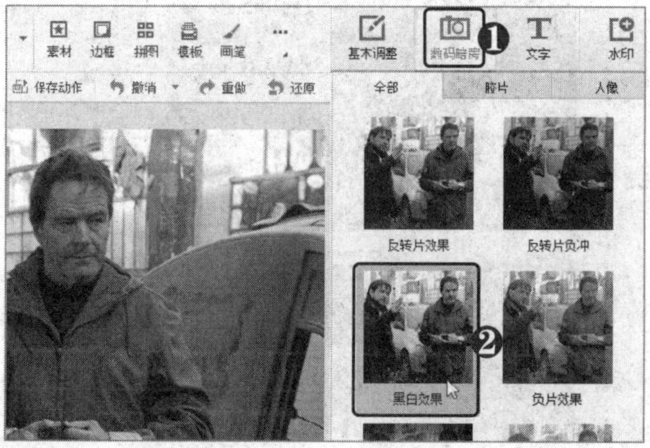

第4步 **调整黑白效果** ❶拖动滑块调整“反差”和“对比”选项。❷单击“确定”按钮。

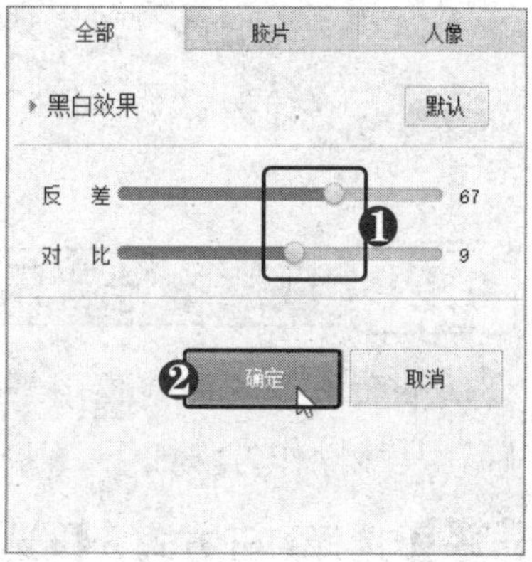

第5步 **查看调整效果** 调整完成后，查看图片效果。

第6步 **调整图片大小** ❶在工具栏中单击“尺寸”按钮。❷拖动滑块调整图片大小。❸单击“确定”按钮。

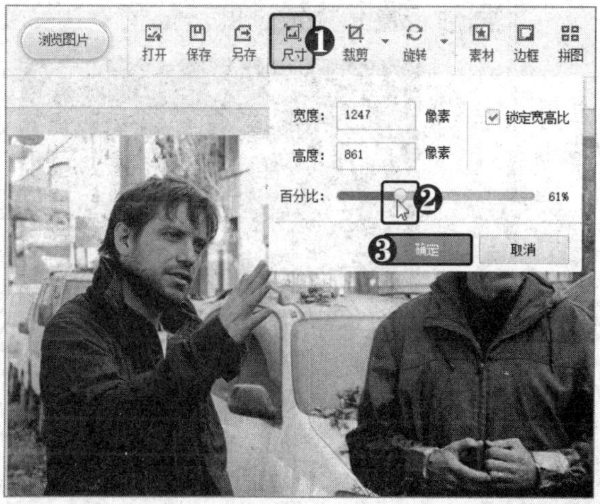

6.4 音乐播放软件——千千静听

千千静听是一款小巧而强大的音乐播放软件，它集播放、音效、转换与歌词等多种功能于一体，下面将介绍如何使用千千静听播放电脑中的音乐。

电脑小专家

问：怎样转换音乐文件格式？

答：在千千静听中右击歌曲名，选择“转换格式”命令，在弹出的对话框中设置输出格式，并设置和目标文件夹，单击“确定”按钮即可。

6.4.1 播放本地音乐

下面将介绍如何使用千千静听播放电脑中的音乐文件，并对播放音效进行设置，具体操作方法如下：

第1步 选择打开方式 ❶选择 MP3 音频文件。❷单击“打开方式”下拉按钮。❸选择“千千静听”选项。

第2步 播放歌曲 开始使用千千静听播放所选的歌曲，在主控制面板中可以调节播放音量和播放进度。

第3步 开启均衡 ❶单击“均衡”按钮，打开“均衡器”面板。❷选中“开启均衡”复选框。

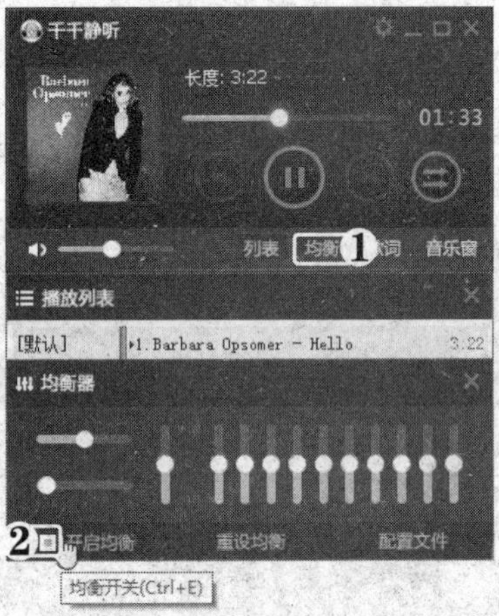

第4步 选择音效 ❶单击“配置文件”按钮。❷在弹出的列表中选择所需的播放音效。

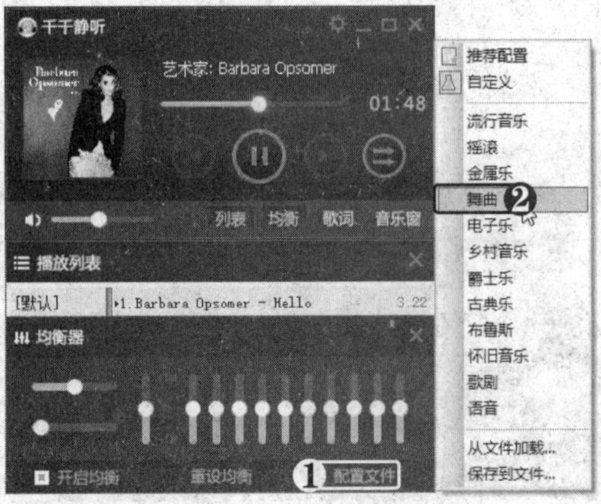

新手巧上路

问：怎样将快速打开歌曲位置？

答：在播放列表中右击歌曲文件，选择“浏览文件”命令。

第5步 手动调整音效 拖动“均衡器”面板中的调节滑块，可以手动调节音效。

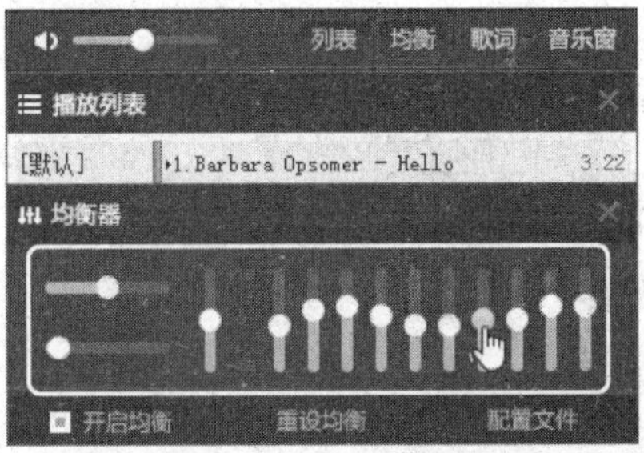

第6步 最小化千千静听 单击主面板右上方的“最小化”按钮▬，可将千千静听最小化到任务栏的通知区域。打开通知区域，单击“千千静听”图标，可以还原其主界面。

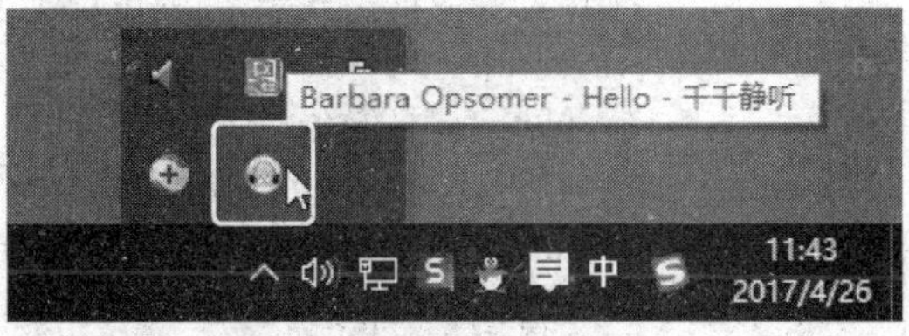

6.4.2 创建播放列表

使用千千静听可以创建播放列表，将电脑中的音乐添加到该播放列表中，并按指定的模式进行播放，具体操作方法如下：

第1步 新建列表 ❶在“播放类别”面板左侧右击。❷选择“新建列表”命令。

第2步 输入名称 此时即可创建一个播放列表，输入名称，并按【Enter】键确认。

第3步 添加歌曲 ❶选择播放列表。❷单击“添加”按钮。❸选择“文件夹”选项。

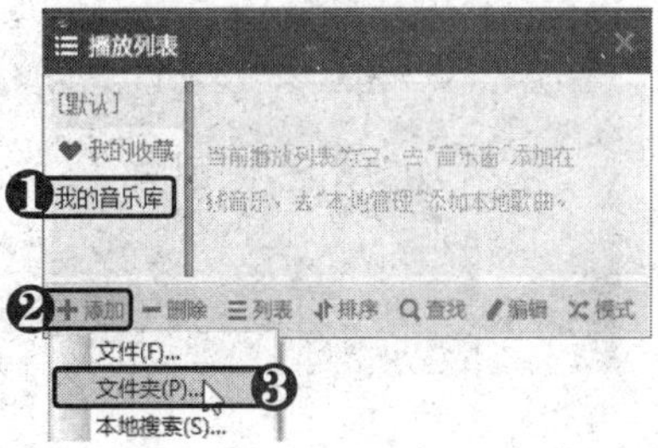

第4步 选择歌曲文件夹 弹出“浏览文件夹”对话框，❶选择包含音乐文件的文件夹。❷单击“确定”按钮。

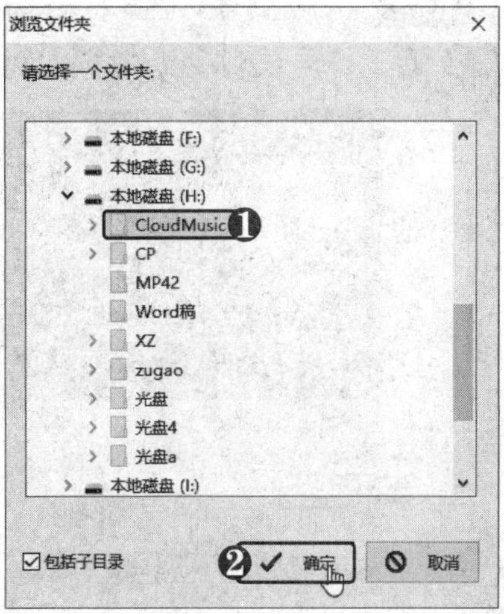

第5步 播放歌曲 此时即可将所选文件夹中的所有音频文件添加到播放列表中。双击其中的歌曲，即可进行播放。

提示您

在播放列表中选择歌曲后按【Delete】键，即可删除歌曲。

第6步 选择模式 ❶单击“模式”按钮。❷选择所需的播放模式，如“随机播放”。

多学点

在播放列表中右击歌曲，选择“文件属性”命令，在弹出的对话框中可查看歌曲的详细信息。选择“专辑封面”选项卡，还可为歌曲添加封面图片。

第7步 保存列表 ❶右击播放列表。❷选择“保存列表”命令。

第8步 设置保存位置 弹出“另存为”对话框，❶选择保存位置。❷输入文件名。❸单击“保存”按钮。

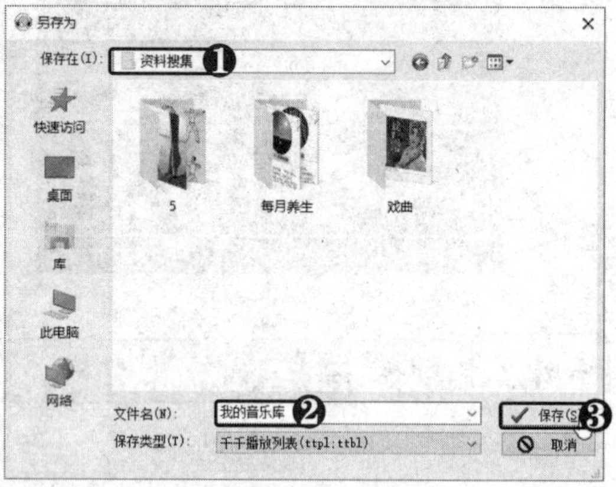

第9步 查看播放列表 此时即可保存播放列表，打开保存位置，查看保存的千千静听播放列表，双击即可启动千千静听并播放其中的歌曲。

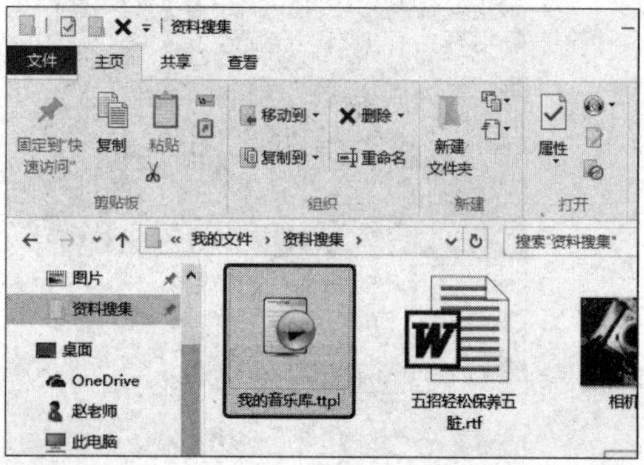

第10步 查看歌词 在主面板中单击“歌词”按钮，打开歌词面板，歌词随音乐滚动显示。

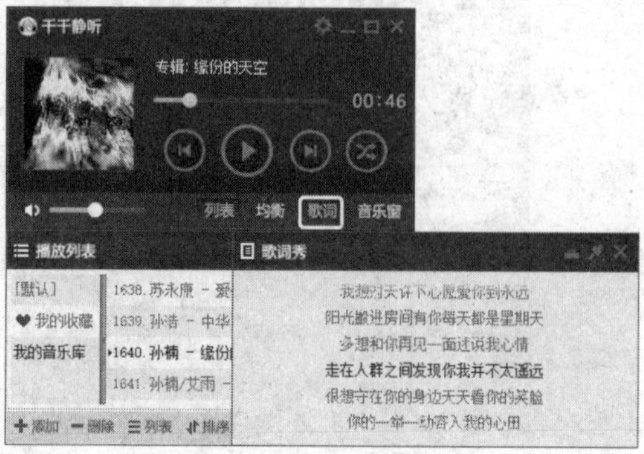

6.5 视频播放软件——暴风影音

暴风影音是一款视频播放软件，该软件兼容大多数的视频和音频格式，使用它可以清晰、顺畅地播放本地或在线视频，使用起来也很方便。下面将介绍暴风影音播放器的使用方法。

6.5.1 播放本地视频

启动暴风影音后，只需将视频文件拖至播放窗口即可播放该视频，还可将要播放的多个视频文件保存为一个播放列表，在播放视频时可以采用多种播放模式，具体操作方法如下：

第1步 选择打开方式 ❶ 选择视频文件。❷ 单击“打开方式”下拉按钮。❸ 选择“暴风影音 5”选项。

第2步 打开播放列表 开始使用暴风影音播放视频文件，单击右下方的“播放列表”按钮，可打开或关闭播放列表窗格。

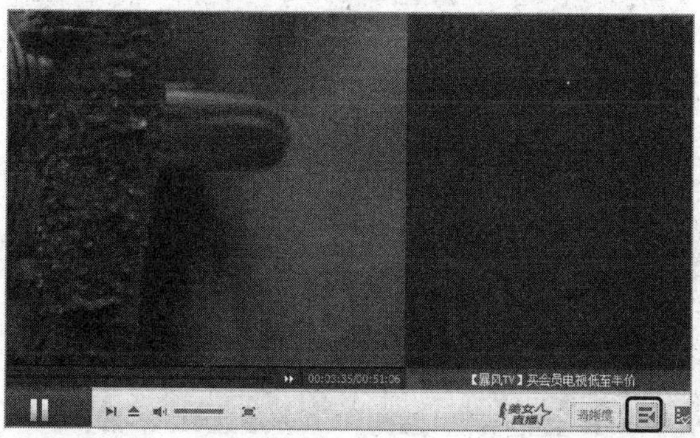

第3步 全拼播放 双击视频画面进入全屏播放模式，再次双击可退出全屏。

第4步 播放模式控制 将鼠标指针置于播放窗口上方，将显示播放控制按钮，如全屏播放、最小界面、1 倍尺寸、2 倍尺寸、剧场模式、关灯模式、画质调节、音频调节、字幕调节等。

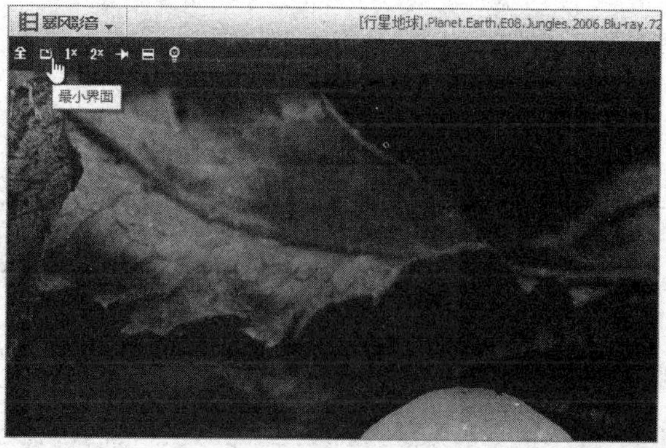

第5步 添加到播放列表 ❶右击视频文件。❷选择“添加到暴风影音播放列表”命令。

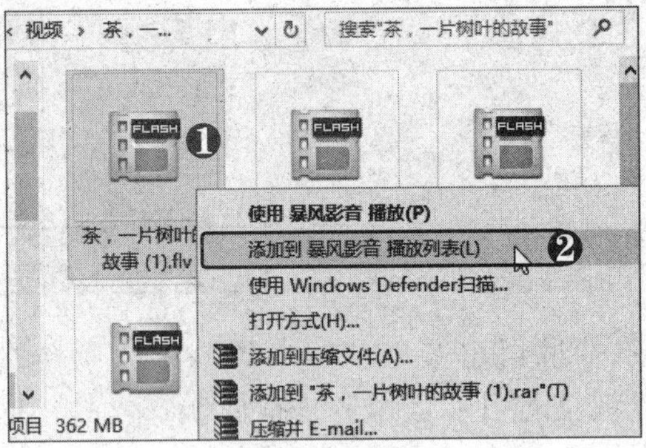

第6步 查看播放列表 打开播放列表窗口，可以看到添加的视频，也可直接将视频拖至其中。

电脑小专家

问：如何查看播放视频的分辨率、帧速率等信息？

答：右击播放画面，选择“属性”命令，在弹出的属性面板中即可查看相关信息。

6.5.2 视频截图

使用暴风影音的截屏功能可以轻松地捕捉视频中静态的画面，具体操作方法如下：

第1步 快速截屏 在播放视频时，遇到喜欢的画面时按【F5】键，即可进行快速截屏，在画面左上角提示“截图成功”。

第2步 保存截图 按【Ctrl+F5】组合键，弹出“截图工具”对话框，单击“保存”按钮，即可将当前画面的截图保存到指定位置。

第3步 查看视频截图 打开文件资源管理器窗口，❶在导航窗格中选择“图片”选项。❷打开“图片”窗口，可以看到保存的视频截图。

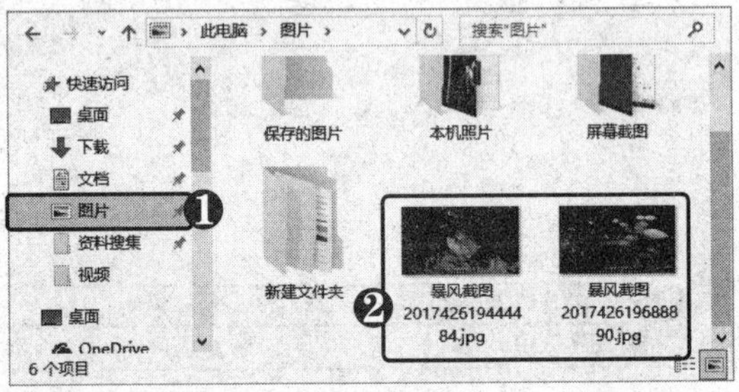

第4步 选择“高级选项”命令 ❶右击视频播放画面。❷选择“高级选项”命令。

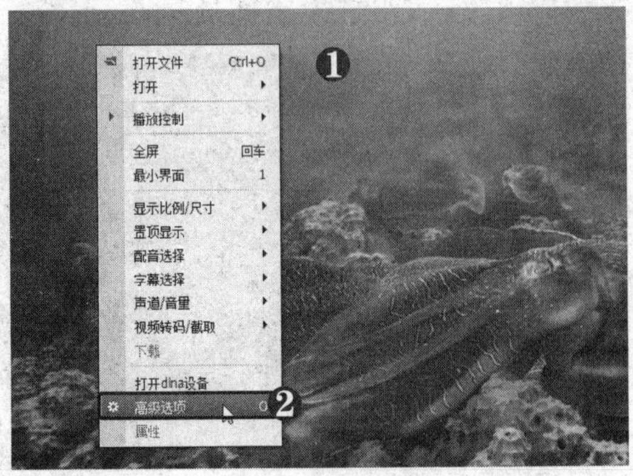

新手巧上路

问：如何设置视频加速或减速播放？

答：右击播放画面，选择“播放控制”|“加速减速播放”命令，在其子菜单中选择所需的命令即可。

第5步 **进行截图设置** 弹出“高级选项”对话框，❶ 在左侧选择“截图设置”选项。❷ 在右侧可以设置截图的默认保存路径、保存格式、连拍截图及截图方式等。

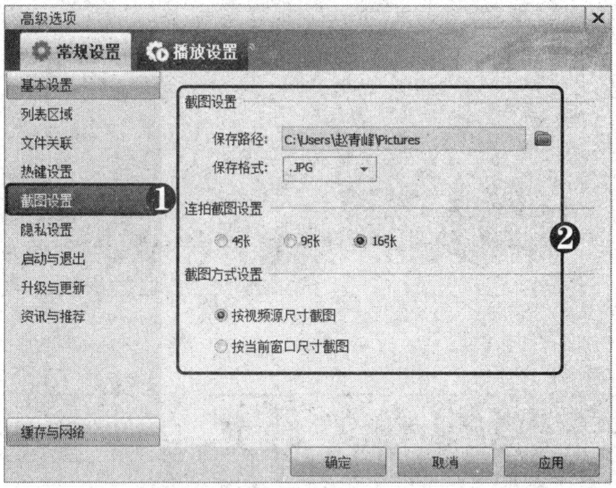

第6步 **查看截屏热键** 在左侧选择“热键设置”选项，在右侧查看截屏的快捷键，可以看到“快速截屏”默认为【F5】键，“截屏”为【Ctrl+F5】组合键，也可根据需要修改热键。

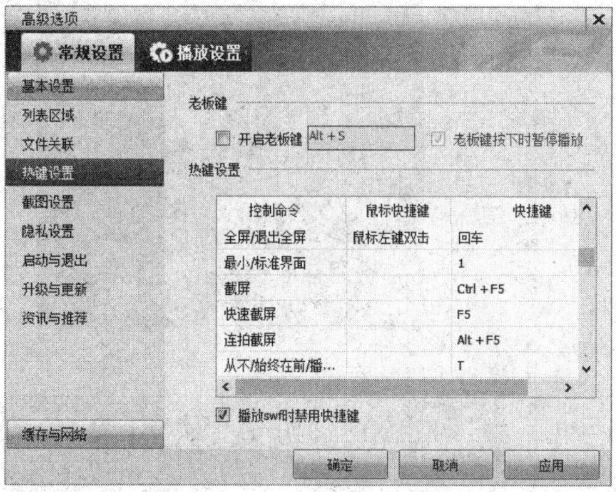

6.5.3 播放在线视频

使用暴风影音不仅可以播放本地视频文件，还可以使用它播放在线视频节目，具体操作方法如下：

第1步 **单击“在线影视”按钮** 打开播放列表，单击“在线影视”按钮。

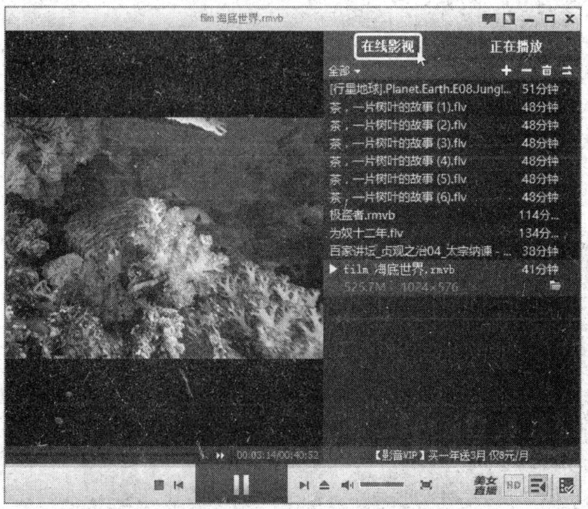

第2步 **选择视频节目** 打开频道列表，选择要播放的频道和视频，如选择“BBC 专场”下的“辨认云彩”节目。

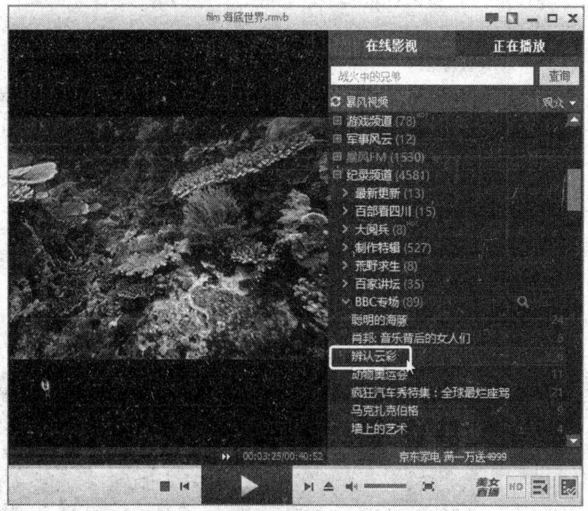

第3步 选择集数 打开暴风盒子界面，选择要播放的集数。

第4步 播放在线视频 视频缓冲完成后，开始播放在线视频。

提示您

要对视频进行裁剪、分割、拼接、转换格式和添加水印等操作，需要借助视频编辑软件，在此推荐GiliSoft Video Editor。

6.6 电脑安全维护软件——360安全卫士

360安全卫士拥有查杀木马、清理插件、修复漏洞、电脑体检、清理垃圾、清理痕迹等多种功能，是使用非常广泛的电脑安全维护软件。下面将介绍如何使用360安全卫士对系统进行维护，以及如何进行病毒查杀。

6.6.1 使用“加速球”提速

“360加速球”默认悬停在系统桌面上，并在其他窗口前端显示，便于用户随时对系统进行加速，既方便又快捷，具体操作方法如下：

多学点

右击加速球，在弹出的界面中可对加速球进行设置，如更换皮肤，设置透明度等。

第1步 开启加速球 展开任务栏通知区域图标，❶右击360安全卫士图标。❷选择“开启加速球”选项（若桌面上显示加速球，则自动隐藏此选项）。

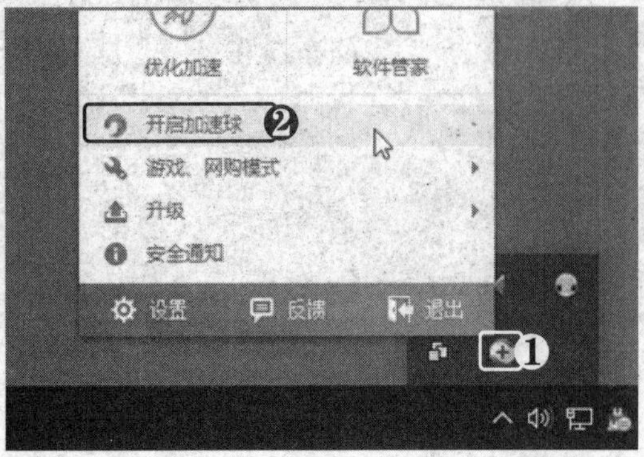

第2步 开始加速 在桌面上双击360加速球，即可开始进行加速。

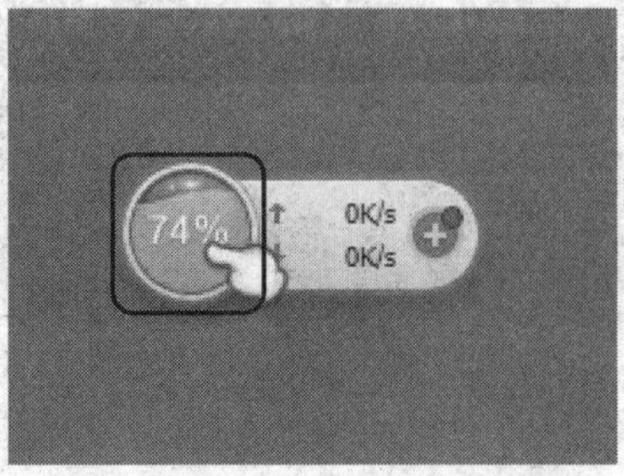

6.6.2 清理垃圾文件

使用 360 安全卫士的“电脑清理”功能可以清理系统中无用的垃圾文件、上网痕迹及各种插件等，从而提高系统的运行速度，具体操作方法如下：

第1步 单击程序图标 在任务栏通知区域单击 360 安全卫士图标。

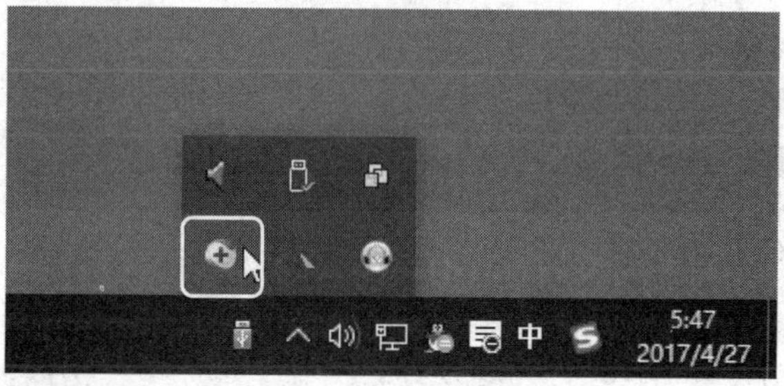

第2步 单击“全面清理”按钮 打开 360 安全卫士主界面，❶在上方单击“电脑清理”按钮，进入电脑清理界面。❷单击“全面清理”按钮。

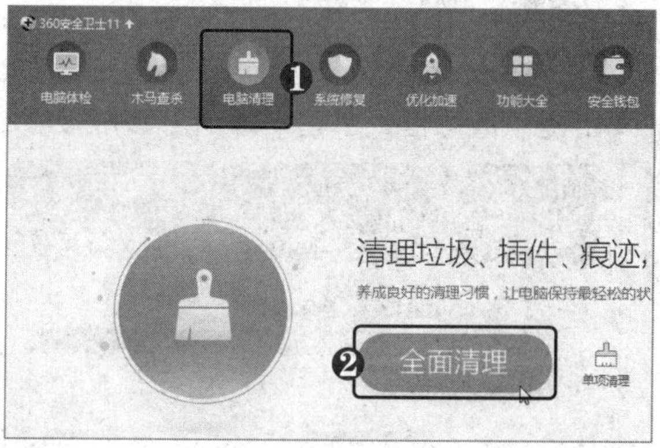

第3步 开始扫描系统 开始扫描系统中的垃圾文件，并显示扫描进度。

第4步 单击“一键清理”按钮 扫描结束后，❶选中要清理的垃圾。❷单击“一键清理”按钮。

第5步 仅清理无风险项 弹出“风险提示”对话框，单击“仅清理无风险项”按钮。

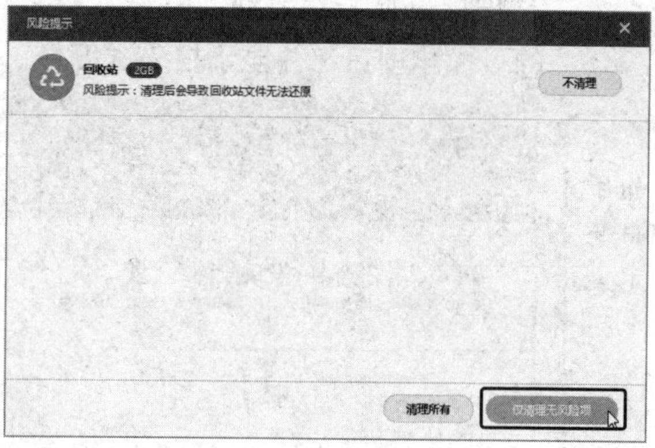

第6步 清理完成 开始清理系统，等待清理完成后单击“完成”按钮。

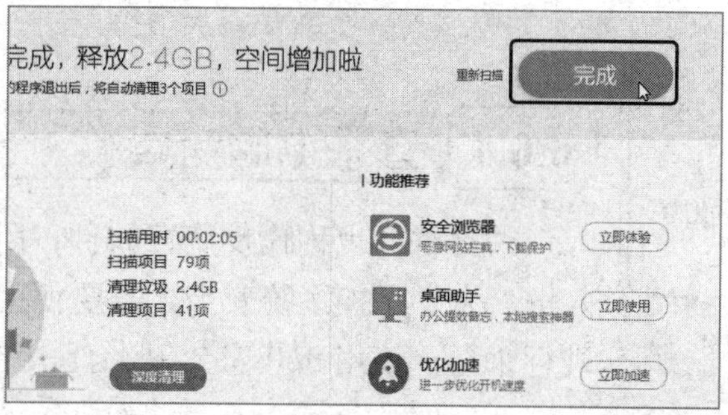

6.6.3 优化加速系统

使用 360 安全卫士的“电脑加速”功能可以一键为电脑提速，主要包括开机加速、系统加速、网络加速和硬盘加速，具体操作方法如下：

第1步 单击“全面加速”按钮 ❶在 360 安全卫士界面上方单击“优化加速”按钮。❷单击“全面加速”按钮。

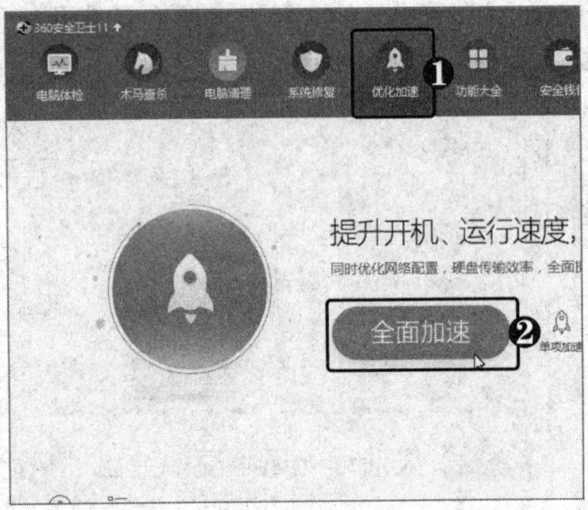

第2步 开始扫描系统 开始扫描系统中的可优化项目，并显示扫描进度。

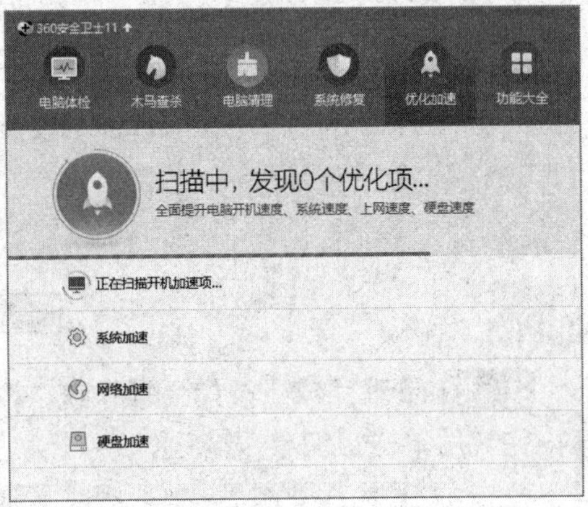

第3步 单击“立即优化”按钮 ❶选中要加速的项目。❷单击“立即优化”按钮。

第4步 优化完成 所选项优化完成，弹出提示信息框，单击“取消”超链接。

6.6.4 查杀电脑病毒

杀毒软件也称作反病毒软件，用于清除电脑病毒、木马和恶意软件及防御病毒入侵。为了保护系统安全，需要使用杀毒软件对系统进行实时监控，并定期对电脑进行杀毒。使用 360 安全卫士查杀电脑病毒的具体操作方法如下：

电脑小专家

问：如何设置 360 安全卫士自动清理系统垃圾文件？

答：在“电脑清理”界面中单击左下方的“自动清理”按钮，在弹出的界面中开启“自动清理功能”，然后设置清理频率和时间即可。

新手巧上路

问：如何对 360 安全卫士进行自定义设置？

答：在界面右上方单击“主菜单”按钮，选择“设置”选项，在弹出的“360 设置中心”对话框中对程序进行相关设置即可。

第1步 **单击“快速查杀”按钮** ❶在360安全卫士界面上方单击“木马查杀”按钮。❷单击“快速查杀”按钮。

第2步 **开始扫描系统** 开始扫描系统中的关键区域，如易感区域、系统启动项、系统内存、浏览器组件等。

第3步 **单击“一键处理”按钮** 扫描完成，❶选中要清除的危险项。❷单击“一键处理”按钮。

第4步 **处理成功** 弹出提示信息框，设置是否立刻重启电脑，在此单击“稍后我自行重启”按钮。

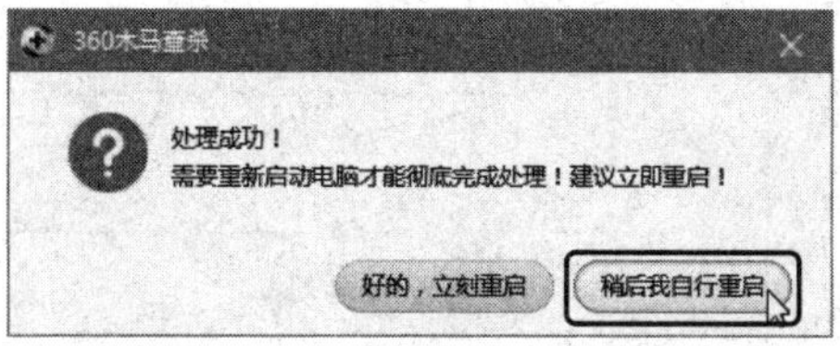

第5步 **选择快捷查杀命令** ❶右击要扫描的文件夹。❷选择“使用360进行木马云查杀”命令。

第6步 **开始查杀病毒** 开始使用360安全卫士对所选文件夹进行病毒查杀。

学习笔录

提示您

在360安全卫士界面上方单击“软件管家”按钮，打开软件管家窗口，从中可对软件进行下载、升级和卸载等操作。

多学点

有些软件在其主界面上单击“关闭”按钮后并不能真正地退出软件，需在任务栏通知区域右击软件图标，选择“退出”命令。

第7章 记录生活，使用 Word 制作文档

章前导读

Word 是 Office 办公套装软件中的文字处理软件，中老年人可以使用它记录生活中的各种事情，还可以制作图文并茂的画册、菜谱等。本章将引领中老年人学习使用 Word 2016 制作文档的方法与技巧。

- 认识 Word 2016 工作界面
- Word 2016 的基本操作
- 文本的编辑
- 制作活动启事
- 制作精美菜谱

小神通，我听说要进行简单的打字，使用记事本和写字板就行，但要对文档进行排版就要用到 Word 了。使用 Word 都能做些什么呢?

Word 能做的事情非常多，在 Word 文档中可以轻松设置文本和段落的格式，能够插入多种元素，如图片、表格、形状和文本框等。

是的，但 Word 的功能远远不止这些，Word 现在是必不可少的办公软件，掌握 Word 的应用已经成为电脑操作的基本技能之一。

7.1 认识 Word 2016 工作界面

启动 Word 2016 程序之后即可打开 Word 窗口，在使用软件之前首先应熟悉其工作界面，了解各部分的功能，这样在以后的操作中才能更加快捷。

Office 2016 的工作窗口包含了很多工具，它拥有一个汇集基本要素并直观呈现这些要素的控制中心，如下图所示。

> **提示您**
>
> 右击状态栏，在弹出的快捷菜单中可对任务栏上显示的项目进行自定义设置。

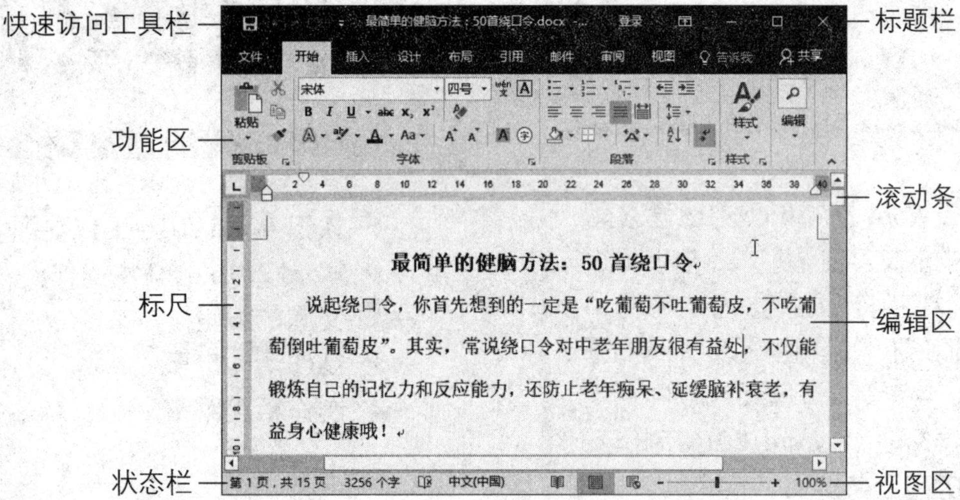

1．标题栏

标题栏位于 Word 2016 工作界面的最上方，由文档名称、“最小化”按钮、“功能区显示选项”按钮、“最大化/向下还原”按钮和“关闭”按钮组成，如下图所示。单击不同的按钮，可以对功能区和文档窗口的大小进行相应的调整操作。

> **多学点**
>
> 在功能区中右击某个命令，选择“添加到快速访问工具栏”命令，即可将其添加到快速访问工具栏中。

2．快速访问工具栏

在 Word 2016 中，快速访问工具栏位于工作界面的左上角，其中包括“新建”、“保存”和“撤销”等常用命令对应的按钮，如下图所示。单击其中的按钮，可以便捷地执行相应的操作。中老年人还可以根据需要自定义快速访问工具栏中的按钮及其先后顺序。

3．功能区

功能区有 4 个基本组成部分，如下图所示。其中：

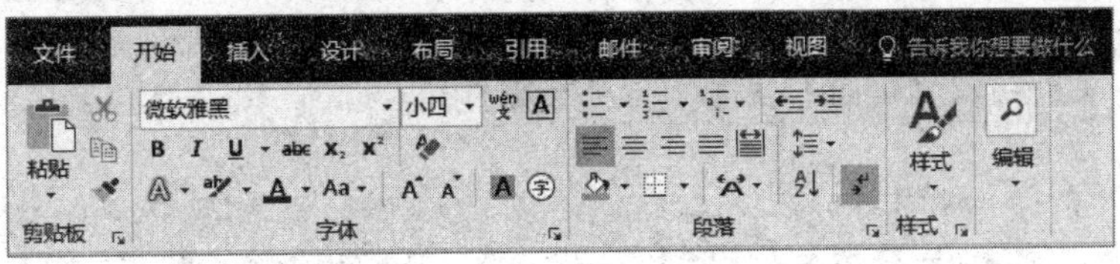

- **选项卡：** 位于功能区的顶部，每个选项卡都代表着在特定程序中执行的一组核心任务。
- **组：** 显示在选项卡上，是相关命令的集合。组将用户所需要执行某种类型任务的一组命令直观地汇集在一起，更便于用户使用。
- **命令：** 按组来排列，命令可以是按钮、菜单或可供输入信息的文本框。
- **"请告诉我"文本框：** 该文本框位于选项卡的右侧，从中搜索内容即可快速获取帮助。

4．编辑区和标尺

编辑区也称为工作区，其位于窗口中央，是用于进行文字输入、文本及图片编辑的工作区域。通过选择不同的视图方式，可以改变基本工作区对各项编辑显示的方式，默认是页面视图。

标尺分为水平标尺和垂直标尺两种，分别位于文档编辑区的上方和左侧，如下图所示。标尺上有数字、刻度和各种标记，无论是排版，还是制表和定位，标尺都起着非常重要的作用。

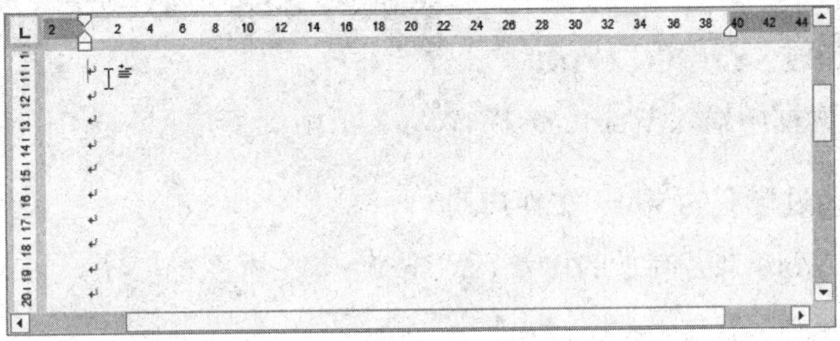

5．状态栏和视图区

状态栏位于工作界面底端的左半部分，用于显示当前 Word 文档的相关信息，如当前文档的页码、总页数、字数、当前光标在文档中的位置等内容，如下图所示。状态栏的右侧是视图栏，其中包括视图按钮组、调整页面显示比例滑块和当前显示比例等。

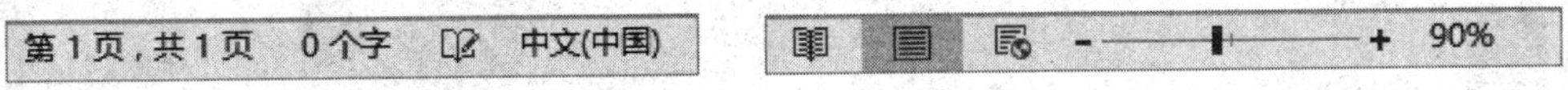

6．滚动条

滚动条是窗口右侧和下方用于移动窗口显示区的长条。当页面内容较多或太宽时，就会自动显示滚动条。拖动滚动条中的滑块或单击滚动条中的上下按钮，可以滚动显示文档中的内容。

7.2 Word 2016 的基本操作

在学习 Word 2016 的使用方法之前，首先要掌握 Word 2016 的基本操作，如新建文件、保存文档、打开、关闭文档及切换视图方式等。

电脑小专家

问：怎样安装 Word 2016？

答：从网上下载 Office 2016 安装程序，然后进行安装即可。

7.2.1 Word 2016 的启动和退出

要使用 Word 2016，需要先将其启动。启动和退出 Word 2016 的方法有多种，下面分别进行介绍。

1．启动 Word 2016

启动 Word 2016 主要有以下三种方法：

方法 1：通过“开始”菜单启动

打开“开始”菜单，在“所有程序”列表中选择 Word 2016 选项，如右图所示。

方法 2：通过“搜索框”启动

在搜索框中输入 Word，选择“Word 2016 桌面应用”选项，如下图（左）所示。

新手巧上路

问：怎样快速创建一个空白文档？

答：在文件夹中右击，在弹出的快捷菜单中选择“新建”|“Microsoft Word 文档”命令。

方法 3：通过已有的 Word 文件启动

找到 Word 文件存放的位置，双击 Word 文档图标启动，如下图（右）所示。

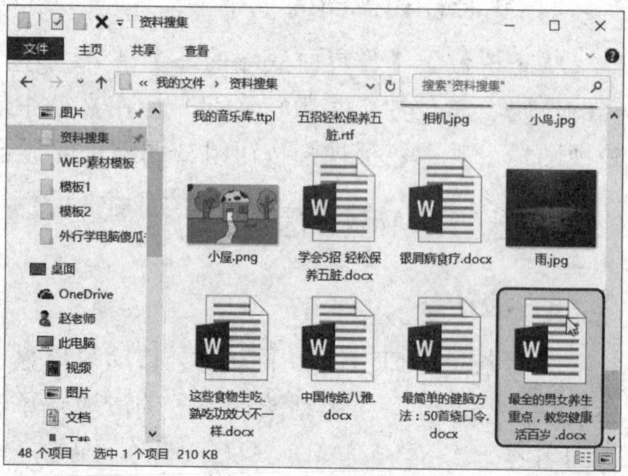

2．退出 Word 2016

当完成对文档的编辑后，需要退出 Word。常用的退出 Word 2016 的方法有以下两种：

方法 1：通过“文件”选项卡退出

在文档标题栏中右击，在弹出的快捷菜单中选择“关闭”命令，如下图（左）所示。

方法 2：通过窗口控制按钮退出

单击窗口右上角的“关闭”按钮☒，即可退出 Word 2016 程序，如下图（右）所示。

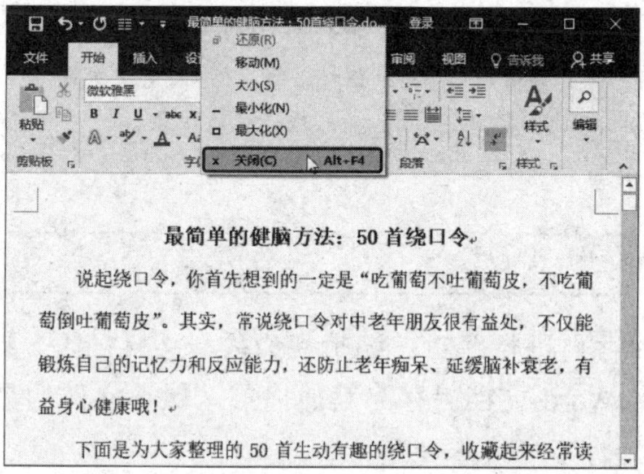

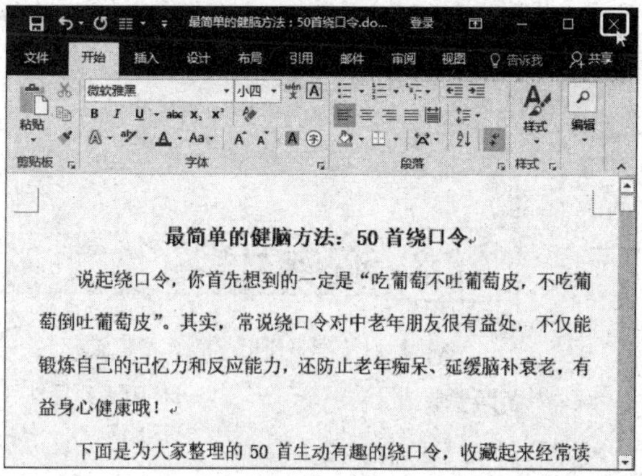

7.2.2 新建文档

启动 Word 2016 后，系统会自动创建一个名为“文档 1”的空白文档，可以直接在该文档中进行编辑。要新建其他空白文档，可以直接按【Ctrl+N】组合键。还可根据 Word 2016 提供的模板新建带有格式和内容的文档，以提高工作效率，具体操作方法如下：

第1步 **选择模板类型** 在功能区上方选择“文件”选项卡，❶在左侧选择“新建”选项。❷输入搜索文字，如在此输入“日记”，按【Enter】键确认。

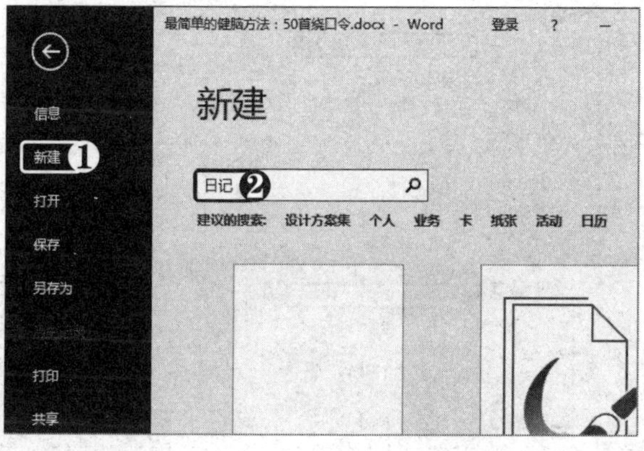

第2步 **选择模板** 在搜索结果列表中选择所需的模板，如选择“记日记”模板。

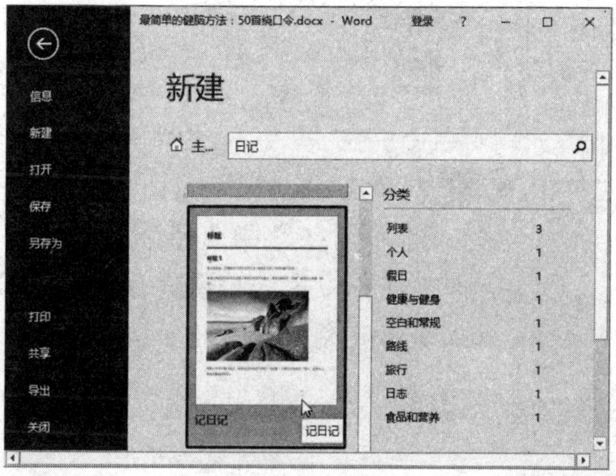

第3步 **单击"创建"按钮** 弹出该模板的说明和预览界面，若确认使用该模板，则单击"创建"按钮。

第4步 **创建文档** 开始从网上下载所选的模板文件，模板文件下载完成后，将自动创建一个基于"记日记"模板的 Word 文档。

> **提示您**
>
> 右击模板，选择"固定至列表"命令，即可将其固定到"新建"选项的首界面中。

7.2.3 保存文档

对于新创建的文档，建议先将其保存再进行编辑。编辑完成后，按【Ctrl+S】组合键即可进行保存，还可根据需要将 Word 文档另存为其他格式。保存文件的具体操作方法如下：

第1步 **单击"保存"按钮** 新建文档后，根据需要对文档标题进行简单的编辑，在快速访问工具栏中单击"保存"按钮。

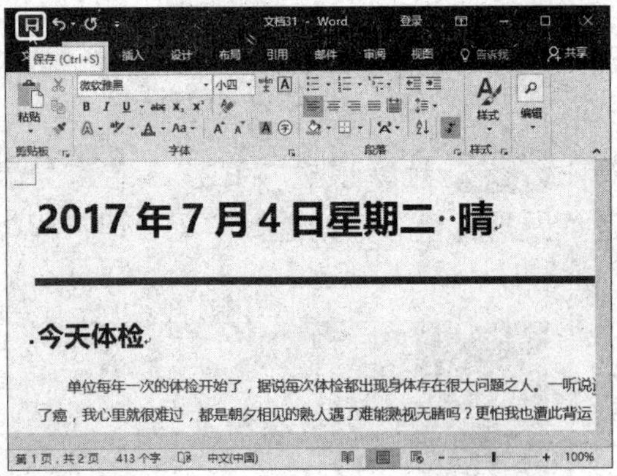

第2步 **单击"浏览"按钮** 打开"另存为"窗口，可在右侧选择最近访问的文件夹作为保存位置。若要保存到其他位置，可以单击"浏览"按钮。

第3步 **保存新文档** 弹出"另存为"对话框，❶ 选择保存位置。❷ 程序将文档标题自动设置为文件名，在此保持文件名不变。❸ 单击"保存"按钮。

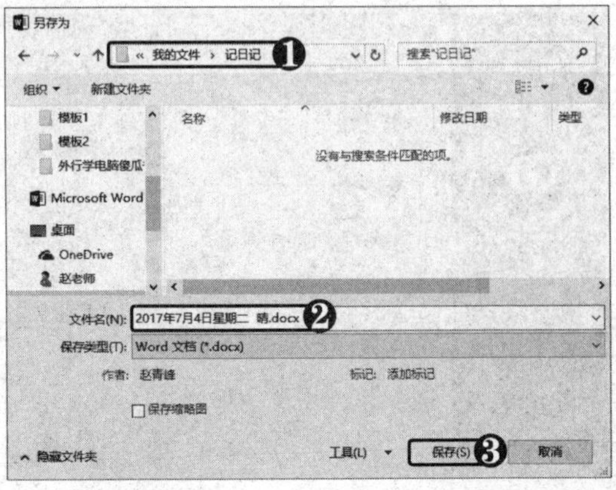

> **多学点**
>
> 选择"文件"选项卡，在左侧下方单击"选项"按钮，弹出"Word 选项"对话框，在左侧选择"保存"选项，在右侧可设置自动保存时间间隔。

第4步 保存编辑后的文档 此时即可保存文档，在标题栏中显示文件名。根据需要对文档进行编辑，然后按【Ctrl+S】组合键或单击“保存”按钮，即可保存文档。

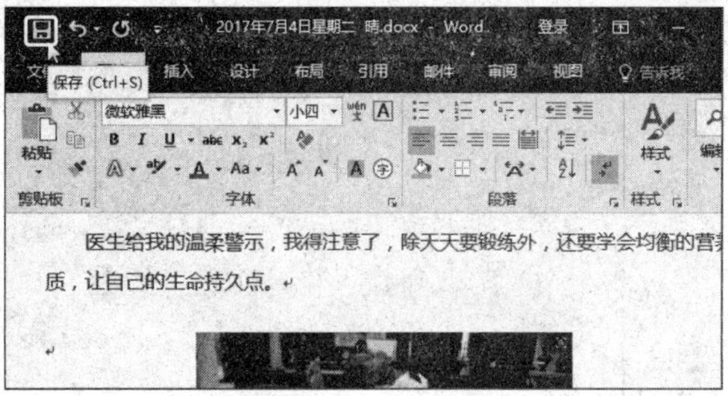

7.2.4 打开与关闭文档

对于电脑中已经存在的 Word 文档，直接双击该文档即可使用 Word 2016 将其打开，也可在“文件”选项卡下打开文档，具体操作方法如下：

第1步 选择最近文档 选择“文件”选项卡，❶在左侧选择“打开”命令。❷选择“最近”选项。❸在右侧列表中选择文档，即可将其打开。

第2步 选择位置 ❶选择“这台电脑”选项。❷在右侧选择一个最近使用的位置。❸单击↑按钮，可以返回上一级目录。

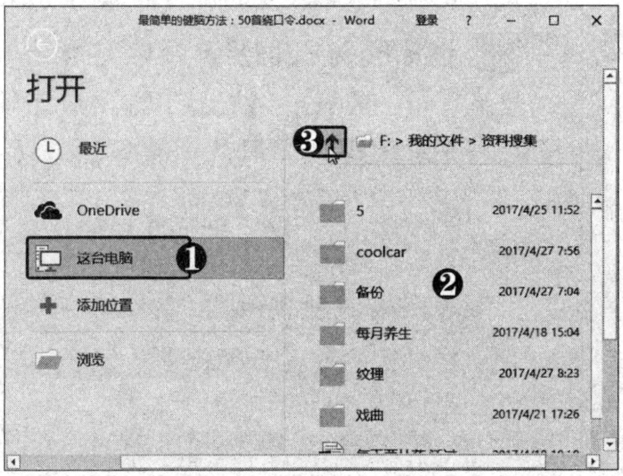

第3步 关闭 Word 文档 按【Ctrl+W】组合键，即可关闭当前正在编辑的 Word 文档。若文档没有进行保存，则会提示是否保存文档。单击“取消”按钮，可取消关闭文档。

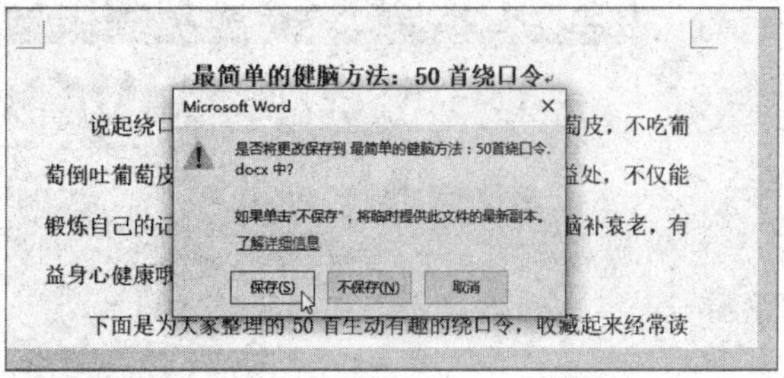

第4步 同时关闭所有打开的 Word 文档 ❶在任务栏上右击 Word 2016 图标，❷选择“关闭所有窗口”命令，可关闭所有打开的 Word 文档。

7.3 文本的编辑

学会了创建与保存文档等基本操作之后，下面开始学习如何在 Word 2016 中编辑文本，如选择文本、复制/剪切文本、删除文本、撤销/恢复/重复操作、查找与替换文本和插入特殊字符等。

7.3.1 选择文本

在对文本进行操作时，应先将其选中。在 Word 2016 中有多种选择文本的方法，具体操作方法如下：

第1步 选择连续文本 将光标定位在文本起始位置，按住【Shift】键，单击要选择文本的末尾位置，或直接拖动鼠标，即可选中连续的文本。

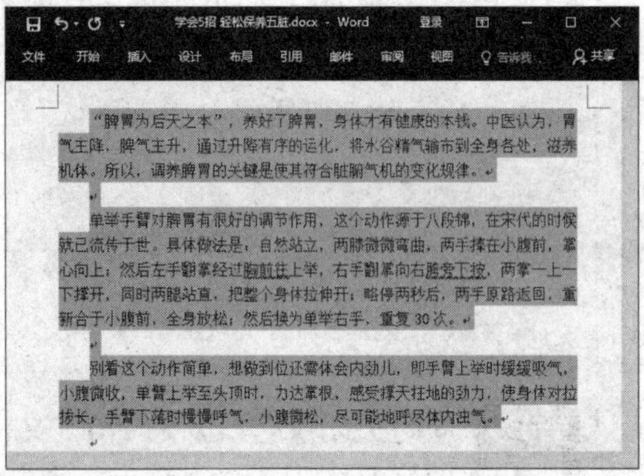

第2步 选择不连续文本 选择文本，然后按住【Ctrl】键，继续拖动鼠标选择其他文本，即可选中不连续的文本。

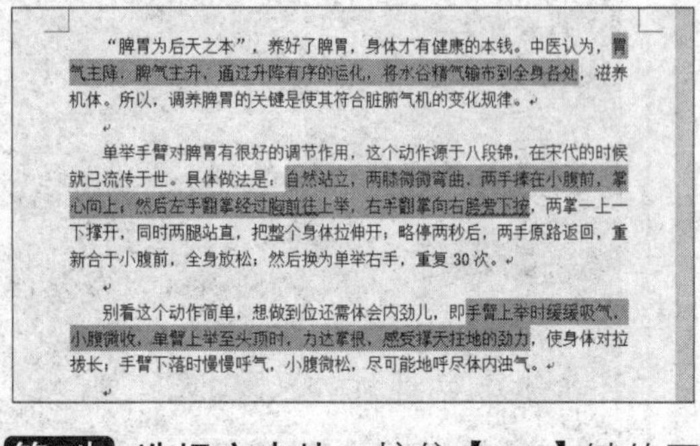

第3步 选择文本块 按住【Alt】键的同时拖动鼠标，即可选中连续的文本块。

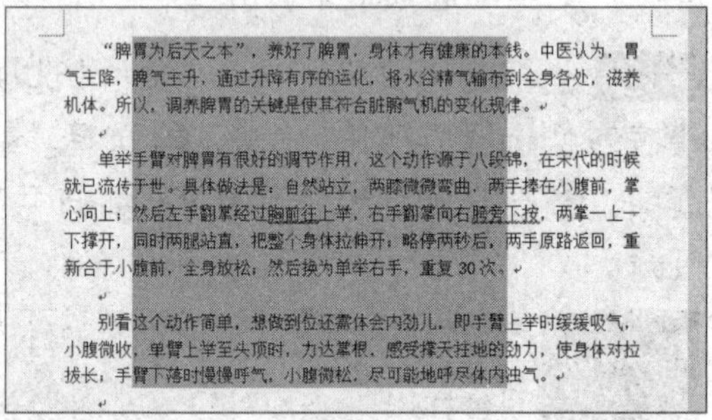

第4步 选择整行文本 将鼠标指针移至某行的左端，当指针变为↗形状后单击，即可选中对应的整行文本。

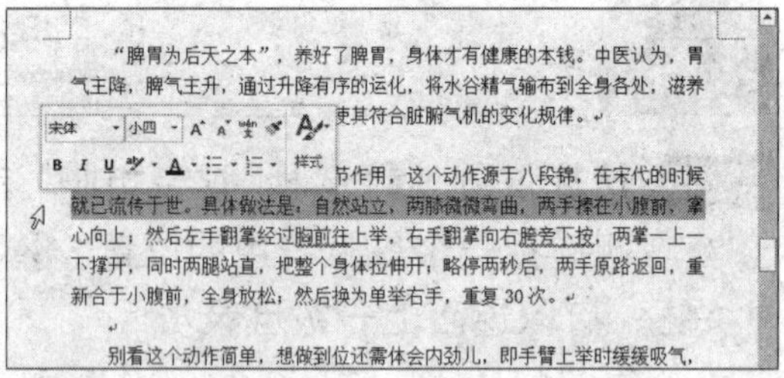

第5步 选择整句 若要选择以句号结尾的完整句子，则按住【Ctrl】键，单击句子内的任意字符，即可选中整句。

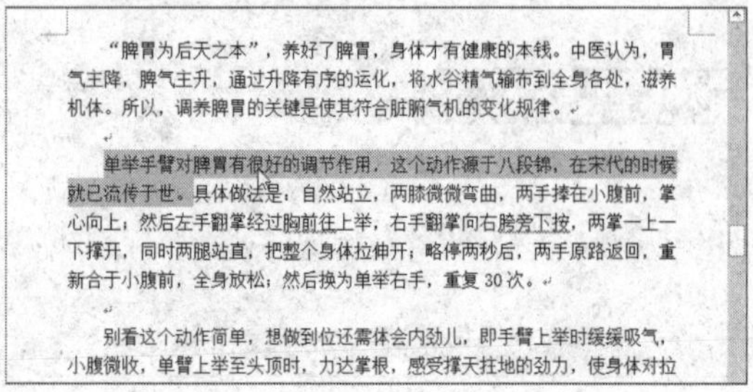

电脑小专家

问：如何在文档中显示空格、制表符、分节符等编辑符号？

答：在"段落"组中单击"显示/隐藏编辑标记"按钮，使其处于按下状态即可。

新手巧上路

问：怎样自定义文档的显示比例？

答：在状态栏上单击最右侧的显示比例数值，在弹出的对话框中输入显示比例即可。按住【Ctrl】键的同时滚动鼠标滚轮，也可调整页面显示比例。

第6步 选择整个段落 在段落中连续 3 次快速单击，即可选中整个段落。

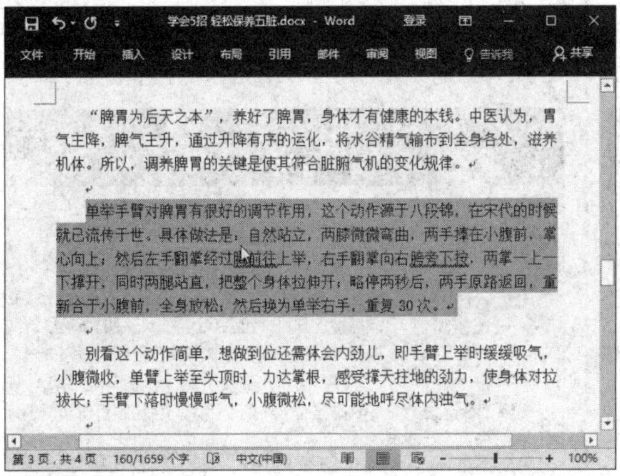

第7步 选择词语 在词语间双击即可选中词语。按住【Ctrl】键的同时双击词语，可以继续选中其他词语。

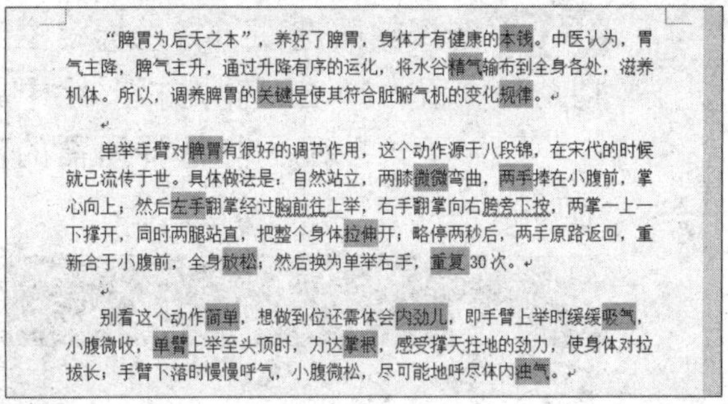

第8步 全选文本 在文档中按【Ctrl+A】组合键，即可全选文本。

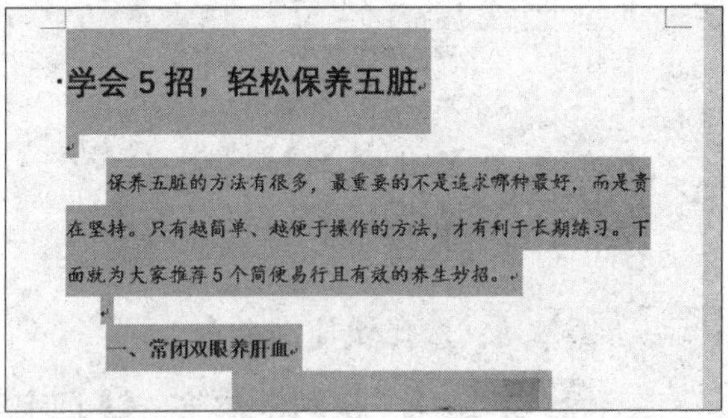

7.3.2 复制/剪切文本

复制文本的目的是对文本进行移动和重复使用，当需要输入重复的文本内容时，可以采用复制文本的方法，从而提高工作效率。剪切文本就是把文本复制到剪贴板中，同时删除原文本，然后将文本粘贴到目标位置。剪切文本常用于移动操作。

复制文本和剪切文本的方法类似，其操作方法也有多种，下面以复制文本为例进行介绍。

方法 1：单击功能按钮

第1步 设置选中格式相似的文本 ❶ 在文档小标题中定位光标。❷ 在“编辑”组中单击“选择”下拉按钮。❸ 选择“选择格式相似的文本”选项。

第2步 单击“复制”按钮 此时即可自动选中文档中所有的小标题文本，在“剪贴板”组中单击“复制”按钮。

第3步　选择粘贴选项　将光标定位到要粘贴的位置，❶在“剪贴板”组中单击“粘贴”下拉按钮。❷选择所需的粘贴选项。

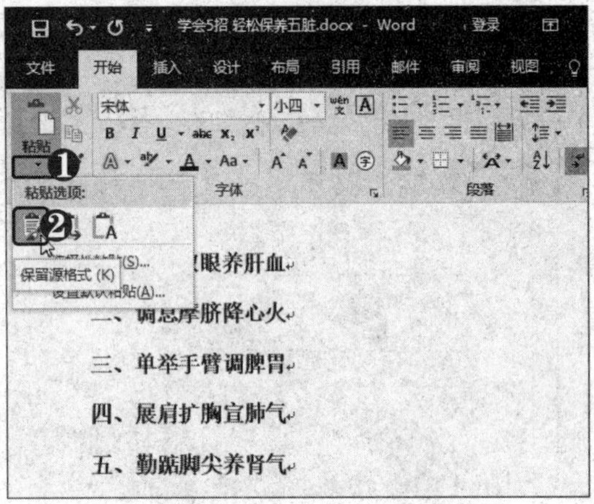

第4步　不带格式粘贴　在“粘贴”下拉列表中选择“只保留文本”选项，即可只粘贴文本，而删除原文本中的格式（即粘贴文本应用光标所在位置的格式）。

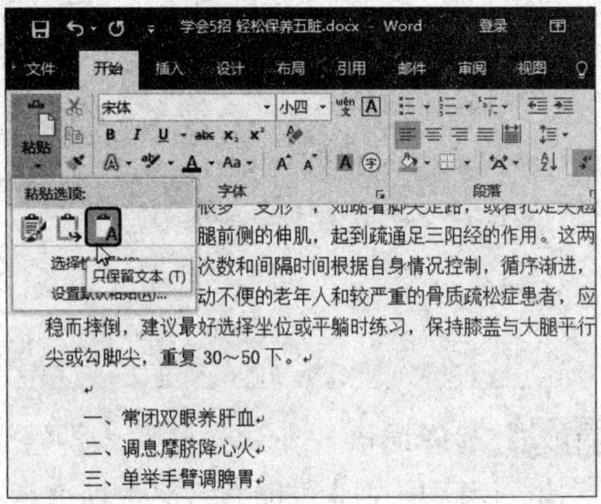

> **提示您**
>
> 单击“剪贴板”组右下方的扩展按钮，打开“剪贴板”窗格，从中可查看复制过的内容。

方法 2：选择快捷键命令

第1步　选择“复制”命令　❶选中要复制的文本并右击。❷选择“复制”命令。

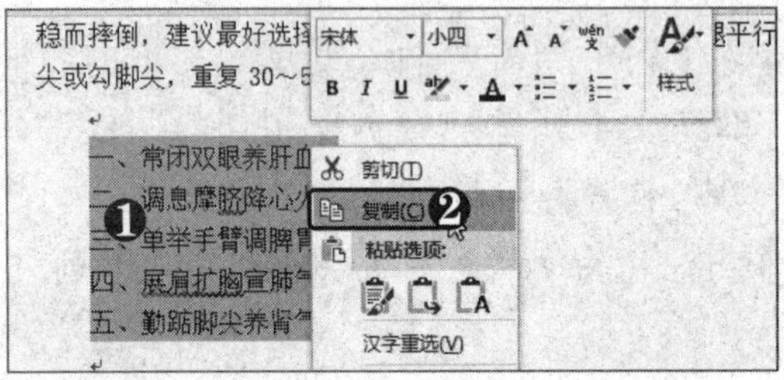

第2步　选择粘贴选项　❶将光标定位到要粘贴的位置并右击。❷选择所需的粘贴选项。

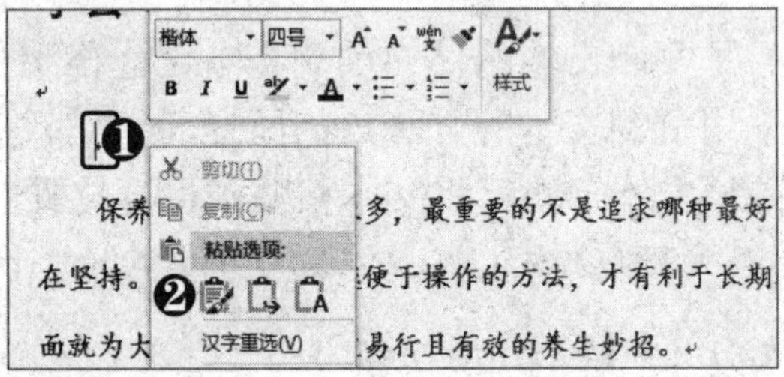

> **多学点**
>
> 粘贴文本后，按【Ctrl】键可弹出粘贴选项。

方法 3：拖动鼠标

选中文本后直接拖动，即可移动文本的位置。若在拖动过程中按住【Ctrl】键，即可复制文本。

方法 4：使用快捷键

选中文本后，按【Ctrl+C】组合键可以复制文本，按【Ctrl+X】组合键可以剪切文本。将光标定位到目标位置，按【Ctrl+V】组合键即可粘贴文本。

7.3.3　删除文本

在向文档中输入文本内容时难免会出现错误，此时可以将错误的文本删除，重新进行输入。删除文本的具体操作方法如下：

方法 1： 将光标移至要删除文本的前面或后面，分别按【Backspace】或【Delete】键，可以删除光标所在位置前面或后面的文本。

方法 2： 选中要删除的文本，然后按【Delete】键，即可将其直接删除。

7.3.4 撤销、恢复和重复操作

在编辑文档时，Word 2016 会自动记录最近所执行的操作。如果用户执行了错误操作，可以利用这种存储动作的功能重复或撤销刚执行的操作，还可将撤销的操作进行恢复，具体操作方法如下：

第1步 **设置底纹颜色** ❶选中文本。❷在“段落”组中单击“底纹颜色”下拉按钮。❸选择所需的颜色。

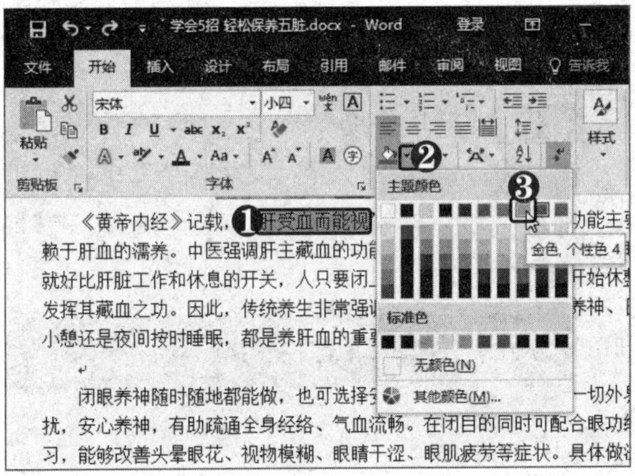

第2步 **单击“重复”按钮** ❶选中需要添加底纹颜色的文本。❷在快速访问工具栏中单击“重复”按钮，即可重复上一步操作，也可通过按【F4】键或【Ctrl+Y】组合键重复操作。

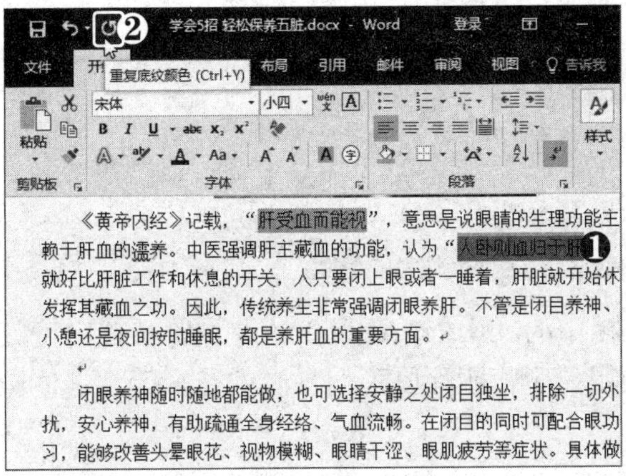

第3步 **单击“撤销”按钮** 采用同样的方法，为其他需要添加底纹的文本添加底纹颜色。在快速访问工具栏中单击“撤销”按钮（或按【Ctrl+Z】组合键），即可撤销上一步操作，连续单击该按钮可依次撤销多步。

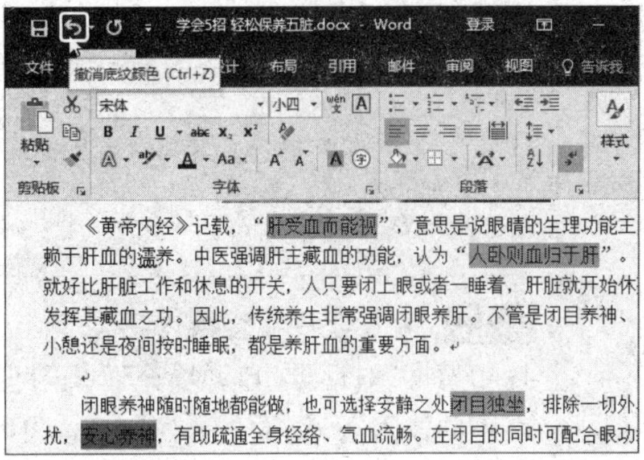

第4步 **单击“恢复”按钮** ❶选中文本。❷在快速访问工具栏中单击“恢复”按钮（也可按【F4】键或【Ctrl+Y】组合键），即可恢复上一步操作。

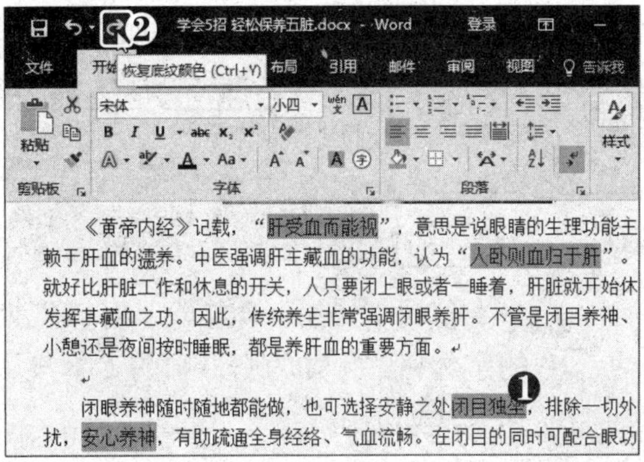

7.3.5 查找和替换文本

在编辑文档的过程中，如果某个词语或句子多次输入错误，就需要在整个文档中修改这些内容。但手动查找工作量会很大，且容易遗漏，而使用查找和替换功能则会大大提高工作效率，具体操作方法如下：

电脑小专家

问：如何快速查找指定的文本？

答：在文档中选中文本后按【Ctrl+F】组合键，即可自动搜索所选文本。在“导航”窗格中选择“结果”选项卡，可查看具体搜索结果。

第1步 查找文字 按【Ctrl+F】组合键，打开“导航”窗格。❶ 在文本框中输入要查找的文字，即可执行查找操作。❷ 单击搜索框右侧的下拉按钮。❸ 选择“替换”选项。

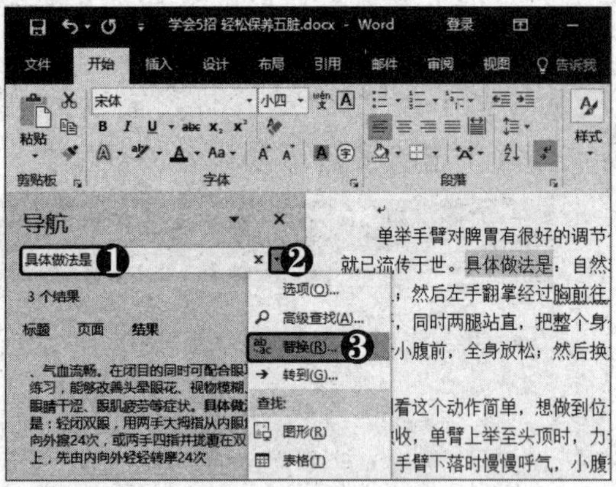

第2步 输入查找和替换内容 弹出“查找和替换”对话框，自动填充查找内容（也可手动输入），❶ 输入替换内容。❷ 单击“全部替换”按钮。

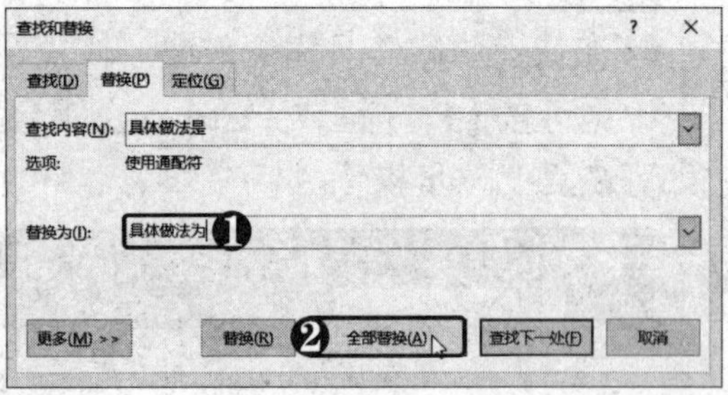

第3步 完成文本替换 弹出提示信息框，完成文本替换，单击“确定”按钮。

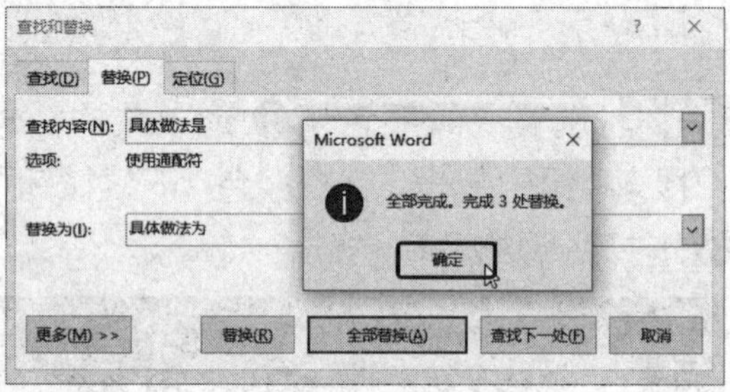

第4步 查看替换效果 关闭对话框，返回文档，查看文本替换效果。要替换某部分的文本，只需选中该部分后再执行替换操作。

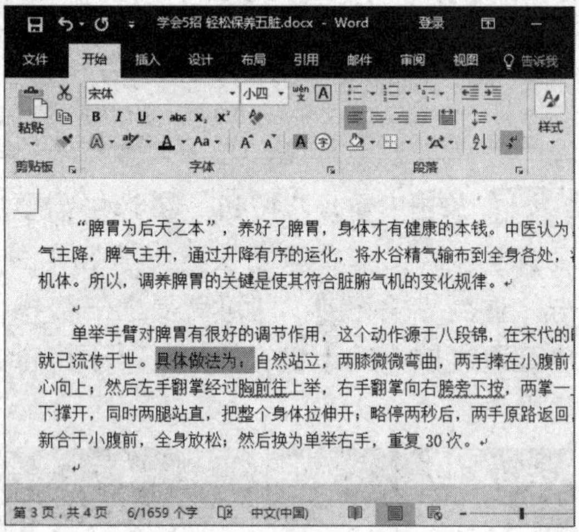

新手巧上路

问：怎样取消正在查找的内容？

答：在查找过程中按【Esc】键，即可取消查找。

7.3.6 替换文本格式

使用“替换”功能除了可以替换文档中的文本外，还可以快速设置文档中特定的字体格式，如为引号中的文本设置加粗显示，删除段落间多余的空行等，具体操作方法如下：

第1步 **单击“替换”按钮** 在“开始”选项卡下的“编辑”组中单击“替换”按钮。

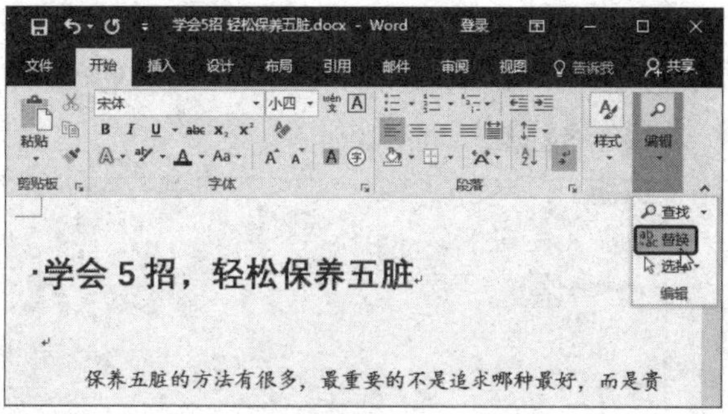

第2步 **单击“更多”按钮** 弹出“查找和替换”对话框，单击“更多”按钮。

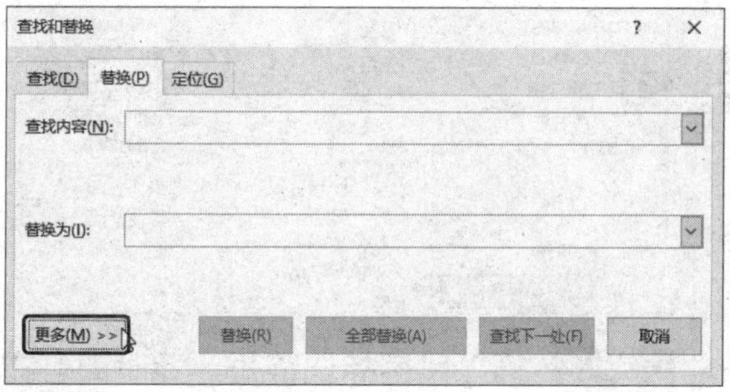

第3步 **使用通配符** 展开更多选项，选中“使用通配符”复选框。通配符包括“*”和“?”，“*”表示任意多个字符，“?”表示任意单个字符。

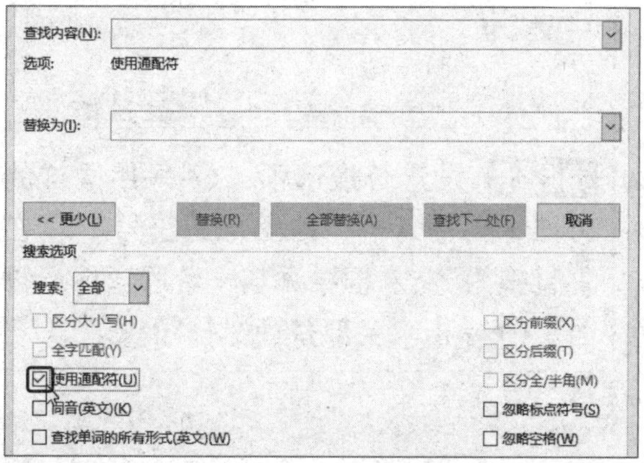

第4步 **查找内容** ❶在“查找内容”文本中输入引号，然后在引号中输入通配符“*”。❷单击“查找下一处”按钮，此时即可在文档中找到包含引号的文本。

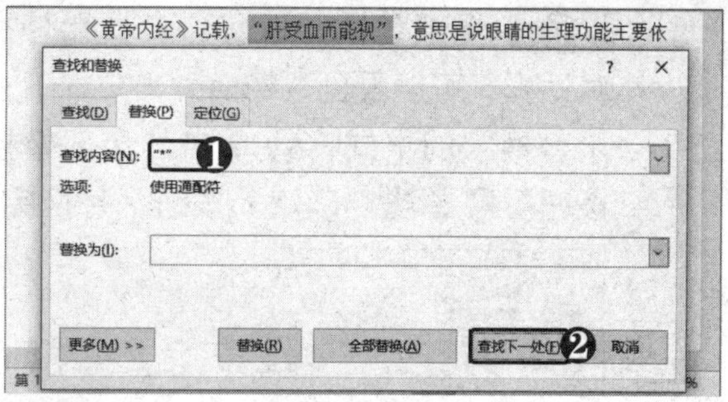

第5步 **选择“字体”选项** ❶将光标定位到“替换为”文本框中。❷在下方单击“格式”下拉按钮。❸选择“字体”选项。

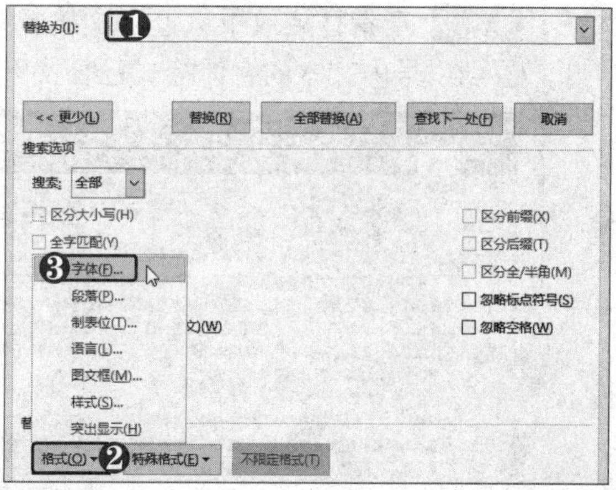

第6步 **设置替换字体** 弹出“替换字体”对话框，❶选择“加粗”字形。❷选择字体颜色。❸单击“确定”按钮。

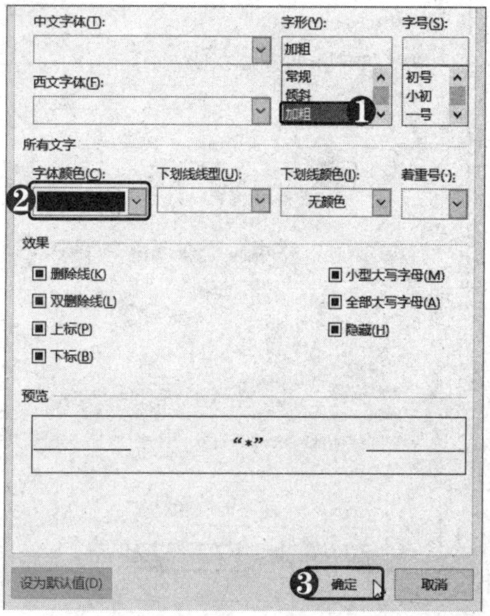

第7步 全部替换 返回“查找和替换”对话框，可以看到“替换为”文本下方显示替换为的格式，❶单击“全部替换”按钮。❷单击“确定”按钮，替换完成。

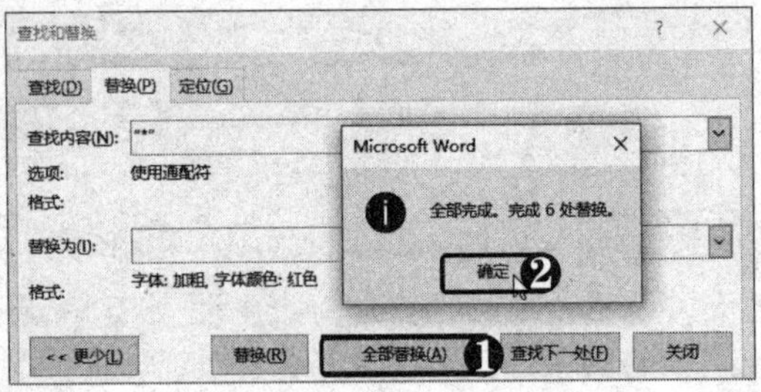

第8步 查看替换效果 返回文档，可以看到引号内文本的字体格式已替换完成。

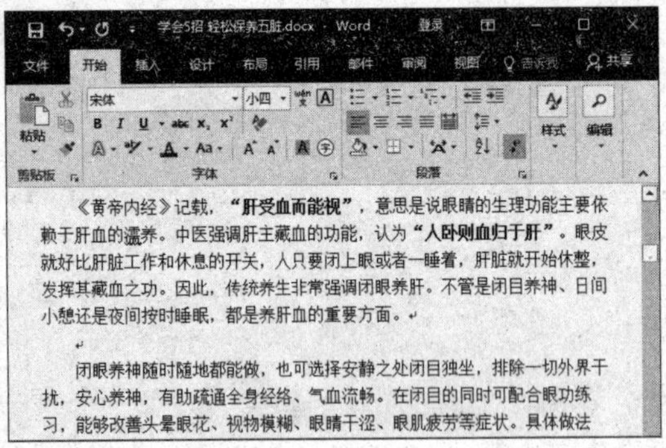

第9步 清除替换格式 ❶将光标定位到“替换为”文本框中。❷在下方单击“不限定格式”按钮，可清除替换格式。

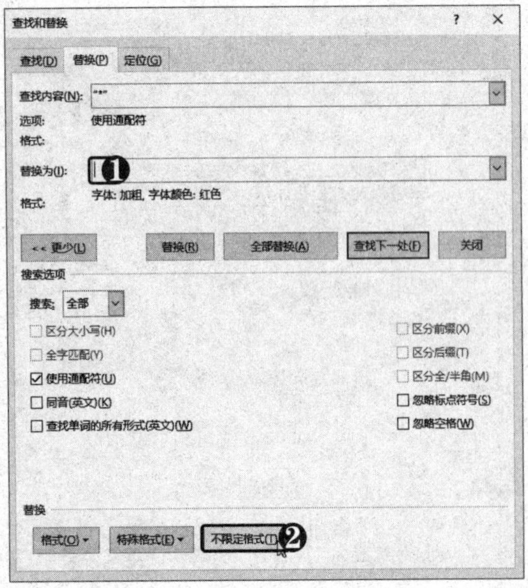

> **提示您**
>
> 按【Ctrl+G】组合键，可打开“查找和替换”对话框并自动选择“定位”选项卡，从中可快速对页、节、行、图形、表格和批注等进行定位。

> **多学点**
>
> 要在文档中显示行号，可选择“布局”选项卡，在“页面设置”组中单击“行号”下拉按钮，选择“连续”选项。

第10步 选择“段落标记”选项 ❶将光标定位到“查找内容”文本框中。❷在下方取消选中“使用通配符”复选框。❸单击“特殊格式”下拉按钮。❹选择“段落标记”选项。

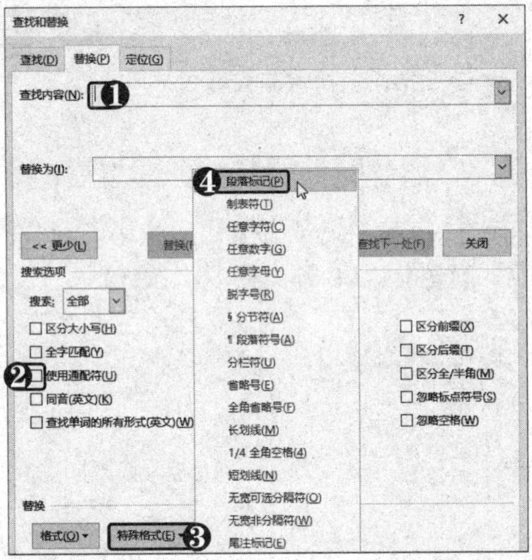

第11步 插入段落标记符号 此时即可在“查找内容”文本框中插入段落标记符号。

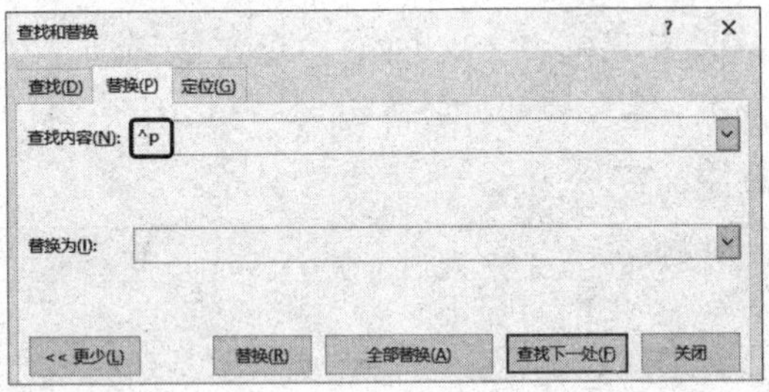

第12步 设置替换选项 ❶采用同样的方法，再插入一个段落标记符号。❷在“替换为”文本框中添加一个段落标记符号。❸单击“全部替换”按钮。

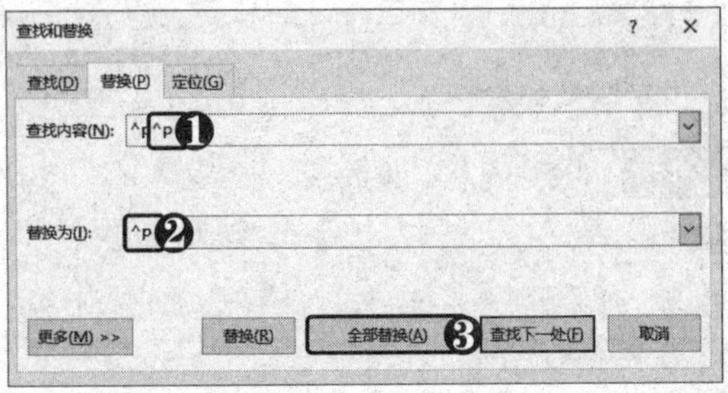

第13步 **替换完成** 单击“确定”按钮。再次单击“全部替换”按钮，直至提示“完成 13 处替换”。

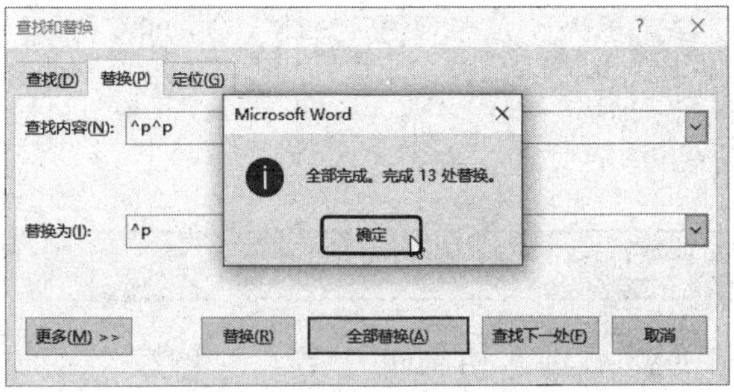

第14步 **查看替换效果** 返回文档，可以看到文档中所有引号内的文本格式已全部改变，所有空行也已被删除。

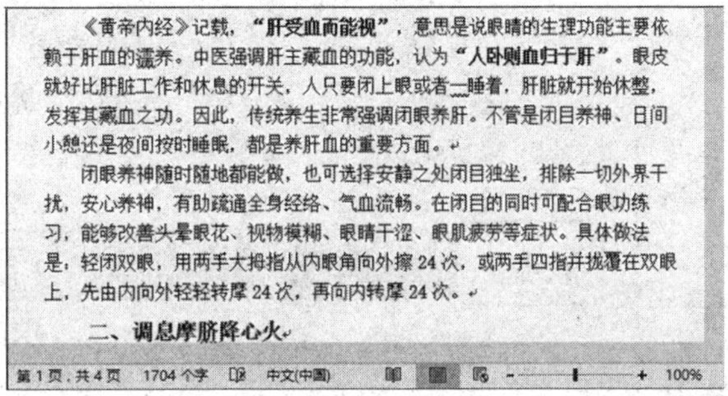

7.3.7 插入特殊字符

通常使用输入法可以直接输入汉字和英文，而一些特殊字符则需要通过插入符号的方法进行输入，具体操作方法如下：

第1步 **选择“其他符号”选项** ❶将光标定位到要插入符号的位置。❷选择“插入”选项卡。❸单击“符号”下拉按钮。❹选择“其他符号”选项。

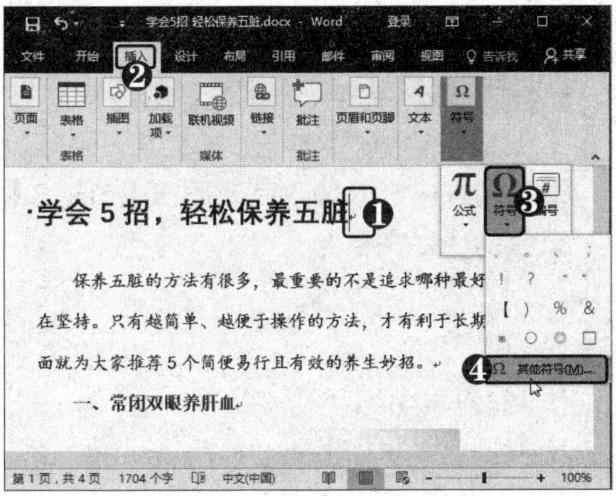

第2步 **选择插入符号** 弹出“符号”对话框，❶在“字体”下拉列表框中选择 Wingdings。❷在下方列表中双击要插入的符号。

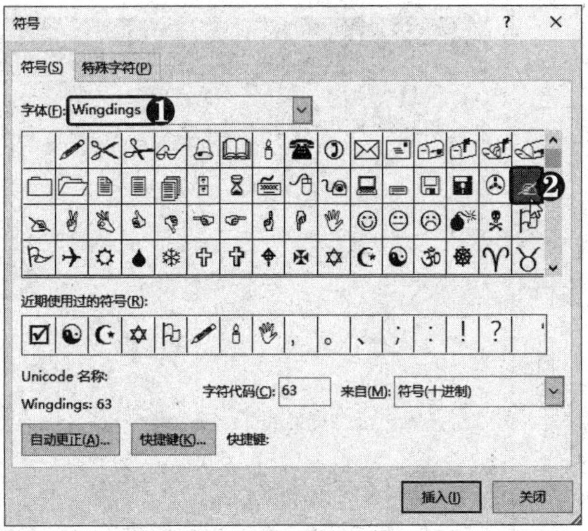

第3步 **插入符号** 此时即可在光标位置插入符号。

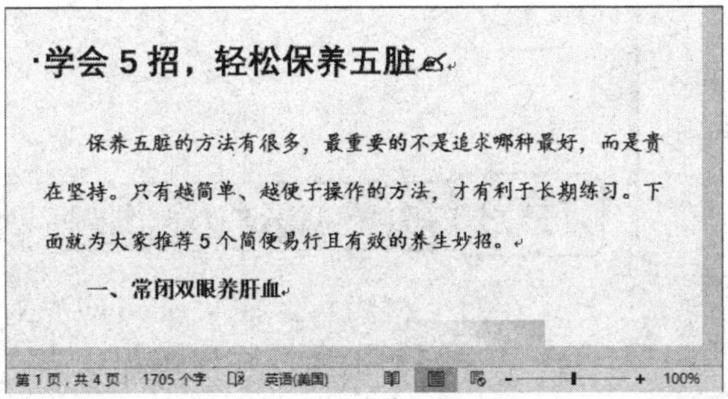

7.4 制作活动启事

下面使用 Word 2016 制作一份志愿者活动召集启事，学习如何在 Word 2016 中进行页面设置，设置页眉，设置段落格式，添加项目符号和编号，插入文本框，应用艺术字样式，以及插入图片等知识。

电脑小专家

问：如何快速找到保存位置？

答：可在文件资源管理器中将要保存的位置固定在“快速访问”中，这样在“另存为”对话框左侧就能快速找到保存位置了。

新手巧上路

问：如何对 Word 文档进行加密保护？

答：选择“文件”选项卡，在左侧选择“信息”选项，单击“保护文档”下拉按钮，选择“用密码进行加密”选项。

7.4.1 新建文档并输入内容

新建一个活动启事文档并进行保存，然后输入所需的内容，具体操作方法如下：

第1步 新建空白文档 启动 Word 2016，或在打开的 Word 窗口中按【Ctrl+N】组合键，新建一个空白文档，输入标题文本。

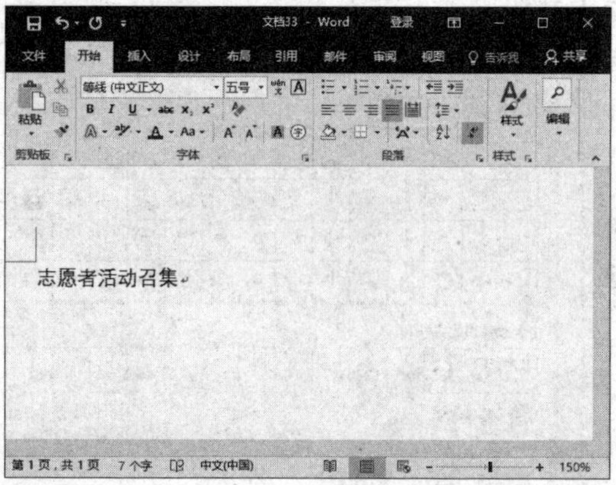

第2步 保存文档 按【F12】键，弹出“另存为”对话框，❶选择保存位置。❷输入文件名。❸单击“保存”按钮。

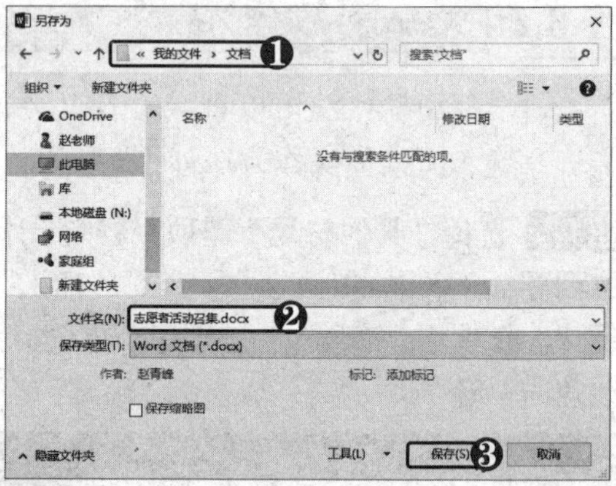

第3步 输入内容 输入文档内容，按【Enter】键进行换行，进入下一段落，继续输入内容，输入完成后按【Ctrl+S】组合键保存文档。

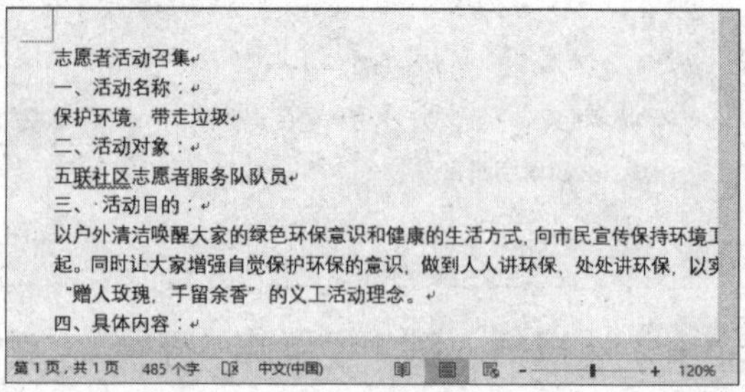

7.4.2 页面设置

在对文档进行编辑以前，应先对文档进行页面设置，如设置文档页边距，纸张方向、纸张大小等，具体操作方法如下：

第1步 **单击扩展按钮** ❶选择“布局”选项卡。❷单击“页面设置”组右下角的扩展按钮。

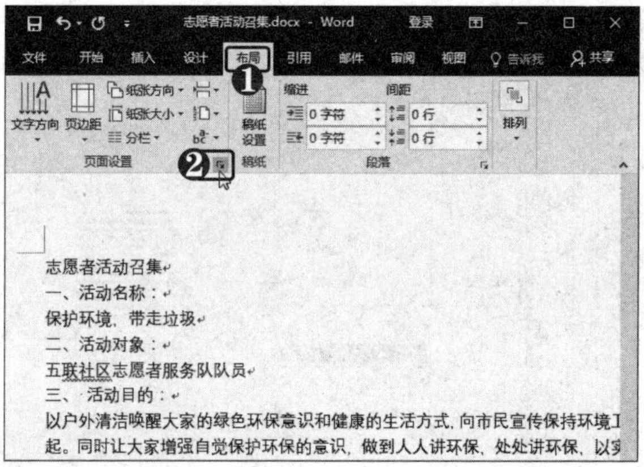

第2步 **设置页边距** 弹出“页面设置”对话框，❶选择“页边距”选项卡。❷设置上、下页边距。❸单击“确定”按钮。

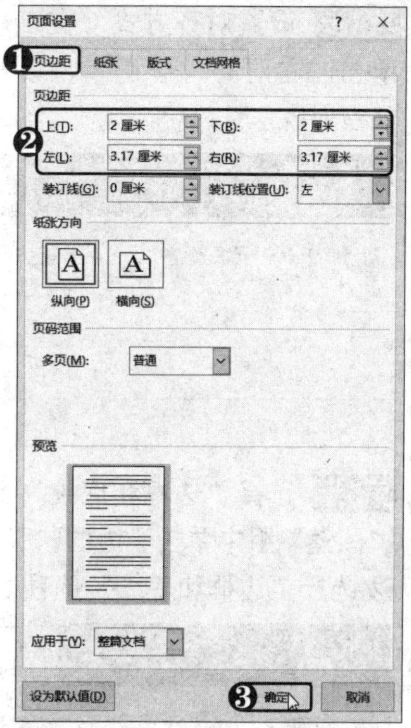

7.4.3 设置文档页眉

书籍或杂志页面的顶部或底部通常都会有一些特定的信息，如页码、书名、章名和出版信息等，一般称它们为页眉和页脚。在页眉或页脚中可以显示页码、章节题目、作者名字或其他信息。设置文档页眉的具体操作方法如下：

第1步 **双击** 在文档的页眉位置双击。

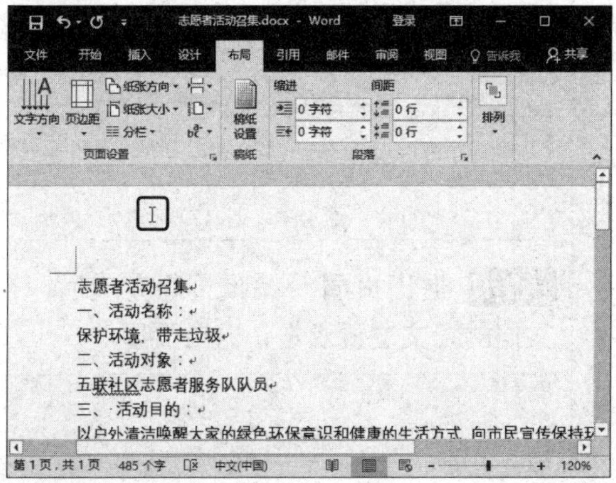

第2步 **输入页眉文字** 进入页眉编辑状态，根据需要输入页眉文字。

第3步 **设置字体格式** ❶选中页眉文字。❷在“字体”组中设置字体样式、字号、加粗、字体颜色等格式。

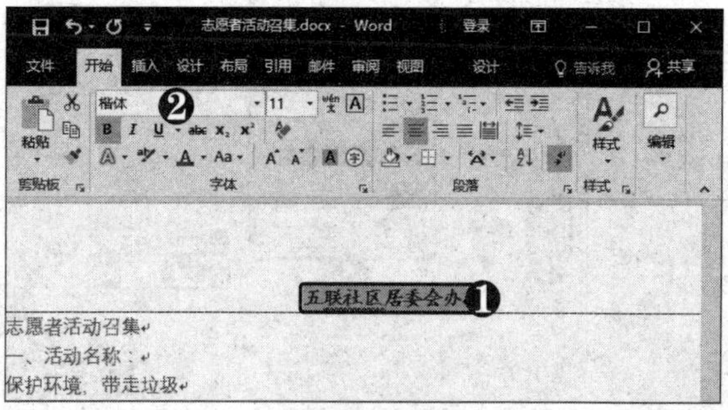

第4步 设置对齐方式 在“段落”组中单击“右对齐”按钮，设置页眉文字靠右对齐。

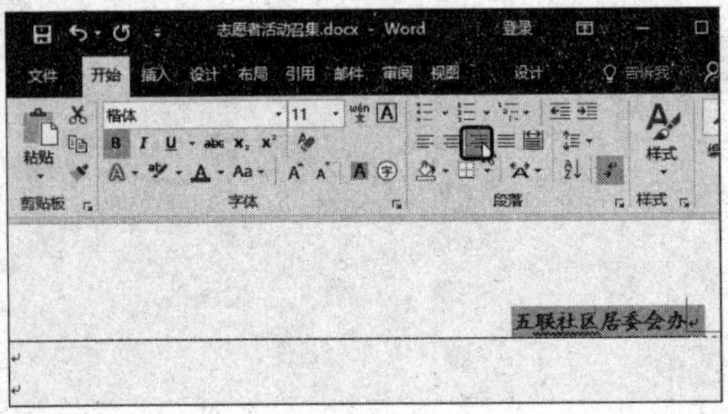

第5步 选择“边框和底纹”选项 ❶在“段落”组中单击“边框”下拉按钮。❷选择“边框和底纹”选项。

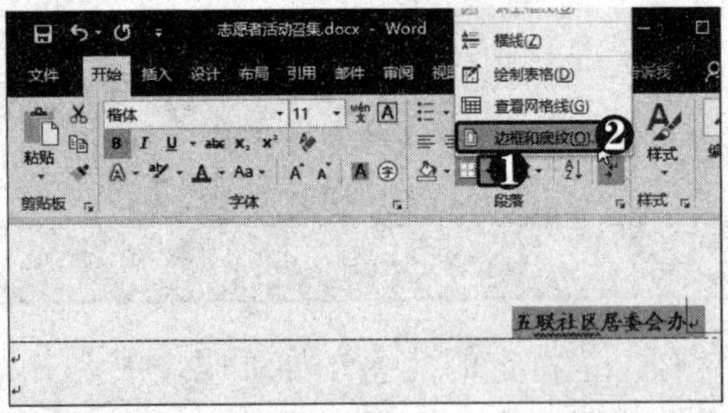

第6步 设置边框样式 弹出“边框和底纹”对话框，❶在“应用于”下拉列表框中选择“段落”选项。❷在左侧单击“自定义”按钮。❸设置边框样式、颜色及宽度等。

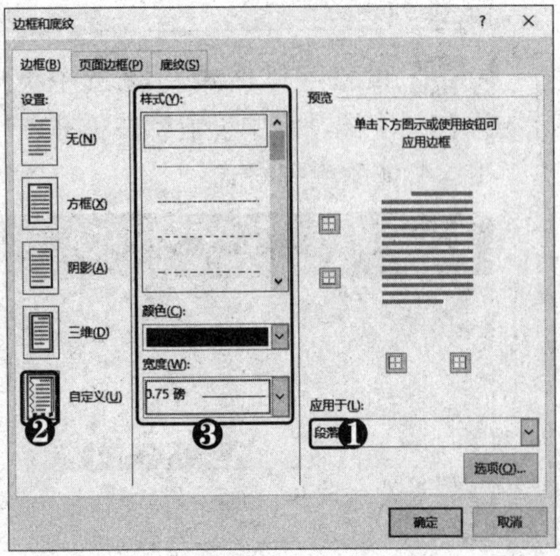

提示您

在“视图”选项卡下选中“标尺”复选框，可在文档中显示标尺。在标尺的灰色区域双击，即可弹出“页面设置”对话框。

多学点

若要去除页眉文字下的横线，可选中页眉文字后在“段落”组中单击“边框”下拉按钮，选择“无框线”选项。

第7步 应用边框样式 ❶在“预览”图示的下边框位置单击，即可应用设置的边框样式。❷单击“确定”按钮。

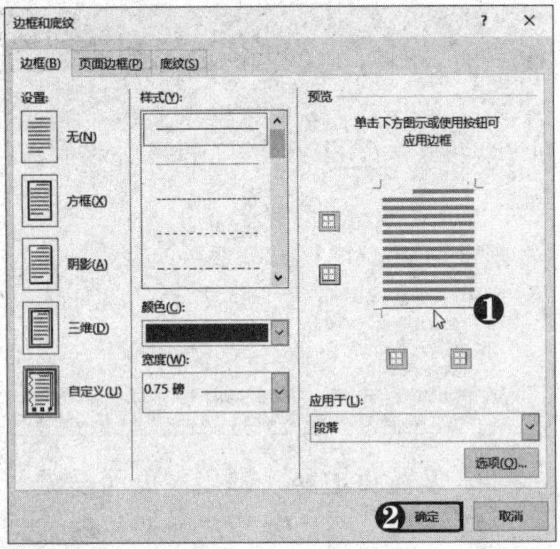

第8步 设置位置 返回文档，查看页眉边框效果。❶选择“设计”选项卡。❷在“位置”组中设置“页眉顶端距离”和“页脚底端距离”为1.2厘米。

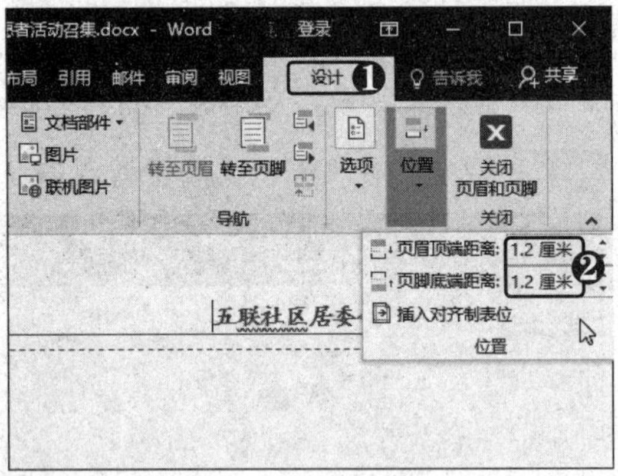

第9步 退出页眉 编辑页眉完成后，在文档的正文位置双击，退出页眉。

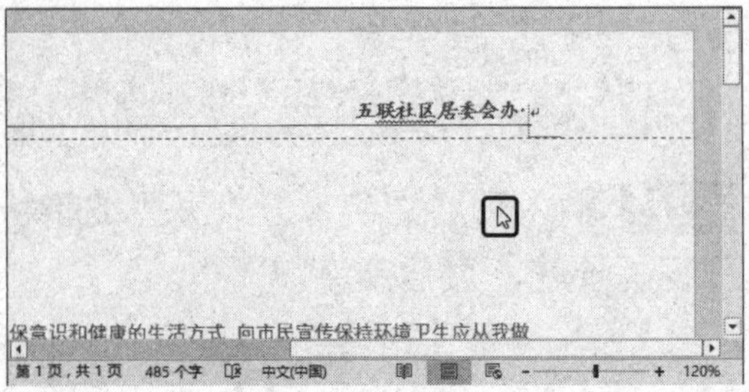

7.4.4 设置段落间距

段落间距包括段前、段后及行距，通过设置段落间距可以改变文档的段落格式。在 Word 2016 中可以快速设置整篇文档的段落间距以及自定义段落间距，具体操作方法如下：

第1步 选择“紧密”选项 ❶选择“设计”选项卡。❷在“文档格式”组中单击“段落间距”下拉按钮。❸选择所需的选项，如“紧密”。

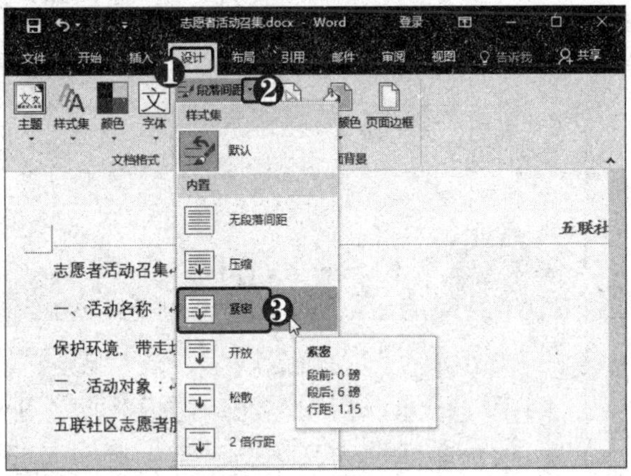

第2步 单击扩展按钮 查看应用“紧密”段落间距后的效果。按【Ctrl+A】组合键全选文档，❶选择“开始”选项卡。❷单击“段落”组右下角的扩展按钮。

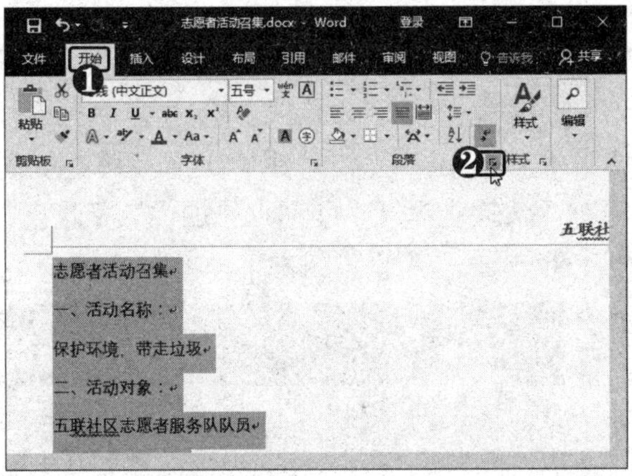

第3步 设置行距 弹出“段落”对话框，❶在“行距”下拉列表框中选择“固定值”选项。❷设置行距值为 16 磅。❸单击“确定”按钮。

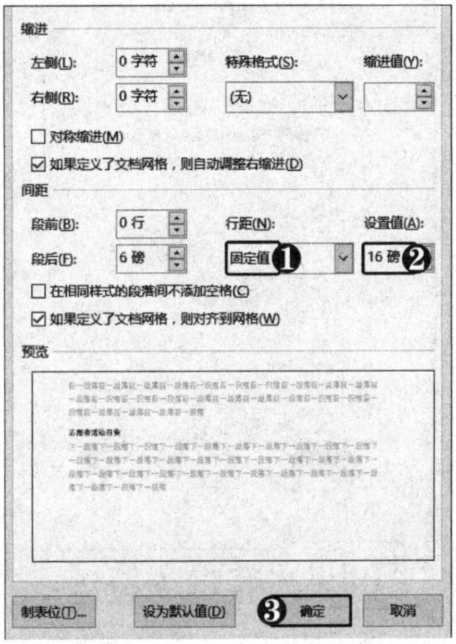

第4步 查看设置效果 返回文档，查看自定义行距后的文本显示效果。

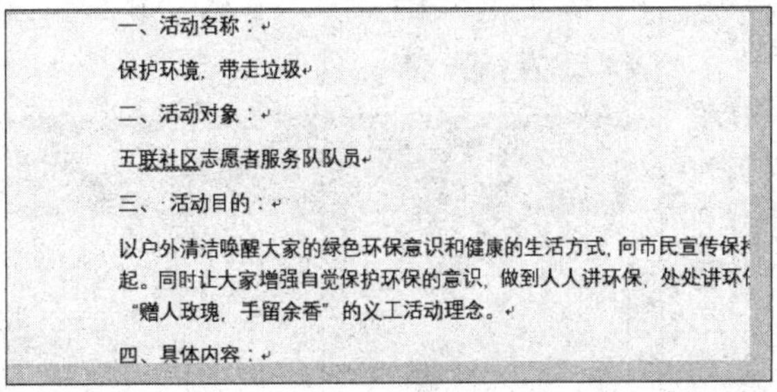

7.4.5 设置段落缩进

段落缩进是指文本相对于页边距向页面内缩进一段距离，或向页面外伸展一段距离。段落缩进包括首行缩进、悬挂缩进、左缩进和右缩进几种方式。下面以设置段落首行缩进为例进行介绍，具体操作方法如下：

第1步 设置首行缩进 按【Ctrl+A】组合键全选文档，打开“段落”对话框，❶在“特殊格式”下拉列表框中选择“首行缩进”选项。❷设置“缩进量”为2字符。❸单击“确定”按钮。

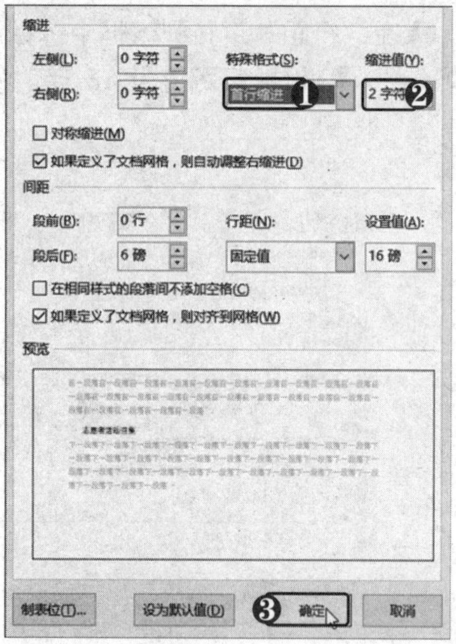

第2步 查看段落效果 此时即可查看设置首行缩进后的段落效果。

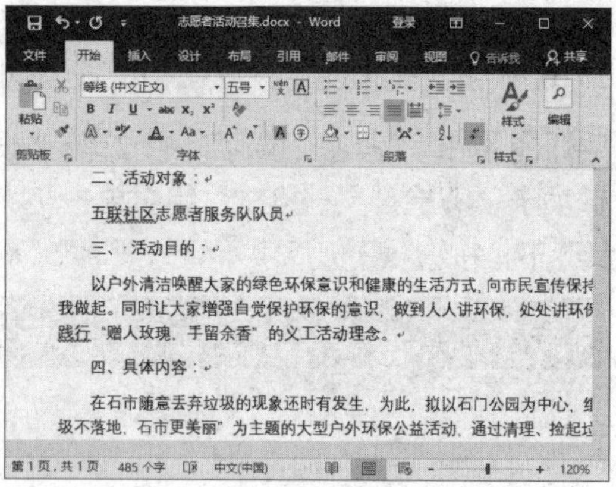

高手点拨

选择“布局”选项卡，在“段落”组中可快速设置段落左右缩进和段落的前后间距。选中文本后右击，选择“段落”命令，即可打开“段落”对话框。

电脑小专家

问：如何使用标尺设置段落缩进？

答：在“视图”选项卡下设置显示标尺，标尺左侧包含三个缩进按钮，从上到下依次为“首行缩进”、“悬挂缩进”和“左缩进”按钮，选中文本后拖动这些缩进按钮即可缩进文本。

7.4.6 设置字体格式

设置文本格式是格式化文档最基本的操作，具体操作方法如下：

第1步 设置字体样式 按【Ctrl+A】组合键全选文档，在“字体”组中设置字体样式为“宋体”。

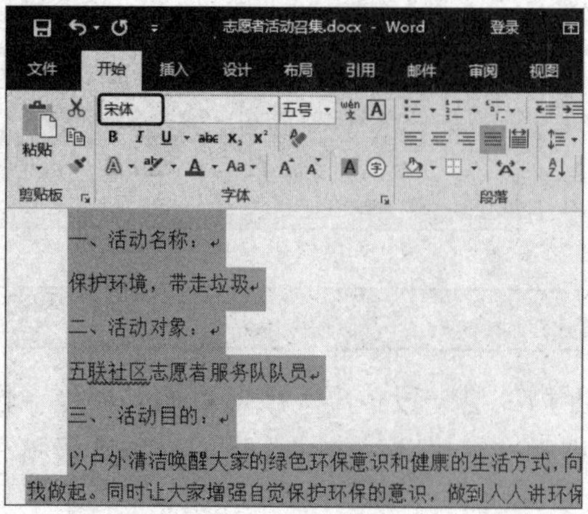

第2步 设置字体格式 ❶选中小标题文本。❷在“字体”组中设置字体格式为“微软雅黑”、“11号”、“加粗”、“蓝色”。❸单击“字体”组右下角的扩展按钮。

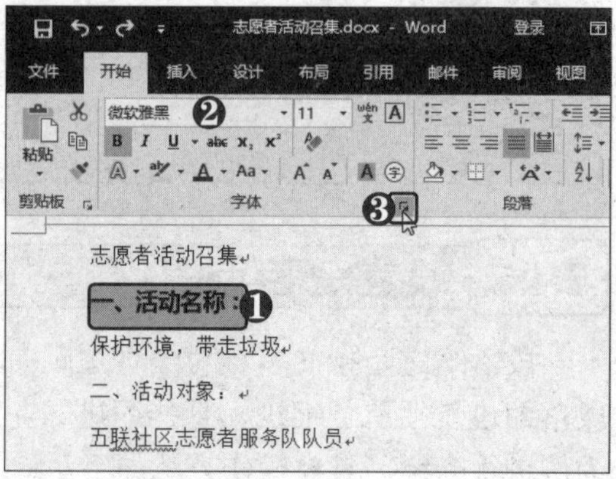

新手巧上路

问：在包含英文句子的段落中文本间距显示不正常，怎么办？

答：可将光标定位到该段落中并打开“段落”对话框，选择“中文版式”选项卡，选中“允许西文在单词中间换行”复选框，单击“确定”按钮即可。

第3步 设置字符间距 弹出“字体”对话框，❶选择“高级”选项卡。❷在“字符间距”选项区中设置加宽字符间距 0.5 磅。❸单击“确定”按钮。

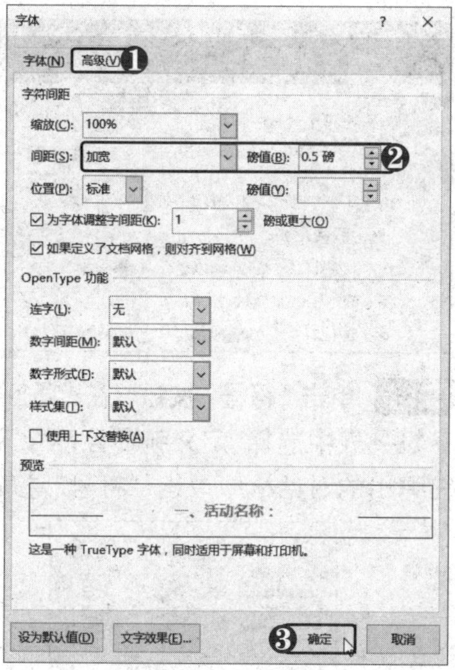

第4步 查看设置效果 此时即可应用设置，查看加宽字符间距后的文本效果。

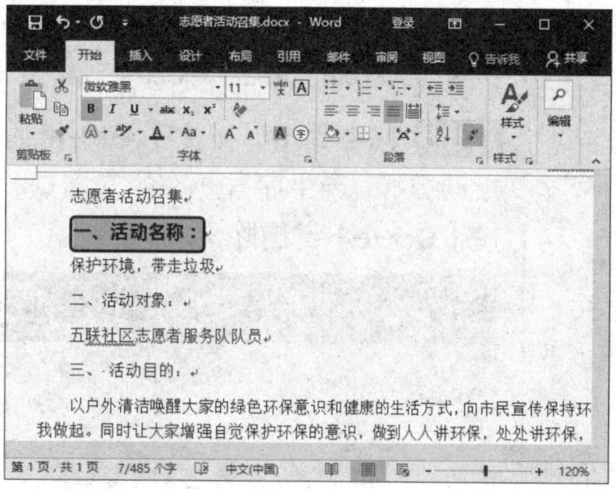

高手点拨

在 Word 2016 中选中文本后会出现浮动工具栏，从中可快速设置文本字体格式。若没有出现浮动工具栏，可右击选中的文本。

7.4.7 使用格式刷复制格式

使用格式刷工具可以将文本或段落格式乃至图形格式进行复制和应用，从而省去了重复设置格式的烦琐操作。使用格式刷复制格式具体操作方法如下：

第1步 双击“格式刷”按钮 ❶选中段落文本。❷在“剪贴板”组中双击“格式刷”按钮，即可复制段落格式，并进入格式刷状态，鼠标指针变为形状。

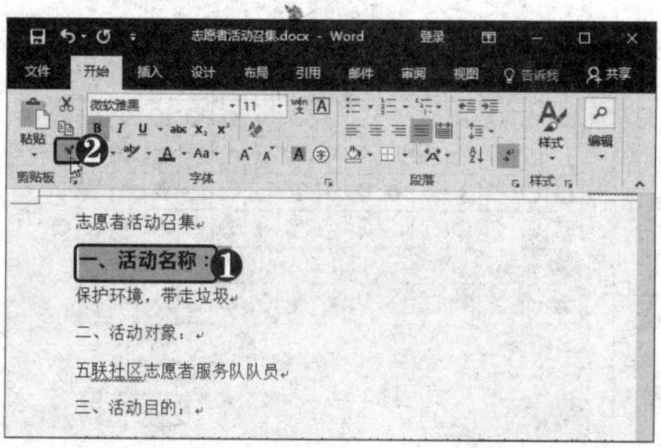

第2步 应用格式 选中要应用格式的文本，即可应用复制的格式。再次单击“格式刷”按钮或按键盘上的【Esc】键，可退出格式刷状态。

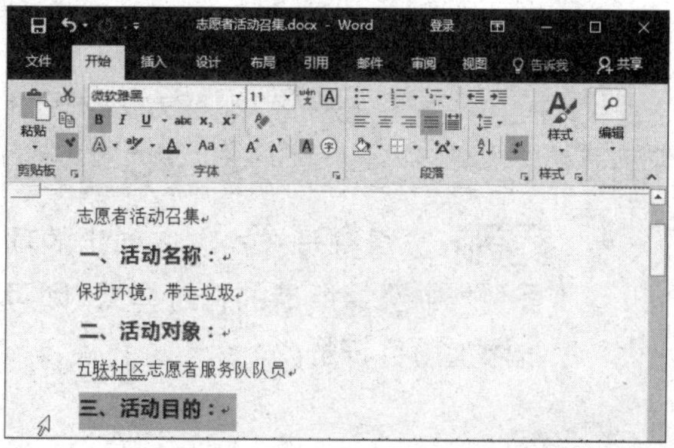

7.4.8 添加项目符号

在一些表示并列关系的内容中添加项目符号，可以使文档结构更加清晰，并起到着重提醒的功能。添加项目符号的具体操作方法如下：

第1步 选中文本 按住【Alt】键的同时拖动鼠标，选中序号所在的文本块，然后按【Delete】键删除文本。

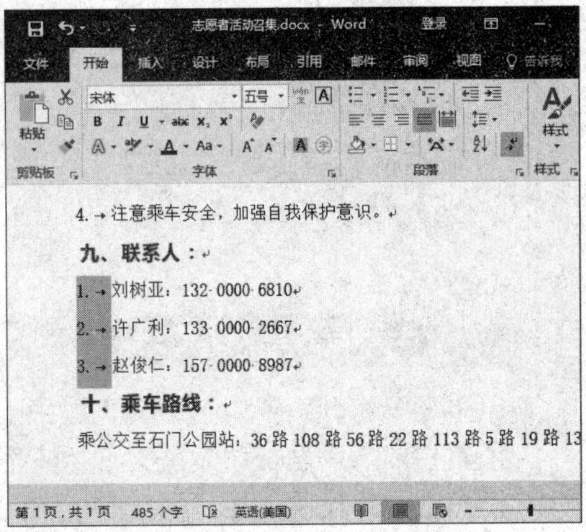

提示您

要删除项目符号，只需选中项目符号文本后再次单击“项目符号”按钮即可。

第2步 单击“项目符号”下拉按钮 ❶选中要添加项目符号的段落文本。❷在“段落”组中单击“项目符号”下拉按钮。

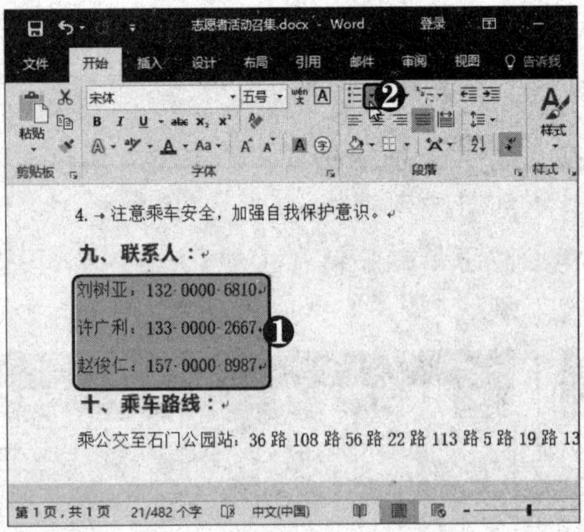

多学点

要调整项目符号与文本之间的距离，可在项目符号文本中右击，选择“调整列表缩进”命令，在弹出的对话框中选中“制表位添加位置”复选框，然后输入数值即可。

第3步 选择符号样式 在弹出的项目符号列表中选择所需的符号样式，即可为文本添加项目符号。

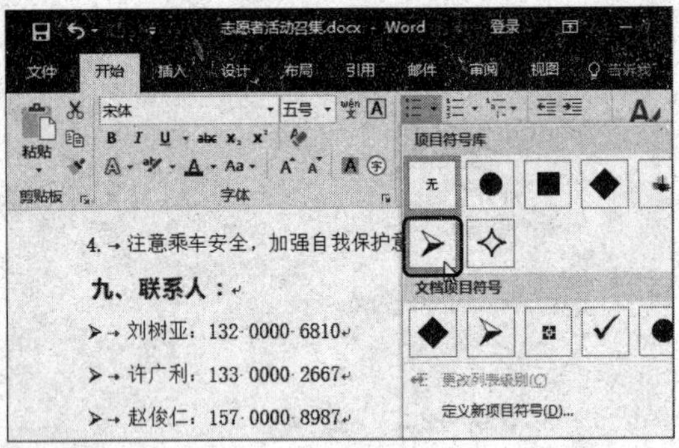

第4步 单击“符号”按钮 在“项目符号”下拉列表中选择“定义新项目符号”选项，在弹出的对话框中单击“符号”按钮。

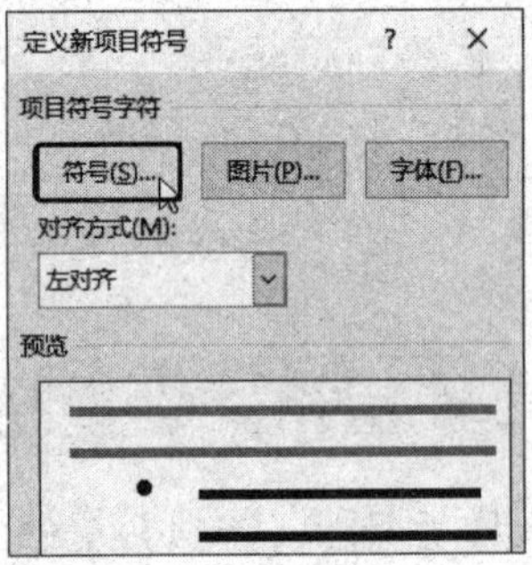

第5步 选择符号 弹出“符号”对话框，❶在“字体”下拉列表框中选择Wingdings字体。❷选择符号。❸单击“确定”按钮。

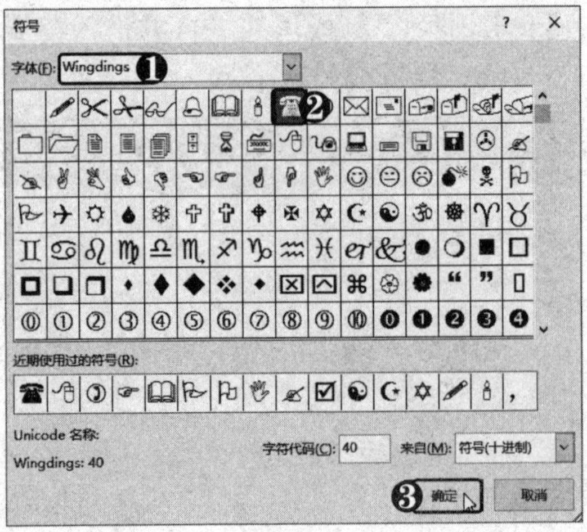

第6步 预览效果 返回“定义新项目符号”对话框，预览效果，单击“确定”按钮。

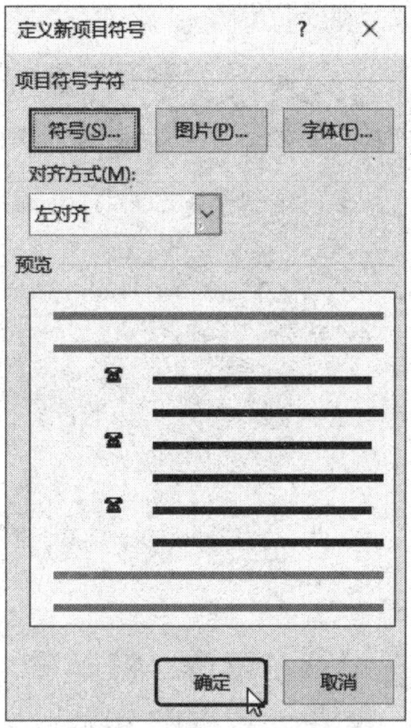

第7步 添加项目符号 此时即可在文本前添加项目符号。再次单击“项目符号”下拉按钮☷ ▾，在弹出的列表中可以查看使用的项目符号。

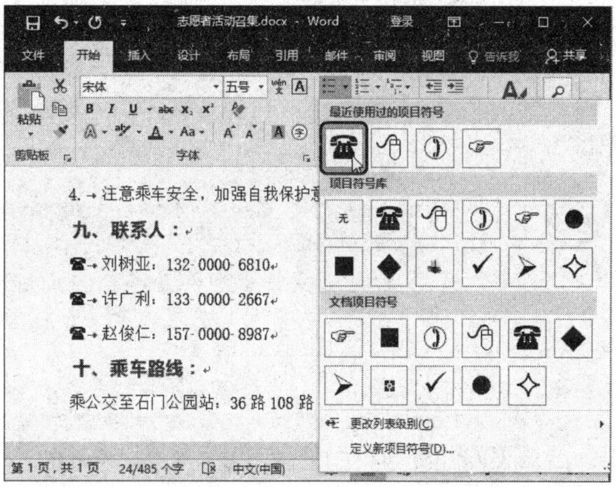

7.4.9 添加编号

编号经常用于创建由低到高有一定顺序的项目，在文档中添加编号可以使文档结构清晰，条理分明，具体操作方法如下：

第1步 选择“定义新编号格式”选项 删除文本中原有编号，❶ 选中要添加编号的文本。❷ 在“段落”组中单击“编号”下拉按钮☷ ▾。❸ 选择“定义新编号格式”选项。

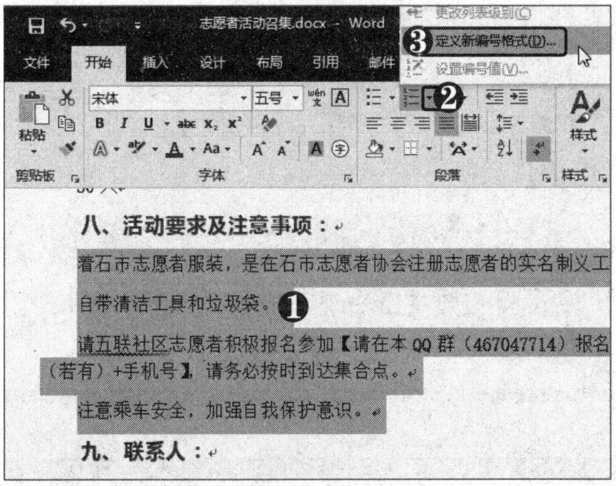

第2步 设置编号格式 弹出“定义新编号格式”对话框，❶ 选择编号样式。❷ 在“编号格式”文本框的编号后输入半个括号。❸ 单击“确定”按钮。

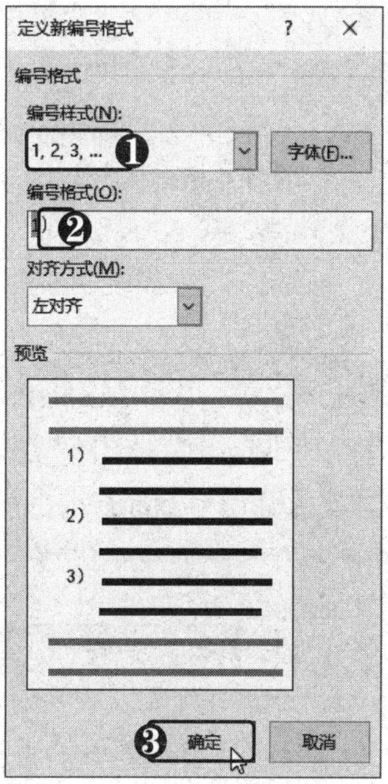

第3步 **查看编号效果** 此时即可查看为文本添加编号后的效果。

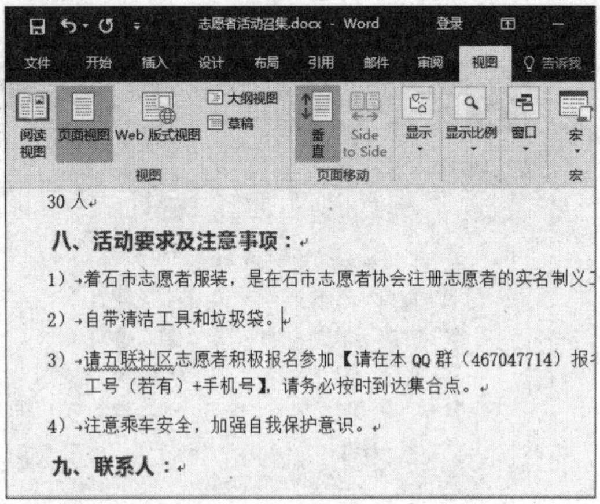

第4步 **显示标尺** ❶选择“视图”选项卡。❷在“显示”组中选中“标尺”复选框，在 Word 窗口中显示标尺。

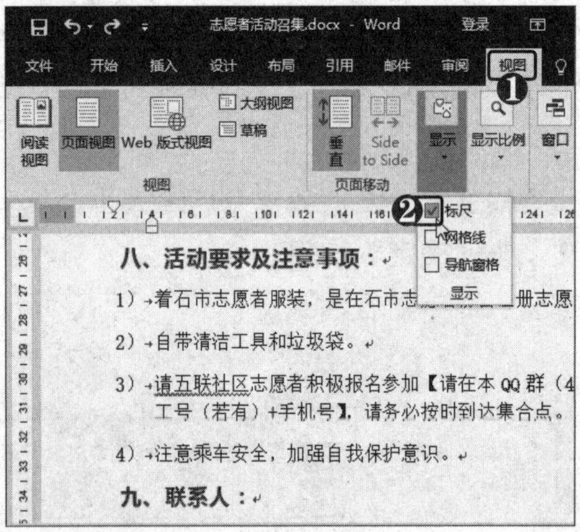

第5步 **调整左缩进** ❶选中编号文本。❷在标尺上向右拖动最下方的“左缩进”滑块▭，即可调整段落左缩进。

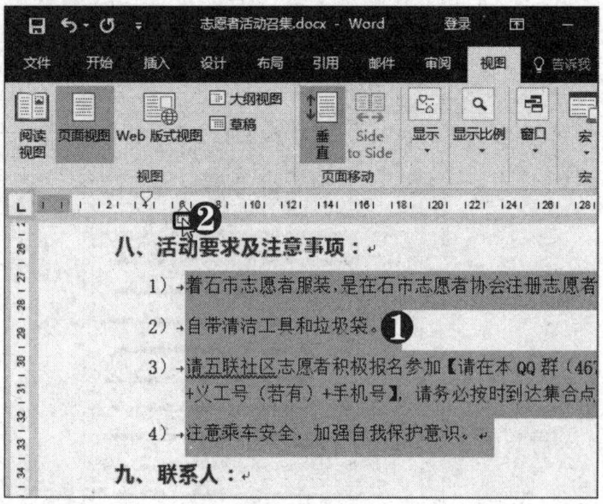

第6步 **设置左缩进** ❶选择“布局”选项卡。❷在“段落”组的“左缩进”文本框右侧单击微调按钮，即可调整段落左缩进。

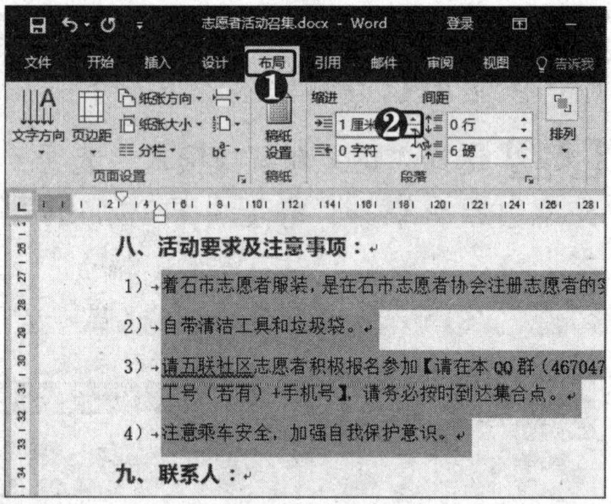

电脑小专家

问：如何设置编号数值？

答：在要设置数值的编号所在段落中右击，选择“设置编号值”命令，在弹出的对话框中设置数值即可。

新手巧上路

问：如何设置统一的编号格式？

答：将光标定位在编号段落中，在“开始”选项卡下的“剪贴板”组中单击“格式刷”按钮，然后在要应用编号格式的段落中单击或选中文字即可。

高手点拨

在 Word 文档中对文本进行换行时，除了通过按【Enter】键创建新的段落外，还可按【Shift+Enter】组合键插入换行符。使用换行符不会创建新的段落。

7.4.10 插入文本框

在文本框中输入文字，可以在文档中随意更改文字的位置，具体操作方法如下：

第1步 **设置段落间距** ❶将光标定位在第一个小标题的文本中。❷选中“布局”选项卡。❸在“段落”组中设置“段前间距”为4行。

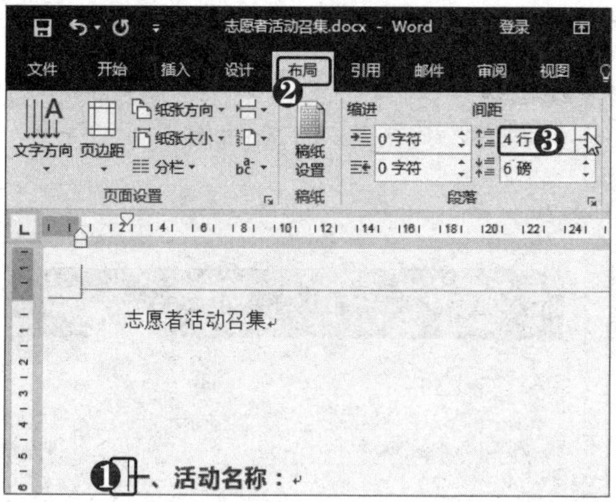

第2步 **选择“绘制文本框”选项** ❶选中文本。❷选择“插入”选项卡。❸在“文本”组中单击“文本框”下拉按钮。❹选择“绘制文本框”选项。

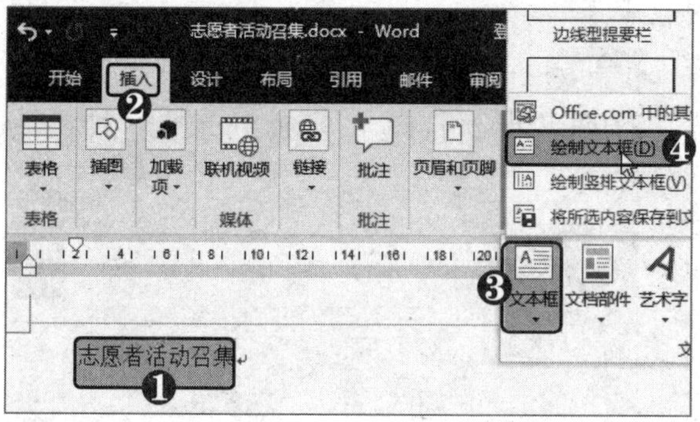

第3步 **设置文字环绕** 此时即可将所选的文本转换为文本框。❶选中文本框。❷单击其右上方的“布局选项”按钮或按【Ctrl】键。❸选择“浮于文字上方”选项。

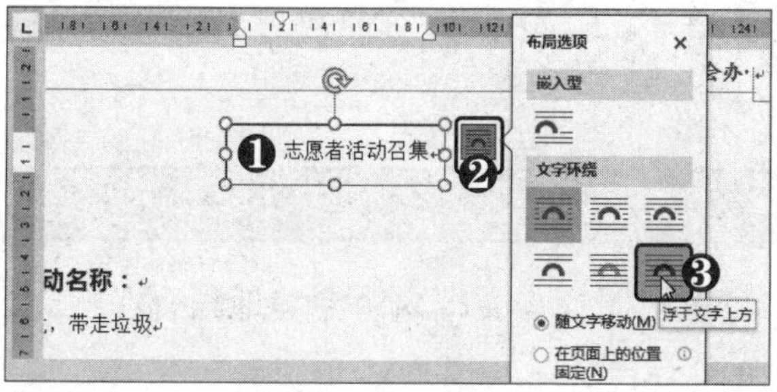

第4步 **设置单倍行距** ❶选中文本框。❷选择“开始”选项卡。❸在“段落”组中单击“行距”下拉按钮。❹选择1.0选项。

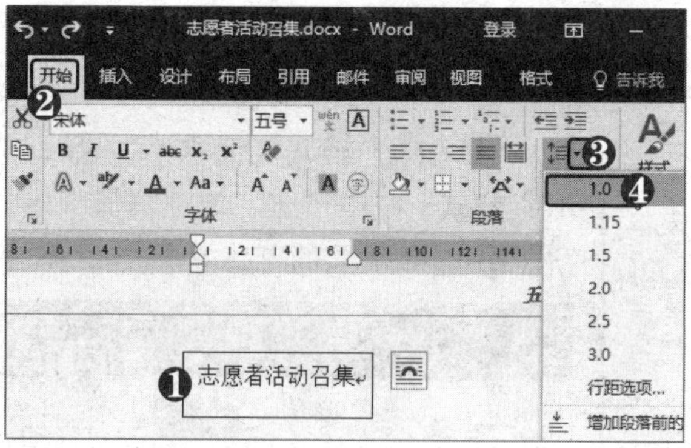

第5步 **设置字体格式** ❶选中文本框。❷在“段落”组中设置字体格式。

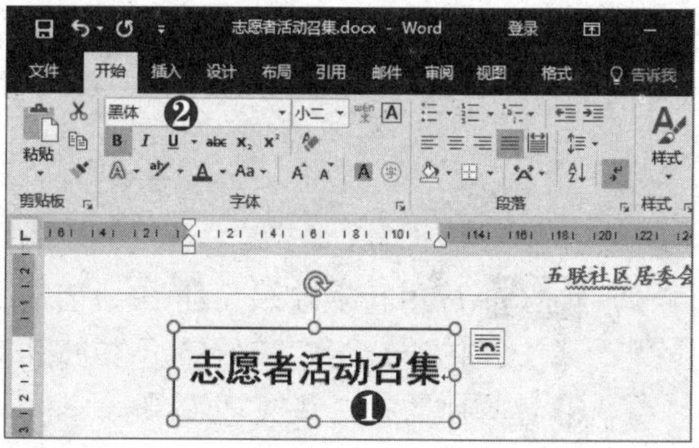

第6步 **插入文本框** 要在文档中插入文本框，❶选择“插入”选项卡。❷在“插入”组中单击“形状”下拉按钮。❸选择“文本框”选项。

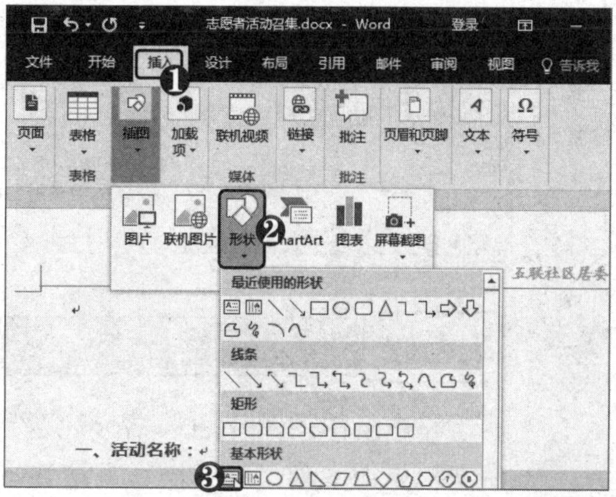

7.4.11 应用艺术字样式

与普通文字不同，艺术字其实是一种图形对象。在 Word 文档中可以创建带有阴影、扭曲、旋转和拉伸效果的艺术字。应用艺术字样式的具体操作方法如下：

第1步 选择艺术字样式 ❶选中文本框。❷选择“格式”选项卡。❸在“艺术字样式”组中单击“快速样式”下拉按钮。❹选择所需的艺术字样式。

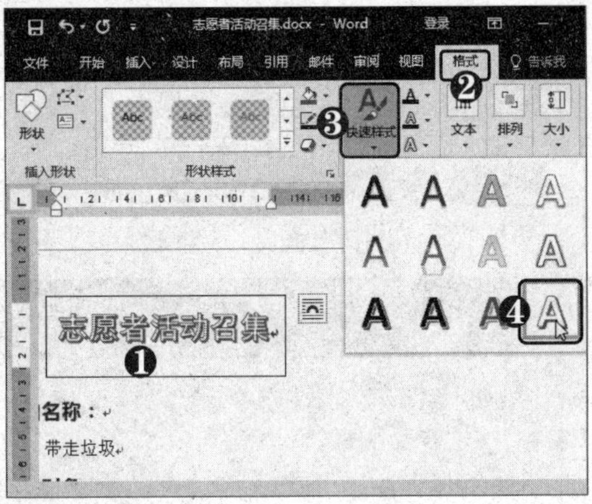

第2步 应用转换效果 ❶在“艺术字样式”组中单击“文字效果”下拉按钮。❷选择所需的“转换”效果。

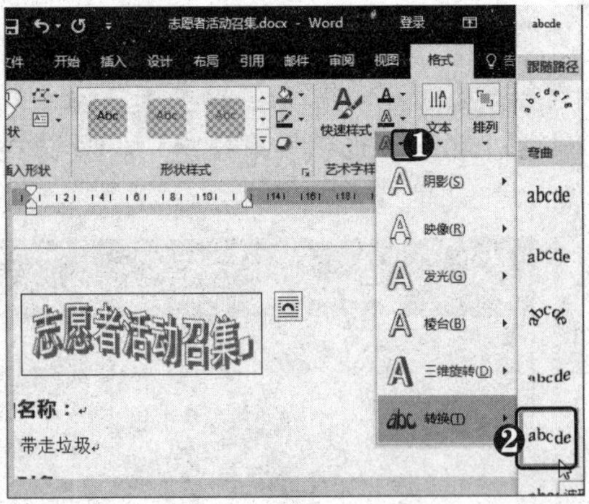

第3步 调整艺术字大小和位置 根据需要调整艺术字的大小和位置。

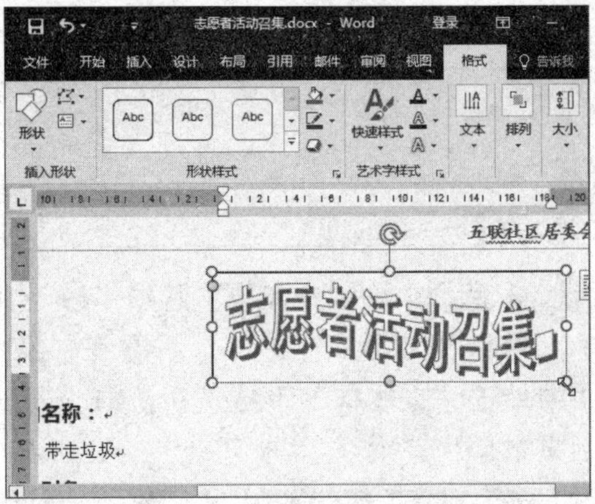

第4步 应用形状样式 ❶选中文本框。❷在“形状样式”列表中选择一种透明样式。

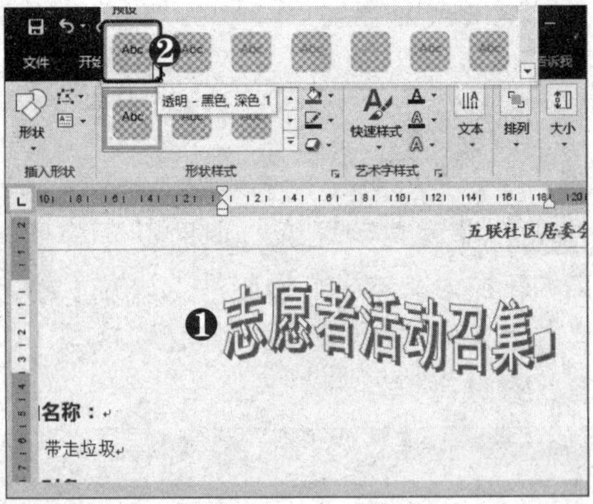

提示您

选中文本框，在“格式”选项卡下单击“艺术字”组右下角的扩展按钮，打开“设置文本效果格式”窗格，从中可对文本格式进行详细设置。

多学点

选中文本框，在“格式”选项卡下“文本”组中单击“文字方向”下拉按钮，选择“垂直”选项，可设置竖排文本。

7.4.12 插入图片

将电脑中的图片插入 Word 文档中，可以让图片与文档内容完美地结合在一起，使文档更加生动，具体操作方法如下：

第1步 单击"图片"按钮 ❶将光标定位到要插入图片的位置。❷选择"插入"选项卡。❸在"插图"组中单击"图片"按钮。

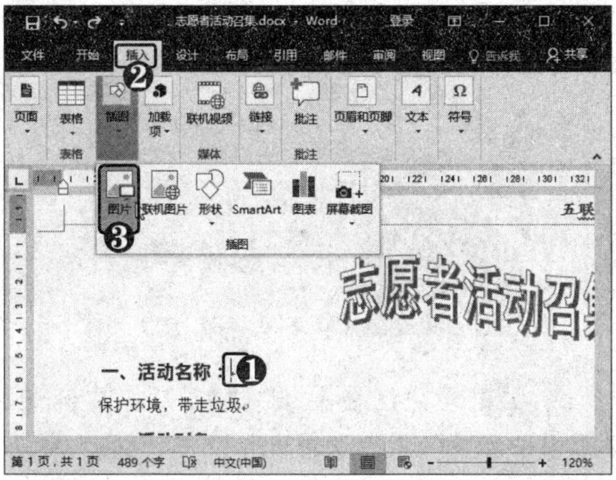

第2步 选择图片 弹出"插入图片"对话框，❶选择要插入的图片。❷单击"插入"按钮。

第3步 设置文字环绕 此时即可将所选图片插入文档中。❶选择"格式"选项卡。❷在"排列"组中单击"环绕文字"下拉按钮。❸选择"浮于文字上方"选项。

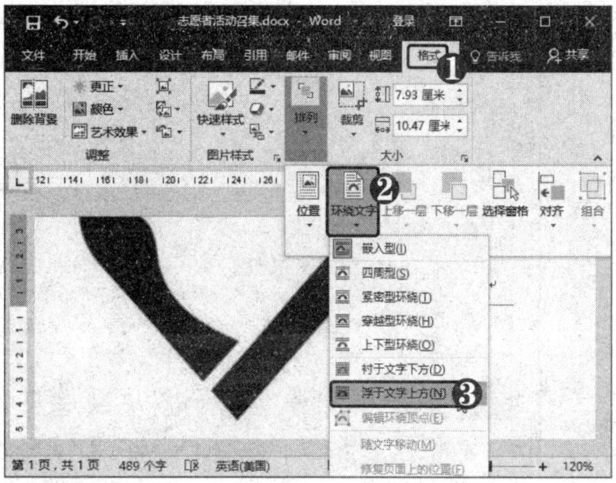

第4步 调整图片大小与位置 拖动图片四周的控制点，调整图片大小。拖动图片，调整图片的位置。

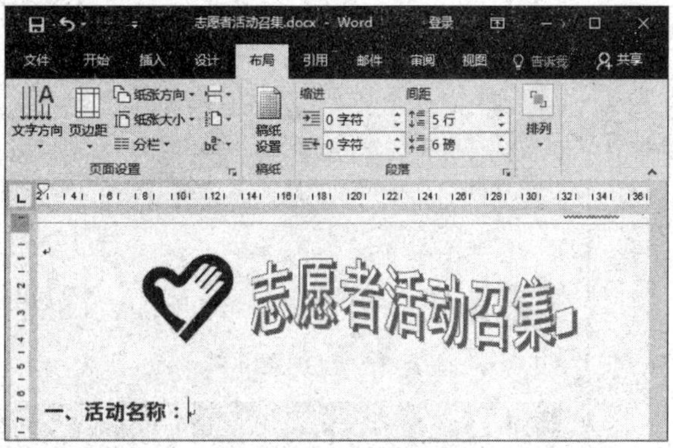

7.5 制作精美菜谱

下面使用 Word 2016 制作一份菜谱，记录"鱼香杏鲍菇"的烹饪方法。本文档的制作要点是对图片和表格的编辑和美化，下面进行详细介绍。

7.5.1 插入并修饰图片

在 Word 2016 中提供了用于改变图片外观样式的多种工具，如更改颜色、应用艺术效果、添加图片样式等，具体操作方法如下：

第1步 定位光标 打开素材文档，将光标定位到要插入图片的位置。

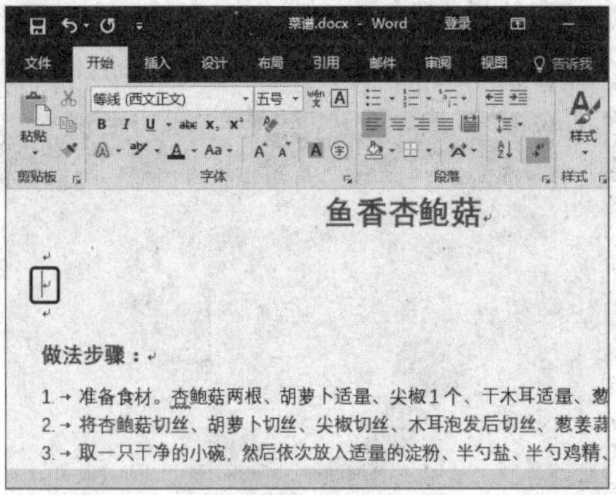

第2步 复制图片 打开图片文件夹，选中要插入的图片，按【Ctrl+C】组合键复制图片。

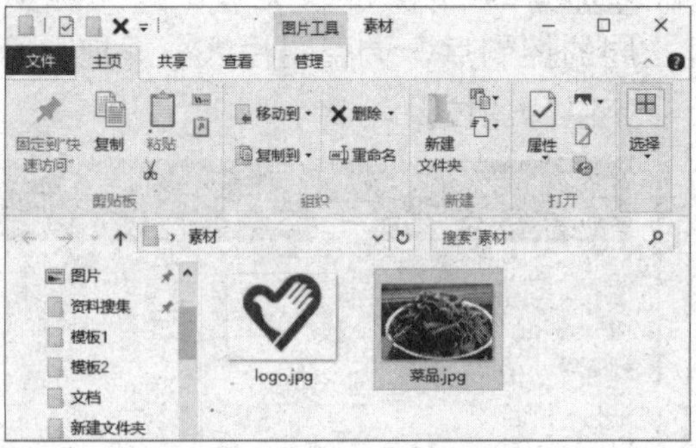

第3步 插入图片 按【Ctrl+V】组合键，即可将图片粘贴到光标位置。

第4步 应用图片样式 ❶选中图片。❷选择“格式”选项卡。❸在“图片样式”组中单击“快速样式”下拉按钮。❹选择所需的样式。

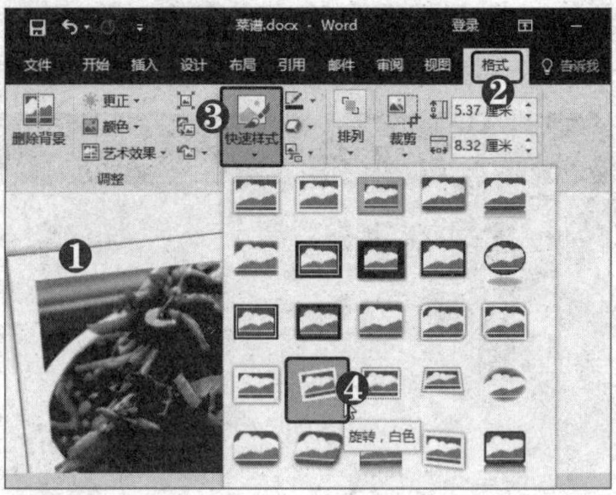

第5步 设置边框粗细 ❶在“图片样式”组中单击“图片边框”下拉按钮。❷选择所需的“粗细”样式。

第6步 重设图片 要使图片恢复为原始样式，可在“调整”组中单击“重设图片”按钮。

电脑小专家

问：怎样裁剪图片？

答：选中图片，在“格式”选项卡下单击“裁剪”按钮，即可进入裁剪状态，拖动裁剪框或图片进行裁剪即可。

新手巧上路

问：怎样将Word文档中的图片保存到电脑中？

答：右击图片，选择“另存为图片”命令，弹出“保存文件”对话框，选择保存位置，输入文件名，单击“保存”按钮即可。

7.5.2 插入表格

在 Word 2016 中可以通过多种方法创建表格，如通过选择网格创建表格或手动绘制表格，具体操作方法如下：

第1步 选择网格 ❶选择“插入”选项卡。❷单击“表格”下拉按钮。❸选中 2×8 的网格。

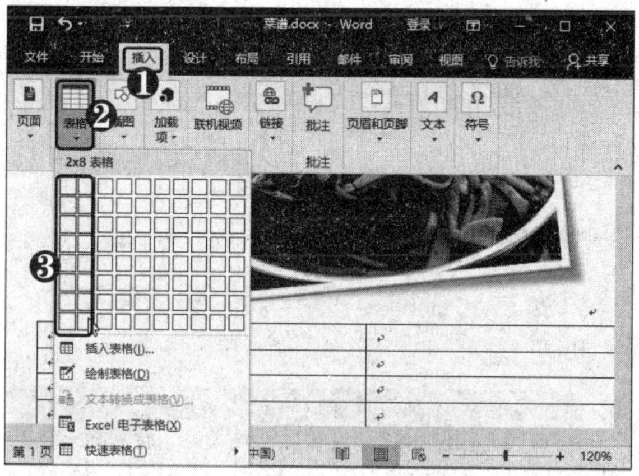

第2步 设置笔样式 此时即可在文档中插入 2 列 8 行的表格。❶选择“设计”选项卡。❷在“边框”组中设置笔样式、笔画粗细和笔颜色等参数。

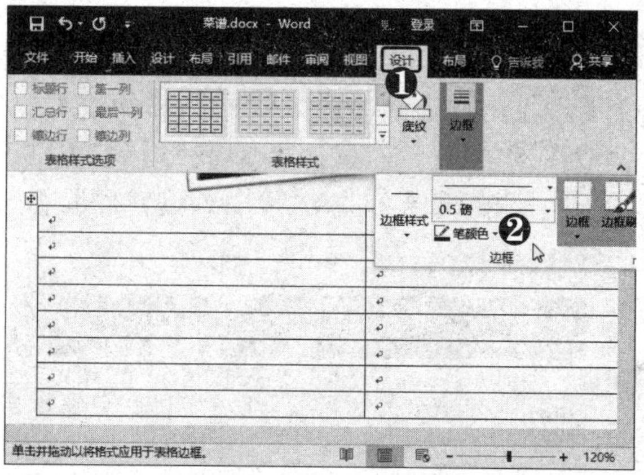

第3步 单击“绘制表格”按钮 ❶选择“布局”选项卡。❷在“绘图”组中单击“绘制表格”按钮。

第4步 绘制表格外边框 此时鼠标指针呈✎形状，在表格中拖动即可绘制表格线。按住【Shift】键可切换为“橡皮擦”工具，再次单击“绘制表格”按钮或按键盘上的【Esc】键，即可退出绘制状态。

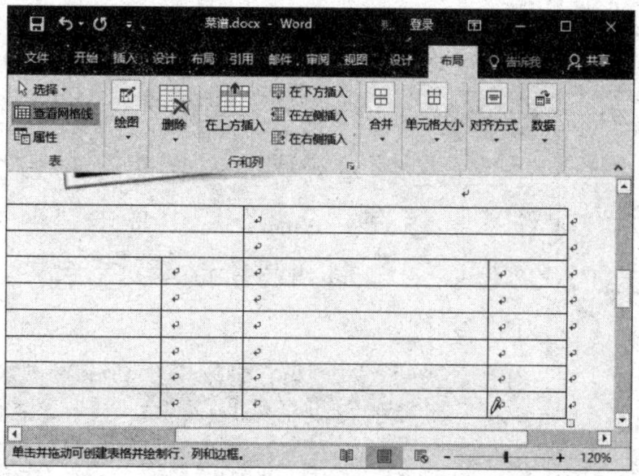

7.5.3 编辑表格布局

要真正完成一个表格，需要对表格布局进行编辑，如调整表格大小，调整单元格大小，合并和拆分单元格，插入与删除行、列或单元格等，具体操作方法如下：

第1步 调整表格大小 将鼠标指针置于表格右下角位置，当其变为↘样式时拖动鼠标，可以调整整个表格的大小。

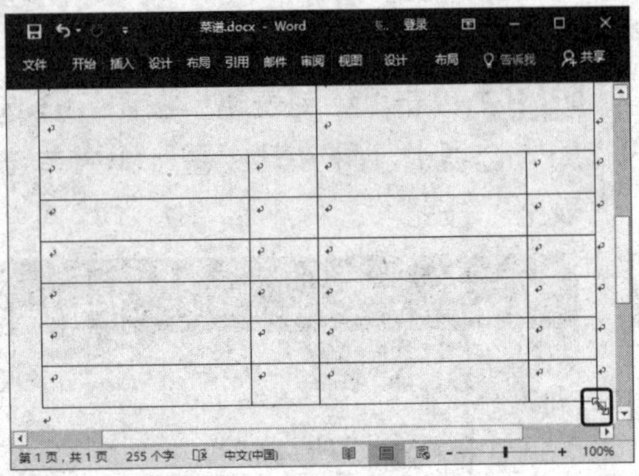

提示您

使用表格可以很轻松地对图片或文本进行排版。

第2步 调整行高或列宽 将鼠标指针置于行或列的表格线上，当其变为双向箭头时拖动鼠标，即可调整行高或列宽。若调整某个单元格的大小，可先将其选中，然后进行调整。

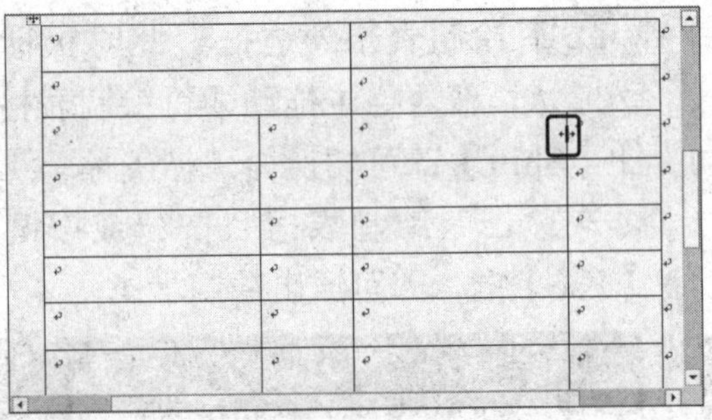

多学点

要想在文档中随意调整表格的位置，可先插入文本框，然后在文本框中插入表格。

第3步 单击“合并单元格”按钮 ❶选中要合并的单元格。❷选择“布局”选项卡。❸在“合并”组中单击“合并单元格”按钮，即可将所选单元格合并为一个单元格。

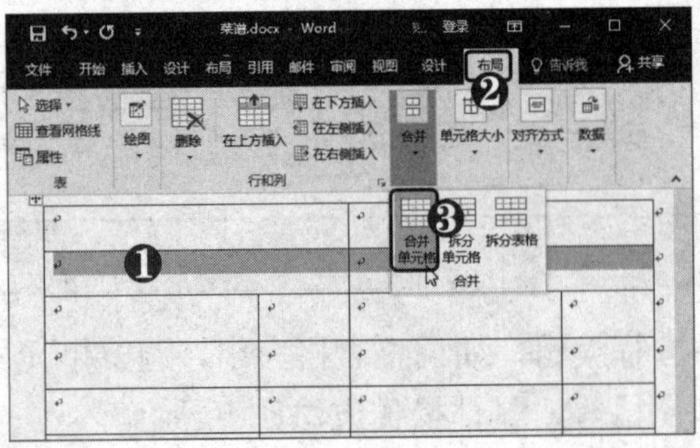

第4步 选择“合并单元格”命令 ❶选中要合并的多个单元格并右击。❷选择“合并单元格”命令。

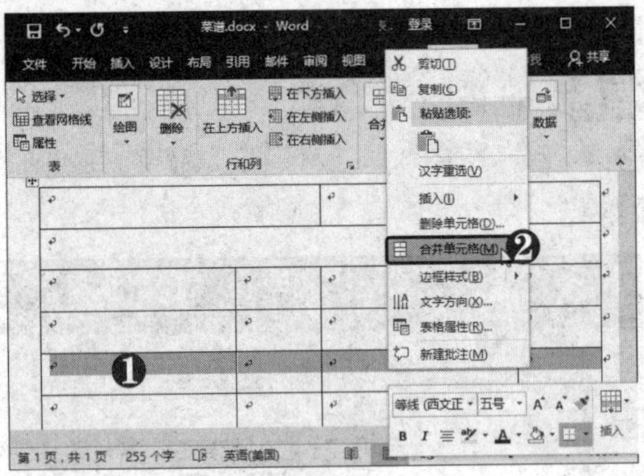

第5步 插入行 ❶在要插入行的位置定位光标。❷在“行和列”组中单击“在下方插入”按钮，即可在下方插入一行。

第6步 删除单元格 ❶选择要删除行、列或单元格，并按【Backspace】键。❷弹出“删除单元格”对话框，设置删除行、列或单元格。❸单击“确定”按钮。

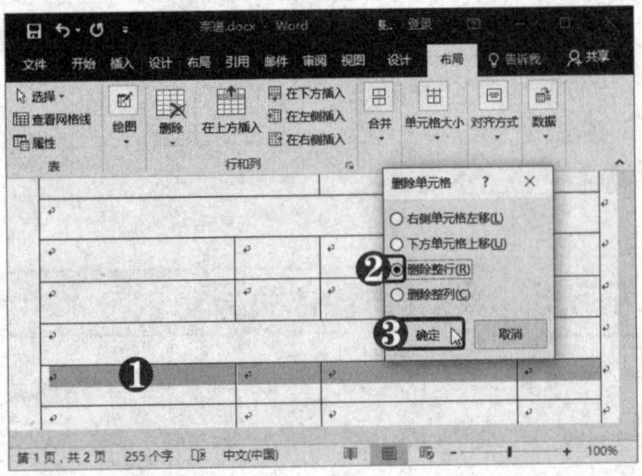

7.5.4 输入文本并设置格式

在 Word 文档中利用表格对文档内容进行排版布置，表格内容的编辑与 Word 普通文档的编辑方法相同，每个单元格中的内容就相当于一个独立段落的内容。在表格中输入文本并设置格式的具体操作方法如下：

第1步 输入文本 在各单元格中定位光标，然后输入所需的文本，并设置字体格式。通过复制文本，可在单元格中输入相同的文本。

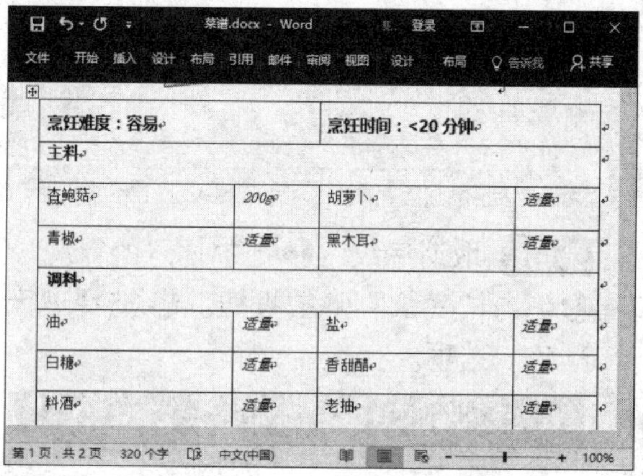

第2步 设置对齐方式 单击表格左上方的⊞图标，选中整个表格。❶选择“布局”选项卡。❷在“对齐方式”组中单击“中部两端对齐”按钮☰。

第3步 单击“单元格边距”按钮 在“对齐方式”组中单击“单元格边距”按钮。

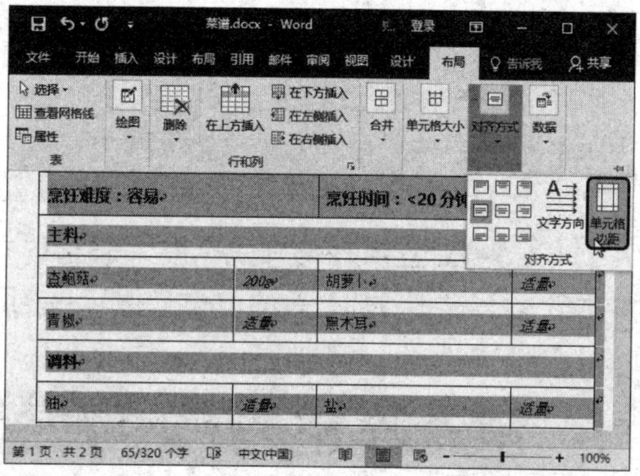

第4步 设置单元格边距 弹出“表格选项”对话框，❶设置“左”边距为 0.35 厘米。❷单击“确定”按钮。

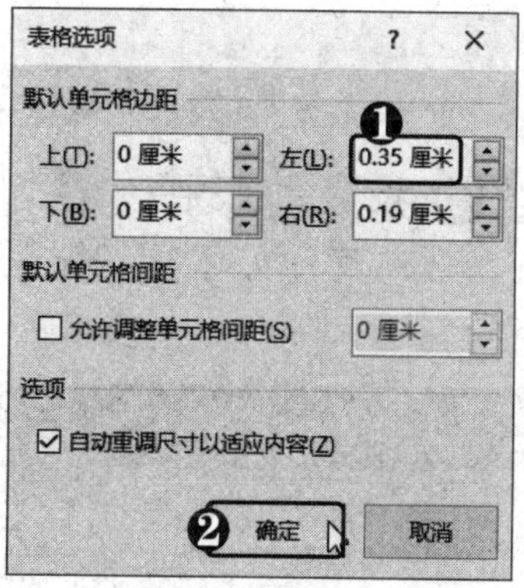

7.5.5 美化表格

如果希望迅速改变表格外观，可以套用 Word 2016 提供的多种表格样式，还可以自定义单元格样式进行修改，具体操作方法如下：

第1步 设置表格样式选项 ❶选择“设计”选项卡。❷在“表格样式选项”组中选中“标题行”复选框，取消选中其他复选框。

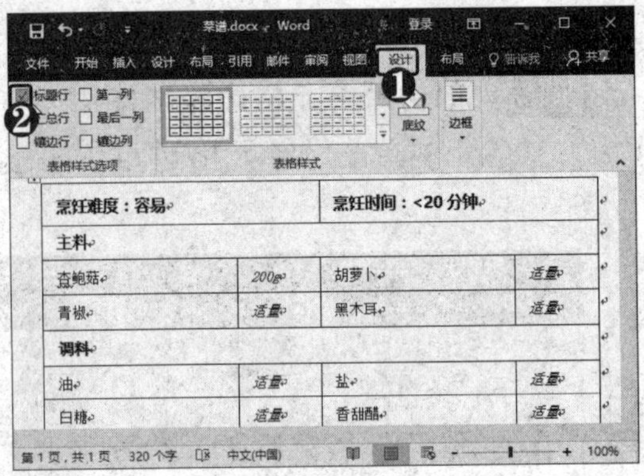

第2步 应用表格样式 在“表格样式”列表中选择所需的样式，即可应用该样式。

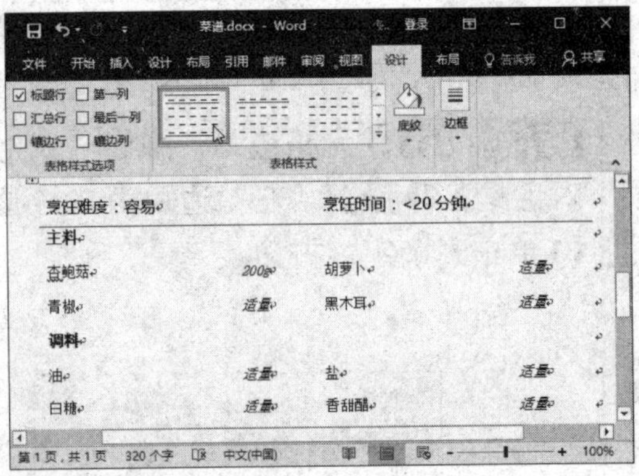

第3步 设置底纹颜色 ❶选中第1行。❷单击“底纹”下拉按钮。❸选择底纹颜色。

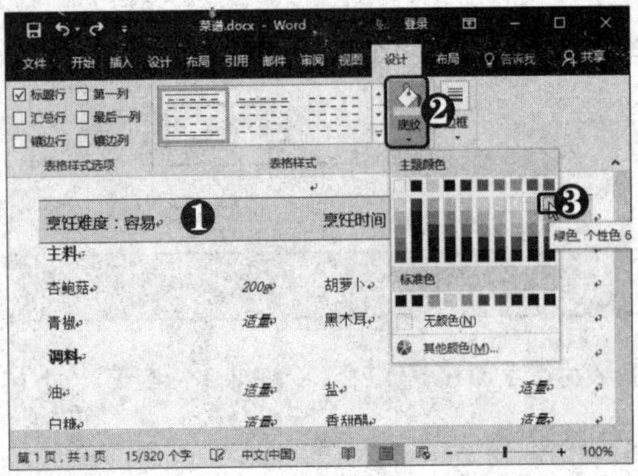

第4步 快速插入行 将鼠标指针置于行线左侧，单击⊕按钮，即可快速插入一行。

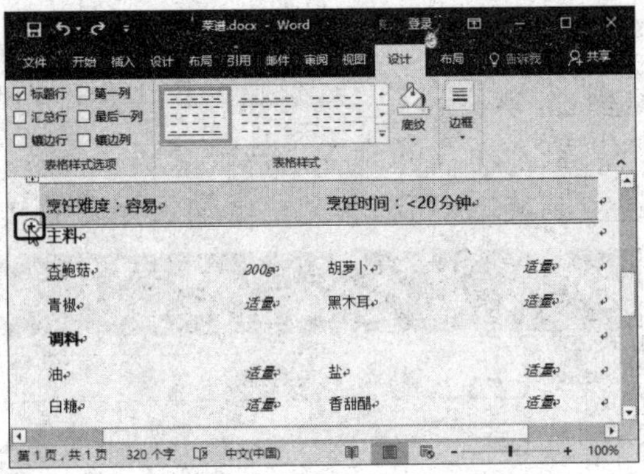

第5步 取消底纹 ❶选中插入的行。❷单击“底纹”下拉按钮。❸选择“无颜色”选项。

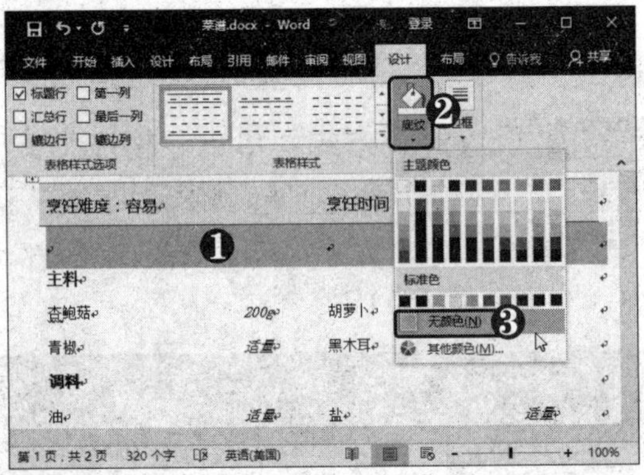

第6步 单击“属性”按钮 ❶选中行。❷选择“布局”选项卡。❸在“表”组中单击“属性”按钮。

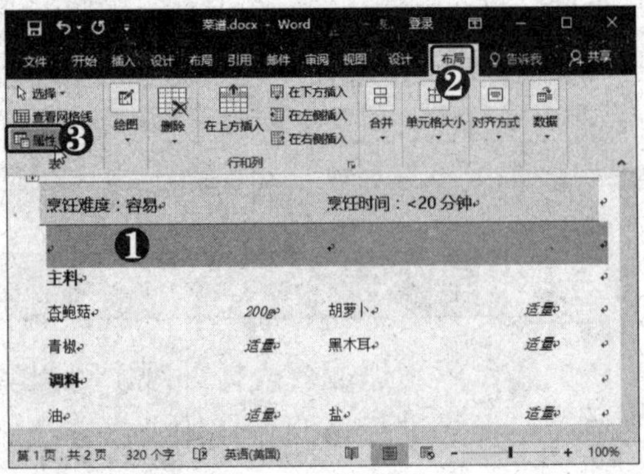

电脑小专家

问：怎样在不改变其他列宽度的情况下调整列宽？

答：在文档中显示标尺，拖动标尺上的“移动到表格列”按钮▦即可。

新手巧上路

问：表格有较多的列，文档宽度不够怎么办？

答：选中表格，打开“页面设置”对话框，在“纸张方向”选项区中单击“横向”按钮，在“应用于”下拉列表框中选择“所选文字”选项，单击“确定”按钮。

第7步 设置固定行高 弹出“表格属性”对话框，❶选择“行”选项卡。❷选中“指定高度”复选框。❸在“行高值是”下拉列表框中选择“固定值”选项。❹设置“指定高度”为 0.3 厘米. ❺单击“确定”按钮。

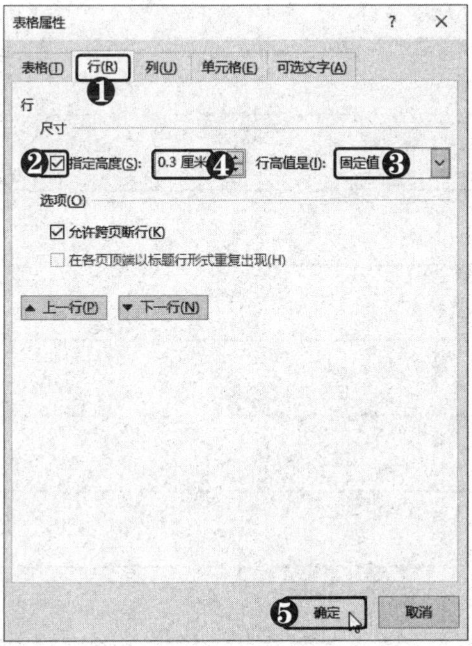

第8步 查看设置效果 此时即可设置固定行高，查看表格效果

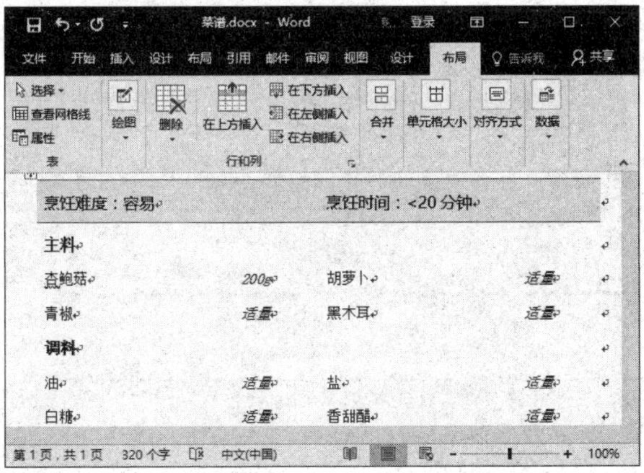

第9步 设置笔样式 ❶选择“设计”选项卡。❷在“边框”组中设置笔样式、笔画粗细和笔颜色等。

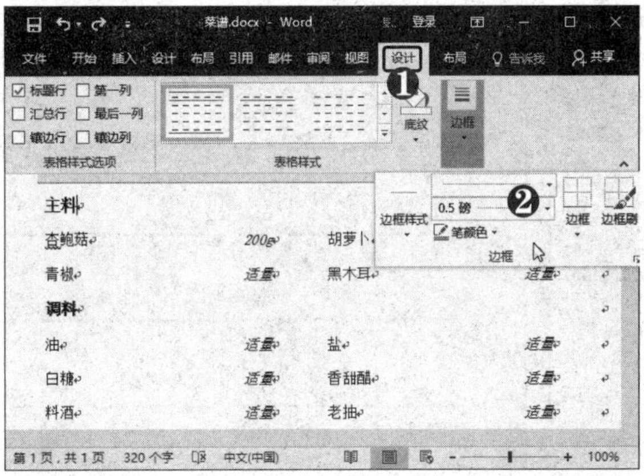

第10步 添加内部框线 ❶选中要添加边框的单元格。❷单击“边框”下拉按钮。❸选择“内部框线”选项。

高手点拨

全选表格后按【Backspace】键即可删除表格，选中行或列后按【Backspace】键即可删除行或列。在单元格中右击，选择“删除单元格”命令，可设置删除行、列或单元格。

学习笔录

提示您

要在文档中插入一个空白页，可选择“插入”选项卡，在“页面”组中单击“空白页”按钮。

多学点

在文档中插入图片、形状或文本框后，在“格式”选项卡下可设置这些对象的排列顺序。按住【Shift】键的同时选中这些对象后，还可设置将其组合在一起（图片需设置文字环绕方式）。

第8章 精彩无限，走进神秘网络世界

章前导读

随着互联网技术的飞速发展，信息获取更加高效、便捷，各种新的网络功能不断涌现，人们的生活也随之发生了翻天覆地的变化。互联网可以丰富中老年人的生活，本章将引领中老年人走进神秘的网络世界。

- 浏览与搜索网页
- 保存与下载网络资源
- 搜寻问题答案

小神通，电脑操作我都已经学得差不多了，你教教我怎么上网吧？

王大爷，要想体验网络的乐趣，首先需要学会使用网页浏览器，可以使用Windows 10系统自带的Edge浏览器上网，也可以在电脑中安装其他的网页浏览器来打开网页。

是的，浏览器的使用方法非常简单，只需输入网址或单击网页上的超链接，即可打开相应的网页。本章就来学习如何使用网页浏览器打开网页，如何在互联网上搜索和下载需要的网页内容。

8.1 浏览与搜索网页

在互联网上浏览网页内容离不开浏览器，中老年人可以使用 Windows 10 系统自带的浏览器，也可以安装其他网页浏览器。下面将介绍如何使用浏览器浏览网页，如何使用搜索引擎搜索自己需要的信息，以及如何收藏喜欢的网页等知识。

提示您

在输入网址时，可以直接输入网址名称，然后按【Ctrl+Enter】组合键打开网址，如输入126并按【Ctrl+Enter】组合键，即可打开126邮箱。

8.1.1 使用系统自带浏览器浏览网页

Microsoft Edge 是 Windows 10 系统默认的浏览器，具备快速浏览网页和不会轻易崩溃等特点，使用它浏览网页的具体操作方法如下：

第1步 选择 Microsoft Edge 选项 打开“开始”菜单，在“所有应用”列表中选择 Microsoft Edge 选项，即可将其打开。

第2步 搜索文字 ❶在任务栏中单击“搜索”按钮，打开搜索框。❷输入搜索文字，如输入“网易公开课”。❸在搜索结果列表中选择所需的选项。

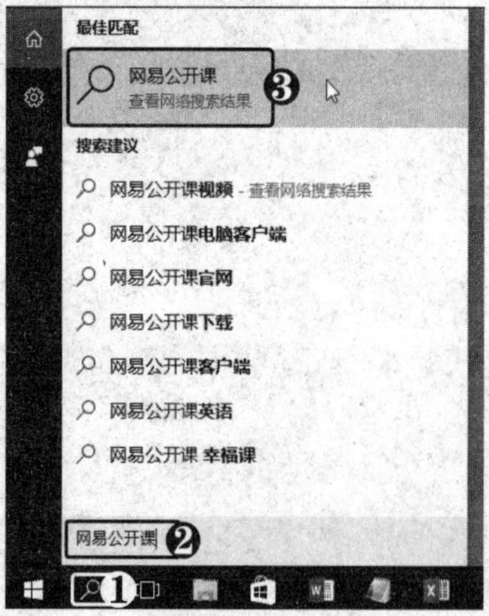

第3步 单击网页超链接 此时即可在新的标签页中打开 Microsoft Edge 浏览器，并自动使用“必应”搜索关键字，单击“网易公开课”超链接。

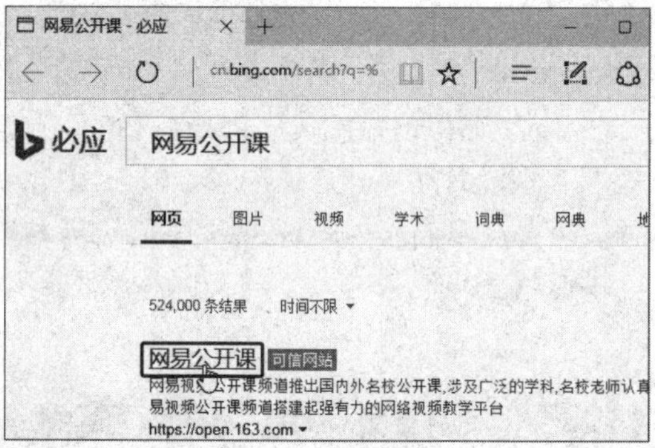

第4步 选择“在新标签页中打开”命令 此时即可打开“网易公开课”首页，❶右击上方导航栏中的 TED 超链接。❷选择“在新标签页中打开”命令。

多学点

在网页中使用鼠标滚轮单击超链接，可在新的标签页中打开网页。

第5步 **关闭网页** 此时即可打开 TED 页面，单击页面标签右侧的“关闭”按钮×即可关闭该网页。

第6步 **新建标签页** 在浏览器上方的标题栏中单击右侧的“新建标签页”按钮+。

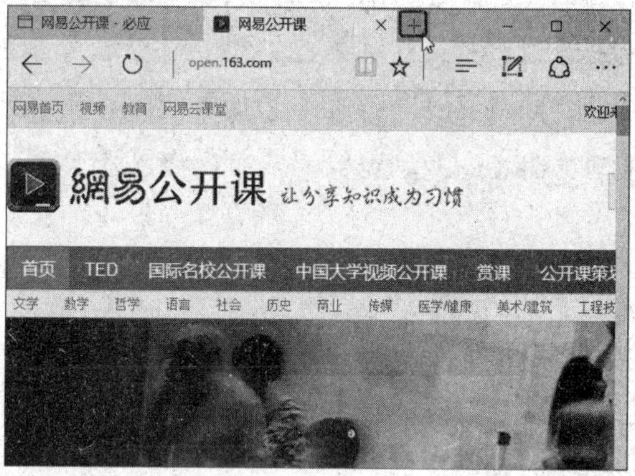

第7步 **输入网址** 此时即可创建新的标签页。在搜索栏中输入搜索文字或网址并按【Enter】键确认，即可打开网页。

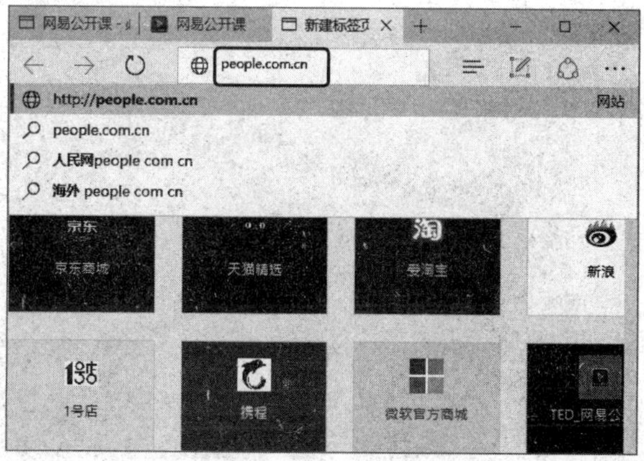

第8步 **选择“移动到新窗口”命令** ❶右击标签页。❷选择“移动到新窗口”命令。

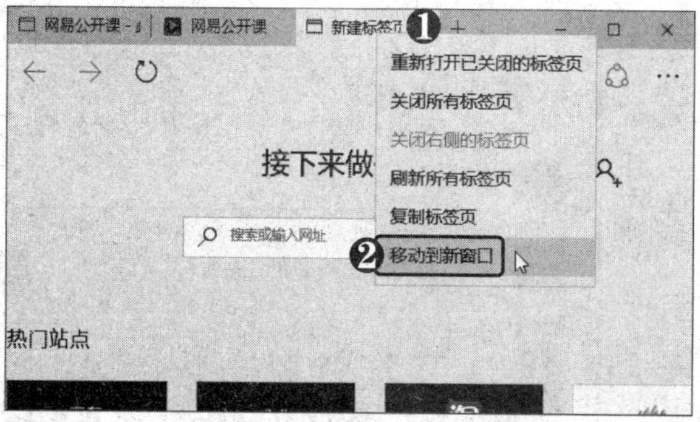

第9步 **分离窗口** 此时即可将标签页分离为单独的浏览器窗口。

第10步 **固定网页到“开始”屏幕** ❶在浏览器窗口右上方单击“更多”按钮···。❷选择“将此固定到‘开始’屏幕”选项。

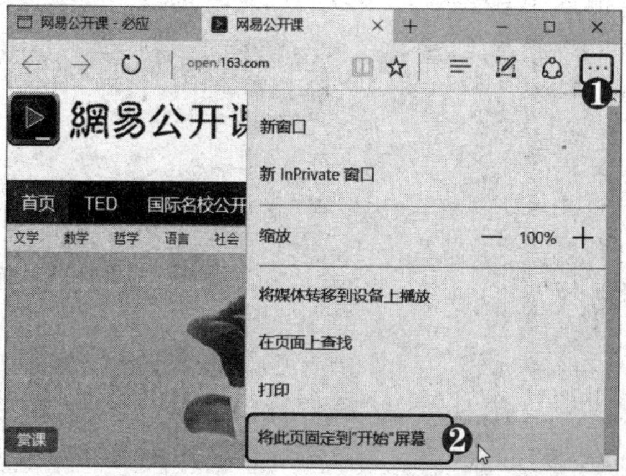

第11步 **确认固定操作** 在弹出的提示信息框中单击“是”按钮。

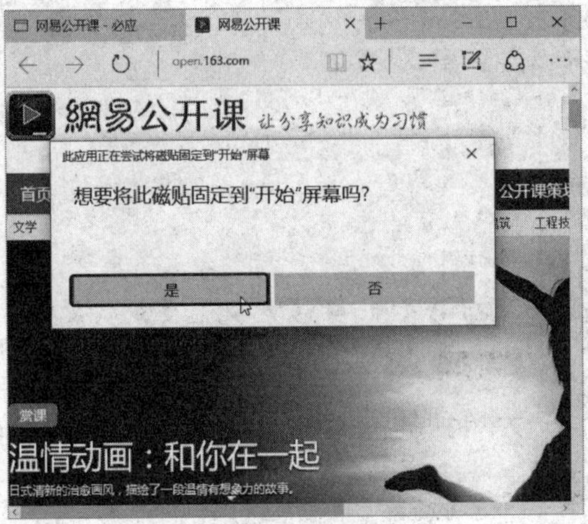

第12步 **单击网页图标** 打开“开始”菜单，在磁贴区可以看到固定的网页图标，单击它即可打开该网页。

8.1.2 使用第三方浏览器浏览网页

除了系统自带的网页浏览器外，中老年人还可以在电脑中安装自己喜欢的其他浏览器，如搜狗高速浏览器、360 极速浏览器、QQ 浏览器等，下面以搜狗高速浏览器为例进行介绍。

1．安装搜狗高速浏览器

搜狗高速浏览器是由搜狗公司开发的一款网页浏览器，为用户提供跨终端无缝的使用体验。与传统的 IE 浏览器相比，它具有更好的上网体验，让上网更简单，网页阅读更流畅。在电脑上安装搜狗高速浏览器的具体操作方法如下：

第1步 **输入网址** 在浏览器的地址栏中输入网址 ie.sogou.com，并按【Enter】键确认。

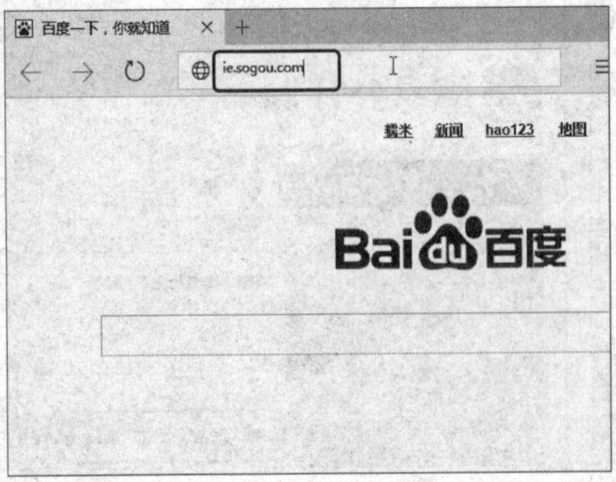

第2步 **单击“立即下载”按钮** 打开搜狗高速浏览器首页，单击“立即下载”按钮。

电脑小专家

问：怎样对 Microsoft Edge 浏览器进行设置？

答：单击浏览器窗口右上方的…按钮，选择“设置”选项，即可打开“设置”窗格，在下方单击“高级设置”按钮可进行更多设置。

新手巧上路

问：怎样使用Microsoft Edge 浏览器收藏网页？

答：打开浏览器后，在地址栏右侧单击☆按钮，然后单击“添加”按钮即可。在浏览器工具栏中单击“中心”按钮≡，可以查看收藏的网页。

第3步 **开始下载安装程序** 开始下载搜狗高速浏览器安装程序，并显示下载进度。

第4步 **单击"运行"按钮** 安装程序下载完成后，单击"运行"按钮。

第5步 **单击"一键安装"按钮** 稍等片刻即可弹出搜狗高速浏览器安装界面，单击"一键安装"按钮。

第6步 **将浏览器固定到任务栏** 等待安装完成后，即可在桌面上看到搜狗高速浏览器图标。❶ 右击图标。❷ 选择"固定到任务栏"命令，即可将其放到任务栏上。

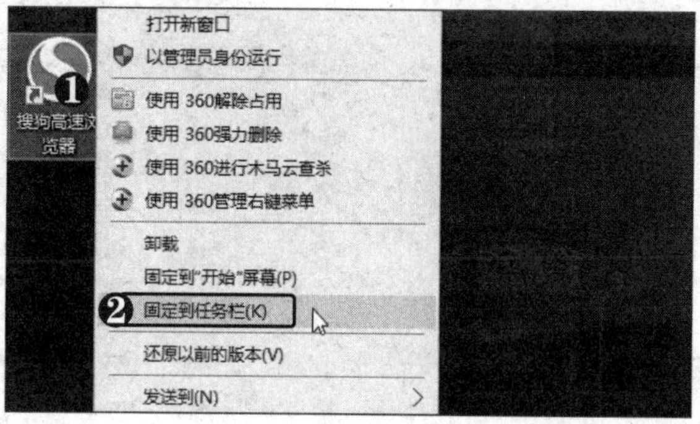

2．浏览网页

下面将介绍如何使用搜狗浏览器浏览网页，使用它可以在地址栏中进行搜索，并可以快速返回最近浏览的网页，具体操作方法如下：

第1步 **设置显示菜单栏** 打开搜狗浏览器，将自动打开"搜狗网址导航"页面，❶ 右击顶部标题栏的空白位置。❷ 选择"菜单栏"命令。

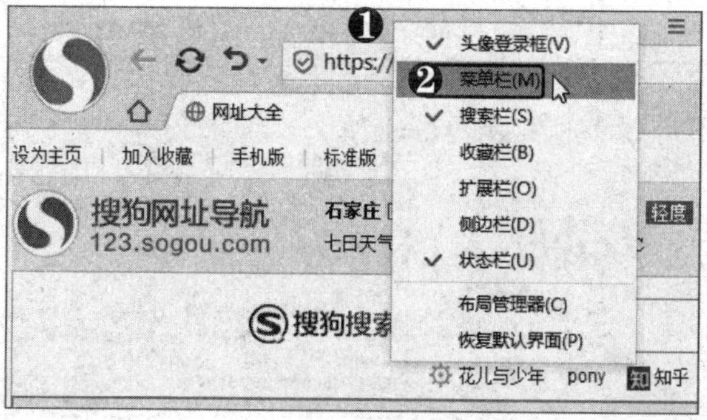

第2步 新建标签页 此时即可在页面右上方显示菜单栏，在地址栏下方单击“新建标签页”按钮 + ，创建新的标签页，显示常用网址导航。

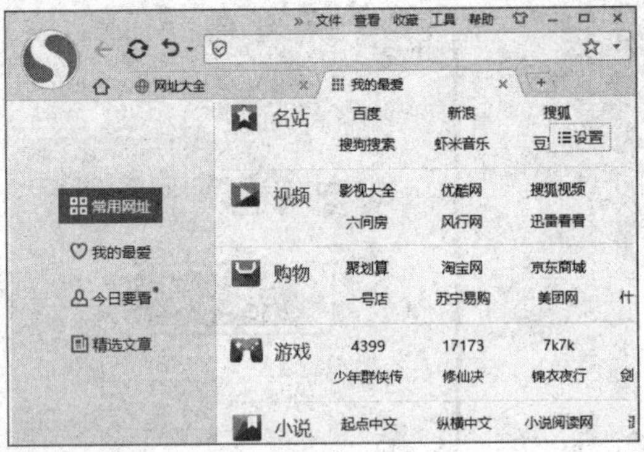

提示您

在浏览器窗口下方的状态栏左侧单击 按钮，也可打开侧边栏。

第3步 输入关键字 要搜索相关信息，可以直接在地址栏中输入搜索关键字，在弹出的建议网址中选择，然后按【Enter】键进行搜索。

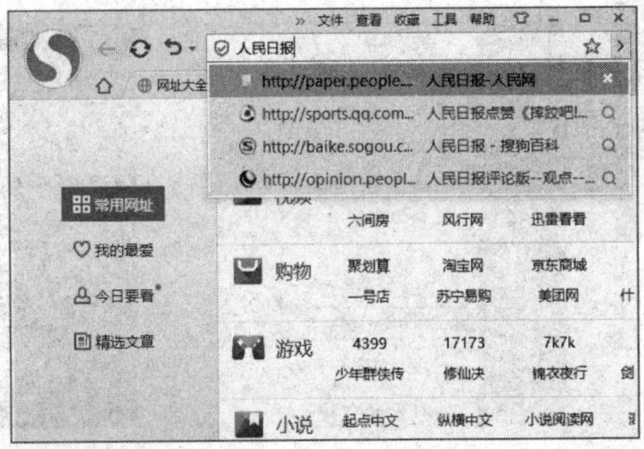

多学点

右击网页标签，选择“固定标签页”命令，可以将其固定在标签栏左侧（右击可取消固定），每次启动浏览器都会自动打开它。

第4步 搜索网页 此时即可使用“搜狗搜索”搜索关键字，查看搜索结果。

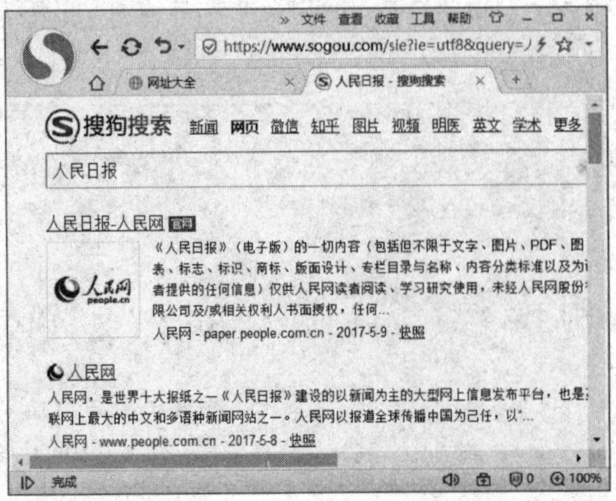

第5步 查看最近浏览 查看最近浏览记录，在浏览器左上方单击“返回”按钮 右侧的下拉按钮，在弹出的列表中可以打开最近浏览的网页。

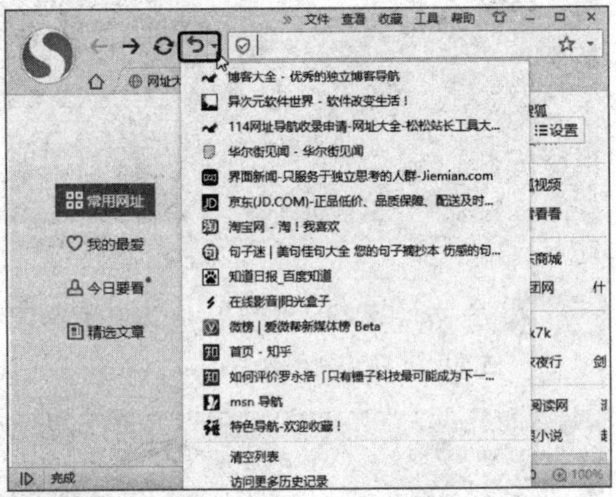

第6步 选择“历史记录”命令 ❶在菜单栏中单击“工具”菜单项。❷选择“历史记录”命令。

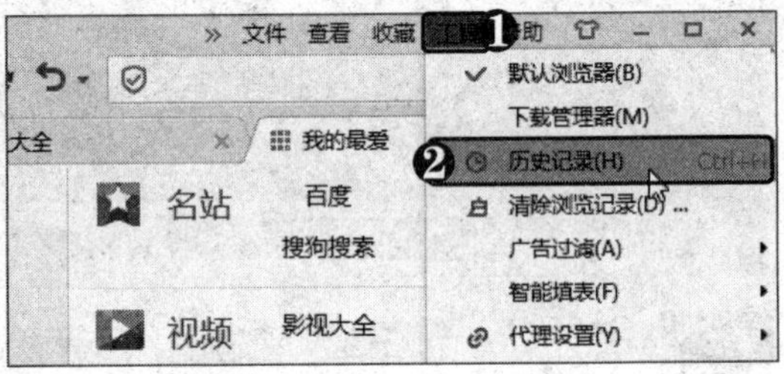

第7步 查看浏览历史记录 打开“历史记录”页面，可以查看近期浏览过的所有网页，以便再次打开它。也可单击历史记录前的删除按钮 ✕ ，删除特定的历史记录网页。

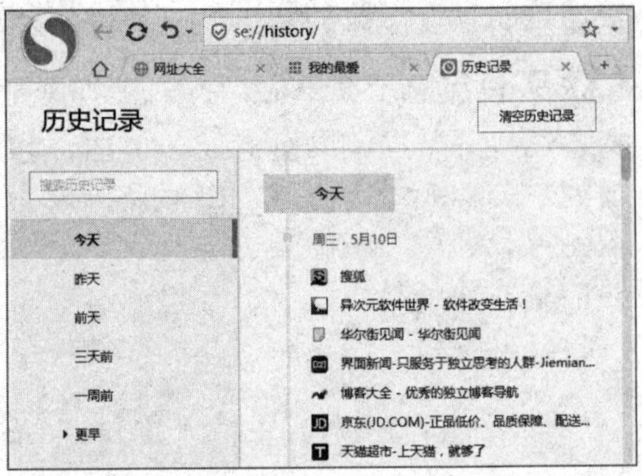

8.1.3 搜索网页

目前很多网站都提供了搜索引擎功能，其中百度搜索为最常用的搜索引擎，使用它可以在互联网上搜索到几乎所有所需的信息。使用百度搜索网页的具体操作方法如下：

第1步 **打开百度首页** 在浏览器地址栏中输入网址 www.baidu.com，并按【Enter】键确认，打开百度首页。

第2步 **搜索农历** 输入搜索文字，即可直接开始搜索，如搜索“日历”。在搜索结果页面显示日历小工具，可以从中查询农历。

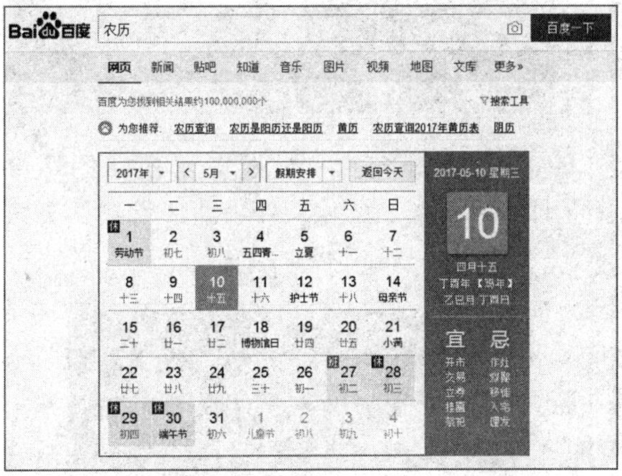

第3步 **单击网页超链接** ❶ 输入搜索关键字，如“老年诗词”，并按【Enter】键确认。❷ 在搜索结果中单击超链接。

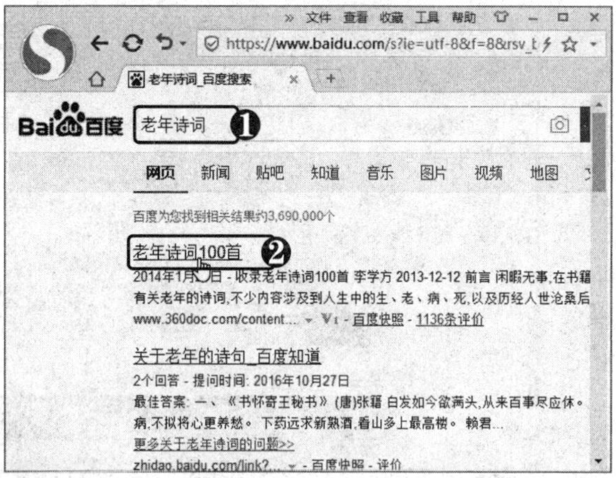

第4步 **打开网页** 此时即可打开相应的网页，查看网页内容。

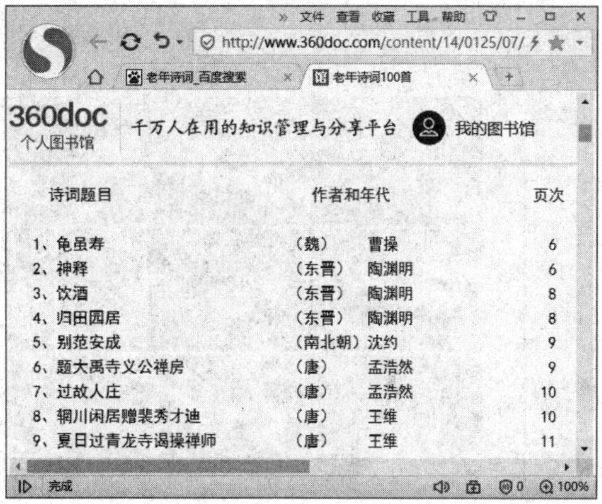

8.1.4 搜索图片

百度搜索引擎除了可以进行网页搜索外，还提供了图片、MP3、视频、地图等多样化搜索服务。在搜索图片时，可以输入搜索文字进行搜索，也可以“识图搜图”，下面将分别对其进行详细介绍。

1. 按关键字搜图

使用百度搜图只需输入要搜索图片的关键字即可。例如，要搜索漂亮的桌面壁纸，可以搜索“桌面壁纸”，也可以输入多个关键字，如搜索“淡雅 桌面壁纸”，还可以根据需要搜索相似图片，具体操作方法如下：

第1步 单击“图片”超链接 使用百度搜索“饮茶”，在搜索结果页面上方单击“图片”超链接。

第2步 搜索图片 打开“百度图片”页面，查看搜索到的图片。

第3步 筛选图片 ❶在页面上方的“图片筛选”中单击“全部尺寸”下拉按钮。❷选择“大尺寸”选项。

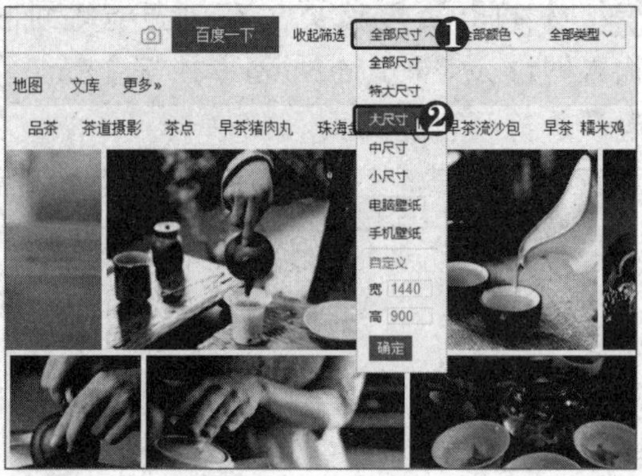

第4步 单击图片 此时即可筛选出所有大尺寸的图片，单击要打开的图片。

第5步 打开图片 此时即可在新的网页中打开图片，单击下方的功能按钮，可以放大图片尺寸、下载图片等。

电脑小专家

问：怎样使用浏览器截图？

答：在浏览器工具栏中单击“截图”按钮，即可进入截图状态。可以将截取的图片保存到电脑中，或复制到能插入图片的程序中。

新手巧上路

问：还有哪些方法可以搜图？

答：除了使用百度搜图外，还可在一些专门的图片网站上搜索自己需要的图片。

第6步 单击“更多”超链接 在页面右侧可以查看图片信息，单击“更多”超链接。

第7步 查看相似图片 在打开的页面中可以查看相似的图片。

第8步 查看更多尺寸 单击“更多尺寸”超链接，在打开的列表中可以查看不同尺寸的该图片。

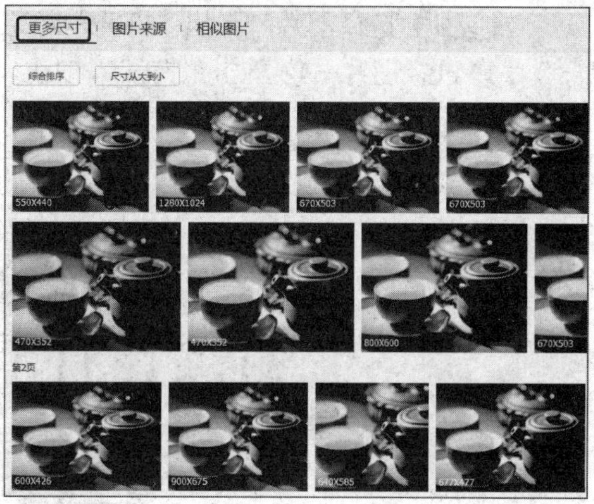

第9步 查看图片来源 单击“图片来源”超链接，在打开的列表中可以查看包含该图片的网页，单击即可打开该网页。

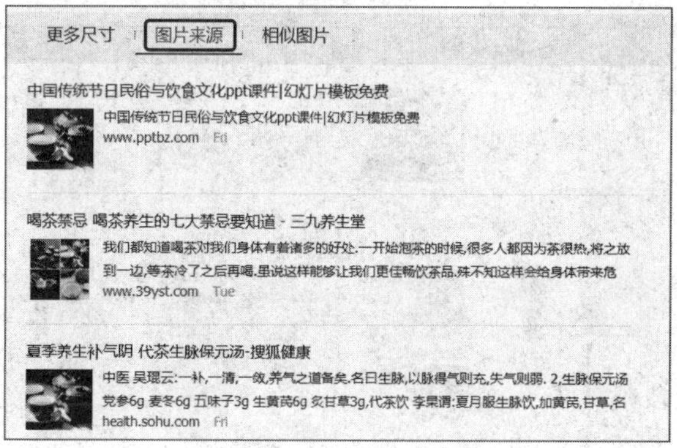

2. 识图搜索

识图搜索就是上传要搜索图片的关键图，或粘贴网络图片地址进行搜索，是一种精确搜图的方法，具体操作方法如下：

第1步 单击“上传图片”按钮 在“百度图片”搜索框右侧单击“上传图片”按钮。

第2步 单击“本地上传”按钮 打开“识图”工具栏，单击“本地上传”按钮。

第3步 选择图片 弹出“打开”对话框，❶选择图片。❷单击“打开”按钮。

第4步 查看搜索结果 图片识别结束后，即可查看搜索结果。在页面上方显示图片来源，单击即可打开包含该图片的网页。

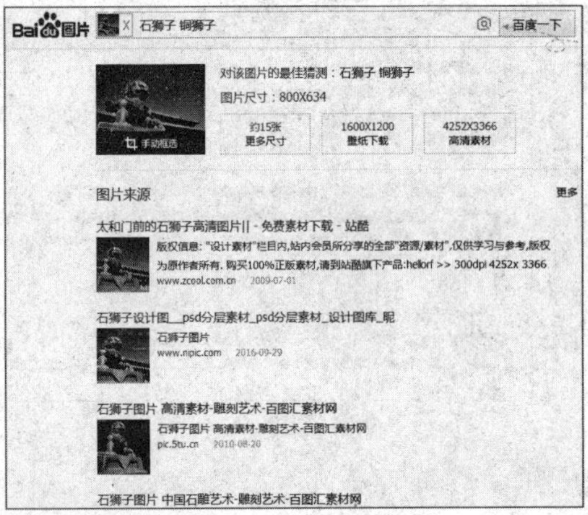

第5步 查看相似图片 在页面下方显示搜索到的相似图片。

第6步 复制图片网址 除了上传图片外，还可以使用图片网址来搜图。❶在网页上右击图片。❷选择“复制图片网址”命令。

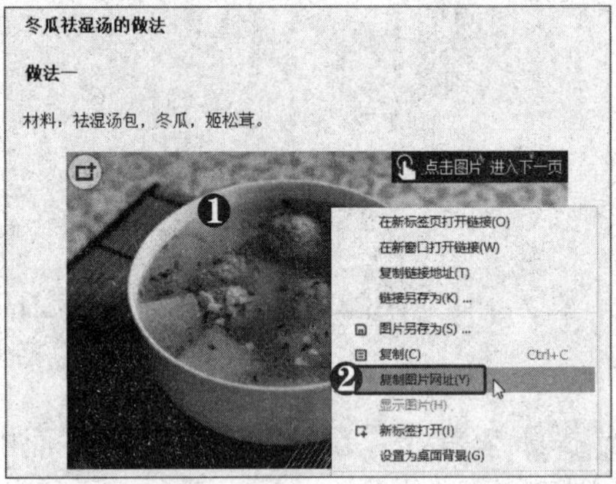

第7步 粘贴图片网址 在“百度图片”中打开“识图”工具栏，❶将复制的网址粘贴到文本框中。❷单击“识图一下”按钮。

第8步 查看搜索结果 此时即可按图片进行搜索，查看搜索结果。

提示您

按住【Ctrl】键的同时滚动鼠标滚轮，可以放大网页显示比例。

多学点

在搜狗浏览器窗口中按【F1】键，弹出“修复工具”对话框，单击“快速修复”按钮，可修复浏览器异常问题。

8.1.5 在网页中搜索文本

打开网页后，若网页中包含的内容较多，不容易快速找到所需的内容，此时可以在网页中搜索文本，具体操作方法如下：

第1步 单击“在页面内查找”命令 打开需要的网页，❶在菜单栏中单击“查看”菜单项。❷选择“在页面内查找”命令。也可以按【Ctrl+F】组合键。

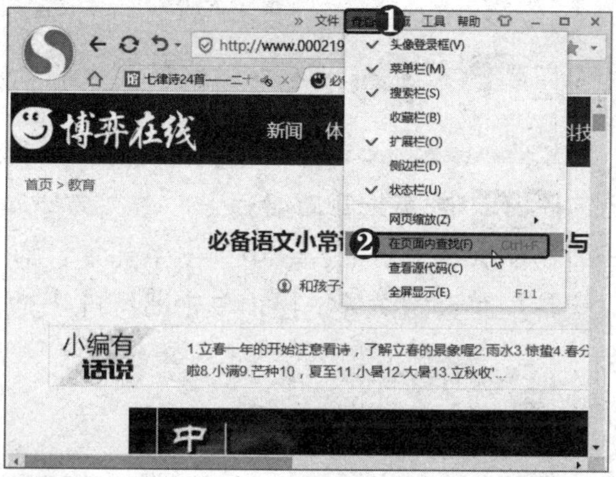

第2步 搜索文字 此时即可打开搜索框，❶输入搜索文字，搜索到的文字将在网页中突显出来。❷单击“下一个”按钮。

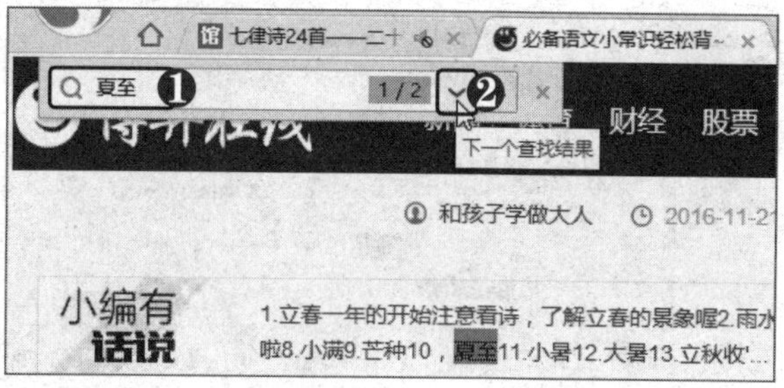

第3步 查看搜索结果 此时即可查找到下一个搜索结果。

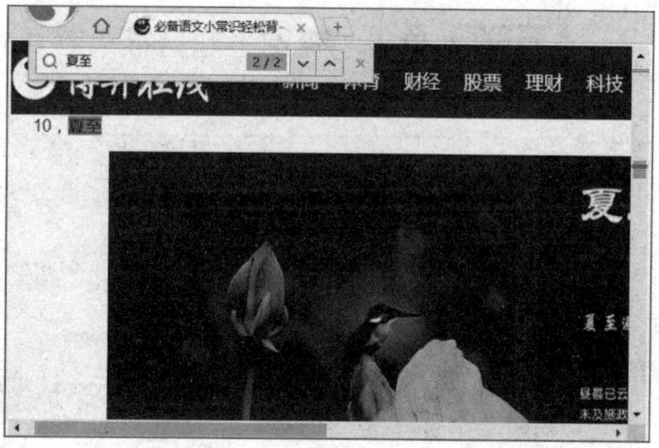

8.1.6 将网址导航设置浏览器主页

浏览器主页即打开浏览器后自动打开的网页，中老年人可以将网址导航设置为浏览器主页，它将常用的网站分门别类地集中在一起，方便查询和使用。下面以将“2345”网址导航设置为主页为例进行介绍，具体操作方法如下：

第1步 选择“选项”命令 ❶在菜单栏中单击“工具”菜单项。❷选择“选项”命令。

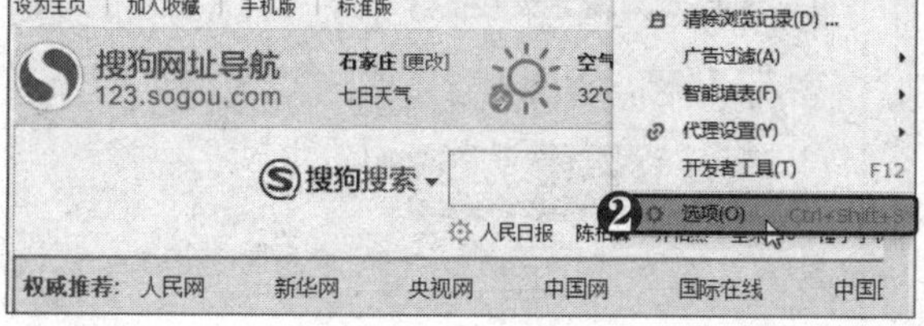

第2步 设置主页地址 打开浏览器选项设置页面，默认进入基本设置页面。❶在“主页”选项区中选中“自定义”单选按钮。❷输入要作为主页的网址（在此输入 2345.com）。

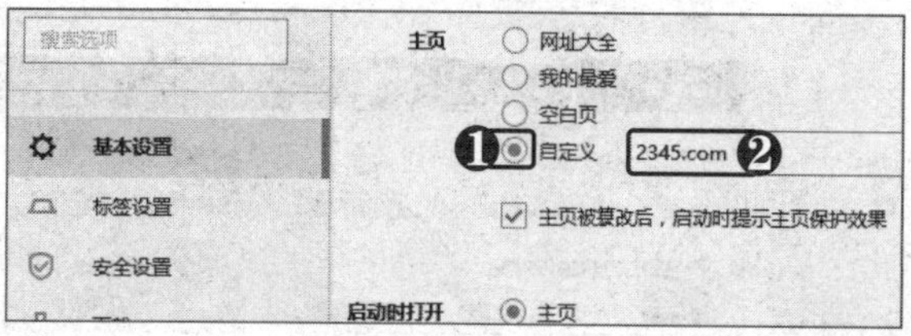

电脑小专家

问：怎样更换浏览器皮肤？

答：在浏览器右上方单击“更换皮肤”按钮，在打开的页面中选择需要的主题皮肤即可。

新手巧上路

问：怎样将整个网页保存为图片？

答：在浏览器窗口右上方单击“显示菜单”按钮展开菜单栏，选择“文件”|“另存为图片”命令即可。

第3步 **查看主页效果** 单击网页标签左侧的“主页”按钮，也可快速打开浏览器主页。重新打开浏览器后，即可显示浏览器主页。

第4步 **单击“查询”超链接** 在页面右侧单击“查询”超链接。

第5步 **单击“生活服务”超链接** 打开“实用查询”页面，在“查询首页”包含了最常用的查询，在导航栏中单击“生活服务”超链接。

第6步 **单击“家常菜菜谱”超链接** 打开“生活服务”查询页面，显示各类常用查询，单击“家常菜菜谱”超链接。

第7步 **查看家常菜做法** 打开“家常菜做法大全”页面，其中列出了美食名站、热门菜谱做法等链接，单击即可打开。

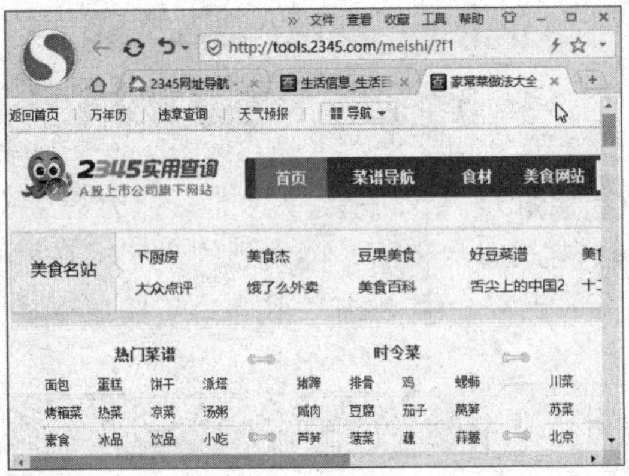

第8步 **使用导航查询** 在页面上方单击“导航”按钮，在弹出的列表中可以选择所需的查询类别。

8.1.7 收藏常用网页

在浏览网页时，对于自己喜欢或经常性访问的网页可以将其收藏起来，以便下次快速将其打开。

1. 快速收藏网页

使用浏览器收藏网页后会将其放到收藏夹中，快速收藏网页的具体操作方法如下：

第1步 单击“收藏”按钮 打开要收藏的网页，如打开“中国国家图书馆”首页（网址为 www.nlc.cn），在地址栏右侧单击“收藏”按钮☆。

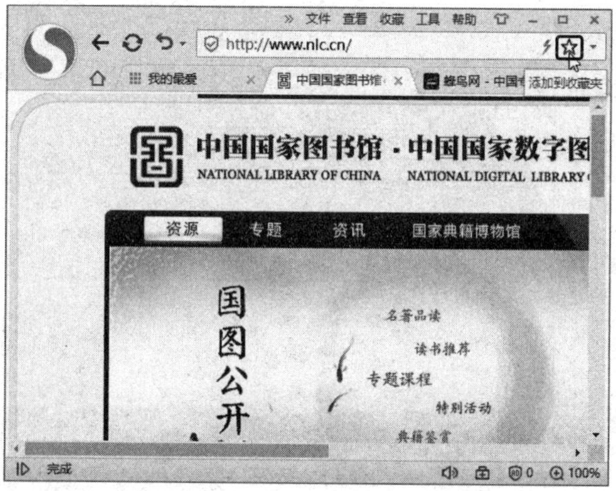

第2步 设置收藏网页 弹出“添加收藏”对话框，❶输入名称。❷选择收藏位置，在此选择“本地收藏夹”选项。❸单击“添加”按钮。

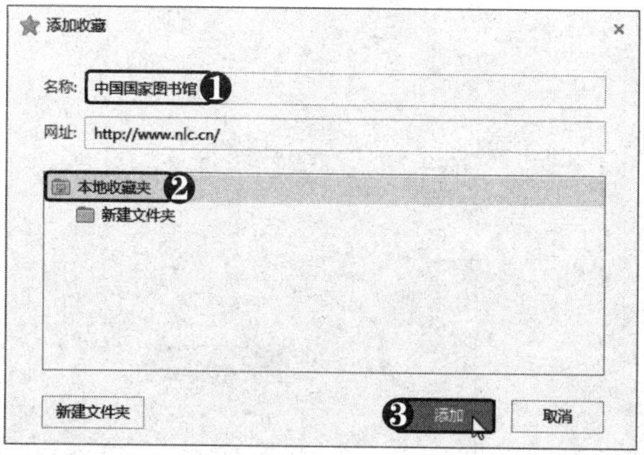

第3步 收藏完成 网页收藏后，在地址栏右侧的“收藏”按钮图标变为★。❶单击“收藏”按钮★。❷在弹出的面板中可以删除或编辑该收藏。

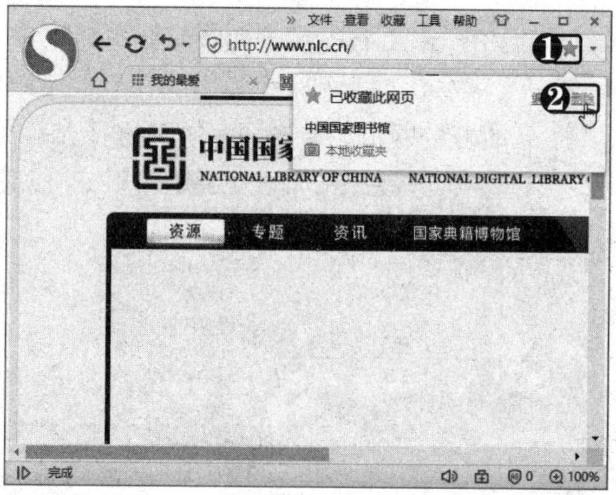

第4步 单击“添加到收藏夹”按钮 打开需要的网页，❶在菜单栏中单击“收藏”菜单项。❷选择“添加到收藏夹”命令。也可直接按【Ctrl+D】组合键。

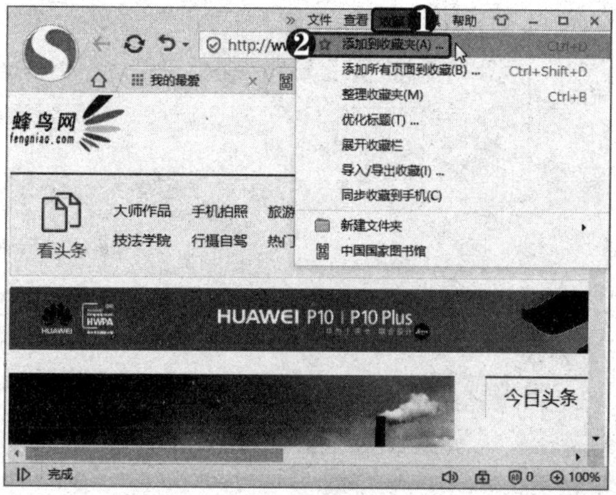

第5步 添加收藏 弹出“添加收藏”对话框，❶设置相关参数。❷单击“添加”按钮，即可收藏网页。

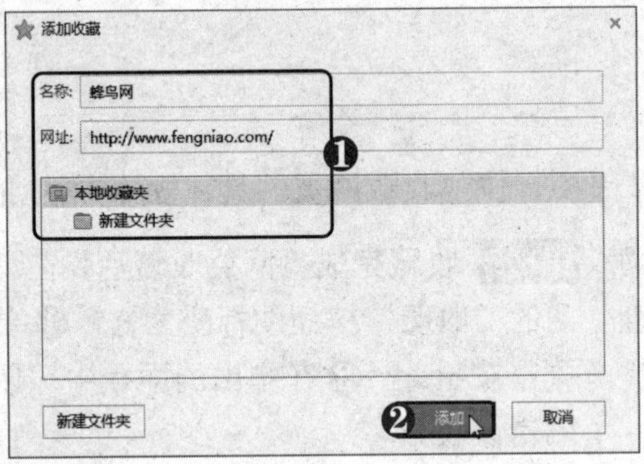

第6步 查看收藏的网页 在菜单栏中单击“收藏”菜单项，在弹出的列表中可以查看收藏的网页，单击即可快速打开该网页。

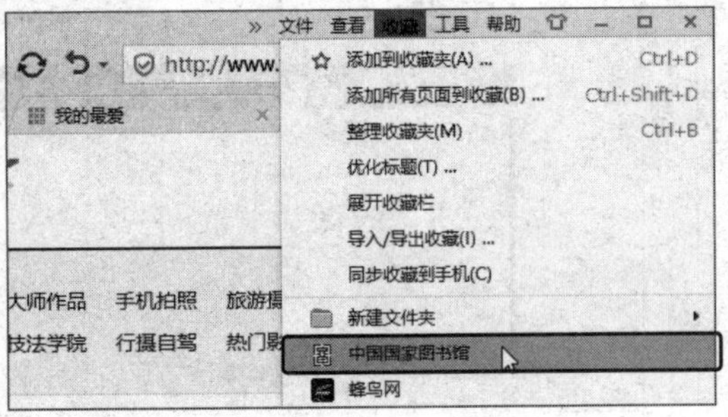

第7步 设置显示收藏栏 ❶在浏览器上方标题栏的空白位置右击。❷选择“收藏栏”命令。

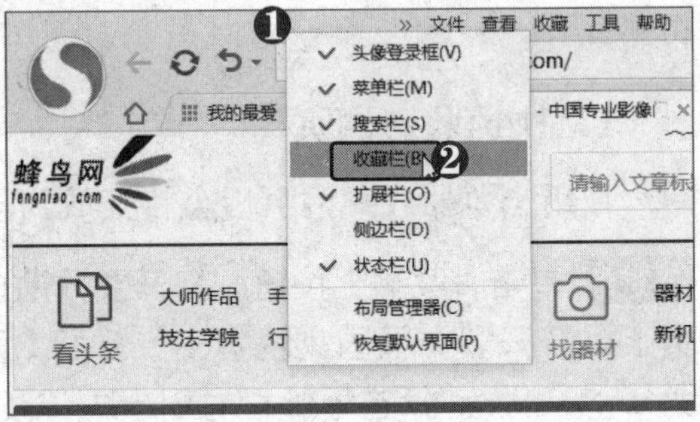

第8步 查看收藏栏 此时即可显示收藏栏，单击收藏的网页即可快速将其打开。

提示您

在浏览器工具栏中单击“更多扩展”按钮，在打开的列表中可为浏览器添加扩展工具，如“截图”、“新浪微博”等。

多学点

在网页收藏夹中右击收藏的网页，选择“删除”命令，即可从收藏中删除该网页。

2. 同步收藏的网页

创建一个搜狗网络账户，可以自动保存并同步网页收藏、网址记录及用户设置等数据，这样在更换电脑、重装系统时都不会丢失收藏的网页，具体操作方法如下：

第1步 单击“账户中心”按钮 单击搜狗浏览器左上角的“账户中心”按钮。

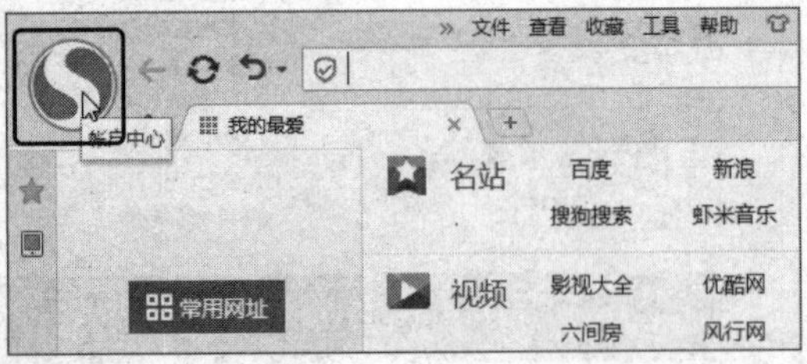

第2步 单击“QQ账号登录”按钮 弹出“网络账号登录”对话框，单击“QQ账号登录”按钮。

第3步 **输入账户信息** 打开网络账号登录页面，❶输入 QQ 号和密码。❷单击“授权并登录”按钮。

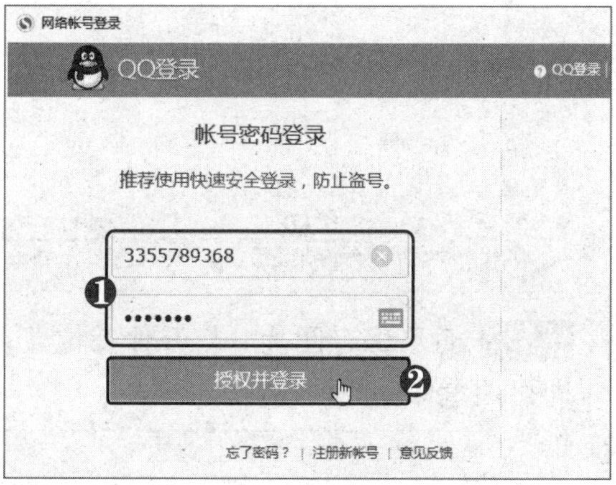

第4步 **输入验证码** ❶输入验证码。❷单击“验证”按钮。

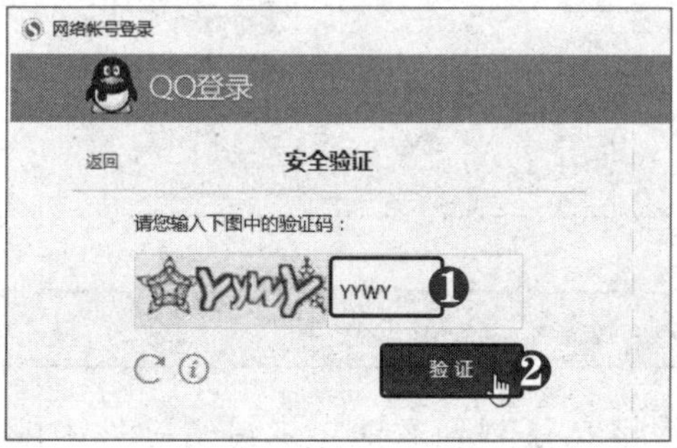

第5步 **开始同步浏览器设置** 此时即可登录账户，并同步用户的收藏和浏览器设置，并上传到网络。

第6步 **单击“立即同步”按钮** 当收藏的新网页或将收藏的网页删除后，可在浏览器左上方单击用户头像，在打开的面板中单击“立即同步”按钮。

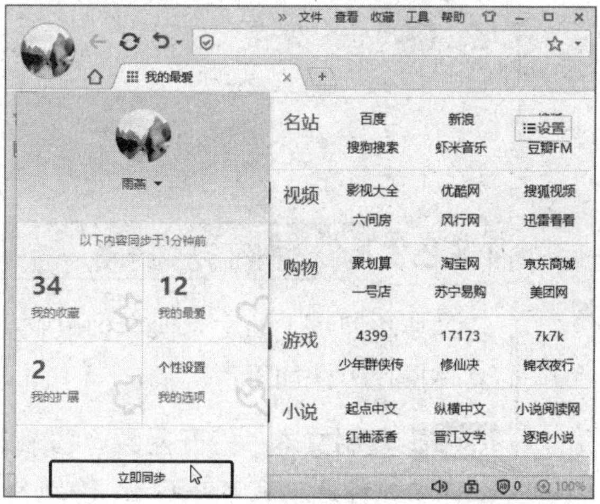

8.2 保存与下载网络资源

下载就是将网络上有用的资源（如软件、图片、音乐、视频、文本等）保存到电脑中，在网页浏览的过程中，使用浏览器即可下载网络资源。

8.2.1 保存网页图片

在浏览网页时遇到自己喜欢或有用的图片，可以将其保存到电脑中，具体操作方法如下：

第1步 **选择“图片另存为”命令** 打开想保存图片的网页，❶ 右击图片。❷ 选择“图片另存为”命令。

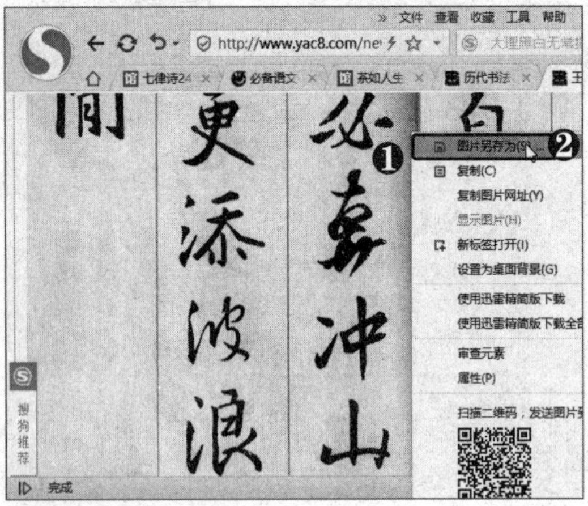

第2步 **设置保存位置** 弹出“保存图片”对话框，❶ 选择保存位置。❷ 输入文件名。❸ 单击“保存”按钮。

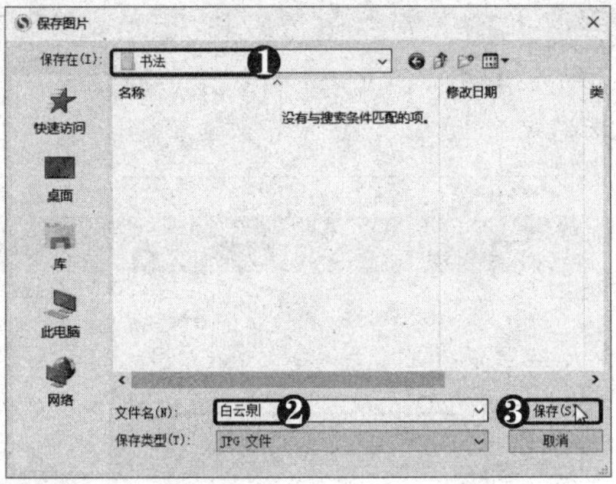

第3步 **查看保存图片** 打开保存位置，即可查看保存的图片。

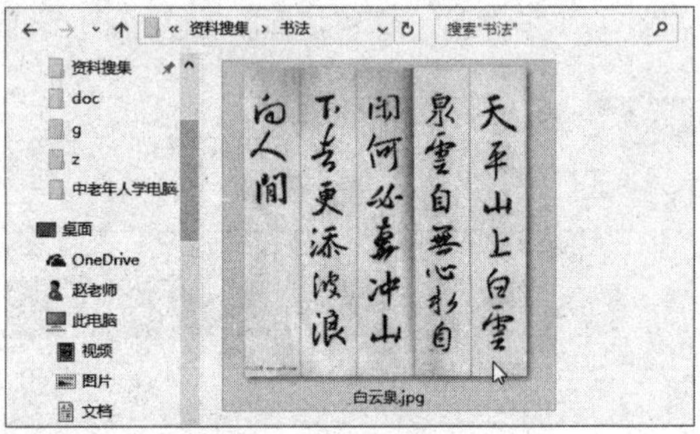

问：怎样清除自己的浏览记录？

答：在菜单栏中选择“工具”|“清除浏览记录”命令，在弹出的对话框中选中要清除的信息，然后单击“立即清除”按钮即可。

8.2.2 保存网页文本

要将网页上的文本保存到电脑中，只需将其复制到本地文本编辑软件中即可，具体操作方法如下：

第1步 **复制文本** 打开网页，❶ 在网页上拖动鼠标选中文本并右击。❷ 选择“复制为纯文本”命令。

第2步 **粘贴文本** 打开一个文字编辑程序，如打开记事本，按【Ctrl+V】组合键即可粘贴文本。

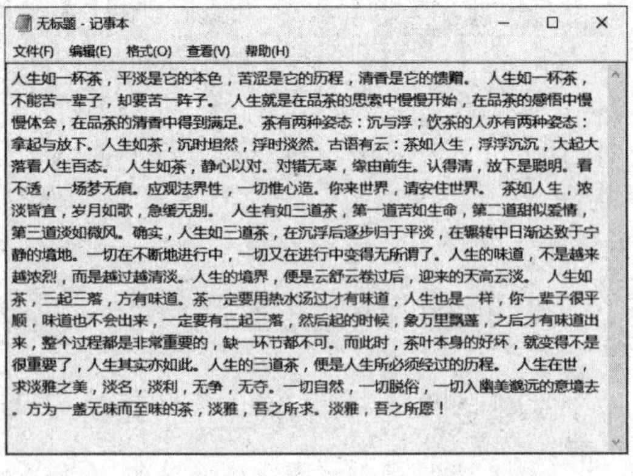

问：怎样不留痕迹地浏览网页？

答：在菜单栏中选择“文件”|“新建隐私窗口”命令，然后使用隐私窗口浏览网页即可。

8.2.3 保存整个网页

通过保存网页可以将网页上的所有资源保存到电脑中，若要一次性保存网页上的所有图片，则可以通过保存网页来实现，具体操作方法如下：

第1步 **单击“保存网页”命令** 打开需要的网页，❶在菜单栏中单击“文件”菜单项。❷选择“保存网页”命令。

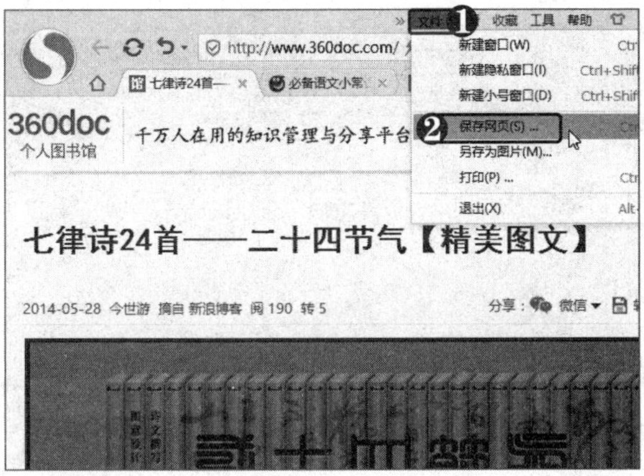

第2步 **选择保存位置** 弹出“另存为”对话框，❶选择保存位置。❷单击“保存”按钮。

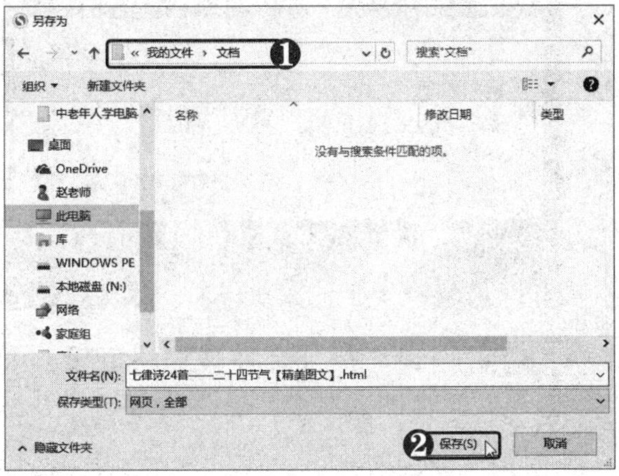

第3步 **开始保存网页** 此时开始保存网页，并显示保存进度。

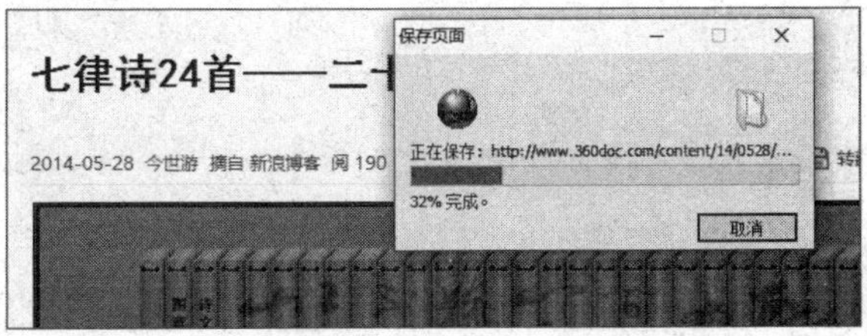

第4步 **查看保存的网页** 打开保存位置，即可查看保存的网页，其中包含一个网页文件和一个文件夹。双击网页文件，即可将其打开。

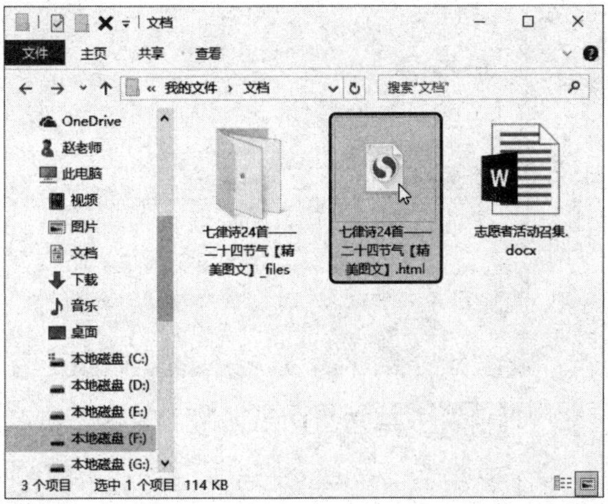

第5步 **查看网页图片** 双击保存的网页文件夹，在打开的窗口中可以看到该网页中的所有图片。

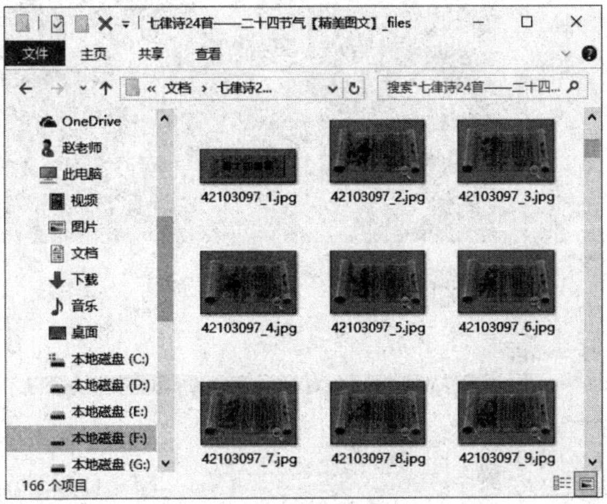

8.2.4 使用浏览器下载文件

搜狗高速浏览器内置强大的多线程下载模块，使用它可以直接下载所需的网络资源。下面以下载“光影魔术手”安装程序为例进行介绍，具体操作方法如下：

第1步 单击下载超链接 使用百度搜索“光影魔术手”，在搜索结果中单击第一个超链接。

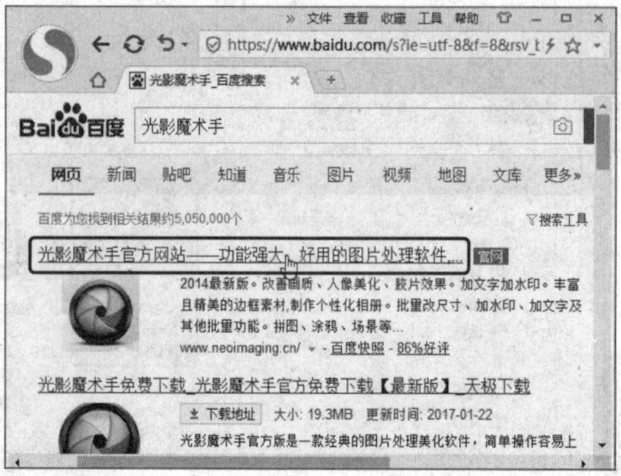

第2步 单击“立即下载”按钮 打开“光影魔术手”官方网站，单击“立即下载”按钮。

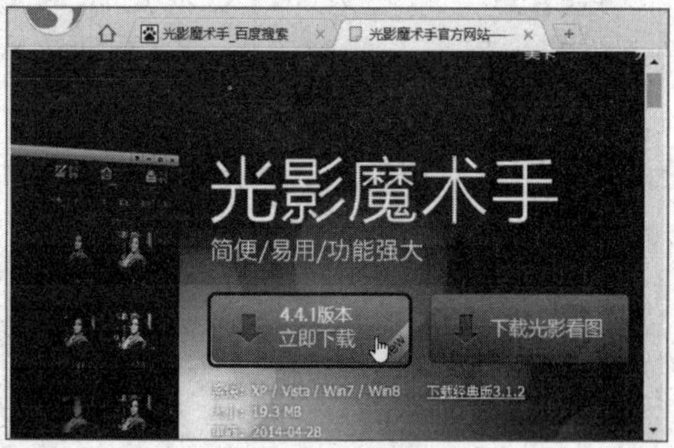

第3步 单击“浏览”按钮 弹出“搜狗高速下载”对话框，单击“浏览”按钮。

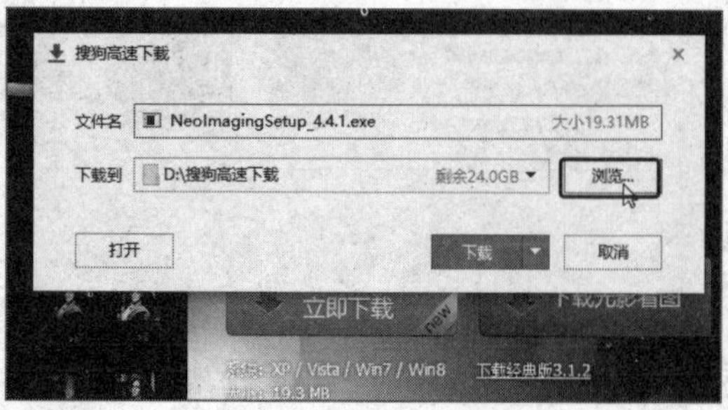

第4步 选择保存位置 弹出“另存为”对话框，❶选择保存位置。❷单击“保存”按钮。

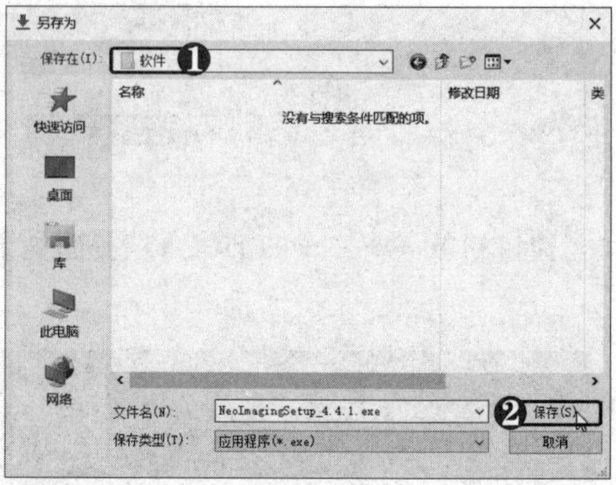

第5步 单击“下载”按钮 返回“搜狗高速下载”对话框，单击“下载”按钮。

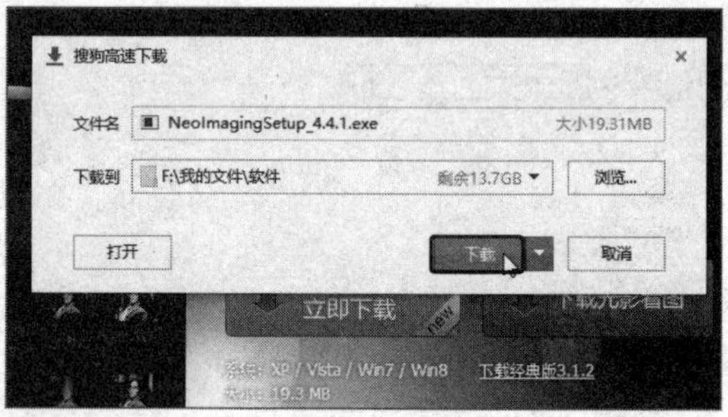

第6步 单击“打开文件夹”超链接 弹出“下载管理器”窗口，开始下载“光影魔术手”安装程序。下载完成后，单击“打开文件夹”超链接。

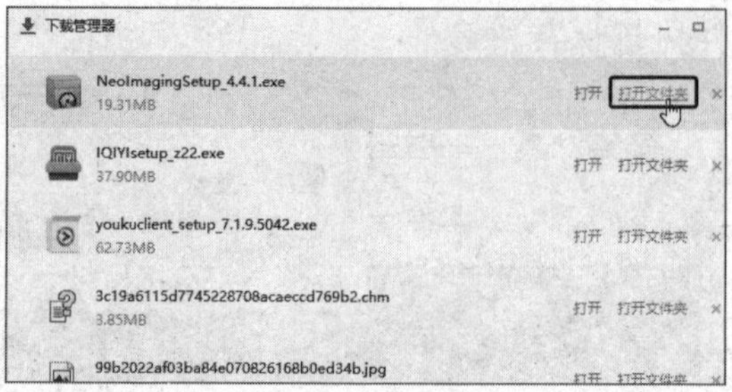

提示您

要更改文件的默认下载位置，可在菜单栏中单击“工具”|“选项”命令，打开选项页面，在左侧选择“下载”选项，在右侧指定位置。

多学点

在浏览器窗口右上方单击“下载”按钮，打开“下载管理器”窗口，从中可查看下载过的文件。单击文件右侧的“删除”按钮，可设置将其从电脑中删除。

第7步 查看下载文件 在打开的文件夹中可以查看下载的安装文件。

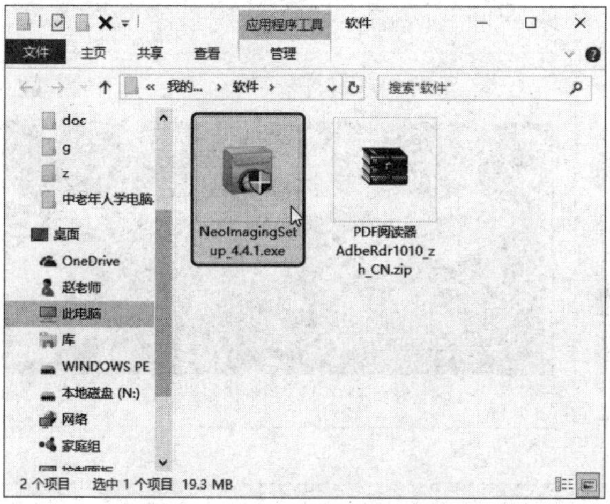

第8步 单击下载管理器"命令 ❶在菜单栏中单击"工具"菜单项。❷选择"下载管理器"命令，可以打开"下载管理器"窗口，从中可以查看或删除下载的文件。

8.3 搜寻问题答案

中老年人在日常生活中遇到问题，可以通过网络搜寻答案。在网上有很多互动问答平台，大家可以在这里接受专家和其他网民的帮助，同时也可以给别的网友提供帮助。

8.3.1 在问答平台搜索答案

目前网上主流的问答平台包括百度知道、新浪爱问、搜搜问问、360 问答等，这类网站给用户提供了一个非常好的交流平台。在问答平台上搜索答案的具体操作方法如下：

第1步 单击"知道"超链接 使用"百度"搜索问题答案，在搜索框下方单击"知道"超链接，也可在搜索结果列表中单击超链接查看网页。

第2步 搜索答案 打开"百度知道"页面，查看相关问题及答案。单击其中的超链接，即可打开网页查看详细内容。

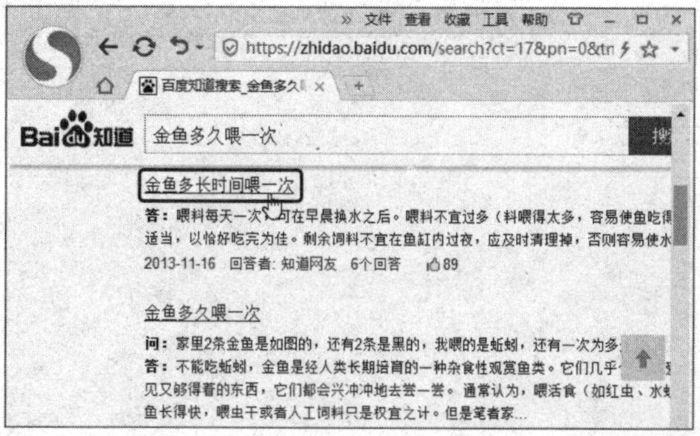

第3步 **使用新浪爱问** 在浏览器地址栏中输入网址 iask.com，可以打开“新浪爱问”页面，可以从中搜索问题答案。

第4步 **使用搜狗问问** 在浏览器地址栏中输入网址 wenwen.com，可以打开“搜狗问问”页面，可以从中搜索问题答案。

电脑小专家

问：如何提问问题？

答：要在问答平台提问问题，需要注册相应的账号，然后单击“我要提问”按钮即可。

8.3.2 在知乎搜索答案

知乎是一个真实的网络问答社区，社区氛围友好与理性，连接各行各业的精英。碰到疑难问题，可以在知乎上进行询问或搜索相对专业的答案，具体操作方法如下：

第1步 **输入关键字** 在浏览器地址栏中输入网址 iask.com，打开知乎首页。在搜索框中输入关键字，如在此输入“摄影构图”，并按【Enter】键确认。

第2步 **单击搜索结果超链接** 打开搜索结果列表，单击其中的超链接，即可在打开的网页中查看相关信息。

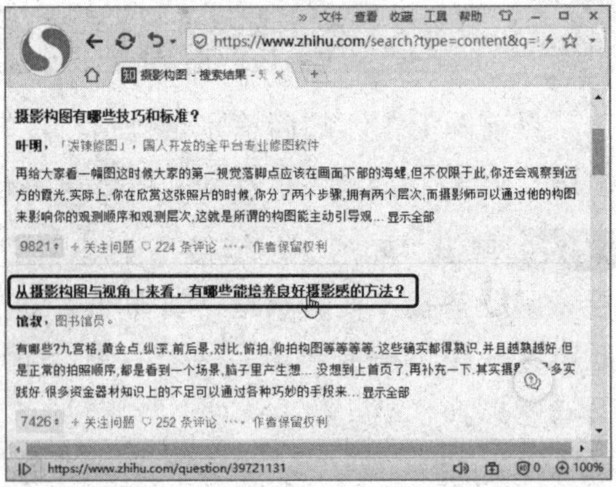

新手巧上路

问：怎样查询近期天气状况？

答：打开“中国天气”网站，可对国内各地天气预报进行详细查询。

第9章 网上交流，从此让沟通零距离

章前导读

互联网的优势之一就是改变了传统的人际交流方式，足不出户通过互联网就可以与好友在线聊天，还可以通过电子邮箱“写信”给好友，本章将详细介绍中老年人如何使用 QQ 和电子邮箱。

- ✔ 使用 QQ 网上聊天
- ✔ 使用电子邮箱收发邮件

小神通，我该怎么用电脑与朋友们在网上聊天啊？

目前使用最广泛的即时网络通信工具是腾讯QQ，通过它可以与好友在线进行文字、语音或视频聊天。除了网络聊天外，还可以使用电子邮箱给好友写信。

网络通信工具不仅能使信息在短时间内进行传达，更重要的是方便了人与人之间的情感交流。本章我们就来学习腾讯QQ和电子邮箱的使用方法吧！

9.1 使用 QQ 网上聊天

现在人们经常说的网上聊天一般都是指 QQ 聊天。QQ 是由腾讯公司开发的一款网上即时通信软件，使用它可以与好友在线进行文字聊天、语音和视频聊天，以及传送文件等。

9.1.1 注册 QQ 号码

提示您

在网页地址栏中输入网址 zc.qq.com，即可打开 QQ 注册页面进行注册。

对于首次使用 QQ 的中老年人来说，需要申请一个自己专用的 QQ 号码，QQ 号码的申请是免费的，具体操作方法如下：

第1步 单击“注册账号”超链接 启动 QQ 程序，在登录框中单击“注册账号”超链接。

多学点

在 QQ 注册页面左侧选择“邮箱账号”选项，还可使用邮箱账号注册 QQ 号。

第2步 填写注册信息 打开注册页面，❶ 输入昵称、密码、手机号码等注册信息。❷ 单击“获取短信验证码”按钮。

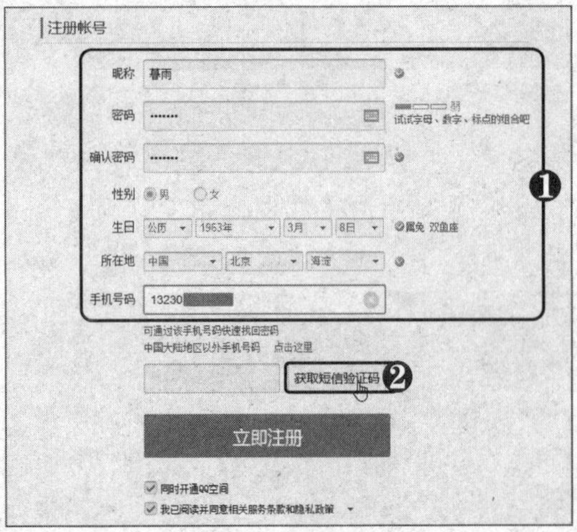

第3步 输入验证码 查看手机短信上收到的验证码，❶ 将其输入验证码文本框中。❷ 单击“立即注册”按钮。

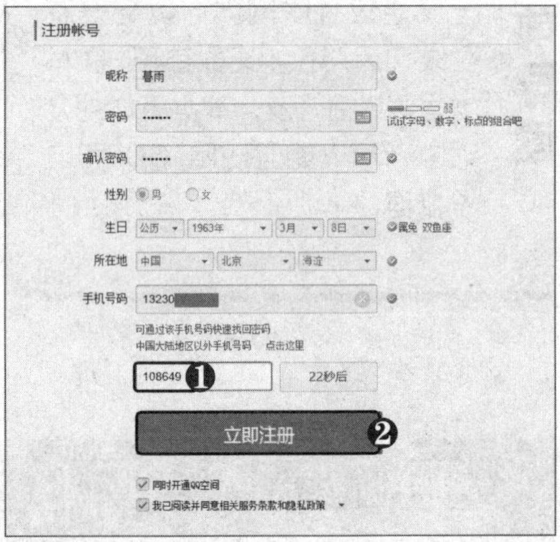

第4步 申请成功 QQ 号码申请成功，查看并记录下注册的号码，牢记登录密码。

9.1.2 登录与设置 QQ

在 QQ 号码申请成功后，即可使用该账号进行登录了。登录 QQ 后，可以根据需要设置个人资料，如头像、昵称、个性签名和个人说明等，还可对 QQ 账号进行权限设置等，具体操作方法如下：

第1步 **输入登录信息** 启动 QQ 程序，打开 QQ 登录框，❶输入 QQ 号码和密码。❷单击“登录”按钮。

第2步 **单击个性签名** 成功登录 QQ，在个性签名位置单击。

第3步 **设置个性签名** 输入签名信息，按【Enter】键确认即可。

第4步 **单击 QQ 头像** 在 QQ 主界面单击 QQ 头像图片。

第5步 **单击 QQ 头像** 打开个人资料面板，单击 QQ 头像。

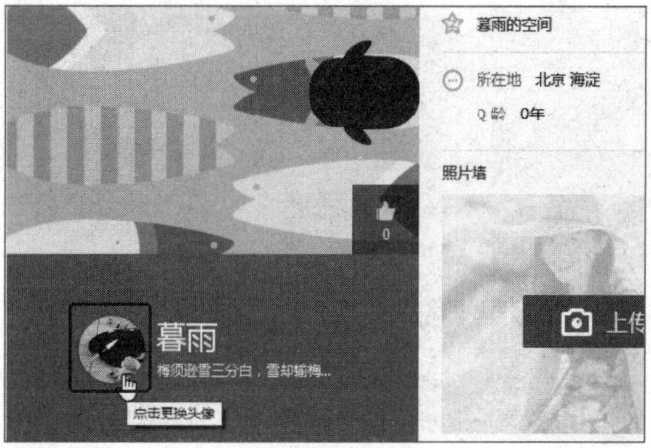

第6步 **单击“上传本地照片”按钮** 弹出“更换头像”对话框，单击“上传本地照片”按钮。

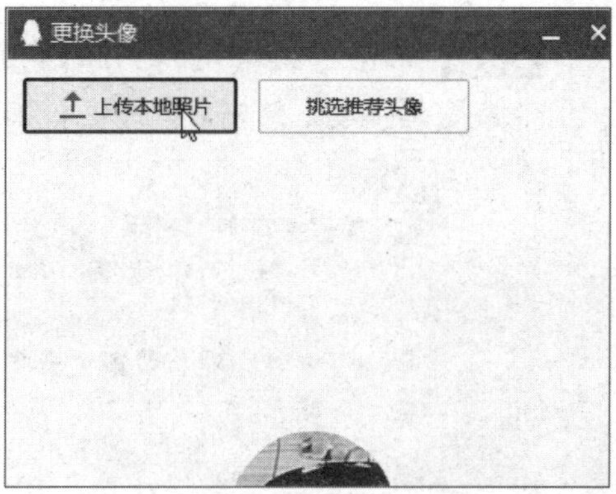

电脑小专家

问：如何查看QQ新闻？

答：调整QQ主面板使其变宽度使其变大，然后在上方应用栏中单击“腾讯网迷你版”按钮即可。

新手巧上路

问：如何阻止QQ随电脑开机启动？

答：打开QQ程序的“系统设置”对话框，在“登录”选项区中取消选中“开机时自动启动QQ”复选框即可。

第7步 **选择头像图片** 弹出“打开”对话框，❶选择要作为头像的图片。❷单击“打开”按钮。

第8步 **调整头像** ❶拖动图片调整其位置。❷单击“确定”按钮。

第9步 **单击“编辑资料”超链接** 返回个人资料面板，单击“编辑资料”超链接。

第10步 **编辑个人资料** ❶根据需要修改昵称、性别、生日等信息。❷单击“保存”按钮，关闭个人资料面板。

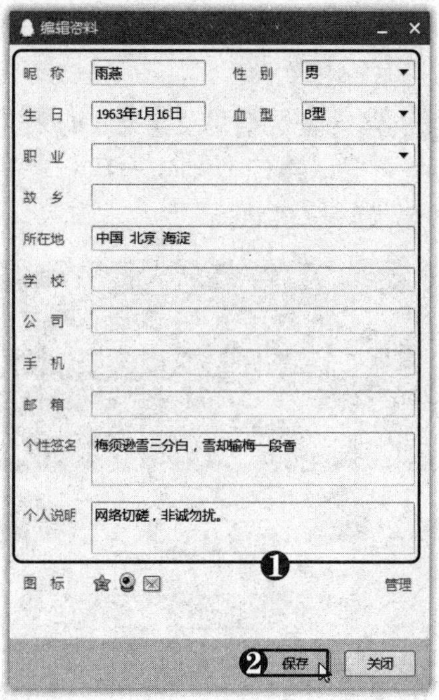

第11步 **选择“设置”选项** ❶在QQ面板下方单击“主菜单”按钮≡。❷选择“设置”选项。

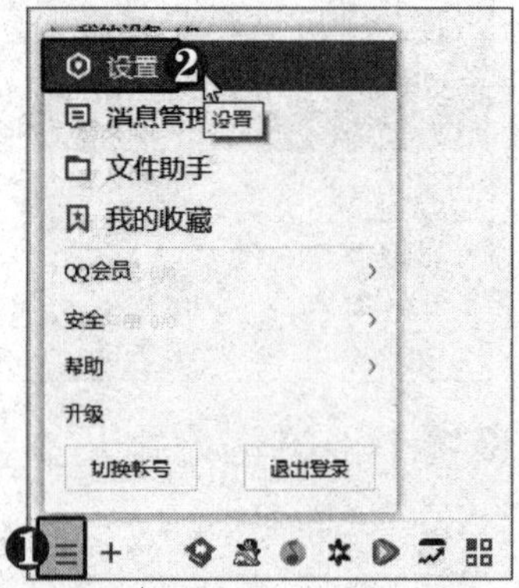

第12步 **进行防骚扰设置** 弹出“系统设置”对话框，❶单击“权限设置”按钮。❷选择“防骚扰”选项。❸选择允许别人查找的方式。❹选择验证方式，在此选择“需要正确回答问题”单选按钮，设置问题和答案，然后关闭对话框。

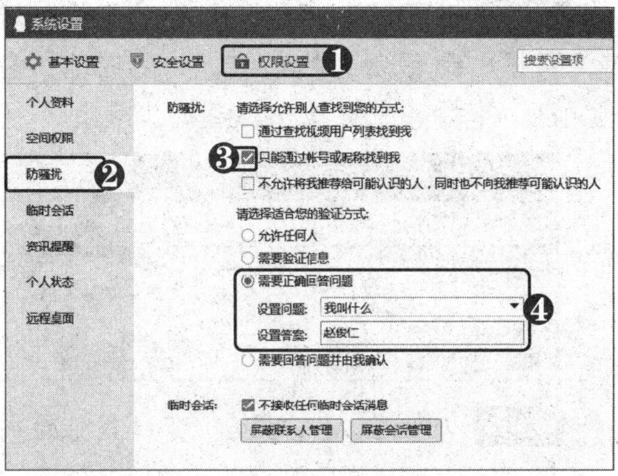

第13步 关闭 QQ 声音 ❶在 QQ 主界面上方单击“在线状态”按钮。❷选择“关闭所有声音”选项。

9.1.3 添加好友

要想与亲朋好友使用 QQ 进行在线聊天，必须先将其添加为 QQ 好友，还可将陌生人添加为 QQ 好友，具体操作方法如下：

第1步 搜索号码 ❶在 QQ 主面板搜索框中输入要添加联系人的 QQ 号码。❷显示搜索结果，双击搜索到的 QQ 号码。

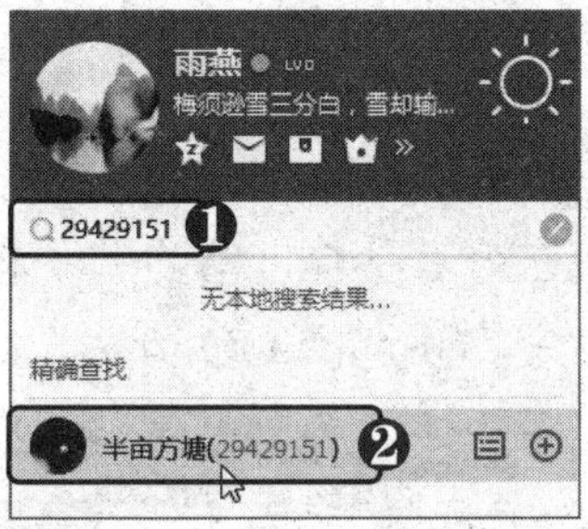

第2步 输入验证信息 弹出“添加好友”对话框，❶输入验证信息。❷单击“下一步”按钮。

第3步 设置备注和分组 ❶输入备注姓名。❷选择分组。❸单击“下一步”按钮。

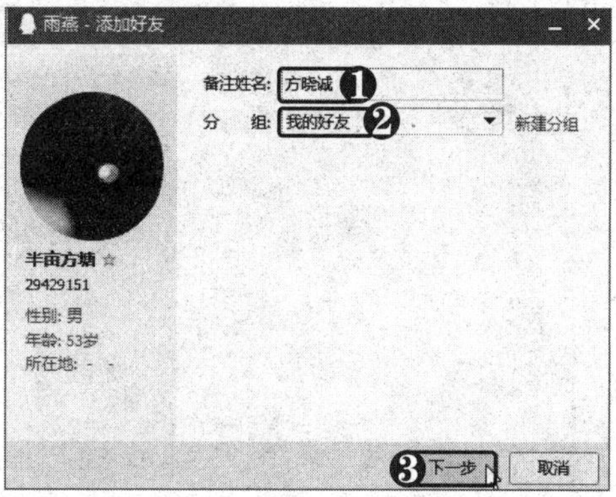

第4步 成功发送请求 好友添加请求已发送成功，单击“完成”按钮。

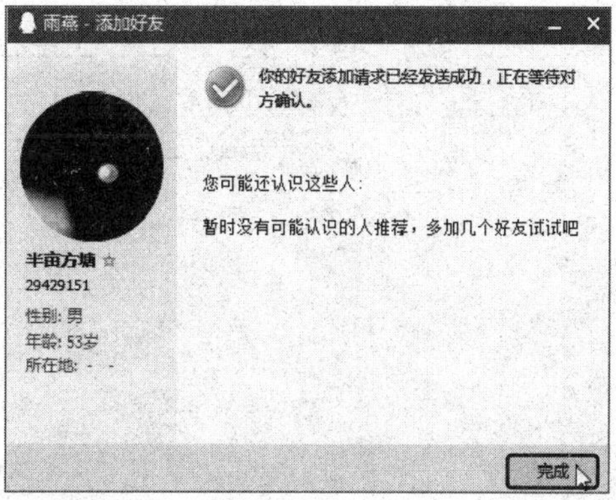

第5步 双击好友头像 当好友接受请求后，在“我的好友”列表中会显示添加成功的 QQ 好友，双击好友头像。

提示您

要更改好友的名称，可右击好友头像，选择“修改备注姓名”命令。

第6步 打开聊天窗口 此时即可打开与该 QQ 好友的聊天窗口。

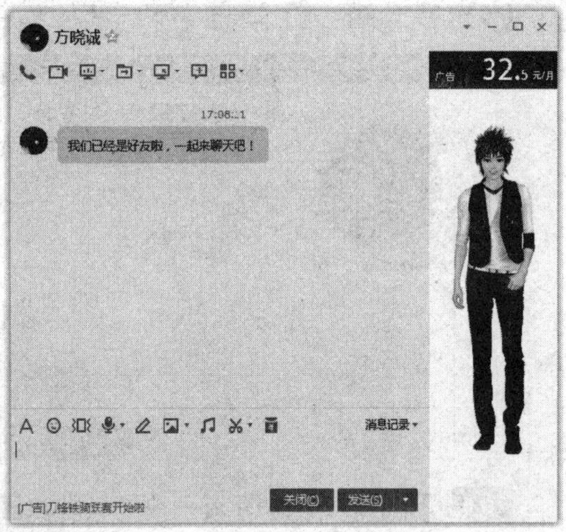

多学点

要删除好友，可右击好友头像，选择“删除”命令即可。

第7步 单击“加好友”按钮 若要添加陌生人为 QQ 好友，可在 QQ 主面板下方单击“加好友”按钮+。

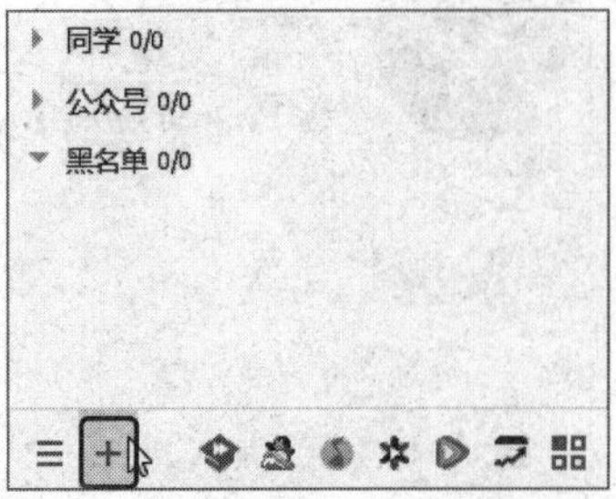

第8步 设置查找条件 弹出“查找”对话框，❶ 设置查找条件，如所在地、性别、年龄等。❷ 单击“查找”按钮。

第9步 加陌生人为好友 在查找结果用户列表中单击 QQ 头像右侧的“+好友”按钮，即可发送添加请求。

第10步 移动好友到分组 ❶ 在QQ主面板上右击好友头像。❷ 选择“移动联系人至”命令。❸ 选择 QQ 分组，如“朋友”。

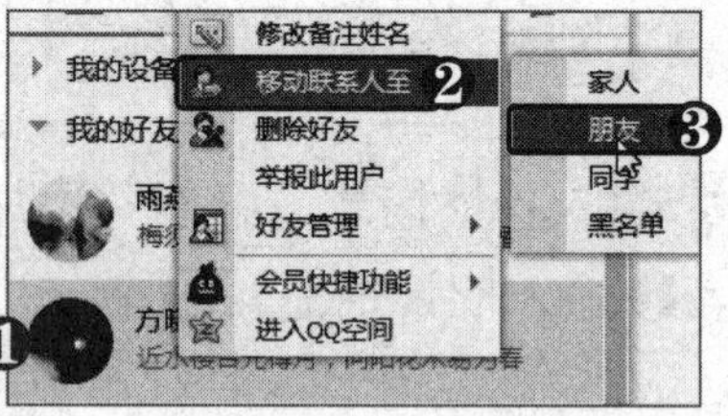

第11步 分组操作 此时即可将QQ好友移到“朋友”分组中。右击分组，可对分组进行操作，如重命名分组、添加分组等。

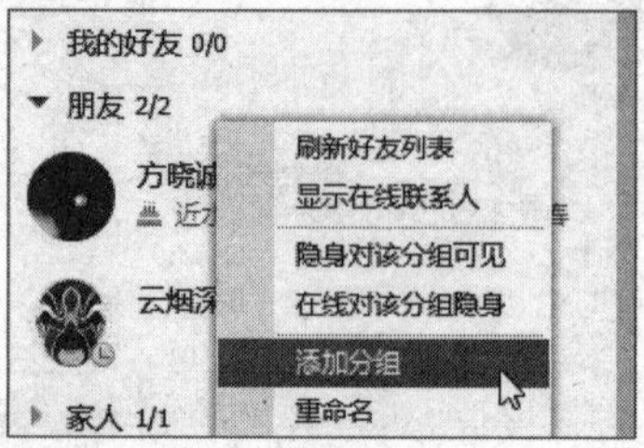

9.1.4 与好友在线畅聊

当添加好友后，即可与其进行在线聊天了，可以进行在线文字聊天，在文字中还可以插入 QQ 表情、截图等，具体操作方法如下：

第1步 单击 QQ 图标 单击任务栏通知区域中的 QQ 图标，即可打开 QQ 主界面。

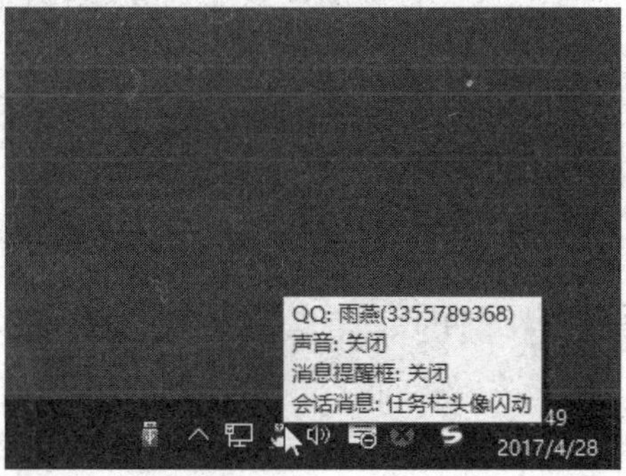

第2步 双击 QQ 头像 将 QQ 主界面移至屏幕上方，可以自动隐藏主界面。将鼠标指针置于屏幕上方则自动显示 QQ 主面板，双击要进行聊天的 QQ 头像。

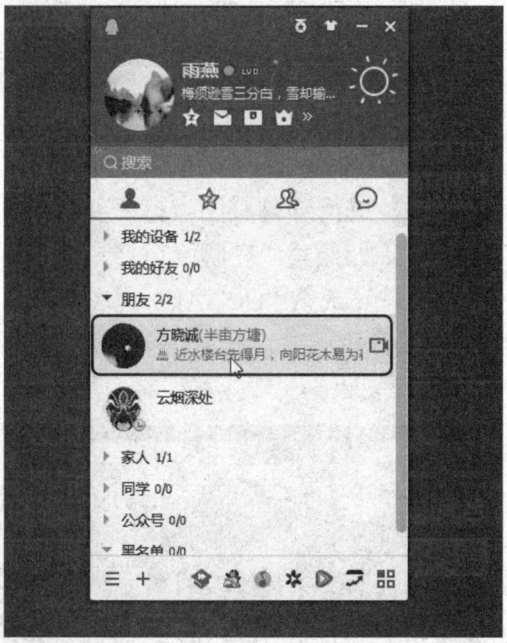

第3步 输入消息 打开 QQ 聊天窗口，❶在下方输入框中输入要说的话。❷在聊天工具栏中单击“字体选择工具栏”按钮A。

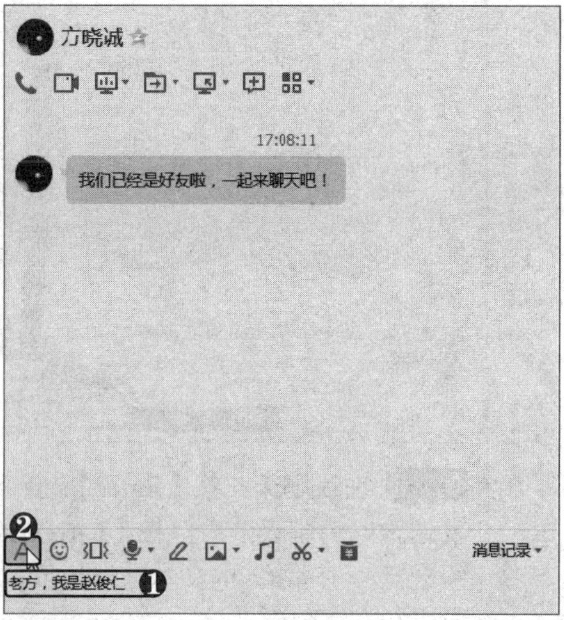

第4步 设置字体大小 打开字体选择工具栏，在“字体大小”列表选择所需的字号。

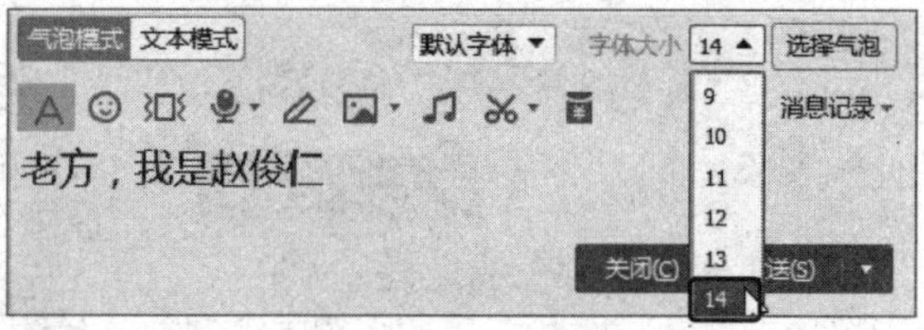

第5步 选择聊天表情 ❶在聊天工具栏中单击“选择表情”按钮☺。❷选择聊天表情。

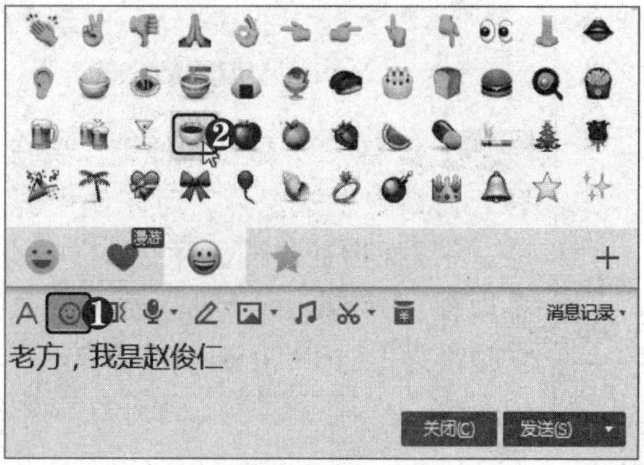

电脑小专家

问：如何删除聊天记录？

答：在聊天窗口中单击“消息记录”按钮，打开“消息记录”窗格，右击任意消息，选择“删除更多消息”命令，在弹出的对话框中设置要删除的消息即可。

新手巧上路

问：如何使用QQ远程控制对方的电脑？

答：在聊天窗口工具栏中单击“远程桌面”按钮，选择“请求控制对方电脑”选项，等待对方接受邀请后即可实现远程控制，还可邀请对方控制自己的电脑。

第6步 **设置发送快捷键** 单击“发送”按钮右侧的下拉按钮，选择“按 Enter 键发送消息”选项。

第7步 **在线聊天** 按【Enter】键，即可发送输入的聊天消息。按【Ctrl+Enter】组合键，可对输入的文本进行换行，与好友进行在线聊天。

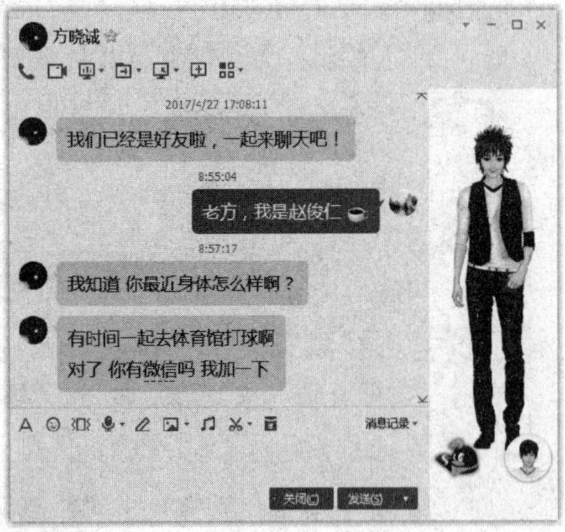

第8步 **查看 QQ 截图快捷键** 要在 QQ 聊天窗口中发送图片，可以使用屏幕截图。将鼠标指针置于聊天工具栏中的“屏幕截图”按钮上，可以看到 QQ 截图的快捷键为【Ctrl+Alt+A】组合键。

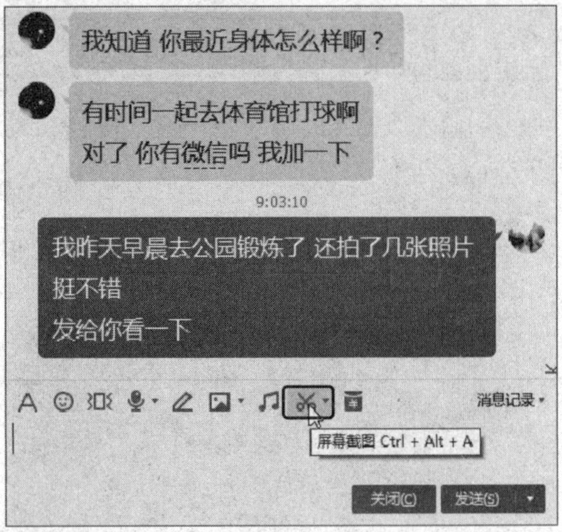

第9步 **截图时隐藏当前窗口** ❶单击“屏幕截图”按钮右侧的下拉按钮。❷选择“截图时隐藏当前窗口”选项。

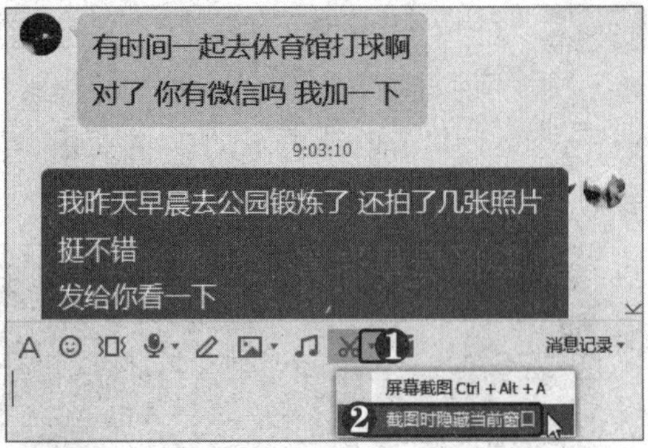

第10步 **进行屏幕截图** 打开要进行截图的文件，如照片。在聊天窗口单击“屏幕截图”按钮或按【Ctrl+Alt+A】组合键，进入屏幕截图状态，拖动鼠标选择要截取的范围。要取消屏幕截图，可右击。

第11步 **在截图上绘制** 释放鼠标后，可显示截图工具栏。单击工具栏中的功能按钮，可在截图上绘制图形或输入文本。设置完成后，单击“完成”按钮或按【Enter】键，即可复制截图。

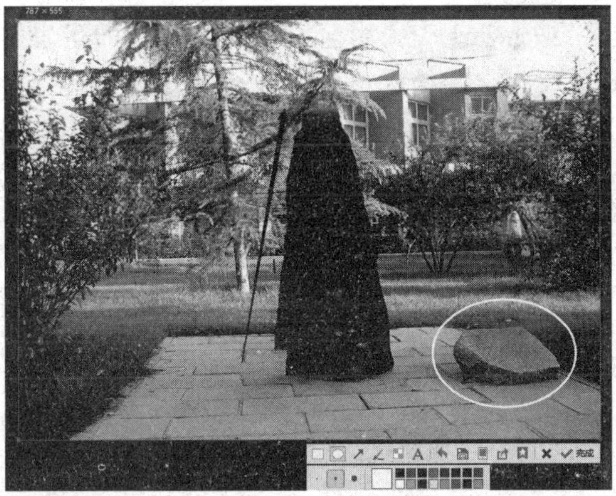

第12步 **粘贴截图** 返回聊天窗口，按【Ctrl+V】组合键，将截图粘贴到聊天窗口中。

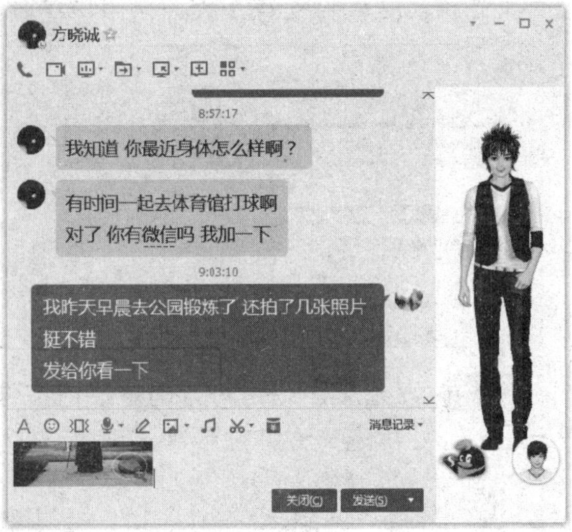

第13步 **发送截图** 按【Enter】键发送截图，在聊天窗口中双击截图，即可将其打开查看原图。

第14步 **查看消息记录** 单击“消息记录”按钮，在打开的窗格中可以查看历史聊天消息记录。

第15步 **查看最近会话好友** 在 QQ 主面板上选择“会话”选项卡，可以查看最近聊天的联系人。

9.1.5 传送文件

除了聊天功能之外，QQ 还有一个重要功能，便是传送文件。中老年人可以将电脑中的文件通过聊天窗口传送给好友，具体操作方法如下：

第1步 拖动文件 要向 QQ 好友发送照片，可将照片以文件的方式发送给好友。在文件窗口中选中要发送的照片，并将其拖至 QQ 聊天窗口中。

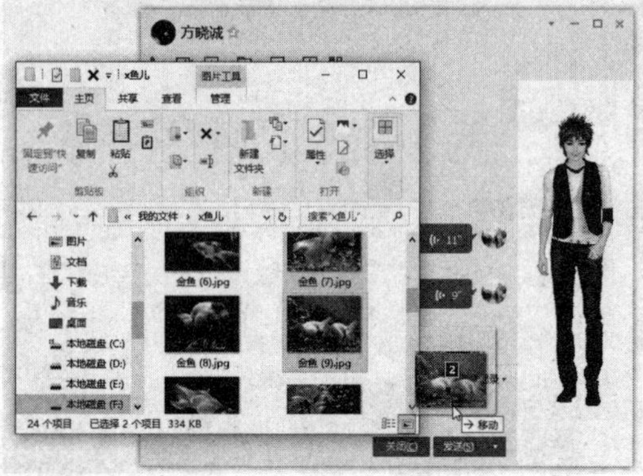

提示您

使用Word传送文件时，若文件正在编辑，则要先将其关闭后才可传送。

第2步 打开“传送文件”窗格 此时将打开“传送文件”窗格，显示要发送的文件。

第3步 复制文件 在文件窗口中选中要发送的文件，按【Ctrl+C】组合键复制文件。

多学点

打开“消息记录”窗格，在上方单击“文件”按钮，可查看传送的文件记录。

第4步 发送文件 打开 QQ 聊天窗口，按【Ctrl+V】组合键粘贴文件，即可发送文件。等待对方接收文件，若对方长时间没有接收文件，可以单击文件下方的“转离线发送”超链接。

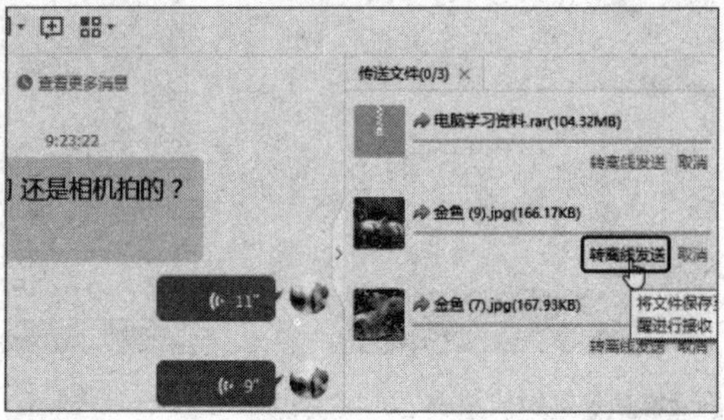

第5步 离线发送成功 提示文件离线发送成功，文件将暂存 7 天等待用户接收。

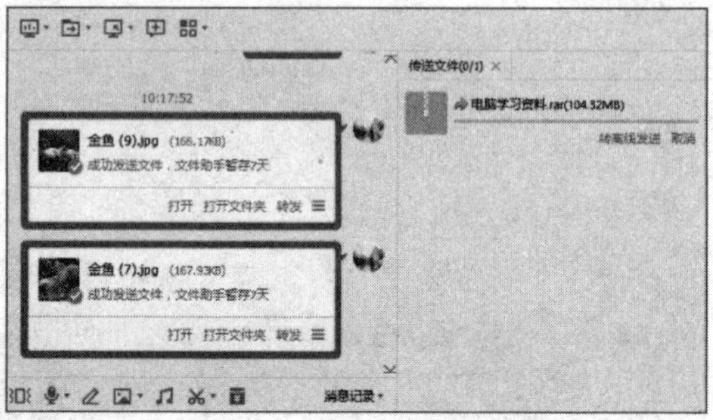

第6步 传送文件 待对方同意接收文件后，开始传送文件并显示传送进度。

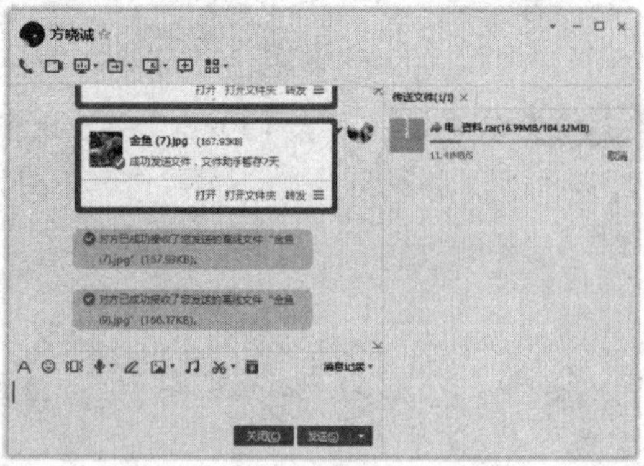

第7步 **单击“另存为”超链接** 当好友向自己传送文件时，将弹出“传送文件”窗格，单击“另存为”超链接。

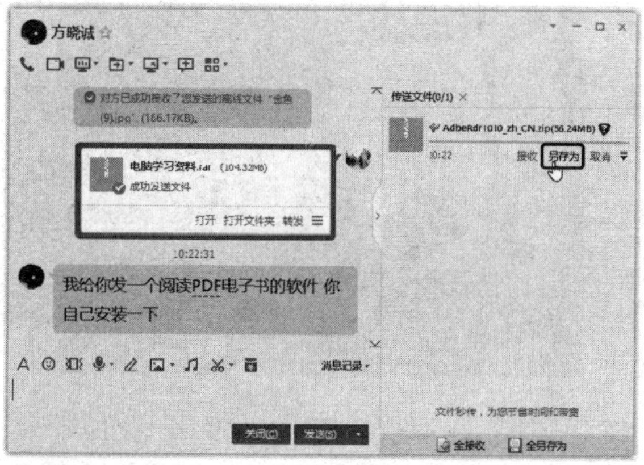

第8步 **保存发送文件** 弹出“另存为”对话框，❶选择文件的保存位置。❷单击“保存”按钮。

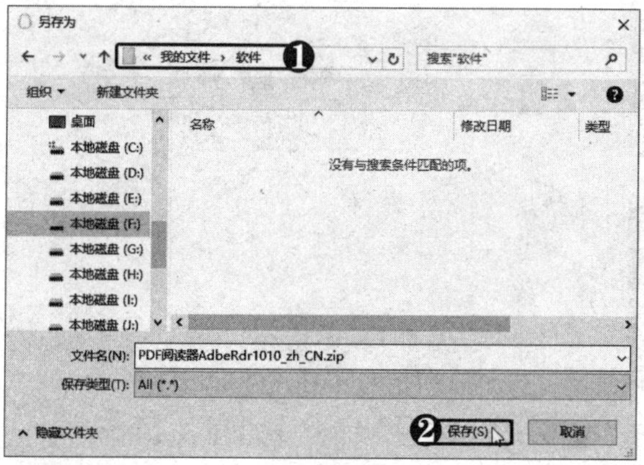

第9步 **单击“转发”超链接** 还可将发送的文件转发给多个 QQ 好友，在发送的文件下方单击“转发”超链接。

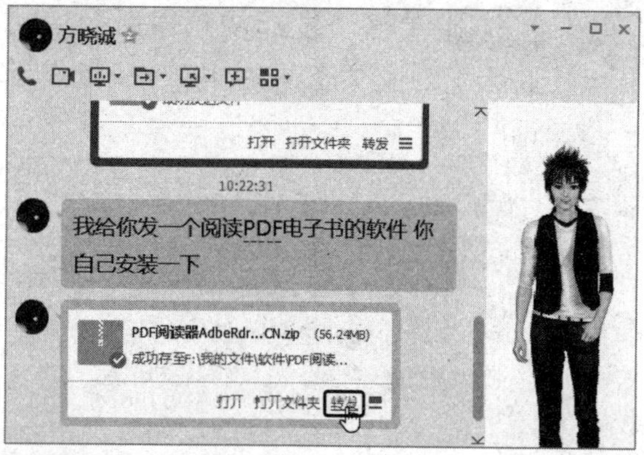

第10步 **转发文件** 弹出“转发”对话框，❶在左侧选择联系人。❷单击“转发”按钮。

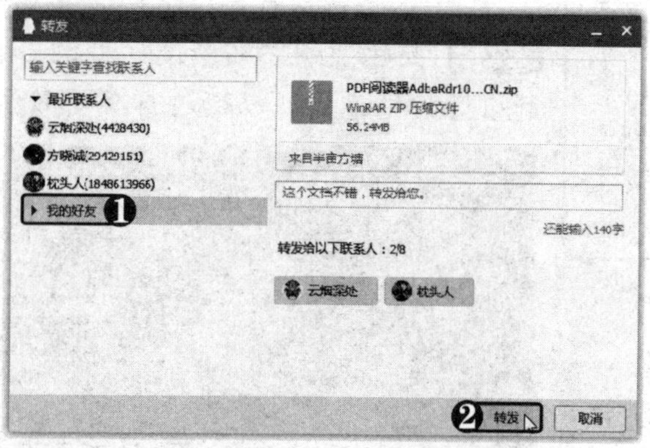

第11步 **文件转发成功** 弹出提示信息框，单击“关闭”按钮。

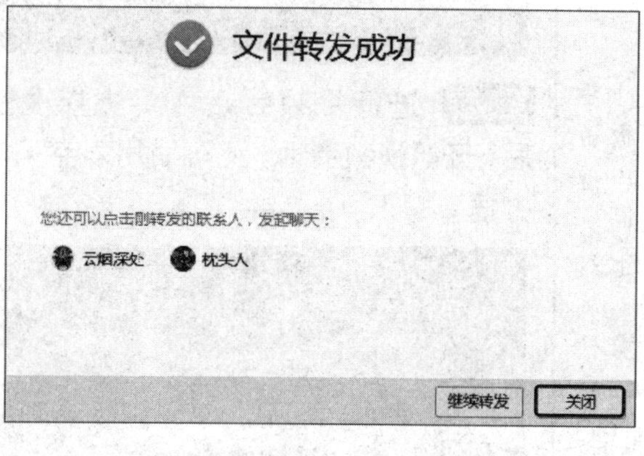

9.1.6 视频和语音通话

要使用 QQ 与好友进行语言和视频聊天，电脑上需要安装摄像头和麦克风设备。通过视频聊天不仅能同对方直接通话，不用打字，还能看到对方，十分方便，具体操作方法如下：

电脑小专家

问：如何及时锁定QQ？

答：默认情况下，按【Ctrl+Alt+L】组合键即可锁定QQ，也可在QQ主面板中单击QQ在线状态按钮，选择“锁定QQ”命令。

新手巧上路

问：如何在QQ空间发表信息？

答：在QQ主面板功能栏中单击“QQ空间”按钮 进入QQ空间，从中可写/发日志。在QQ主面板选择“QQ空间”选项卡 ，也可快速发表说说。

第1步 单击“发起视频通话”按钮 在聊天窗口上方工具栏中单击“发起视频通话”按钮 。

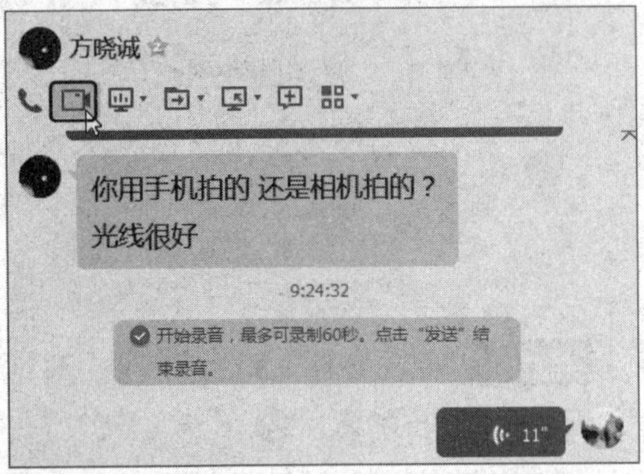

第2步 发起视频会话邀请 此时即可发起视频会话邀请，等待对方接受邀请。

第3步 进行视频会话 对方接受邀请后，开始视频会话。还可使用麦克风与对方语音聊天。

第4步 给对方播放影音文件 ❶单击下方的“更多按钮” 。❷选择“给对方播放影音文件”选项。

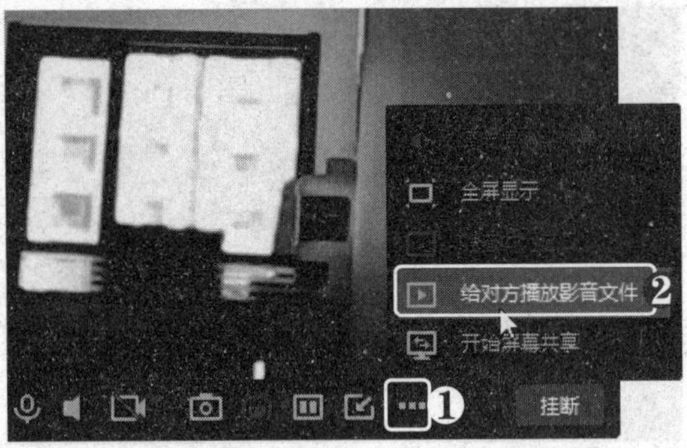

第5步 选择视频文件 弹出“打开”对话框，❶选择视频文件。❷单击“打开”按钮。

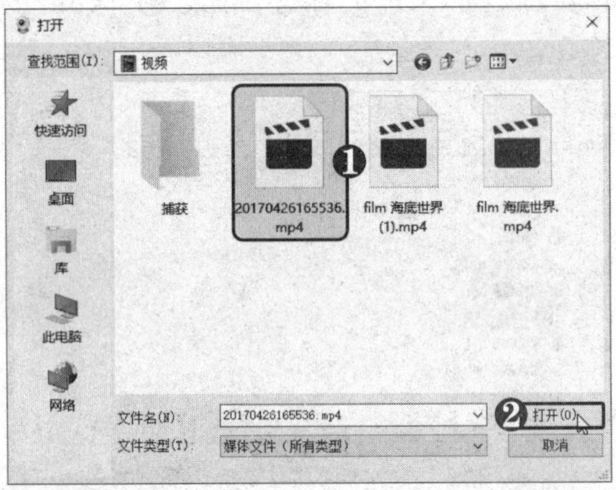

第6步 播放视频 开始播放影音文件，对方可以从视频窗口中看到播放的视频。单击“挂断”按钮，可以结束视频聊天。

第7步 发起语音通话 在上方工具栏中单击“发起语音通话”按钮📞。等待对方接受后，可与其进行语音聊天。

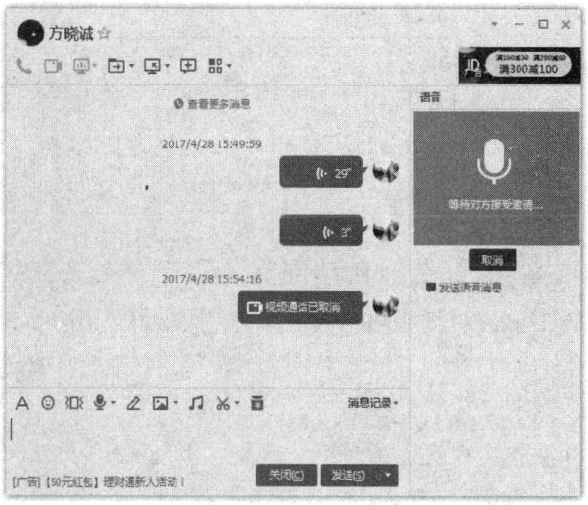

第8步 发送语音消息 在聊天工具栏中单击“语音消息”按钮🎙，可发送 1 分钟以内的语音消息。

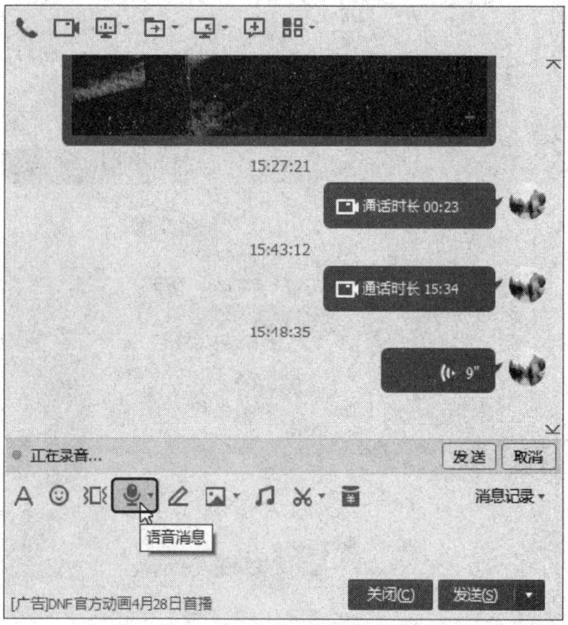

第9步 发送视频留言 ❶单击“语音消息”右侧的下拉按钮。❷选择“发送视频留言”选项。

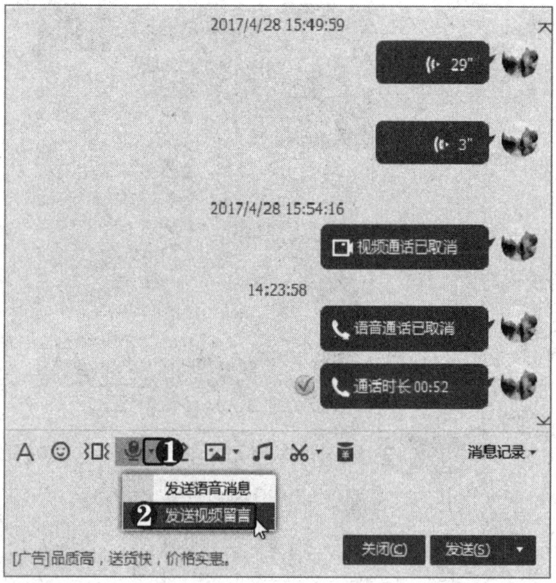

第10步 录制视频 此时将打开“视频留言”窗口，单击“录制”按钮，可录制 1 分钟以内的视频发送给好友。

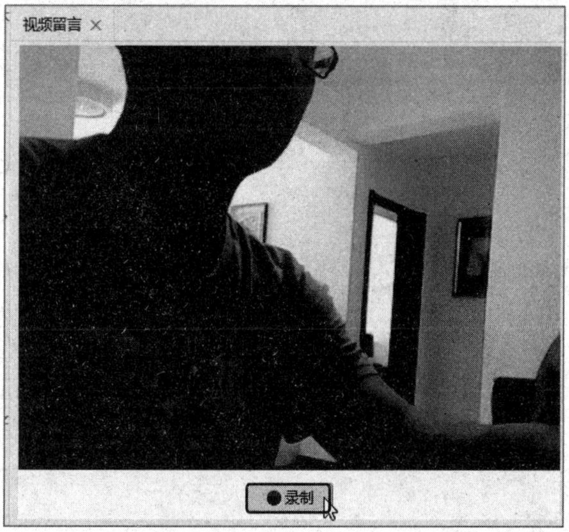

9.1.7 设置聊天自动回复

在使用 QQ 聊天时，如果工作较忙或有事离开，不方便回消息，可以设置为忙碌或离开状态，让 QQ 自动回复消息，具体操作方法如下：

第1步 **选择“系统设置”选项** ❶在QQ主界面上单击在线状态下拉按钮。❷选择“系统设置”选项。

第2步 **单击“自动回复设置”按钮** 弹出“设置”对话框，❶在左侧选择“状态”选项。❷在右侧单击“自动回复设置”按钮。

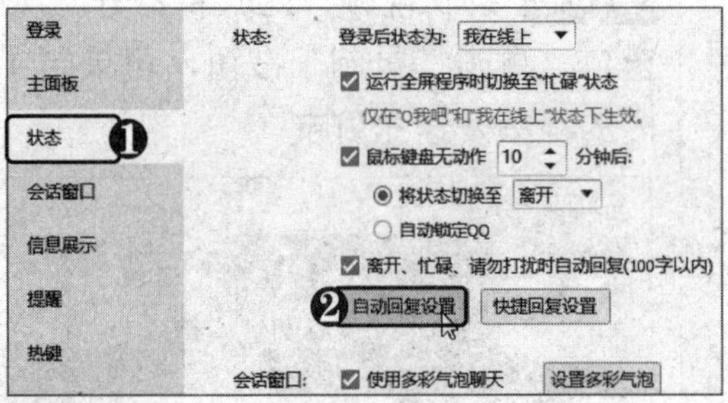

第3步 **单击“添加”按钮** 在弹出的对话框中单击“添加”按钮。

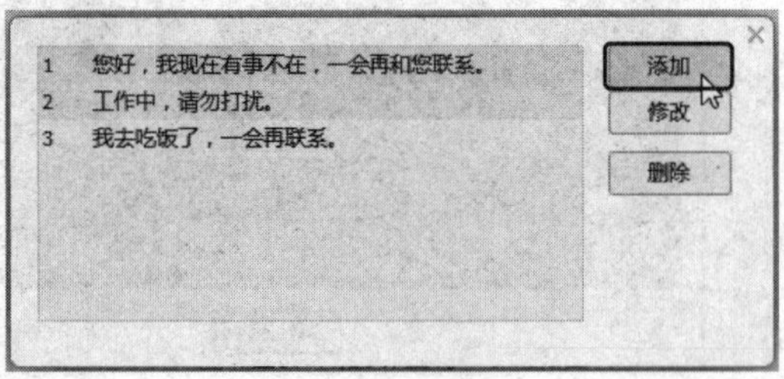

第4步 **输入回复内容** ❶输入回复内容。❷单击“确定”按钮。

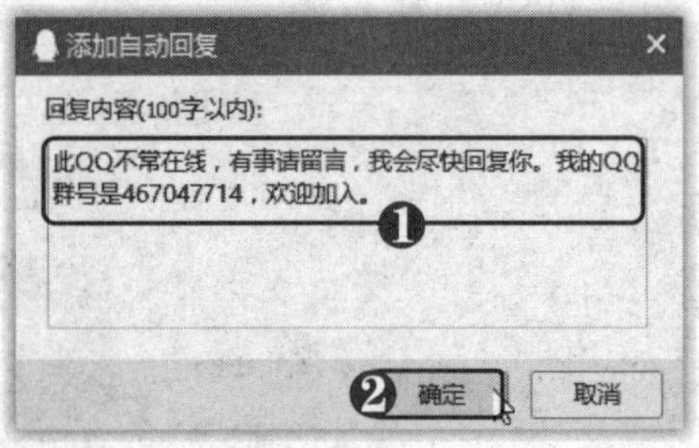

第5步 **选择自动回复** ❶选择新添加的自动回复选项。❷单击“关闭”按钮。

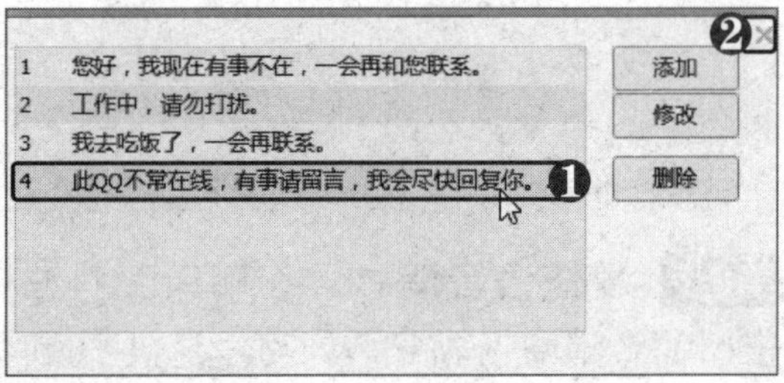

第6步 **查看自动回复效果** 当自己的QQ处于“离开”状态时，好友与自己聊天将显示自动回复内容。

提示您

在QQ主界面下方单击“主菜单”按钮，选择“文件助手”选项，在弹出的对话框中可查看所有传送的文件。

多学点

通过“远程演示”功能可在好友或多人聊天内发起屏幕分享，让对方可以看到自己电脑屏幕上显示的画面，同时支持语音沟通。

9.1.8 多人聊天

在进行QQ聊天时，可以创建一个讨论组，并将自己的QQ好友添加到讨论组中进行群聊，具体操作方法如下：

第1步 **发起多人聊天** 在 QQ 聊天窗口上方的工具栏中单击“发起多人聊天”按钮⊞。

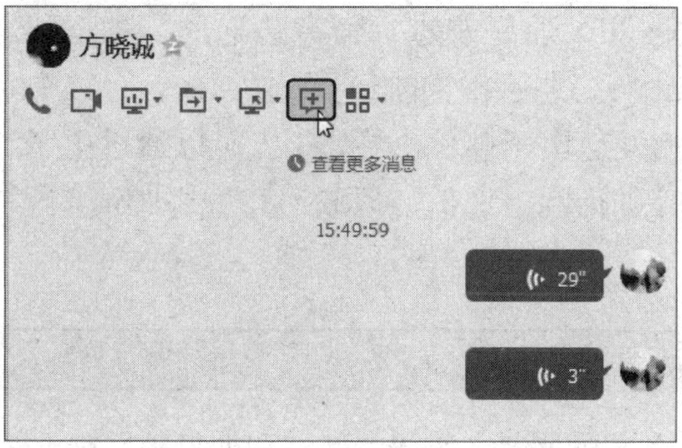

第2步 **选择联系人** 弹出“发起多人聊天”对话框，❶在左侧选择联系人，即可将其添加到多人聊天中。❷单击“确定”按钮。

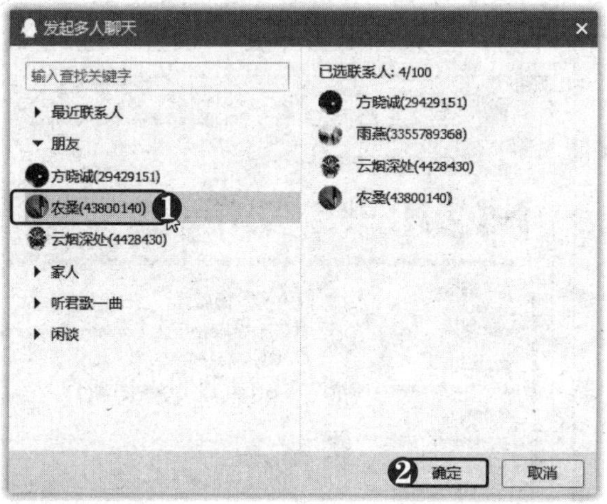

第3步 **双击联系人选项** 此时即可打开多人聊天窗口，进行群聊。当打开多个聊天窗口时将进行合并，在左侧双击多人聊天联系人。

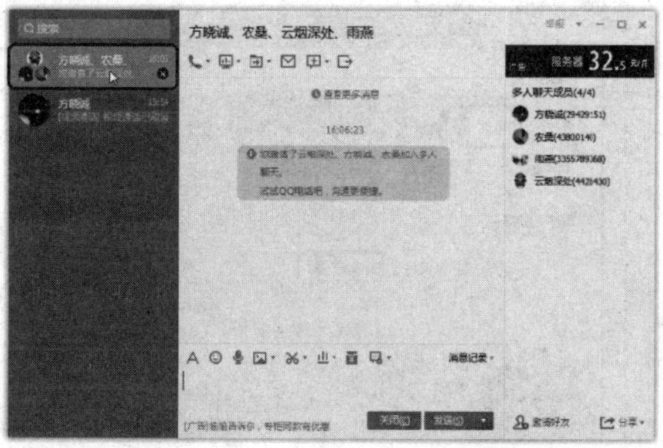

第4步 **分离窗口** 此时即可将多人聊天窗口从合并窗口中分离出来单独显示。

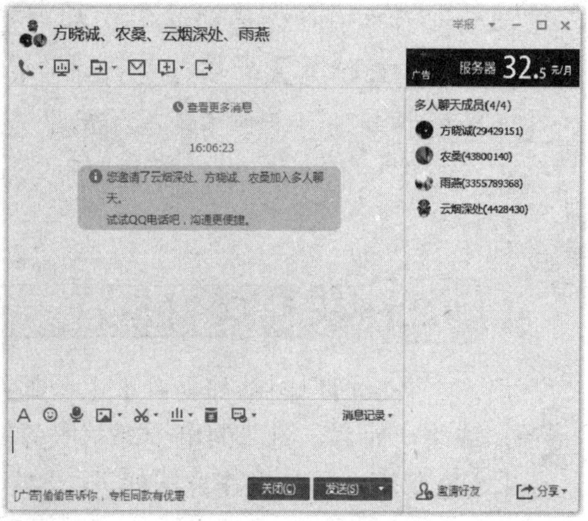

第5步 **退出多人聊天** ❶在 QQ 主界面上选择“会话”选项卡。❷右击多人聊天组。❸选择“退出多人聊天”命令。

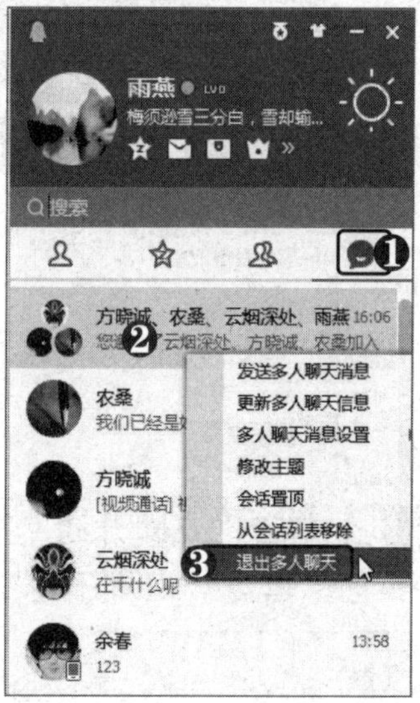

高手点拨

在 QQ 主界面选择“群聊”选项卡，单击“创建”下拉按钮，选择“创建群”选项，可创建自己的 QQ 群组，将好友加入 QQ 群进行群聊。

9.2 使用电子邮箱收发邮件

电子邮件是网络用户利用互联网和亲朋好友进行信息传递的一种现代化的通信方式，其英文名称是E-mail。通过网络中的电子邮件系统，可以与世界上任何一个角落的亲戚朋友互相发送电子邮件。中老年人可以通过电子邮件与不在自己身边的孩子或亲友等进行网上通信，以联络与增进感情。

电脑小专家

问：没有登录QQ，怎么进入QQ邮箱？

答：在浏览器中输入网址mail.qq.com，打开QQ邮箱主页，输入QQ号码和密码即可直接登录QQ邮箱。

9.2.1 开通 QQ 邮箱

各大门户网站都提供了电子邮件服务，如网易、腾讯、新浪和搜狐等。对于普通用户而言，免费的电子邮箱服务就能满足日常需求。拥有QQ号码，便可以开通QQ邮箱，具体操作方法如下：

第1步 单击“QQ邮箱”按钮 在QQ主面板上单击“QQ邮箱”按钮✉。

第2步 单击“立即开通”按钮 在打开的页面中单击“立即开通”按钮。

第3步 单击“设置”超链接 进入QQ邮箱，在页面上方单击“设置”超链接。

第4步 设置账户昵称 打开“邮箱设置”页面，❶在上方单击“账户”超链接。❷输入账户昵称。❸单击“保存更改”按钮。

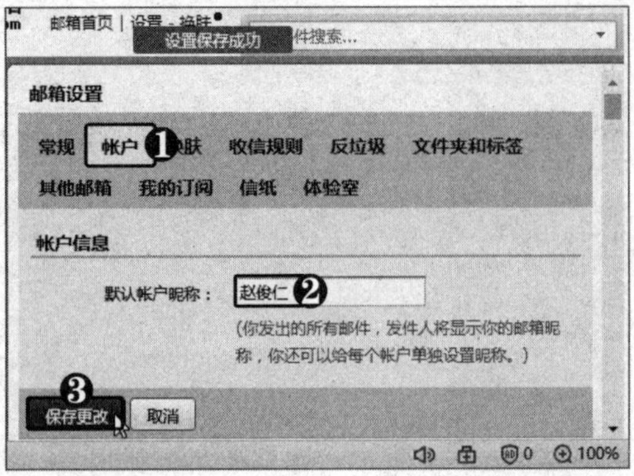

新手巧上路

问：怎样安全退出QQ邮箱？

答：在QQ邮箱页面右上方单击“退出”超链接，即可退出QQ邮箱。

9.2.2 发送电子邮件

要发送电子邮件，需要先知道收件人的邮箱地址。电子邮件的内容可以包含文字、图像、声音和视频等，发送电子邮件的具体操作方法如下：

第1步 单击“写信”超链接 进入 QQ 邮箱，在左侧单击“写信”超链接。

第2步 输入收件人地址 打开写信页面，❶ 输入收件人邮箱地址。❷ 单击“添加附件”超链接。

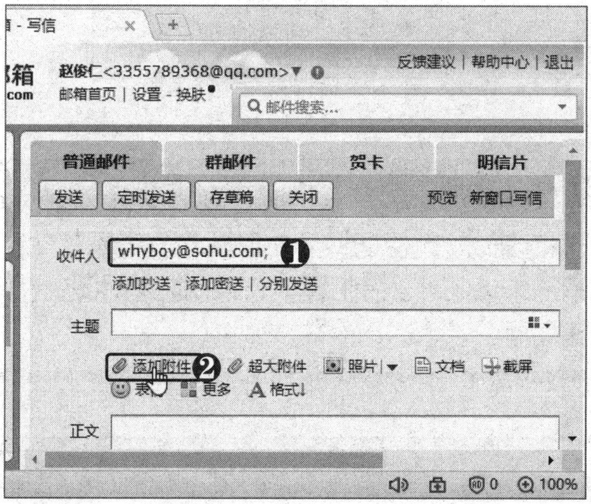

第3步 选择附件 弹出“打开”对话框，❶ 选择要发送的附件。❷ 单击“打开”按钮。

第4步 开始上传附件 此时即可开始上传附件，并显示上传进度。

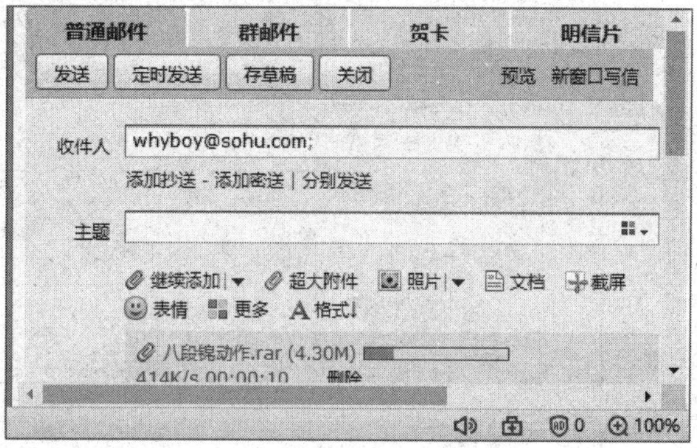

第5步 输入主题和正文 根据自己的需要输入邮件主题和正文。

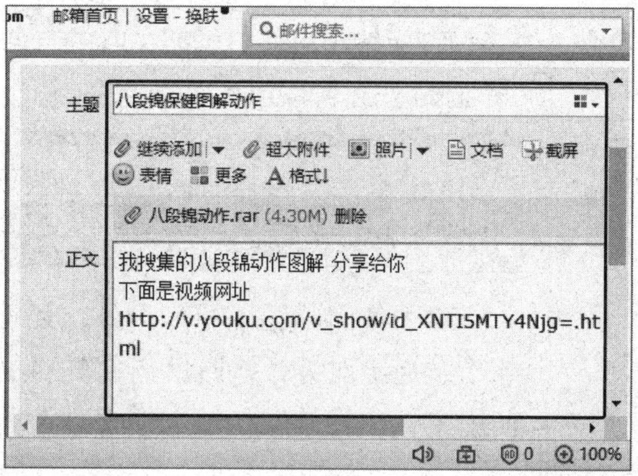

第6步 选择信纸 ❶在右侧选择“信纸”选项卡。❷选择信纸样式。

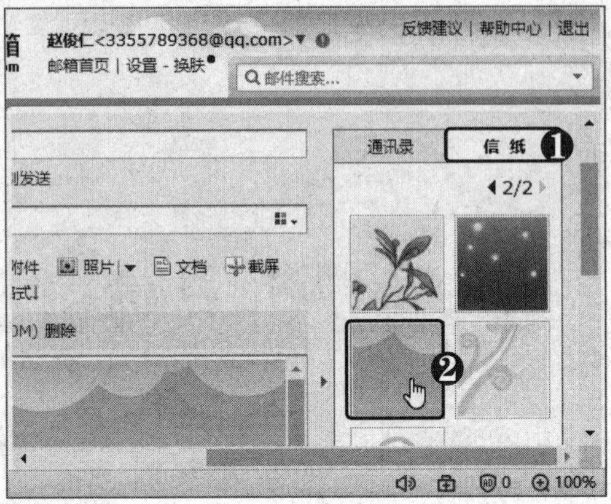

第7步 单击“发送”按钮 邮件编写完成后，单击“发送”按钮。

第8步 邮件发送成功 此时对方即可收到自己发送的电子邮件。

第9步 选择“发送电子邮件”命令 要给QQ好友发送电子邮件，❶可直接右击好友头像。❷选择“发送电子邮件”命令。

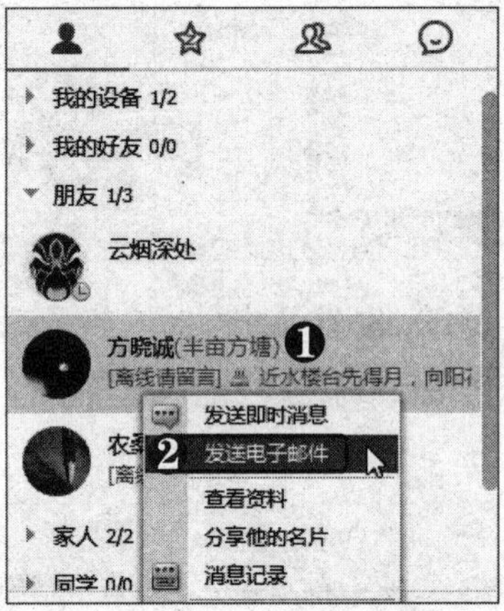

提示您

在“写信”页面选择“贺卡”选项卡，还可给好友发送贺卡邮件。

多学点

要给多人发送邮件，可在“收件人”文本框中输入多个邮箱地址，邮箱地址之间用空格分开。在“写信”页面的“通信录”中还可选择好友，将其添加到收件人中。

高手点拨

如果拥有多个QQ邮箱，可将它们关联起来。既方便切换到关联邮箱去查看邮件，还可在邮箱中直接看到所关联的其他邮箱的未读邮件。在邮箱上方单击邮箱地址，在弹出的面板中单击“关联已有邮箱”按钮即可。

9.2.3 发送超大文件

除了使用邮箱“写信”外，还可将电脑中的音乐、视频、图片等文件通过QQ邮箱发送给对方，这时就需要先将文件上传到邮箱再进行发送。在QQ邮箱中可以使用文件中转站发送较大的文件，具体操作方法如下：

第1步 单击“上传”按钮 ❶在邮箱左侧选择“文件中转站”选项。❷单击“上传”按钮。

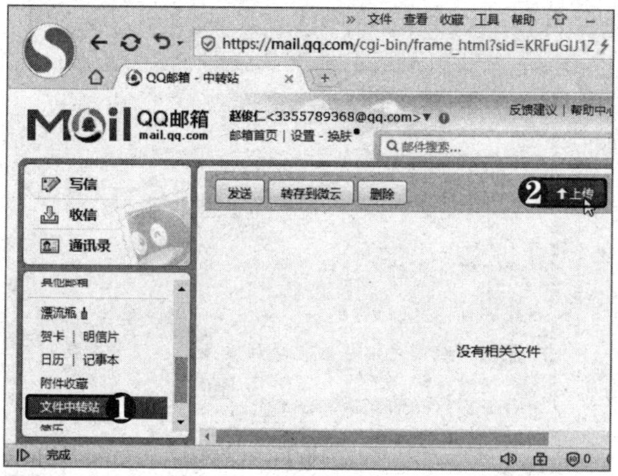

第2步 选择文件 弹出“打开”对话框，❶选择文件。❷单击“打开”按钮。

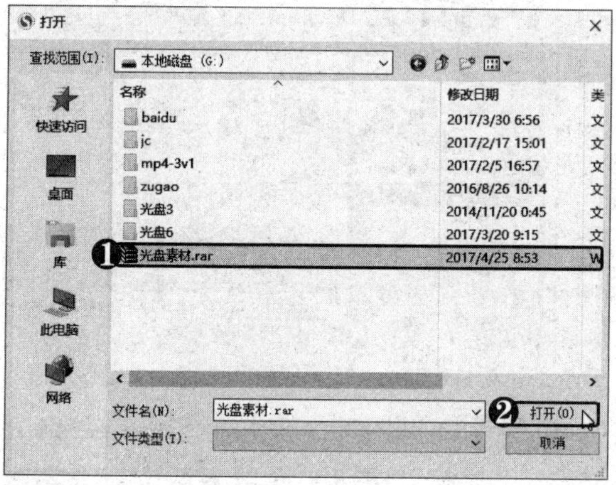

第3步 开始上传文件 开始向中转站中上传文件，并显示上传进度。

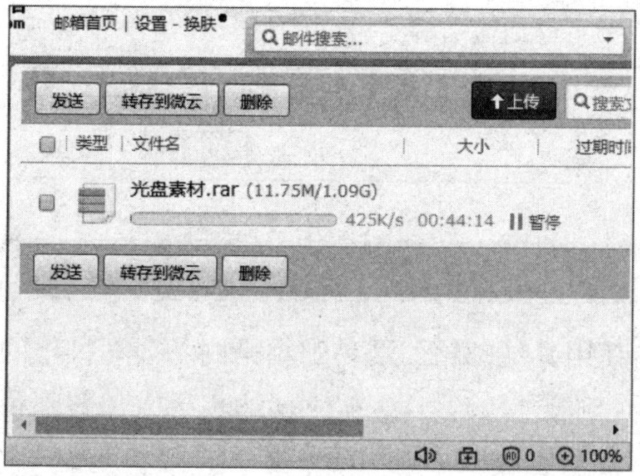

第4步 文件上传完成 文件上传完成后，即可将文件保存到中转站中，有效时间为 30 天。❶选中文件左侧的复选框。❷单击“发送”按钮。

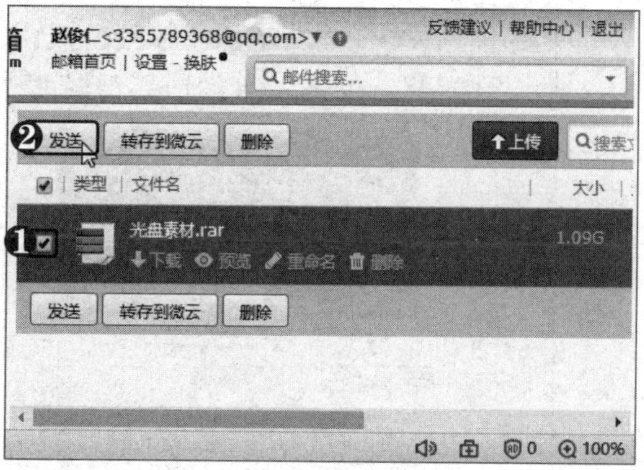

第5步 发送邮件 进入“写信”页面，系统自动将所选的超大附件添加到邮件中。❶输入收件人地址，并编辑邮件内容。❷单击“发送”按钮。

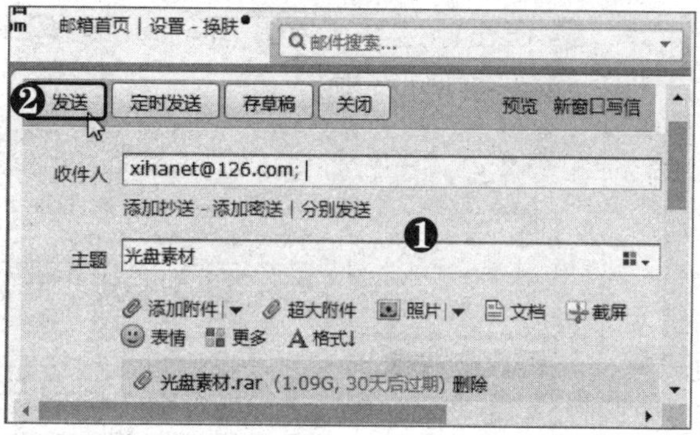

第6步 邮件发送成功 此时对方即可收到朋友发送的电子邮件。

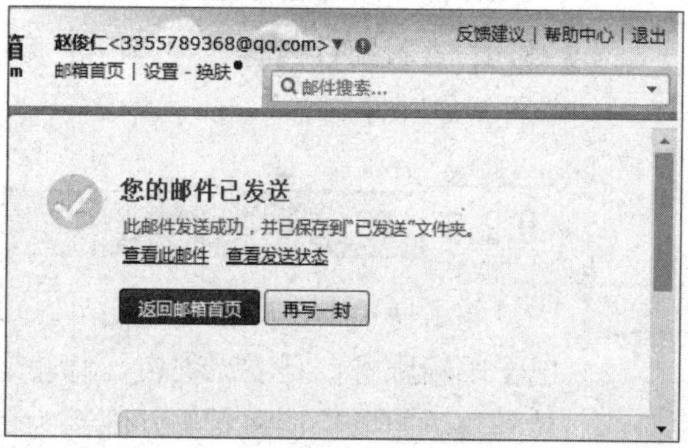

9.2.4 接收电子邮件

在登录邮箱后，可以在“收件箱”中查看自己收到的新邮件，具体操作方法如下：

第1步 单击“QQ 邮箱”按钮 在收到新邮件后，QQ 面板上的“邮箱”按钮上会出现提醒，单击“QQ 邮箱”按钮✉。

第2步 单击邮件标题 打开 QQ 邮箱，❶ 在左侧选择“收件箱”选项。❷ 在右侧单击邮件标题。

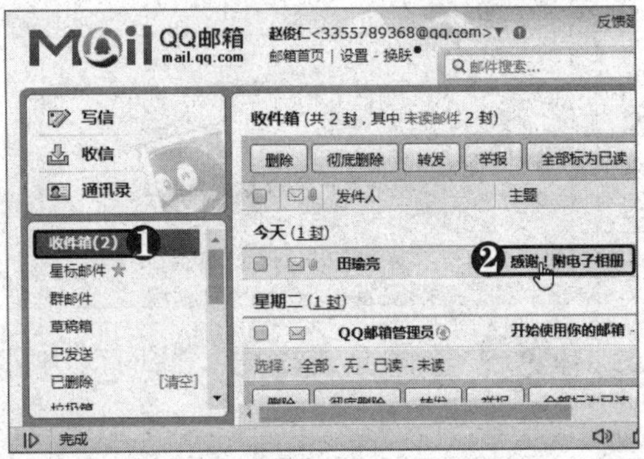

第3步 查看邮件内容 在打开的页面中即可查看邮件内容。

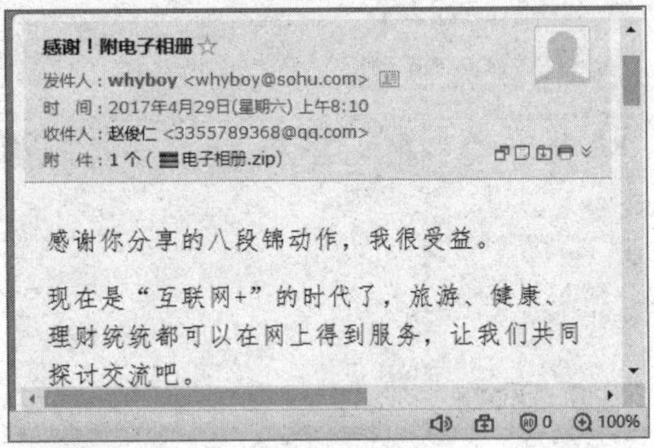

第4步 单击“下载”超链接 在邮件下方显示了邮件附件，单击“下载”超链接。

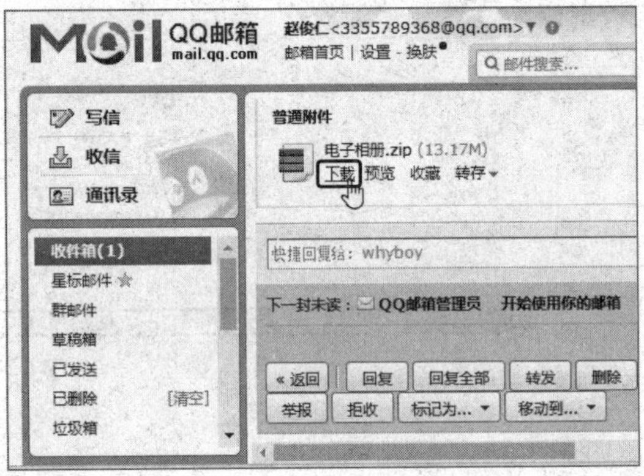

第5步 下载附件 弹出下载对话框，❶ 单击“浏览”按钮，设置下载位置。❷ 单击“下载”按钮，即可下载邮件附件。

9.2.5 申请网易邮箱

除了使用 QQ 邮箱外，还可以申请使用其他邮箱。网易邮箱是网易公司推出的电子邮箱服务，是主流的电子邮箱之一，拥有 163、126 和 yeah.net 三大免费邮箱品牌。下面以申请网易 126 邮箱为例，介绍申请电子邮箱的方法。

电脑小专家

问：怎样为 QQ 邮箱设置独立的密码？

答：进入邮箱设置页面，选择“账户”选项卡，在“账户安全”组中可为邮箱设置独立的密码。

新手巧上路

问：怎样对发送的邮件进行加密？

答：在“写信”页面编辑完邮件后，在下方单击“其他选项”超链接，在展开的选项中选中“对邮件加密”复选框，在弹出的对话框中设置密码即可。

第1步 **单击“去注册”按钮** 在浏览器地址栏中输入网址 126.com，打开 126 网易邮箱首页，单击“去注册”按钮。

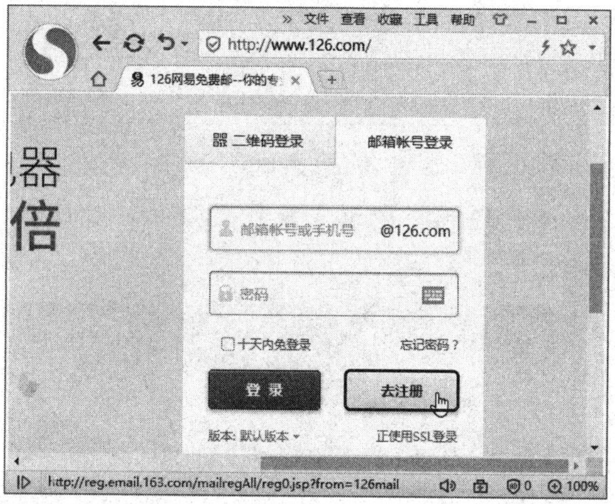

第2步 **输入注册信息** 在打开的页面中，❶单击“注册字母邮箱”按钮。❷输入注册信息。❸单击“免费获取验证码”按钮。

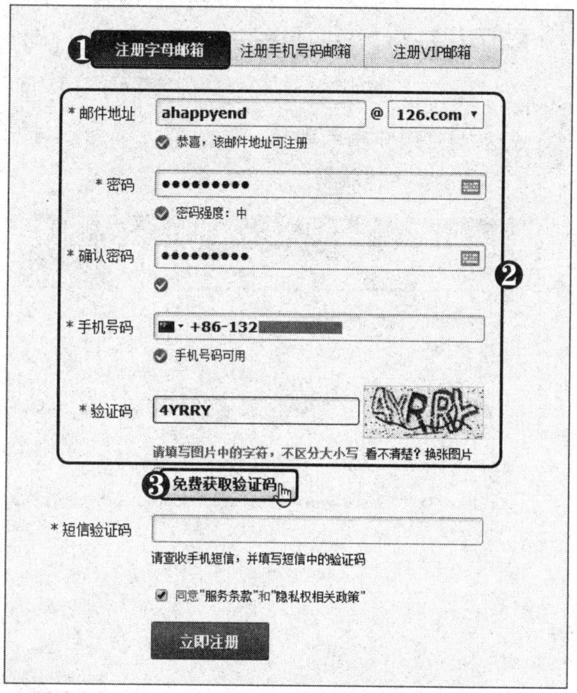

第3步 **输入验证码** 查看手机短信上收到的验证码，❶将验证码输入“短信验证码”文本框中。❷单击“立即注册”按钮。

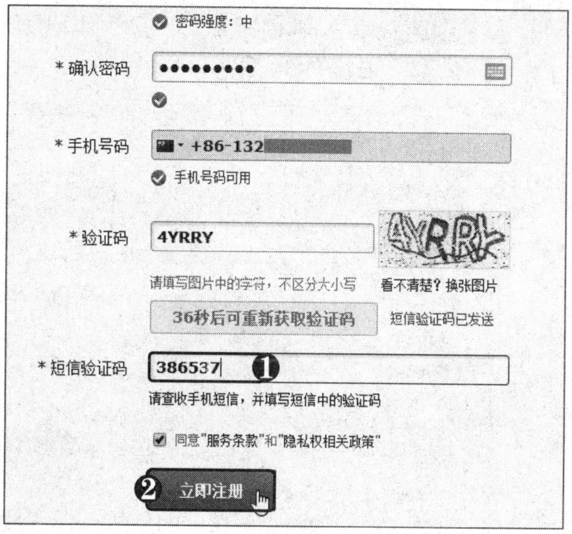

第4步 **邮箱注册成功** 在打开的页面中提示邮箱注册成功。

第5步 **设置登录邮箱** 打开 126 邮箱首页，❶ 输入邮箱名和密码。❷单击“登录”按钮。

第6步 进入邮箱 进入 126 邮箱首页，查看邮箱操作界面。

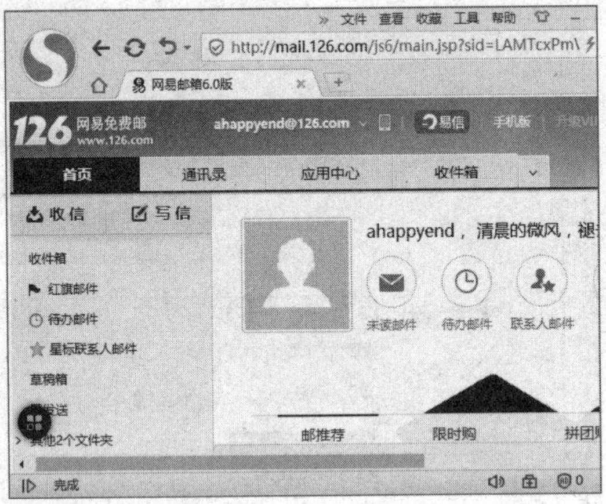

第7步 选择“账号与邮箱中心”选项 ❶在上方单击“设置”超链接。❷选择“账号与邮箱中心”选项。

第8步 单击“修改个人资料”超链接 进入“设置”页面，单击“修改个人资料”超链接。

第9步 设置个人资料 在打开的页面中，❶输入姓名和昵称。❷单击“保存”按钮。

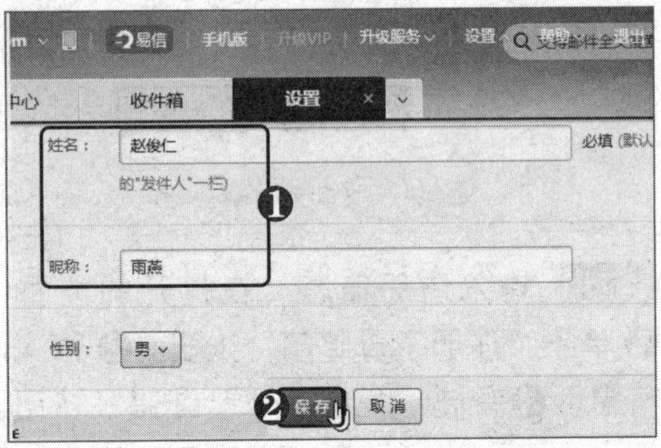

第10步 打开写信页面 在邮箱左侧单击“写信”按钮，即可打开“写信”页面，编辑邮件内容。单击“写信”选项卡中的“关闭”按钮⊗，可关闭写信页面。

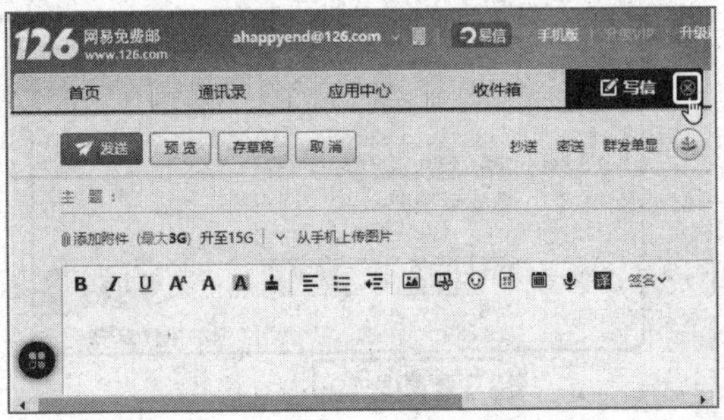

提示您

若要更改网易邮箱密码，可在页面上方单击“设置”按钮，选择“邮箱密码修改”选项，在打开的页面中根据操作向导设置新密码。

多学点

在发送邮件时，还可在邮件末尾附上自己的个性签名，在邮件编辑工具栏中单击“签名”下拉按钮，选择“设置签名”选项，在打开的页面中即可创建个性签名。

第10章 休闲娱乐，尽享网络视听盛宴

章前导读

互联网为中老年人提供了多种多样的娱乐项目，通过它可以观看电视剧、欣赏在线电影、聆听音乐、戏曲、广播等，还可以与亲友一起玩玩休闲的小游戏，让中老年人在闲暇之余充分体验互联网带来的乐趣。

- ✔ 网上看视频
- ✔ 网上听音乐
- ✔ 在线听广播
- ✔ 网上玩游戏

电脑是高科技产品，中老年人的一些传统娱乐项目也可以在电脑上玩吗？

当然可以，在电脑上看电视、听广播、听戏曲、学书画、与好友玩一起玩游戏等，样样都可以做到。

是的，网络就是为人们提供方便和服务的，并且任何年龄段的人群都可以享受网络带来的乐趣。互联网上包罗万象，有许多娱乐性的网站，本章就让我们一起来体验一下吧！

10.1 网上看视频

在网上看电影、电视剧、戏曲等视频节目，既可以在视频网站上直接观看，也可以在电脑上安装视频客户端进行观看。

10.1.1 在视频网站看视频

目前比较有影响力的视频网站主要有爱奇艺、腾讯视频、优酷视频、PPTV、搜狐视频、网易视频等。视频网站上提供了丰富的视频节目可供用户免费观看，下面将介绍如何观看在线视频。

提示您

除了在视频网站上观看视频节目外，还可以使用搜索引擎搜索视频。

1. 在网页上看视频

下面以爱奇艺为例介绍如何在线看视频，在看视频时还可将自己喜欢的节目收藏起来，具体操作方法如下：

多学点

在视频网站页面右上方单击“播放记录”按钮，可以查看近期观看过的视频记录。

第1步 单击“注册”超链接 在网页浏览器中输入网址 www.iqiyi.com 并按【Enter】键确认，打开爱奇艺首页，在页面右上方单击“注册”超链接。

第2步 输入注册信息 在弹出的对话框中，❶输入注册信息。❷单击“注册”按钮。

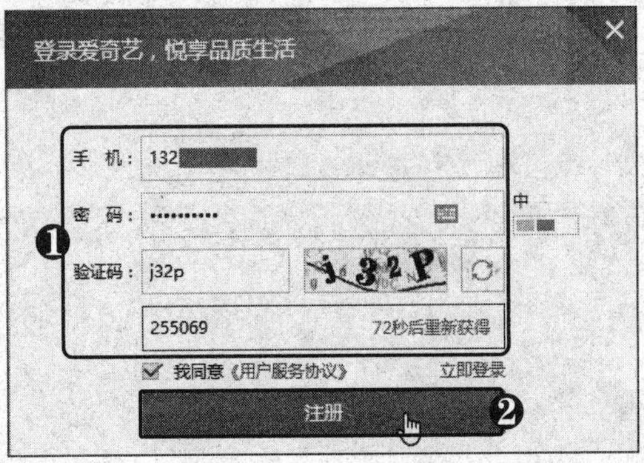

第3步 选择视频类别 账号注册成功后，即可自动登录爱艺奇网站。在视频导航栏中选择视频分类，在此单击“教育”超链接。

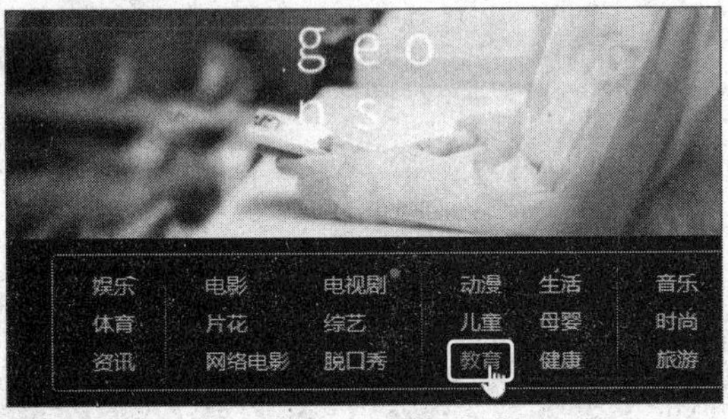

第4步 选择分类 打开“教育”视频首页，在上方选择视频分类，如单击“公开课”超链接。

第5步 **选择视频节目** 打开公开课页面，选择要播放的视频节目。

第6步 **收藏视频** 在打开的页面中查看视频简介，单击“收藏”按钮可收藏该视频。

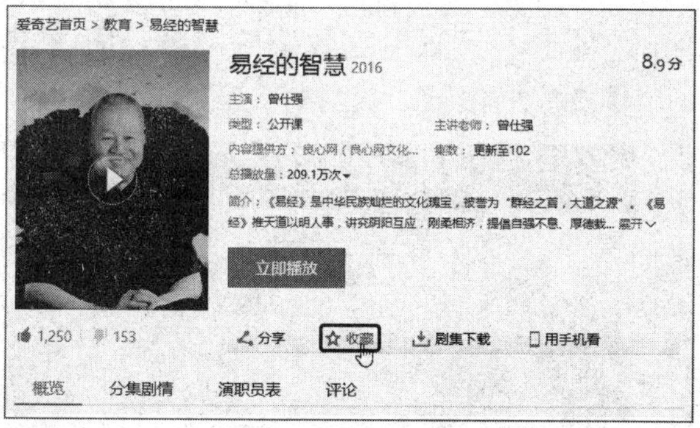

第7步 **选择集数** ❶在“概览”选项卡下选择集数分组，在此单击“1-50”按钮。❷在打开的视频列表中选择“第 1 集”。

第8步 **开始播放视频** 此时开始播放视频，双击视频即可进入全屏播放。

第9步 **单击“我的收藏”超链接** ❶在页面右上方单击用户名。❷单击“我的收藏”超链接。

第10步 **查看视频** 打开“个人中心”页面，查看收藏的视频。

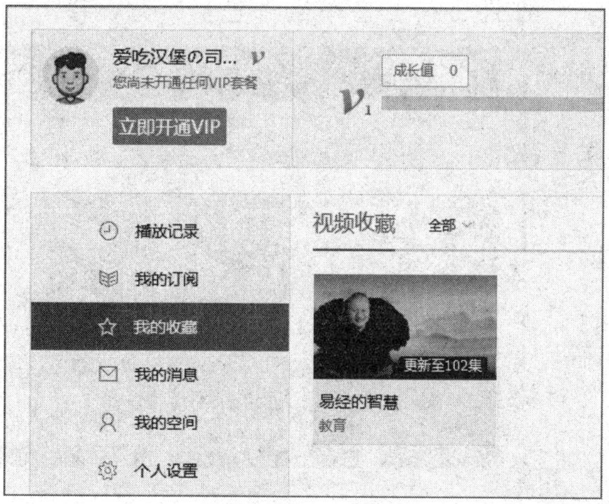

2．在本地电脑客户端播放在线视频

除了在网页上观看视频外，还可以在电脑上安装客户端视频软件，它比在网页上看视频更加方便，可以得到更好的观看体验，还可以通过客户端下载视频，具体操作方法如下：

第1步 单击“下载客户端”按钮 在“爱奇艺”网站右上方单击“下载客户端”按钮。

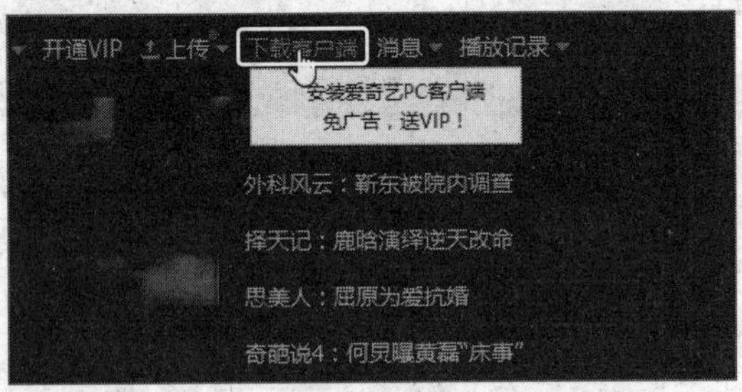

第2步 单击“下载”按钮 弹出下载对话框，单击“下载”按钮。

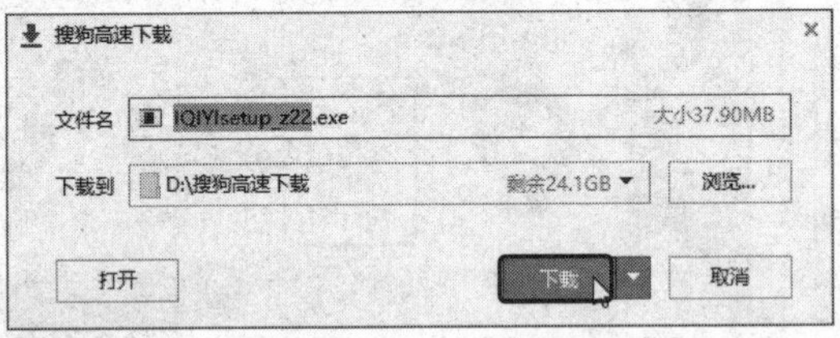

第3步 单击“登录”超链接 软件下载完成后对其进行安装，启动“爱奇艺”软件，在上方单击“登录”超链接。

第4步 输入账号和密码 弹出登录对话框，❶输入账号和密码。❷单击“登录”按钮。

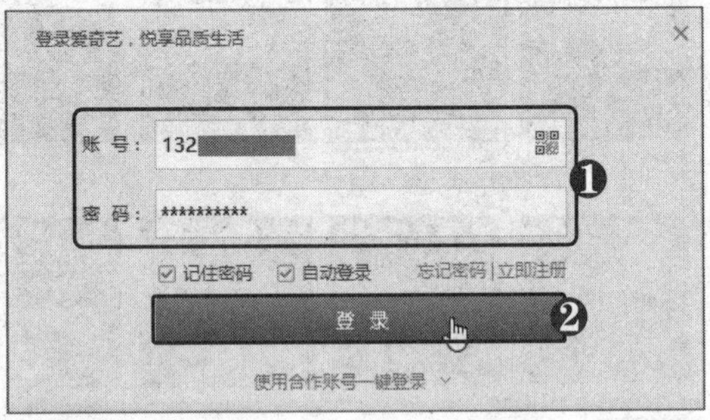

第5步 单击视频 成功登录爱奇艺，❶单击“收藏”按钮。❷选择“我的收藏”选项卡，可以看到收藏的视频。❸单击要播放的视频。

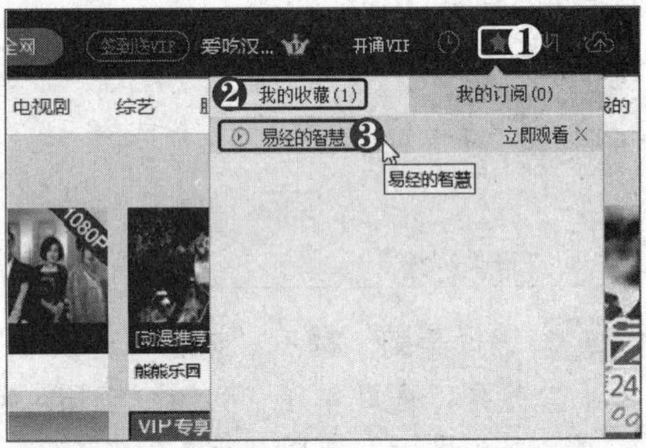

第6步 选择集数 启动“爱奇艺视频”播放器，开始播放所选视频。❶单击“选集”按钮。❷在弹出的列表中可选择集数。

电脑小专家

问：忘记视频网站登录密码怎么办？

答：打开登录框后，单击“忘记密码”超链接，然后通过手机验证的方式找回密码。爱奇艺视频除了可以使用密码登录外，还可以通过短信进行登录。

新手巧上路

问：怎样快速返回视频网站首页？

答：一般单击页面左上方的网站图标即可。

第7步 单击“下载”按钮 若想让视频离线也能播放，可以将其下载到电脑中，在播放界面上方单击“下载”按钮。

第8步 设置下载参数 弹出“新建下载任务”对话框，❶选择清晰度，在此选择“国语高清”单选按钮。❷选中要下载的文件。❸单击“下载”按钮。

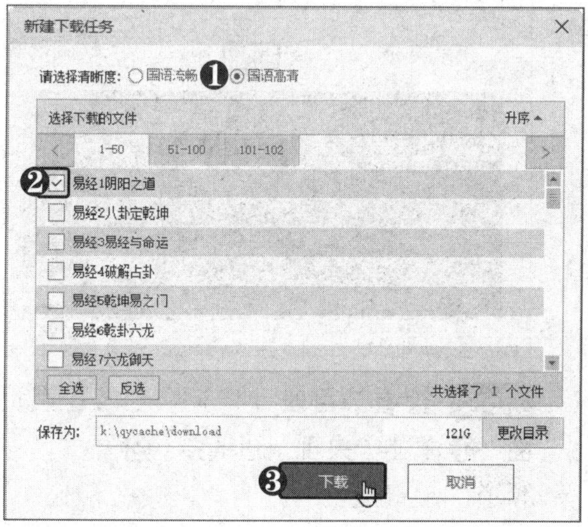

第9步 开始下载视频 打开爱奇艺窗口，单击“下载”按钮，在打开的界面中可以查看下载进度。

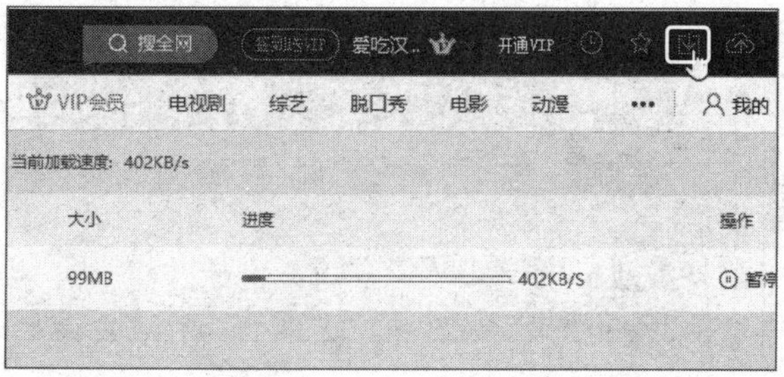

第10步 下载完成 待视频下载完毕后，单击“播放”按钮，即可播放视频。

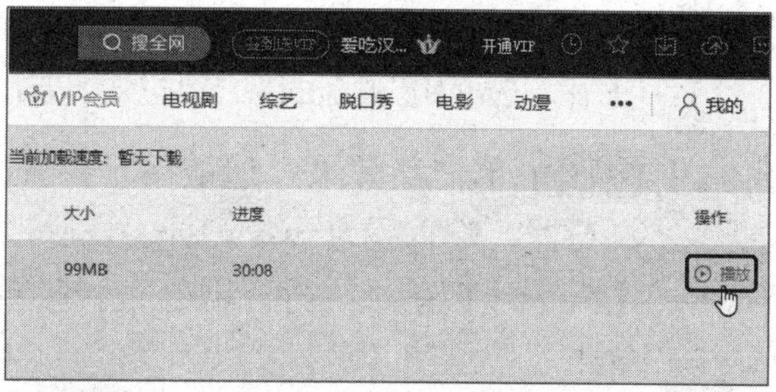

第11步 选择“设置”选项 在使用爱奇艺软件时，可以根据需要进行相关设置。❶单击左上角的“爱奇艺”按钮。❷选择“设置”选项。

第12步 设置爱奇艺 弹出“设置”对话框，❶在左侧选择“基本设置”选项。❷在右侧进行相关设置，如取消选中不需要的复选框。❸单击“确定”按钮。

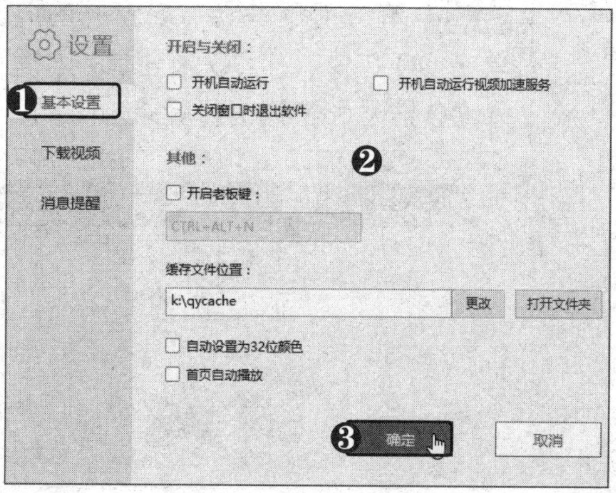

10.1.2 观看电视节目

在网上除了观看视频节目外，还可以收看电视台节目，包括往期的电视节目或正在直播的电视节目，具体操作方法如下：

第1步 单击“登录”超链接 打开网页浏览器，输入网址 www.tvmao.com 并按【Enter】键确认，打开网易云音乐首页，单击“登录”超链接。

提示您

在视频网站上除了观看在线视频外，还可上传自己拍摄的视频。

第2步 选择第三方登录 弹出登录对话框，在此单击“第三方登录”选项中的QQ图标。

多学点

喜欢体育的中老年人还可以在“直播吧”网站观看篮球或足球直播。

第3步 单击 QQ 头像 在打开的页面中单击 QQ 头像。若 QQ 未登录，则需要输入 QQ 账号和密码进行登录。

第4步 查看提示信息 此时 QQ 会弹出提示信息框。

第5步 单击“节目单”超链接 在“电视猫”首页单击“节目单”超链接。

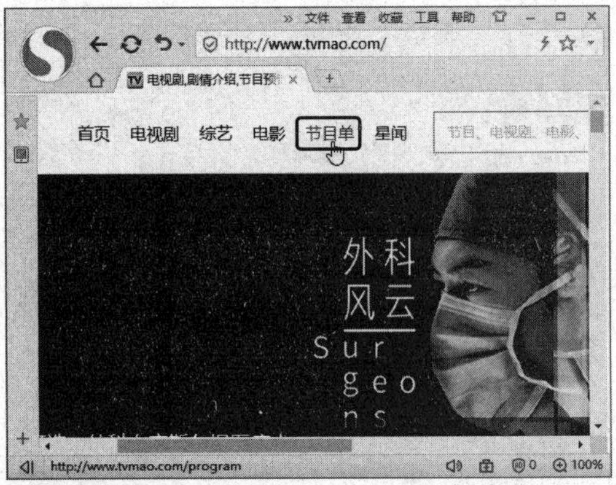

第6步 查看节目表 打开全部节目表页面，❶单击“央视”超链接。❷单击“按频道”超链接。

第7步 **选择节目** 此时即可按频道排列“央视”节目，❶在左侧选择“CCTV-1 综合”选项。❷在右侧选择节目，如“今日说法”。

第8步 **收藏节目** 在打开的页面中查看栏目简介，单击“喜欢”按钮 ❤喜欢，可以收藏该节目。

第9步 **选择节目** 单击“视频”超链接，查看节目列表，选择要播放的节目。

第10步 **播放节目** 跳转到“今日说法”播放页面，开始播放视频，在播放条上双击可以跳转到相应位置。

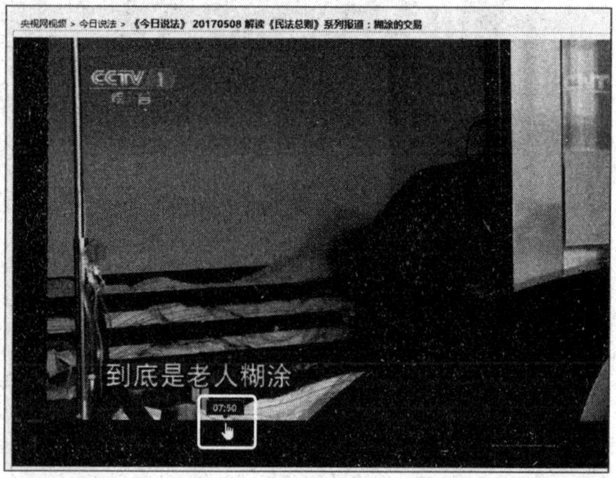

第11步 **单击用户名超链接** 返回“电视猫”网页，单击页面右上方的用户名超链接。

第12步 查看收藏的节目 在打开的页面中可以查看收藏的节目。

第13步 观看电视直播 若要观看央视的直播节目，还可打开央视节目官网（网址为：tv.cctv.com），❶在上方单击“直播”超链接。❷在右侧选择频道，即可观看电视直播节目。

10.2 网上听音乐

网易云音乐是一款专注于发现与分享的音乐产品，使用它可以在线收听歌曲、戏曲、电台等，它可以收集用户的听歌习惯，根据用户的喜好自动推荐歌曲，是目前最流行的在线听歌软件之一。

10.2.1 登录网易云音乐

要使用网易云音乐听歌，需要登录账号，中老年人可以通过多种方式登录网易云音乐，具体操作方法如下：

第1步 单击用户头像 启动网易云音乐，单击界面上方的用户头像。

第2步 选择登录方式 弹出登录对话框，在此单击“网易邮箱”图标。

电脑小专家

问：如何设置在线视频画质？

答：在视频播放界面下方单击相应的画质按钮，如单击“高清”按钮，在弹出的列表中选择所需的选项即可。

新手巧上路

问：怎样在网上查询地图？

答：网上有多种地图网站可供用户查询，如百度地图、腾讯地图、搜狗地图、高德地图等，打开相应的地图网站后进行搜索即可。

第3步 输入登录信息 ❶输入邮箱账号和密码。❷单击“登录”按钮。

第4步 设置昵称 ❶输入昵称。❷单击“开启云音乐”按钮。

第5步 单击用户头像 此时即可登录网易云音乐，单击用户头像。

第6步 单击“编辑个人信息”按钮 打开个人信息窗口，在右上方单击“编辑个人信息”按钮。

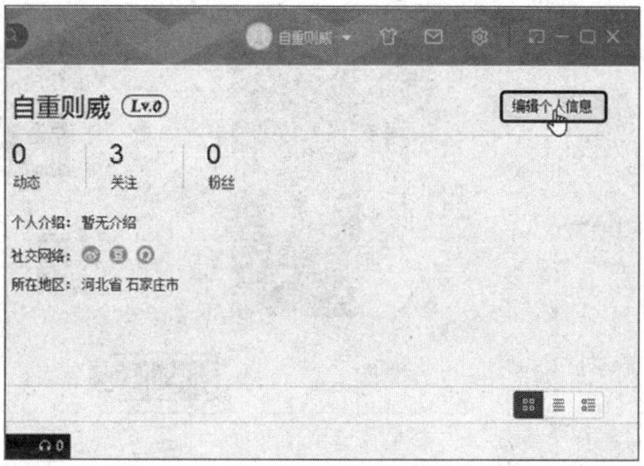

第7步 单击“修改头像”按钮 在打开的窗口中单击“修改头像”按钮。

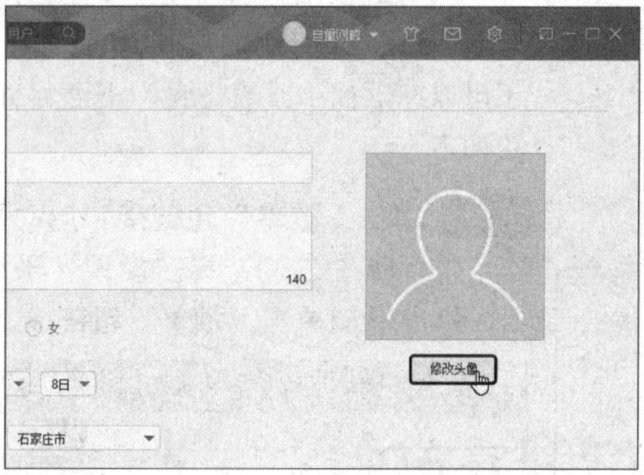

第8步 选择图片 弹出 Open File 对话框，❶选择要作为头像的图片。❷单击“打开”按钮。

第9步 设置头像 ❶调整图片选择框的大小和位置。❷单击“保存并关闭”按钮。

第10步 保存设置 返回“编辑个人信息”窗口，❶编辑个人资料。❷单击“保存”按钮。

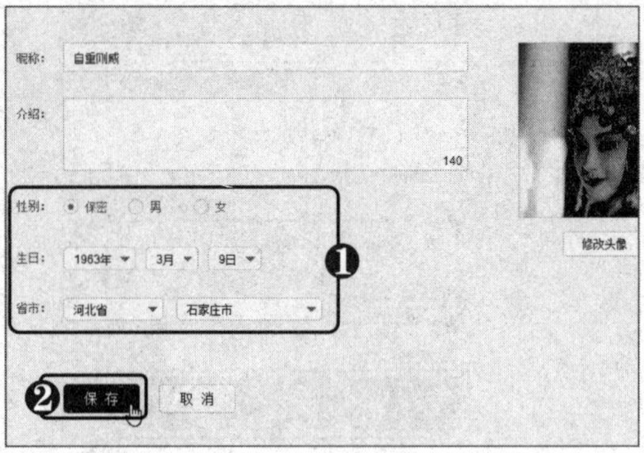

提示您

在网页上打开“网易云音乐”网站(网址为music.163.com)，也可在线收听歌曲。

10.2.2 在线听歌

网易云音乐是以“歌单”作为核心架构的音乐软件，中老年人可以按类别搜索歌单或以歌曲找到歌单，也可以直接搜索歌曲，将喜欢的歌曲收藏到自己的歌单中，还可以在歌曲中发表评论。下面将介绍如何使用网易云音乐在线听歌，具体操作方法如下：

第1步 单击“歌单”超链接 启动网易云音乐，❶在左侧选择“发现音乐”选项。❷在右侧单击“歌单”超链接。

第2步 选择歌单标签 ❶单击“全部歌单”下拉按钮。❷选择所需的歌单标签，如“古典”。

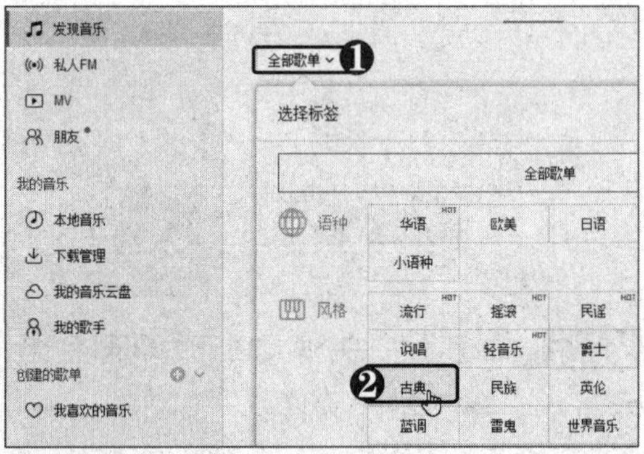

第3步 单击歌单封面 此时即可显示“古典”歌单列表，单击要打开的歌单封面。

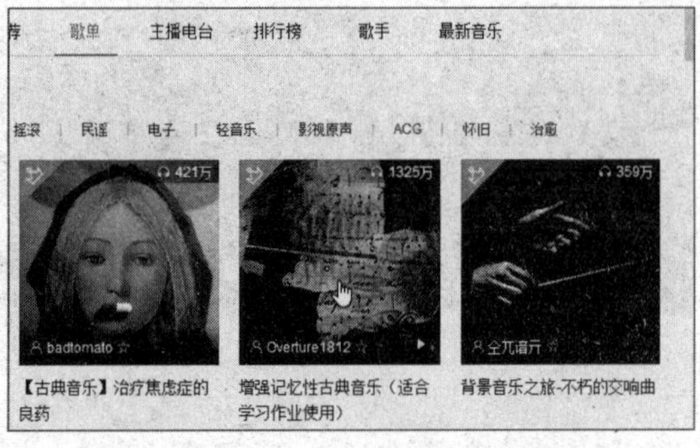

多学点

在网易云音乐中还可收听电台广播，在左上方单击“发现音乐”选项，在界面上方单击“主播电台”超链接，选择所需的电台类型即可。

第4步 **双击音乐标题** 在打开的窗口中查看该歌单列表，双击音乐标题即可开始播放。

第5步 **收藏歌单** 单击上方的"收藏"按钮，该按钮变为"已收藏"按钮，同时在左下方显示收藏的歌单。

第6步 **单击"开启个性推荐"按钮** ❶在左侧选择"发现音乐"选项。❷在右侧单击"开启个性推荐"按钮。

第7步 **选择音乐标签** 在弹出的面板中，❶选择感兴趣的音乐标签。❷单击"完成"按钮。

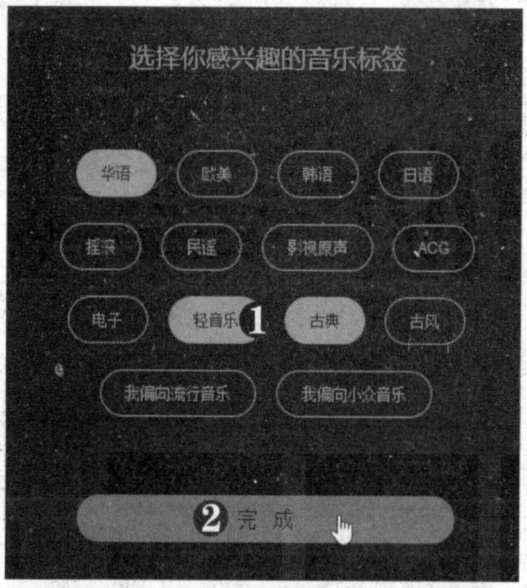

第8步 **单击"每日歌曲推荐"封面** 在"推荐歌单"列表中单击"每日歌曲推荐"封面。

第9步 单击歌曲专辑封面 打开“每日推荐”列表，程序会根据用户感兴趣的标签自动推荐歌曲。❶ 双击歌曲进行播放。❷ 单击左下方的歌曲专辑封面。

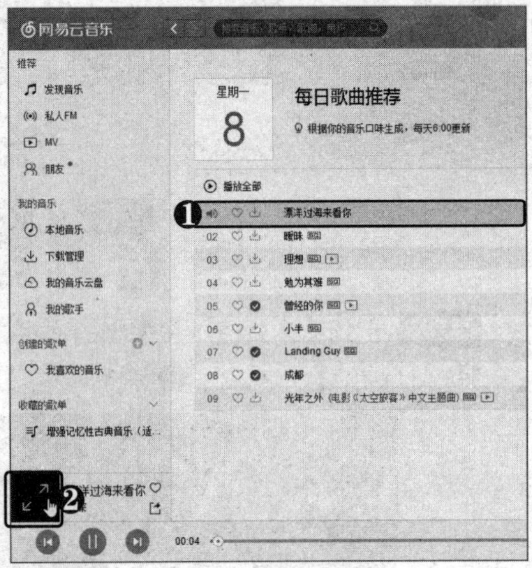

第10步 查看歌词及评论 在打开的窗口中可以查看歌曲歌词，还可发表评论。单击右上方的 按钮，可返回上一窗口。

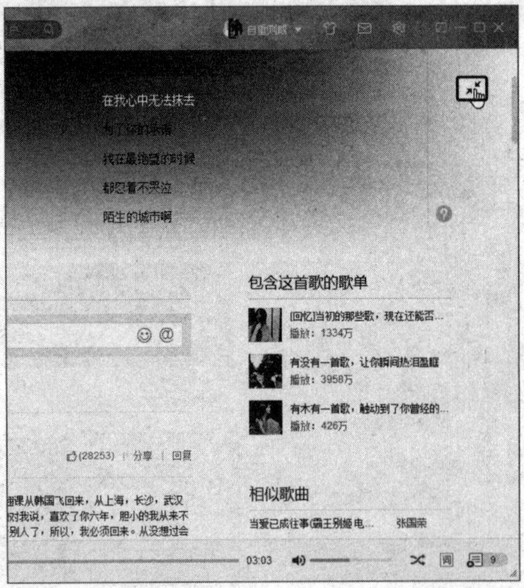

第11步 收藏歌曲 单击音乐标题前的“喜欢”图标♡，可收藏歌曲到“我喜欢的音乐”歌单（为默认歌单）中。

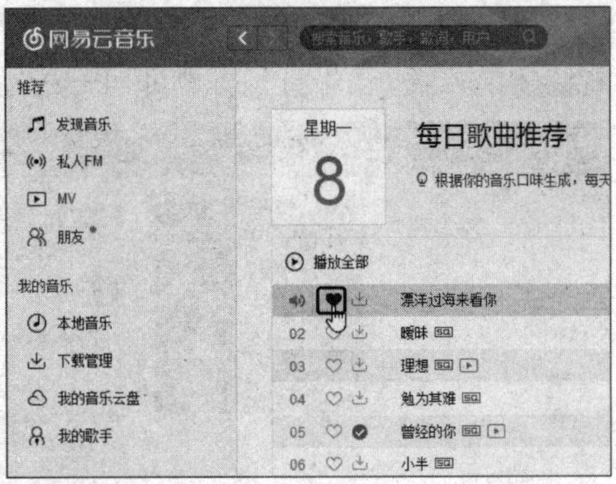

第12步 收藏“私人 FM”歌曲 ❶ 在左侧选择“私人 FM”选项，播放程序推荐的歌曲。❷ 单击“喜欢”图标♡，可收藏歌曲；单击“垃圾桶”按钮🗑，可阻止系统再次推荐此类歌曲。

第13步 搜索歌曲 在窗口上方的搜索框中输入要搜索的歌曲名称，按【Enter】键确认进行搜索。

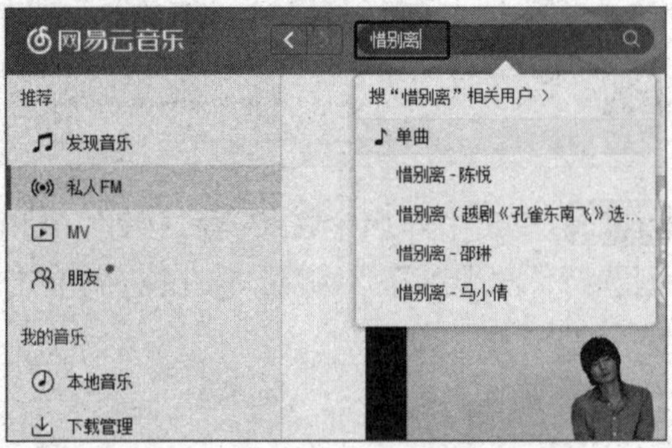

电脑小专家

问：怎样上传音乐？

答：在左侧选择“我的音乐云盘”选项，在界面上方单击“上传音乐”按钮，在弹出的对话框中选择音乐文件即可。

新手巧上路

问：怎样显示屏幕歌词？

答：在网易云音乐的右下方单击“打开歌词”按钮词即可。

第14步 **单击音乐专辑封面** 打开搜索结果列表，❶ 双击音乐标题进行播放。❷ 单击左下方的音乐专辑封面。

第15步 **选择歌单** 在打开的窗口中查看歌词，在"包含这首歌的歌单"列表中选择所需的歌单。

第16步 **收藏歌曲** 打开歌单，查看其中的歌曲。对于喜欢的歌曲，可单击音乐标题前的"喜欢"图标♡进行收藏。

第17步 **观看 MV** 在左下方选择"我喜欢的音乐"选项，即可查看收藏的歌曲。若歌曲包含 MV，单击音乐标题后面的 MV 按钮▶，还可观看其 MV。

10.2.3 创建歌单

在网易云音乐中可以创建自己的专属歌单，并将喜欢的歌曲添加到不同的歌单中，具体操作方法如下：

第1步 单击“新建歌单”按钮 在网易云音乐窗口左侧“创建的歌单”选项右侧单击“新建歌单”按钮⊕。

第2步 输入歌单名称 此时即可创建歌单，输入歌单名称，如“戏曲”，并按【Enter】键确认。

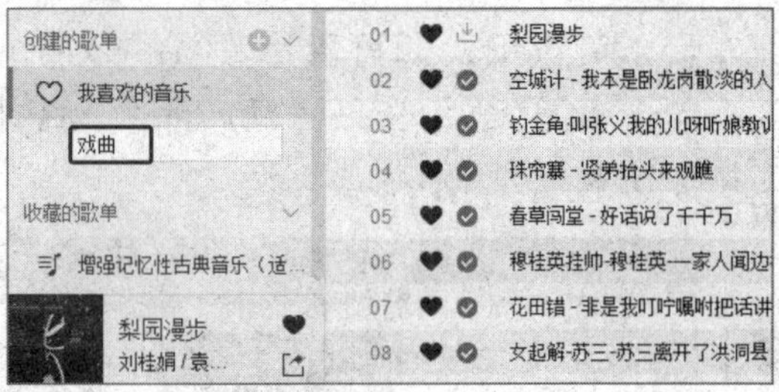

第3步 选择“编辑歌单信息”命令 若要编辑歌单，❶可右击歌单。❷选择“编辑歌单信息”命令。

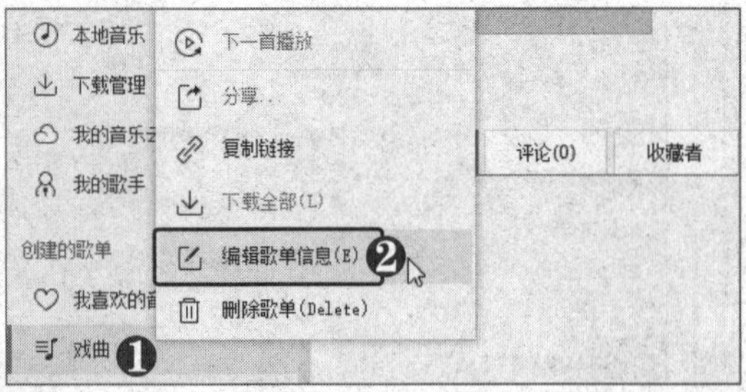

第4步 拖动歌曲到歌单 ❶选择“我喜欢的音乐”歌单。❷选中其中的歌曲（可以按【Ctrl】键或【Shift】键选择多项）。❸将选中的歌曲直接拖至歌单名称上，即可将其添加到歌单中。

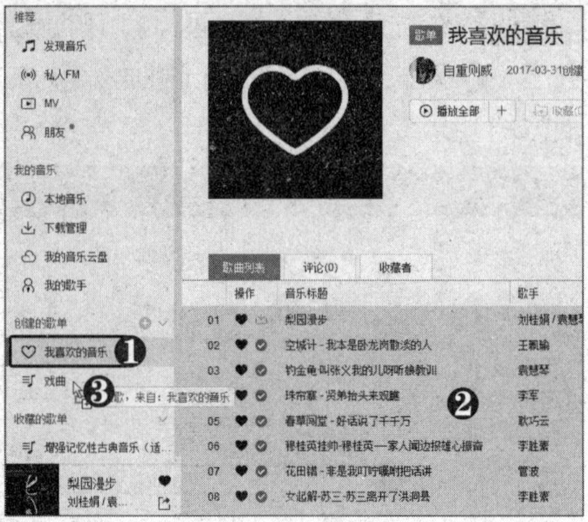

第5步 设置播放模式 ❶在左侧选择创建的歌单，即可查看其中包含的歌曲。❷单击播放模式按钮，可以设置歌曲播放模式。

第6步 收藏歌曲到歌单 ❶在歌曲列表中右击音乐标题。❷选择“收藏到歌单”命令。❸选择所需的歌单，也可将其添加到歌单中。

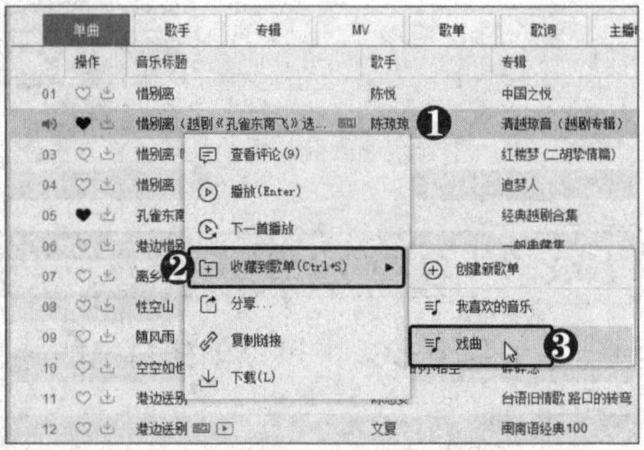

提示您

要将创建的歌单分享给大家，可选择歌单后单击“分享”按钮，在弹出的对话框中输入想说的话，然后单击“分享”按钮即可。

多学点

在网易云音乐右下方单击“打开播放列表”按钮，可查看最近播放的歌曲。

10.2.4 下载歌曲

使用网易云音乐还可将喜欢的歌曲下载到电脑中，以离线收听歌曲，具体操作方法如下：

第1步 单击“下载”按钮 ❶在左侧选择“戏曲”歌单。❷单击音乐标题前的“下载”按钮，开始下载歌曲。

第2步 单击“下载全部”按钮 单击歌单上方的“下载全部”按钮。

第3步 下载歌曲 开始下载此歌单中的全部歌曲，在窗口上方显示下载进度。歌曲下载完成后，在音乐标题前显示✔标记。

第4步 查看下载歌曲 ❶在左侧选择“下载管理”选项。❷在上方单击“已下载单曲”按钮。❸右击下载的歌曲。❹选择“打开文件所在目录”命令，可在打开的窗口中找到它。

10.3 在线听广播

对于中老年人来说，听广播仍旧是其一大爱好。目前互联网上有很多在线收听的广播电台，其中收录了全国甚至国外各大电台的广播节目。下面将介绍如何在线收听广播，具体操作方法如下：

第1步 单击“电台”超链接 使用浏览器打开中国广播网站（www.radio.cn），在页面上方单击“电台”超链接。

第2步 选择电台 打开“电台直播”页面，❶选择地区。❷选择要收听的电台。

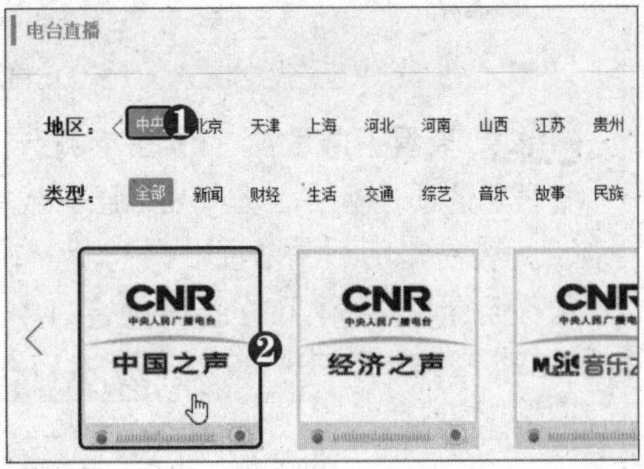

第3步 收听电台广播 此时在页面左下方弹出播放面板，单击“播放”按钮，即可开始收听电台广播。

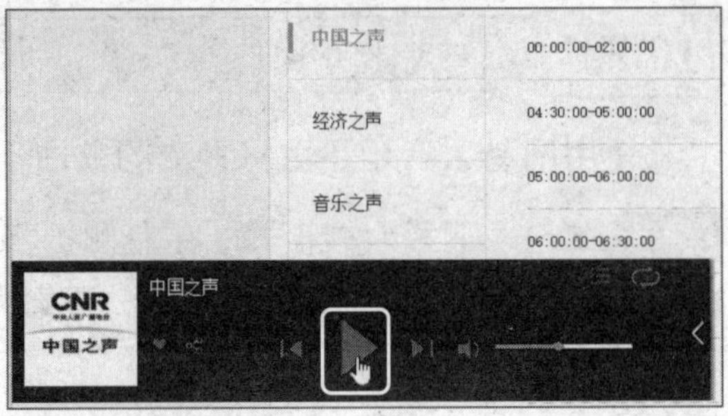

第4步 选择节目 ❶在页面上方单击“分类”超链接，打开“分类”页面。❷在左侧单击“相声”超链接。❸在右侧单击要听的节目。

第5步 收听节目 打开节目列表，单击节目标题超链接，即可进行收听。

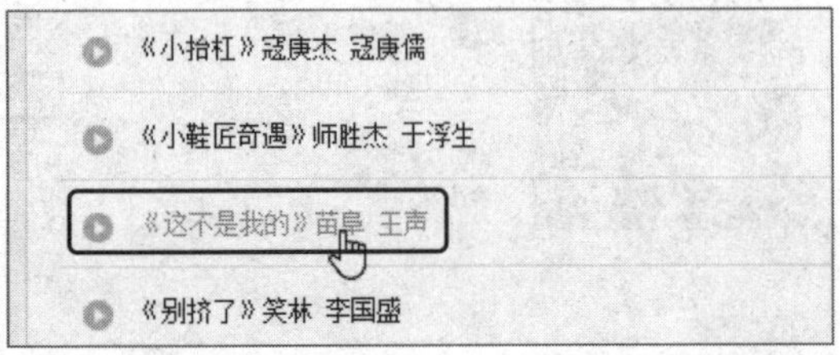

电脑小专家

问：如何在电脑上安装收音机软件？

答：目前使用较多的收音机软件主要有FIFM收音机和龙卷风收音机，可从网上下载安装程序，将其安装到电脑上。

新手巧上路

问：还有哪些电台网站？

答：比较知名的电台网站还有蜻蜓FM、豆瓣电台、荔枝FM、微电台、陌声人电台、红嘴鸥电台等。

10.4 网上玩游戏

中老年人在休闲时可以玩玩电脑小游戏，不仅可以打发闲暇的时光，还能益智益脑，让自己的精神和思维保持活力。下面以玩QQ小游戏为例，介绍如何在线玩游戏。

10.4.1 安装QQ游戏

要玩QQ游戏，需先在电脑上安装QQ游戏大厅，具体操作方法如下：

第1步 单击“QQ 游戏”按钮 在 QQ 主面板下方单击“QQ 游戏”按钮。

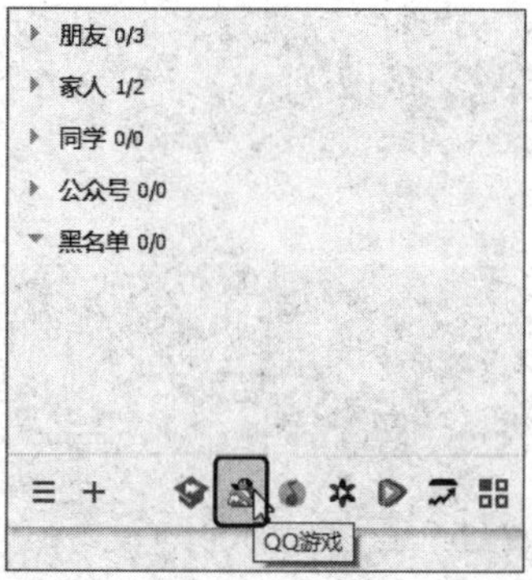

第2步 单击“安装”按钮 弹出“在线安装”提示信息框，单击“安装”按钮。

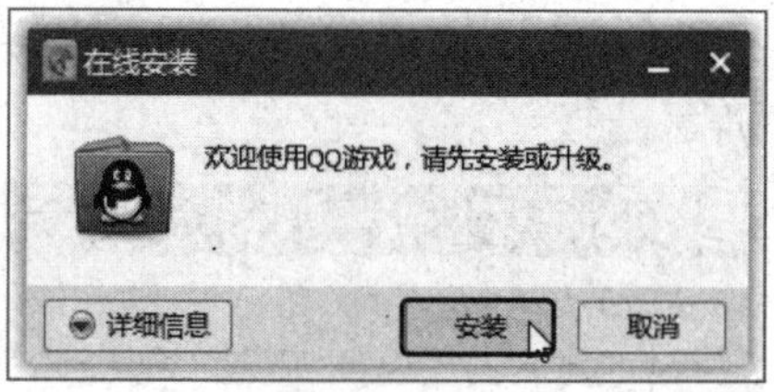

第3步 单击“立即安装”按钮 弹出安装对话框，单击“立即安装”按钮。

第4步 开始安装游戏 开始安装 QQ 游戏，等待安装完成。

第5步 安装完成 ❶取消选中不需要的复选框。❷单击“立即体验”按钮。

第6步 添加游戏 打开 QQ 游戏窗口，❶单击“游戏库”按钮。❷选择游戏分类，如“棋牌麻将”。❸找到游戏后单击“添加游戏”按钮，即可安装该游戏。

10.4.2 与好友游戏对战

QQ 游戏大厅包括多种类型的游戏，如棋牌类游戏、休闲类游戏、竞技类游戏等，下面以“中国象棋”游戏为例，介绍如何与 QQ 好友一起玩游戏，具体操作方法如下：

第1步 搜索游戏 在 QQ 主面板下方单击“QQ 游戏”按钮，启动 QQ 游戏。在上方搜索框中输入游戏名称，按【Enter】键确认进行搜索。

提示您

还可到一些游戏网站玩游戏，在百度上搜索“游戏”即可。

第2步 选择游戏 在搜索结果列表中找到要玩的游戏，如“新中国象棋”，单击“开始游戏”按钮。

多学点

喜欢戏曲的中老年朋友可以到一些专门的戏曲网站观看戏曲视频，如中国戏曲网、九州大戏台等。

第3步 选择房间 打开“新中国象棋”窗口，在左侧选择场区，如选择“普通房间二区”的“房间3”。

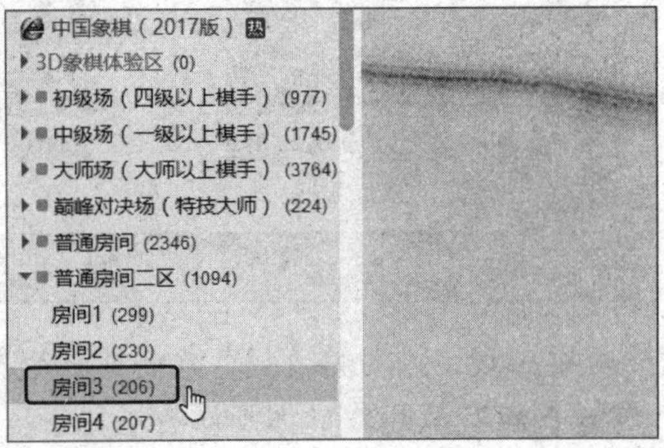

第4步 单击“设置好友桌”按钮 进入游戏房间，在上方单击“设置好友桌”按钮。

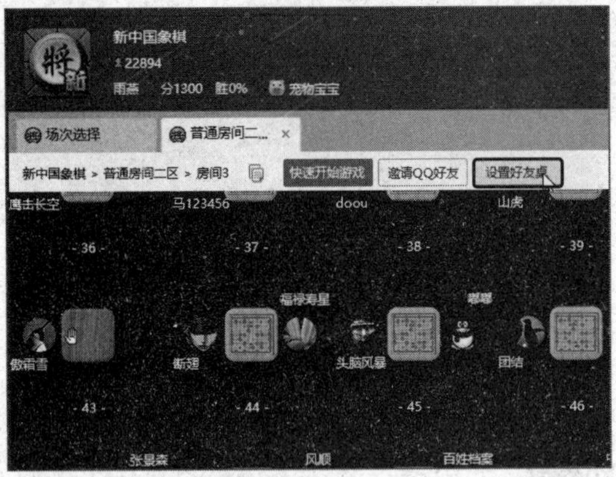

第5步 设置游戏密码 弹出“好友桌设置”对话框，❶设置游戏密码。❷单击“确定”按钮。

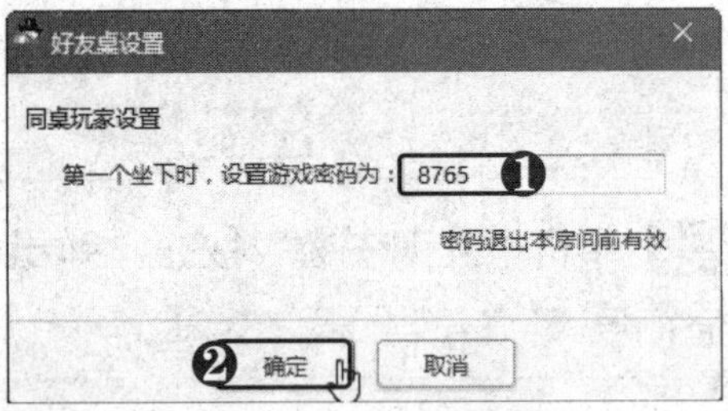

第6步 选择座位 在游戏房间中选择一个空的座位。

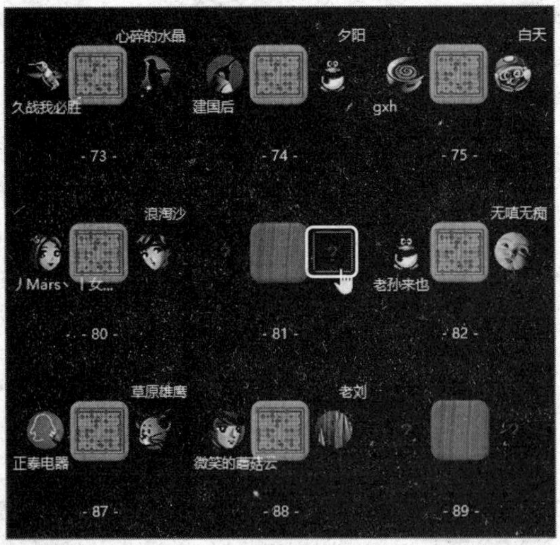

第7步 关闭提示信息 启动“象棋”程序，弹出提示信息框，单击“确定”按钮。

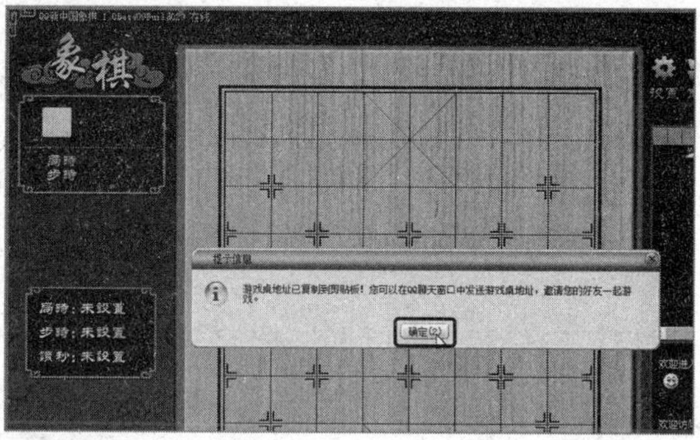

第8步 **粘贴游戏桌地址**　打开好友聊天窗口，按【Ctrl+V】组合键粘贴游戏桌地址。

第9步 **发送消息**　按【Enter】键，即可将游戏桌地址发送给好友。将游戏桌密码发送给好友，好友单击超链接即可进入 QQ 游戏。

第10步 **单击“开始”按钮**　等待好友进入游戏后，单击“开始”按钮。

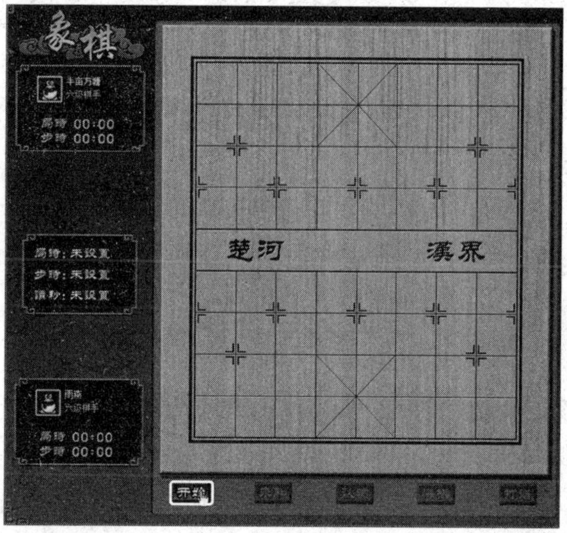

第11步 **单击“同意”按钮**　等待好友进行游戏时间设置，弹出“时间设置”对话框，单击“同意”按钮。

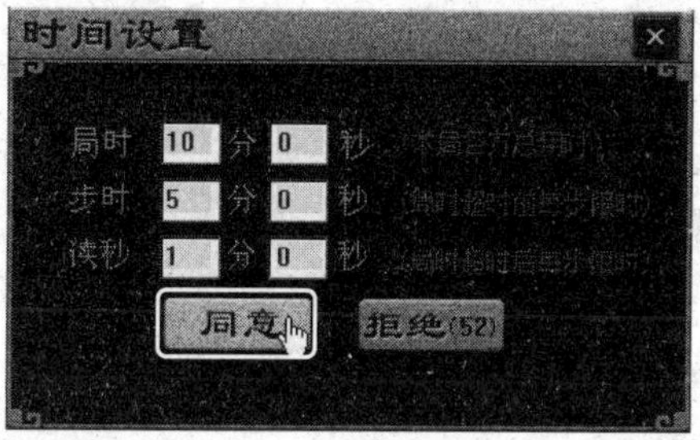

第12步 **开始玩游戏**　单击要走的棋子，然后在要走的位置上单击即可下棋。若要离开游戏，关闭该窗口即可。

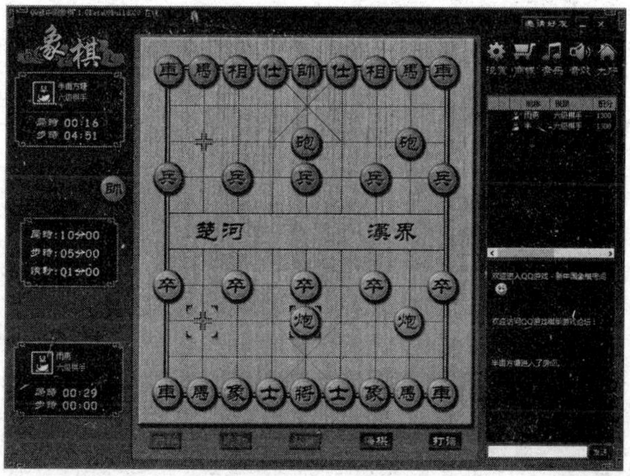

学习笔录

电脑小专家

问：在浏览网页的过程中电脑变卡、变慢怎么办?

答：浏览网页常常会占用大量的系统资源，特别是在观看视频时，因此应及时关闭不需要的网页，或退出不再使用的程序。

新手巧上路

问：怎样在网上查询有关本地的一些信息?

答：在2345网址导航页面单击“本地”超链接，在打开的页面中提供了本地的一些热门网站，还可根据需要切换地区。

第11章 与时俱进，体验时尚网络生活

章前导读

随着网络技术的迅速发展，人们不仅可以在网上搜索许多实用的信息，还可以在网上阅读、交流、购物、订票、交费、理财等，这些服务为人们的衣食住行提供了很大的方便。本章将引领中老年人一起体验新颖、时尚的网上新生活。

- 网上读书、看报
- 论坛交流
- 网上购物
- 网上订火车票
- 使用微博
- 手机上网

上个月老张从网上买了一台数码相机，品质非常好。小神通，快告诉我怎样从网上买东西？

网络购物是当下非常流行的购物方式，在购物网站上选择商品后下单进行支付即可。

随着网络应用的快速发展，人们的生活方式也变得越来越便利。除了进行网上购物外，还可在网上订票、缴费、理财、读书看报，或在论坛进行交流等。

11.1 网上读书、看报

中老年人可以在网上阅读自己喜欢的图书和报刊，不仅可以节省买书买报的费用，更主要的是网络的信息量非常大，更新更加及时。对于中老年人来说，学会了电脑上网操作，网络便成了自己的图书馆和报刊亭。网上读书、看报的具体操作方法如下：

提示您

在网上看新闻应到一些正规的新闻网站上观看，如新华网、人民网、央广网等。

第1步 单击网页超链接 使用百度搜索“网上看报”，在搜索结果页面单击网页超链接。

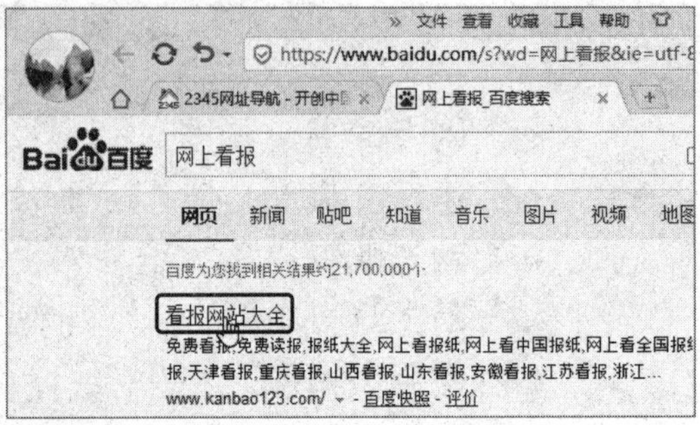

第2步 单击报纸名称 在打开的页面中单击要观看的报纸名称，如单击“检查日报”超链接。

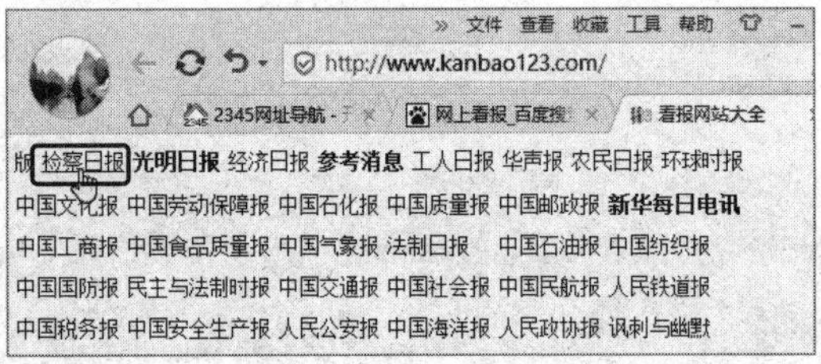

多学点

在一些网站首页下方经常会提供一些其他网站的“友情链接”，单击即可快速跳转到相应的网站。

第3步 选择版面部分 在打开的页面中即可查看报纸，在左侧导航的报纸版面图中单击要阅读的部分。

第4步 查看内容 在右侧查看报纸具体内容。

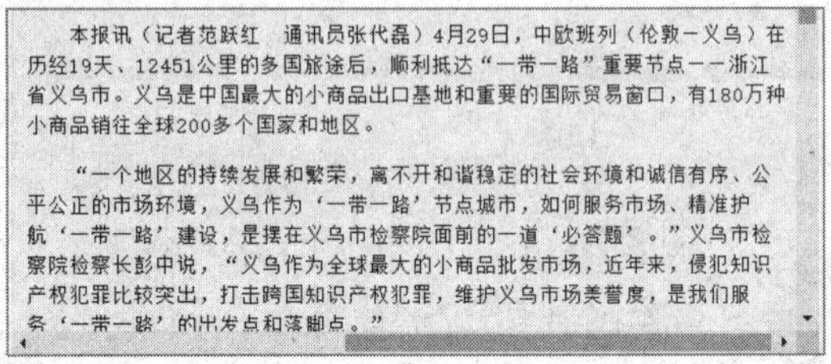
本报讯（记者范跃红　通讯员张代磊）4月29日，中欧班列（伦敦—义乌）在历经19天、12451公里的多国旅途后，顺利抵达“一带一路”重要节点——浙江省义乌市。义乌是中国最大的小商品出口基地和重要的国际贸易窗口，有180万种小商品销往全球200多个国家和地区。

“一个地区的持续发展和繁荣，离不开和谐稳定的社会环境和诚信有序、公平公正的市场环境，义乌作为‘一带一路’节点城市，如何服务市场、精准护航‘一带一路’建设，是摆在义乌市检察院面前的一道‘必答题’。”义乌市检察院检察长彭中说，“义乌作为全球最大的小商品批发市场，近年来，侵犯知识产权犯罪比较突出，打击跨国知识产权犯罪，维护义乌市场美誉度，是我们服务‘一带一路’的出发点和落脚点。”

第5步 单击“唐代”超链接 同样，使用搜索引擎也可搜索书目以进行阅读。若要阅读古诗文，可以打开“古诗文网”，在上方导航栏中单击“唐代”超链接。

第6步 查看古诗文列表 在打开的页面中查看列出的唐代诗文列表。单击古诗标题超链接，即可打开详细页面。

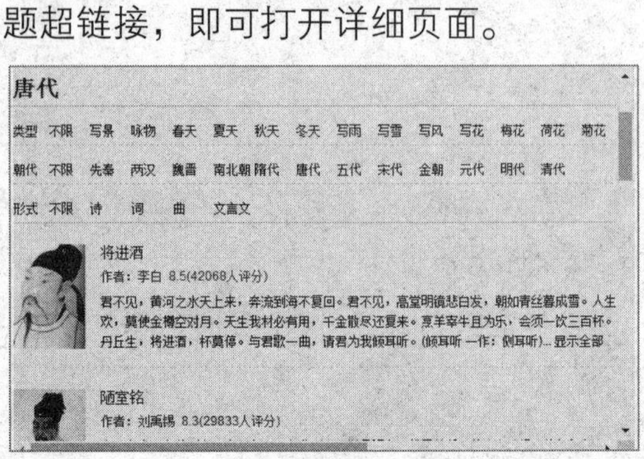

11.2 论坛交流

网络论坛是网上供网友进行讨论和交流的平台。网上有一些中老年论坛专为中老年人设置，话题涉及中老年人生活的方方面面，如老年健身、摄影、文学等。下面将详细介绍如何通过论坛与别人进行交流。

11.2.1 注册会员

在论坛中交流需要先注册为会员，才能登录论坛发表帖子，或回复他人的帖子。如果以游客身份进入，只能浏览别人的帖子，不能参与回复和讨论。注册会员的操作方法如下：

第1步 单击“注册会员”超链接 打开“老年人之家”首页（www.lnrzj.com），在页面右上方单击“注册会员”超链接。

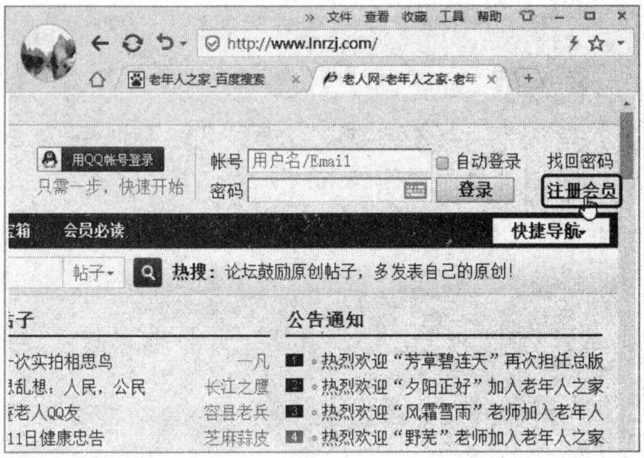

第2步 输入注册信息 在打开的页面中，❶输入注册信息。❷单击“提交”按钮。

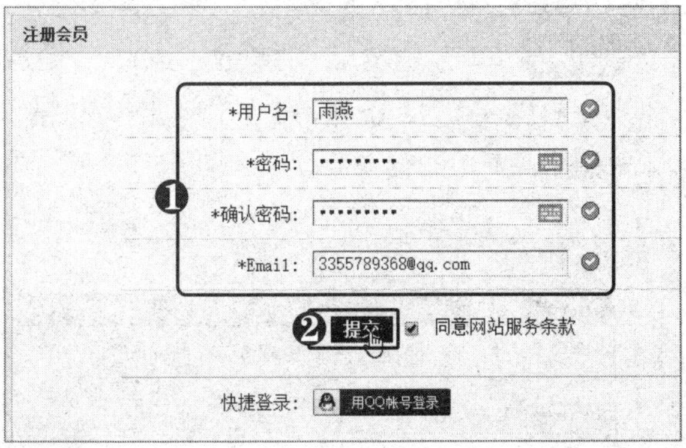

第3步 单击用户头像 成功注册网站会员，在页面右上方单击用户头像。

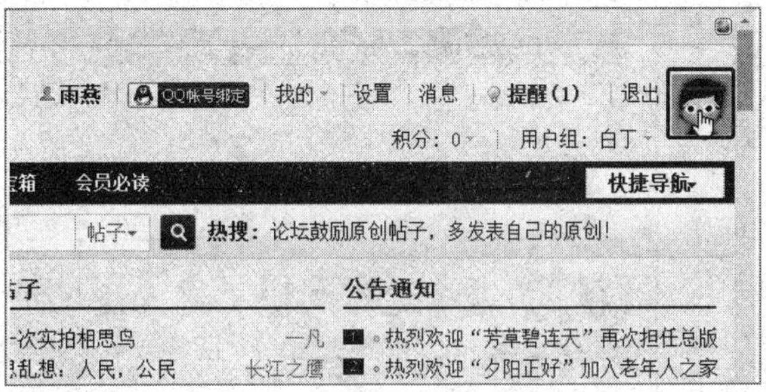

第4步 单击“更新资料”超链接 打开用户个人空间，在左侧单击“更新资料”超链接。

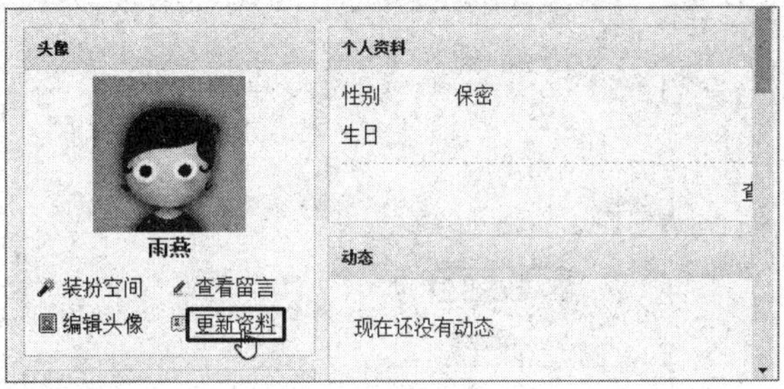

第5步 设置用户基本资料 打开设置页面，❶设置个人基本资料。❷单击“保存”按钮。

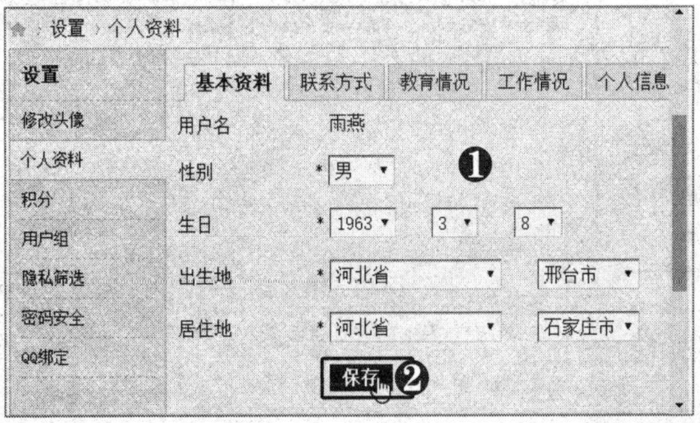

11.2.2 发帖和回帖

一个帖子就是一个话题，论坛会员可以对话题进行回复和讨论。在论坛中一般分为多个不同类别的版块，要查看或发表帖子需要先进入相应的论坛版块。下面将介绍如何在论坛中发帖和回帖，具体操作方法如下：

第1步 **单击“社区论坛”超链接** 在网站上方导航菜单中单击“社区论坛”超链接。

第2步 **选择论坛版块** 打开论坛页面，选择论坛版块，在此单击“健康|养生|健身”超链接。

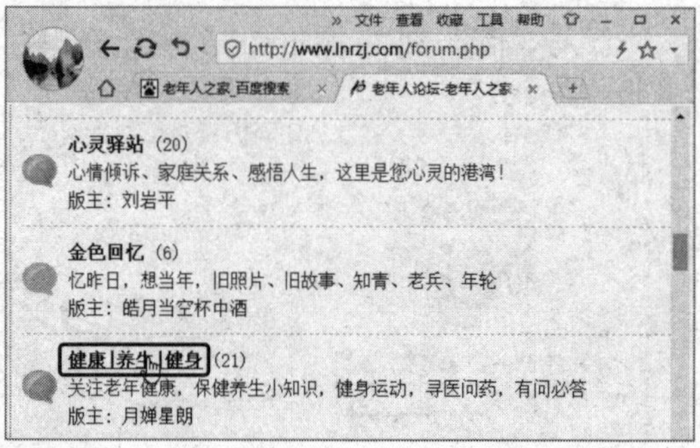

第3步 **单击帖子标题** 打开该版块帖子列表，单击要查看的帖子标题。

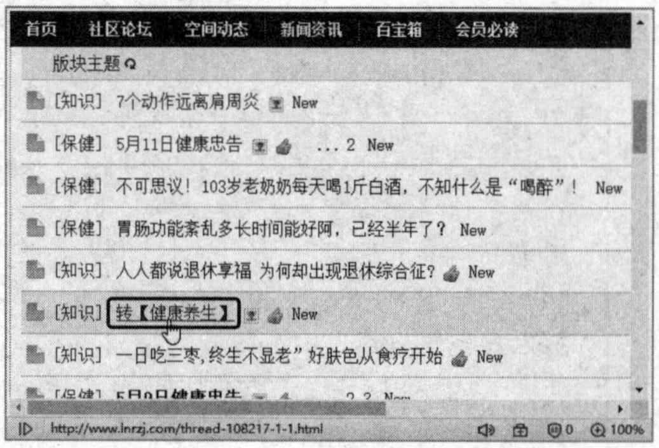

第4步 **查看帖子** 在打开的页面中查看帖子的详细内容。

第5步 **回复帖子** ❶在页面下方输入回复内容。❷单击“发表回复”按钮，即可进行回帖。

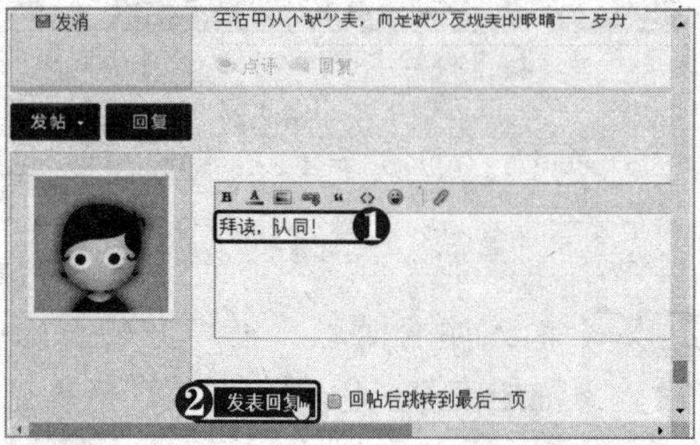

第6步 **单击“发帖”按钮** 返回“健康|养生|健身”版块，在上方单击“发帖”按钮。

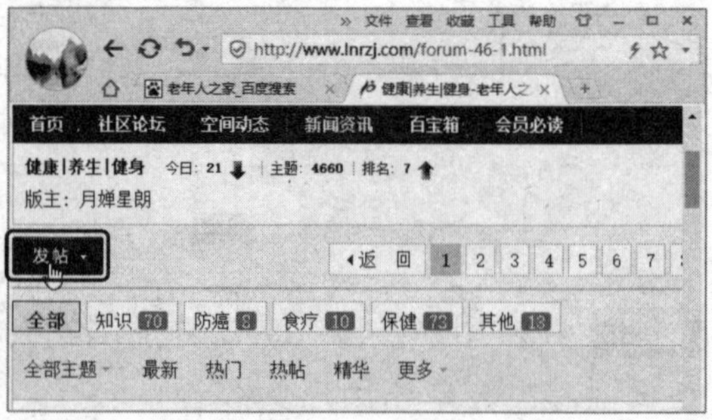

电脑小专家

问：还有哪些中老年人网站？

答：此类的网站不多，主要有乐龄网、全国老年网、离退休论坛、老干部之家、枫叶网、老小孩等。网络交流也可根据需要到其他感兴趣的论坛注册账号，进行沟通交流。

新手巧上路

问：如何查看自己发表的帖子？

答：在页面上方单击“我的”下拉按钮，选择“帖子”选项，在打开的页面中即可查看发表过的帖子。

第7步 选择帖子主题 打开“发表帖子”页面，❶单击“选择主题分类”下拉按钮▾。❷选择“食疗”选项。

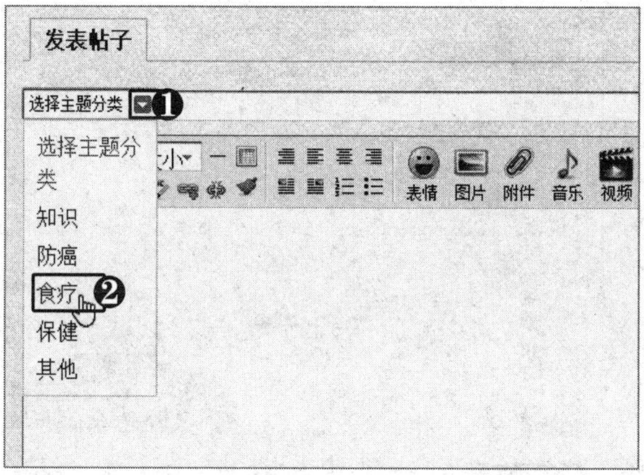

第8步 输入标题和内容 ❶输入帖子标题。❷输入帖子内容。❸在编辑工具栏中单击“图片”按钮。

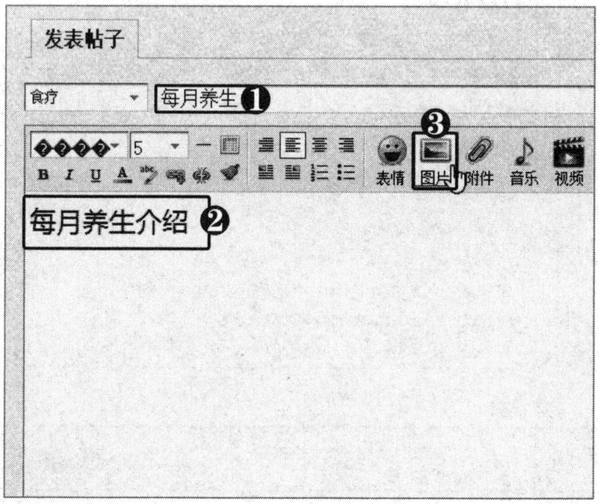

第9步 选择文件上传 弹出图片对话框，单击“选择文件上传”按钮。

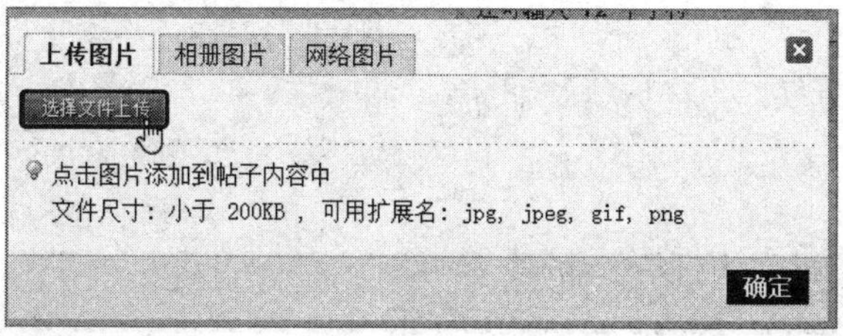

第10步 选择图片 弹出“打开”对话框，❶选择要上传的图片。❷单击“打开”按钮。

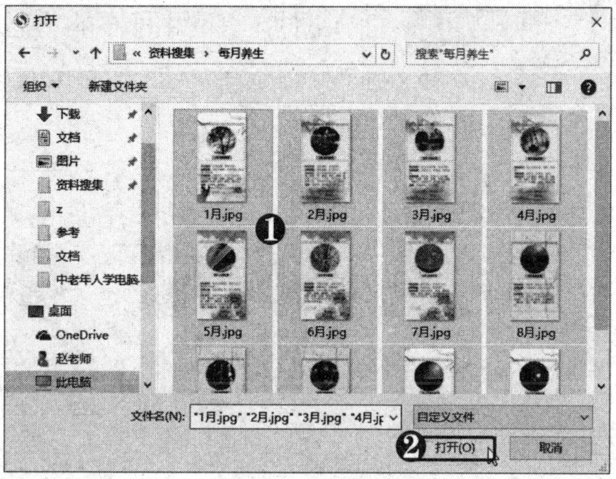

第11步 单击图片 图片上传完成后，单击要插入的图片。

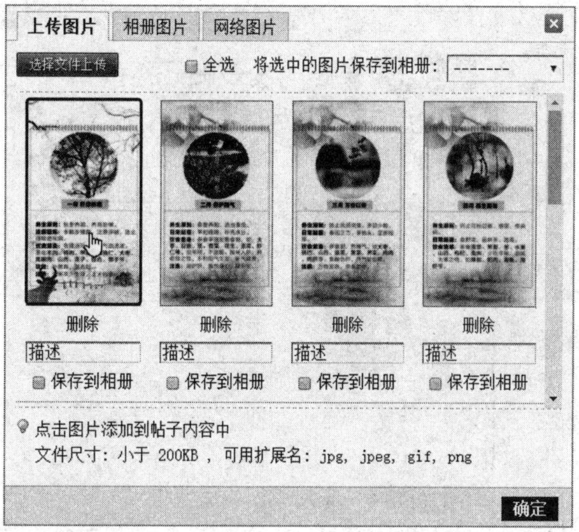

第12步 定位光标 此时即可将图片插入帖子中，在帖子编辑区域按【Enter】键定位光标。

第13步 **插入图片** 采用同样的方法，将图片依次插入帖子中，插入完成后单击“确定”按钮。

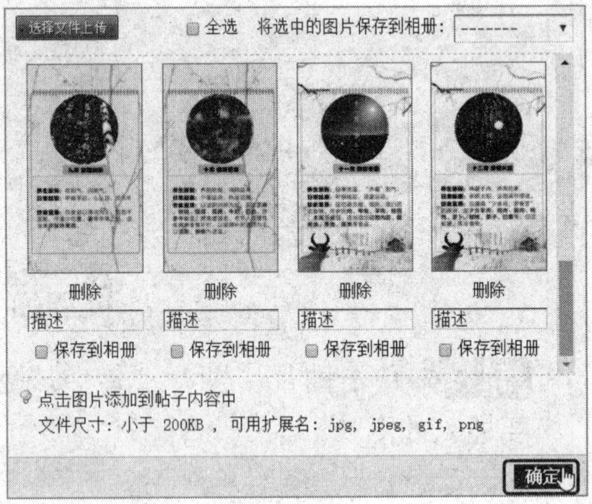

第14步 **单击“发表帖子”按钮** 帖子编辑完成后，在页面下方单击“发表帖子”按钮。

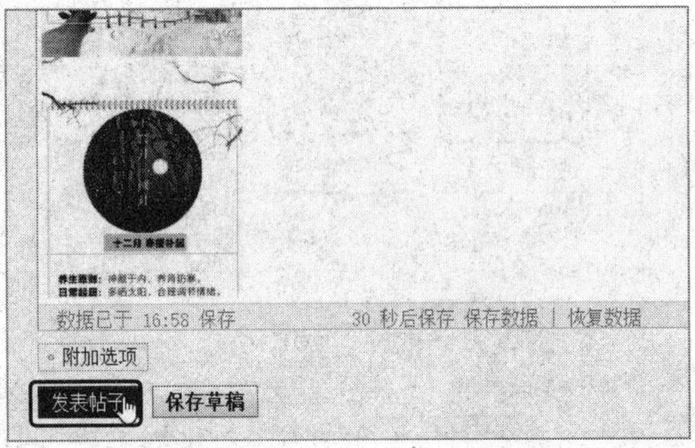

第15步 **单击版块名称超链接** 帖子发表完成，在页面上方单击论坛版块名称超链接。

第16步 **查看发表的帖子** 返回“健康|养生|健身”版块页面，从中可以看到发表的帖子。

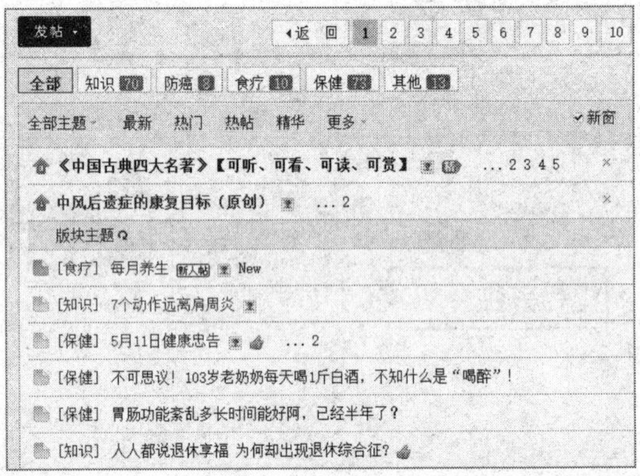

提示您

在发表言论时，要严格遵守社区发帖规则，不要发表一些危害社会稳定的文字和图片，否则会被管理员删除，不予发表，甚至有可能触犯法律。

多学点

腾讯 QQ 的“兴趣部落”也是可以进行网络交流的平台，在 QQ 主界面上方应用栏中单击“更多”按钮，在弹出的列表中单击“兴趣部落”按钮，即可快速打开它。

11.3 网上购物

现在网上购物已经成为年轻人流行的消费方式之一，对于中老年人来说，选择网上购物可以避免逛商场的拥挤和劳累，足不出户就可以购买商品。目前，常用的购物网站包括淘宝网、京东商城、当当网、国美在线、苏宁易购等。下面以“淘宝网”为例介绍如何进行网上购物。

11.3.1 购买商品

淘宝网是国内最大的网上购物平台，汇集了上百万的卖家，商品种类繁多。下面将介绍如何在淘宝网上找到自己所需的商品并进行购买，具体操作方法如下：

第1步 输入搜索关键字 打开淘宝网首页，在搜索框中输入关键字，并按【Enter】键确认。

第2步 选择商品 打开搜索结果列表，选择要查看的商品。

第3步 加入购物车 在打开的页面中查看商品详情，若打算购买该商品，可单击“加入购物车”按钮。

第4步 返回商品详情 在打开的页面中提示“已成功加入购物车”，单击“返回商品详情”按钮。

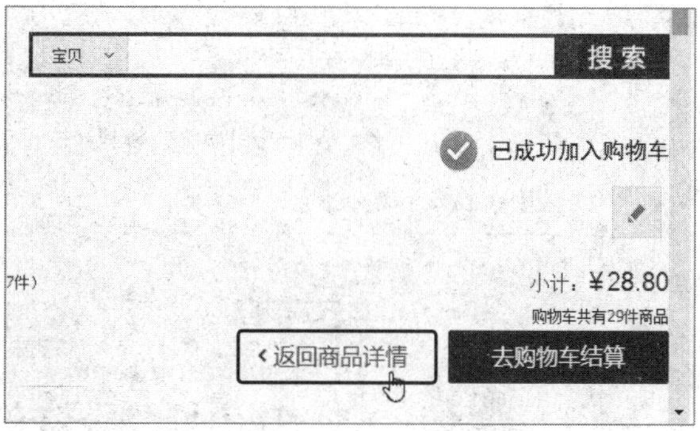

第5步 按销量查看所有商品 ❶将鼠标指针置于“所有分类”超链接上。❷选择“所有宝贝”|“按销量”选项，即可按销量排序该店铺内的所有商品。

第6步 单击“购物车”超链接 在页面上方单击“购物车”超链接。

电脑小专家

问：怎样快速进入淘宝网站的各个版块？

答：在淘宝网页面右上方单击“网站导航”按钮，在弹出的列表中选择要进入的版块即可。

新手巧上路

问：在淘宝网上购物遇到问题怎么办？

答：可通过淘宝网的“在线服务”或“自助服务”解决问题，在页面右上方单击“联系客服”按钮，选择“消费者服务”选项，在打开页面的右上角可选择“在线服务”或“自助服务”。

第7步 **领取优惠券**　打开购物车，查看购物车中收藏的商品。❶单击“优惠券”下拉按钮。❷单击“领取”按钮，领取优惠券。

第8步 **设置购买数量**　单击[+]按钮，设置购买数量。

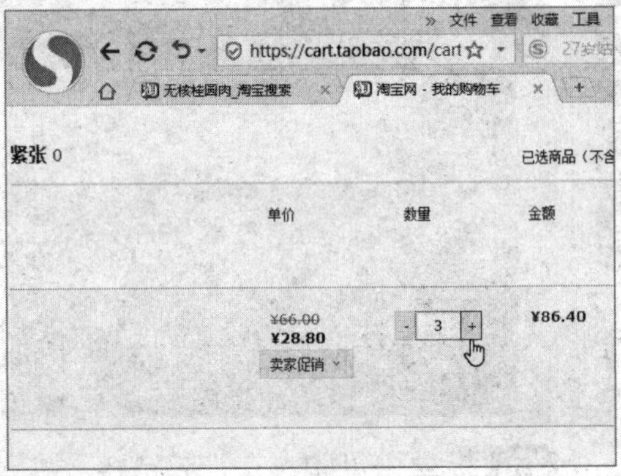

第9步 **选中商品**　选中要购买商品前的复选框。

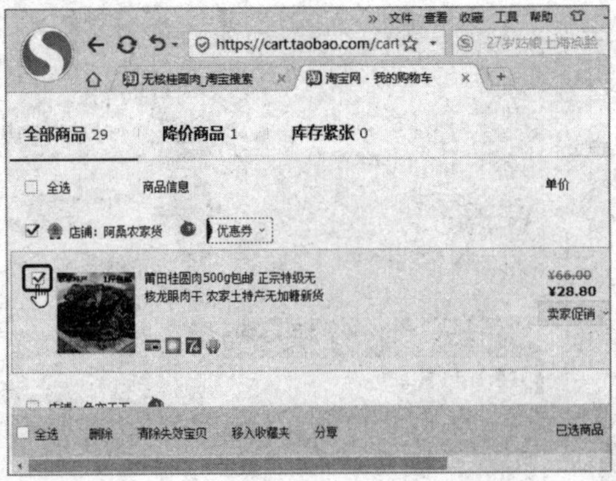

第10步 **单击“结算”按钮**　单击页面下方或上方的“结算”按钮。

第11步 **确认收货地址**　在打开的页面中确认收货地址。

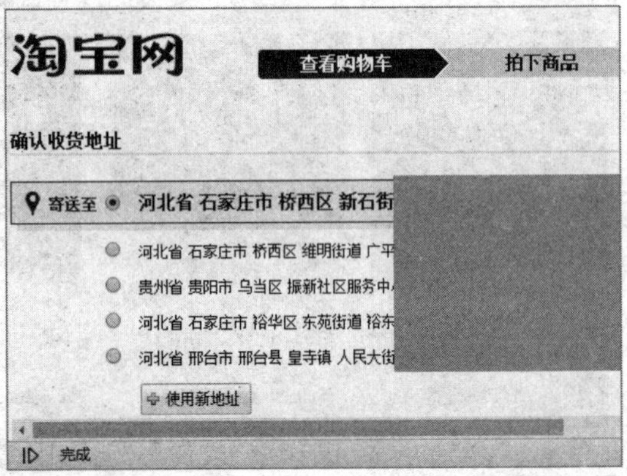

第12步 **提交订单**　确认订单信息后，单击“提交订单”按钮。

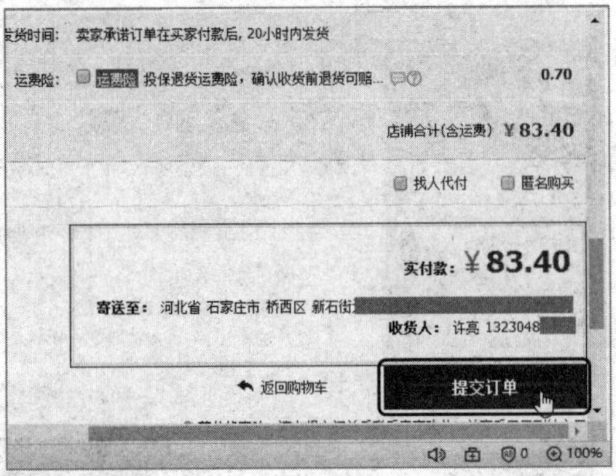

第13步 **选择其他付款方式** 打开支付页面，单击“其他付款方式”按钮。

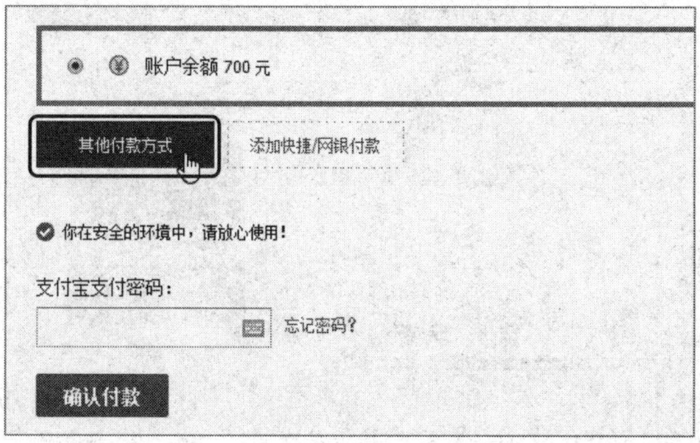

第14步 **选择付款方式** 根据需要选择所需的支付方式。

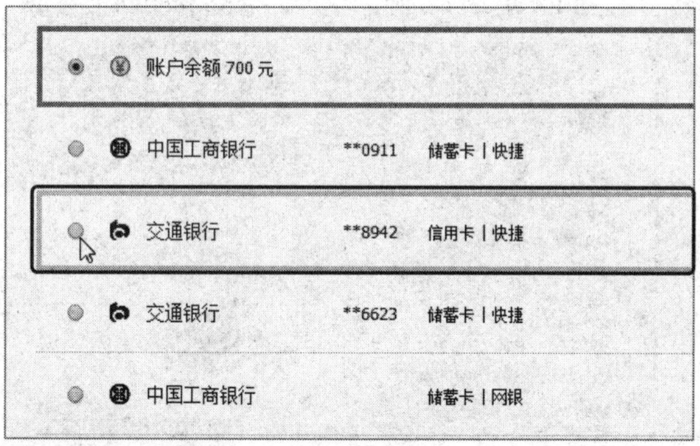

第15步 **输入支付密码** ❶输入支付宝支付密码。❷单击“确认付款”按钮。

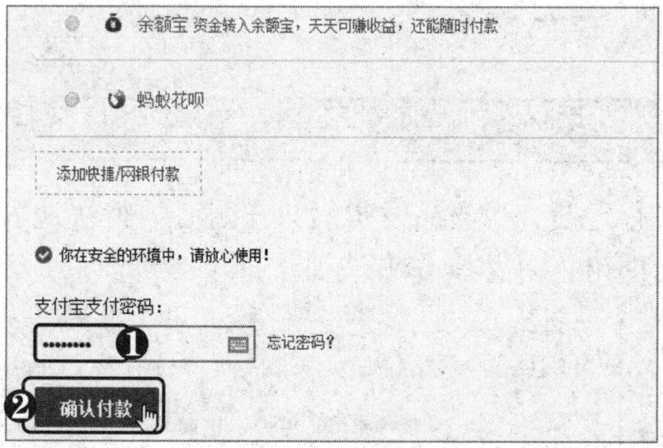

第16步 **选择“已买到的宝贝”选项** 提示付款成功，❶将鼠标指针置于页面上方“我的淘宝”超链接上。❷选择“已买到的宝贝”选项。

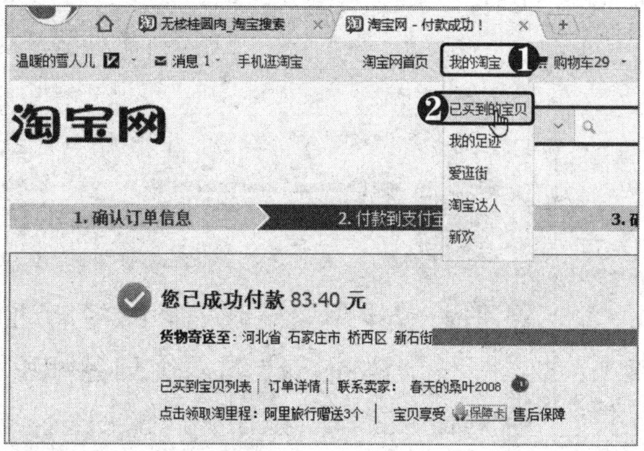

第17步 **查看订单** 在打开的页面中即可查看已购买的商品列表。

高手点拨

搜索出商品后还可对搜索结果进行筛选和排序，如按品牌、材质、风格、发货地等进行筛选，按价格、销量、信用、人气等进行排序。

11.3.2 与卖家沟通

在淘宝上购物，对于商品的疑问可以使用阿里旺旺与卖家进行沟通，具体操作方法如下：

第1步 **单击"和我联系"按钮** 打开"已买到的宝贝"页面，单击商品右侧的"和我联系"按钮。

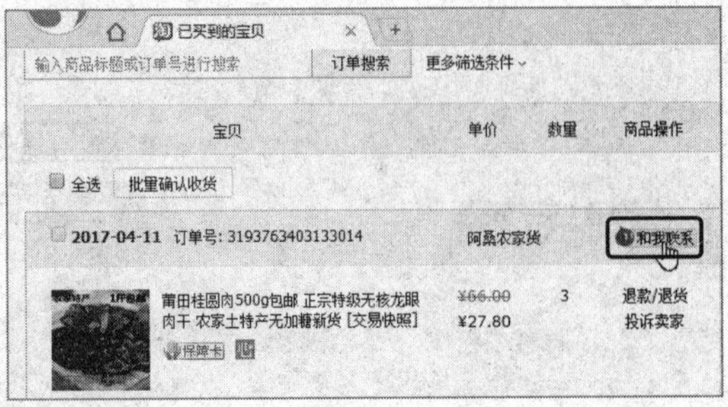

第2步 **登录阿里旺旺** 此时将启动"阿里旺旺"程序，❶ 输入用户名和密码。❷ 单击"登录"按钮。

第3步 **输入消息** 成功登录阿里旺旺后，自动弹出聊天窗口，输入消息，按【Enter】键即可发送消息。

第4步 **与商家沟通** 等待商家的回复，还可以通过此聊天窗口与商家进行沟通。

> **提示您**
>
> 在淘宝网页面上方单击"我的淘宝"按钮，选择"我的足迹"选项，可以查看所有浏览过的商品。

> **多学点**
>
> 除了通过文字搜索商品外，还可以图搜索商品，在搜索栏右侧单击📷按钮，在弹出的对话框中选择图片即可。

11.3.3 确认收货

在淘宝上卖家一般委派快递公司进行送货，当商品发货后只需耐心等待快递人员将商品送到自己手中，然后确认收货即可，具体操作方法如下：

第1步 **查看物流信息** 待商家发货后，在"已购买的商品"页面中可以看到商品订单状态变更为"物流运输中"，将鼠标指针置于"查看物流"超链接上，可以查看物流状态。

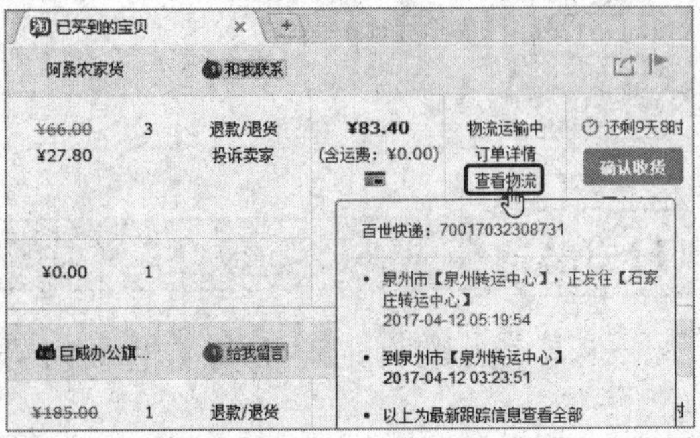

第2步 开始派件 当快件到达本地后，快递员开始派送，订单状态变为“物流派件中”，物流信息中可以看到物流状态及派件人联系方式。

第3步 单击“确认收货”按钮 快递员派件完成后，订单信息变为“快件已签收”，收到货品检查无误后可单击“确认收货”按钮。

第4步 输入支付密码 打开“确认收货”页面，❶输入支付密码。❷单击“确定”按钮。

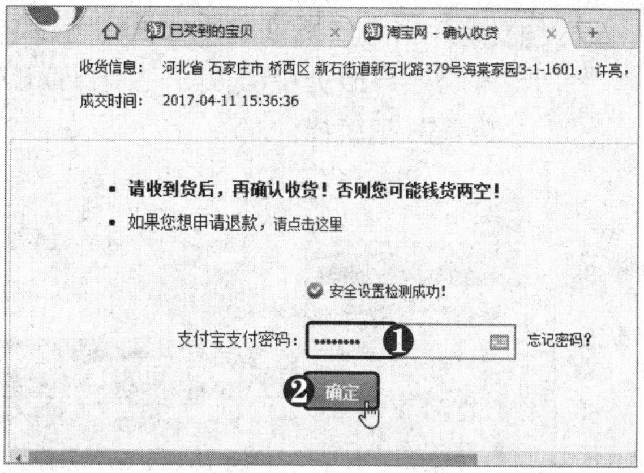

第5步 确定付款 弹出提示信息框，单击“确定”按钮。

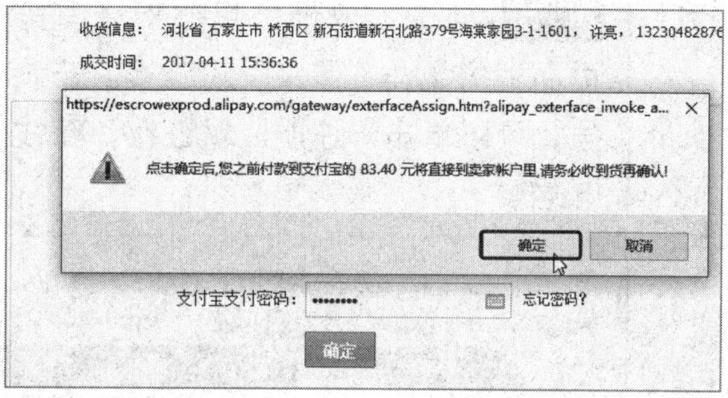

第6步 交易成功 在打开的页面中显示“交易成功”。

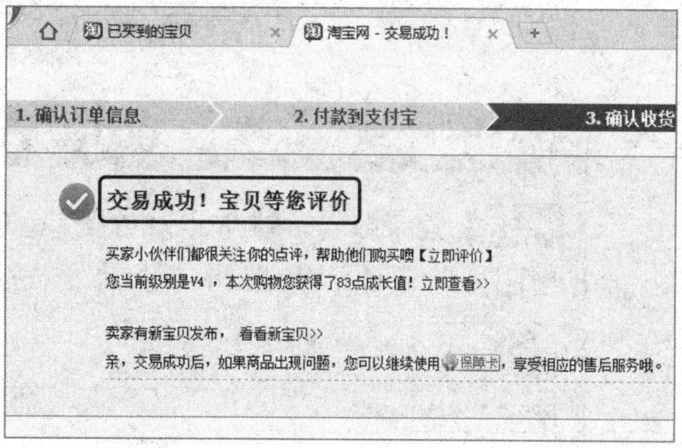

11.4 网上订火车票

目前，网上预订火车票已经成为不少人的首选，无须前往火车站即可在网上购买火车票，省时省力。购票成功后，只需在出行时使用身份证去火车站的取票机上取票即可。下面将介绍如何在网上订购火车票，具体操作方法如下：

第1步 单击“购票”超链接 打开“中国铁路客户服务中心”网站，在左侧单击“购票”超链接。

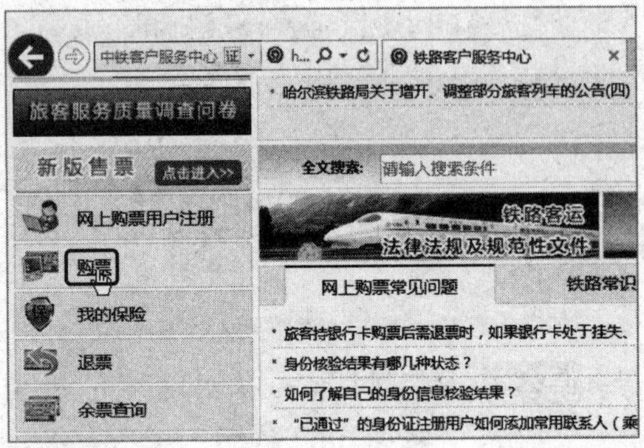

第2步 单击“登录”超链接 在打开的页面上方单击“登录”超链接。若没有账号，可以单击“注册”超链接，在线注册账号。

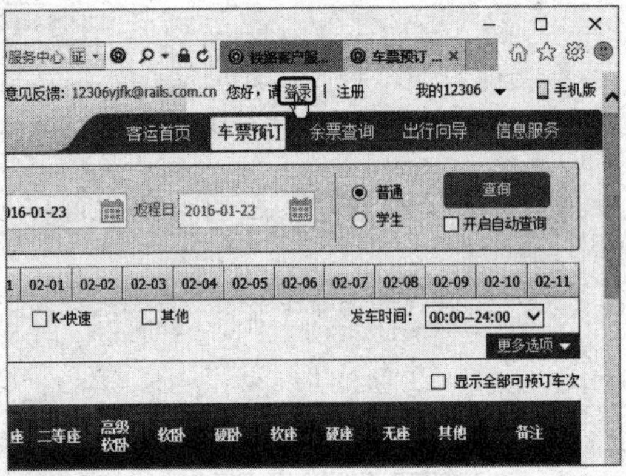

第3步 登录账号 ❶输入账号信息。❷单击图片验证码。❸单击“登录”按钮。

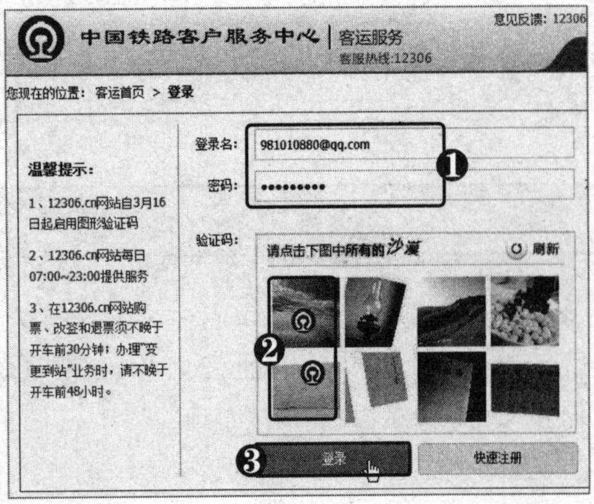

第4步 选择“常用联系人”选项 ❶登录成功后，在页面右上方单击“我的12306”下拉按钮。❷选择“常用联系人”选项。

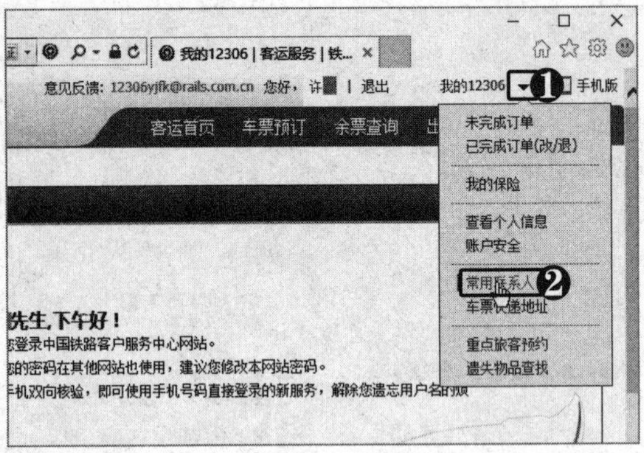

第5步 单击“增加”按钮 在打开的页面中单击“增加”按钮。

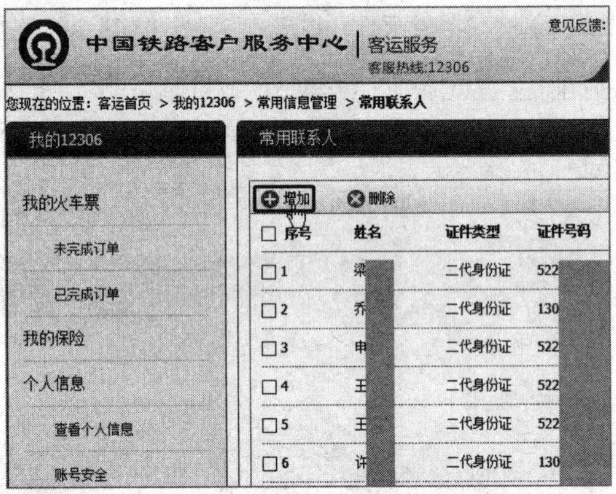

第6步 填写基本信息 在打开的页面中如实填写联系人的基本信息。

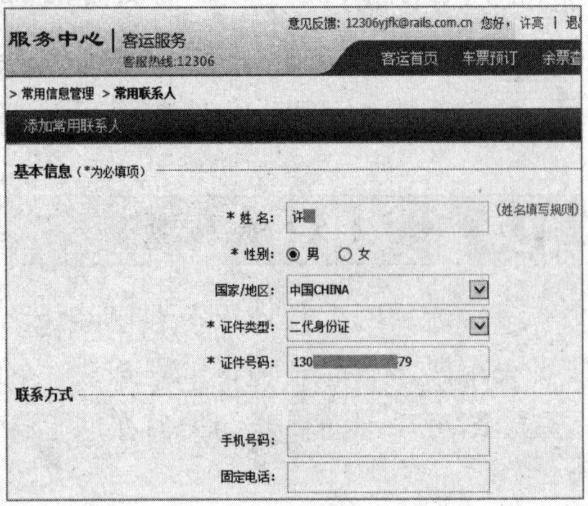

电脑小专家

问：为何无法给他人购买车票，联系人身份证提示“审核中”？

答：此时需要本人持身份证原件到车站售票窗口办理身份信息核验，办理注册用户身份信息核验的还需提供手机号后4位。

新手巧上路

问：可以购买一次预订多个日期、目的地的客票吗？

答：不可以，目前仅支持单程、来回程客票预订。

第7步 **保存联系人信息** 联系人信息填写完成后，单击页面下方的“保存”按钮。注意，联系人即为购票时添加的乘车人。

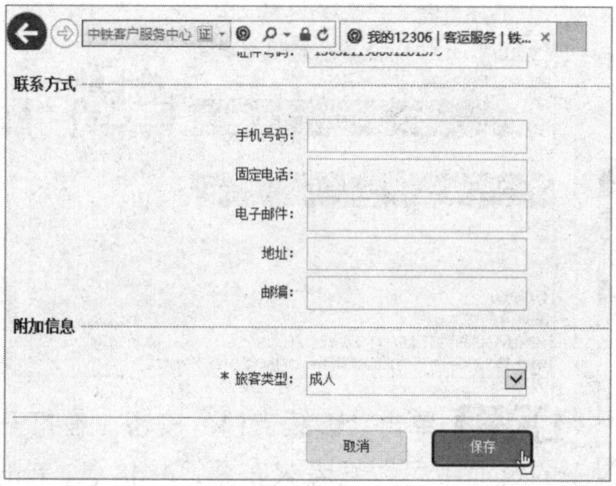

第8步 **单击“车票预订”超链接** 在页面上方单击“车票预订”超链接。

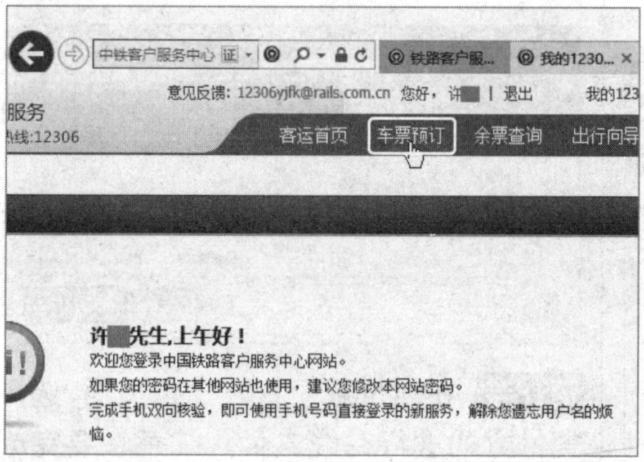

第9步 **设置出行信息** 在打开的页面中设置出发地和目的地及出发日。

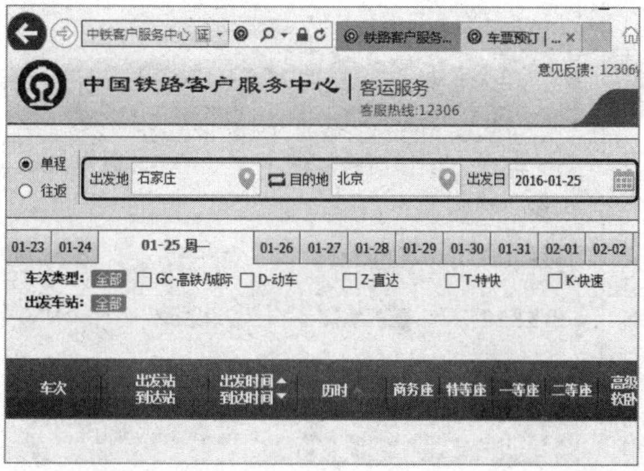

第10步 **单击“查询”按钮** 设置完成后，单击“查询”按钮。

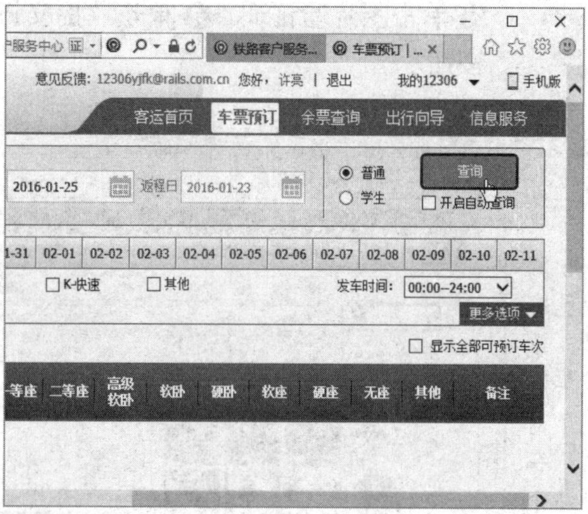

第11步 **查看车次信息** 此时即可搜索出列车车次信息。

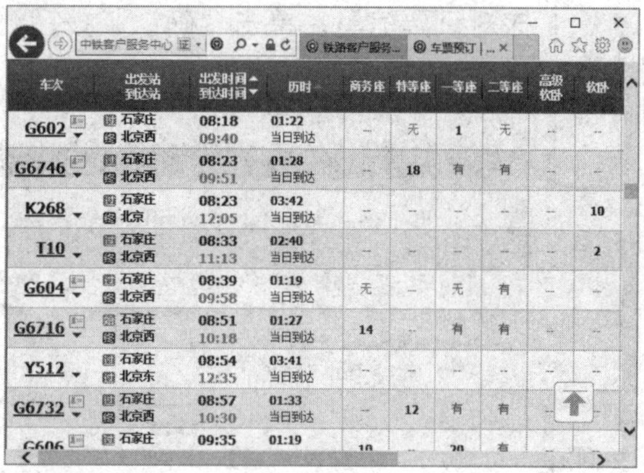

第12步 **单击“预订”按钮** 选择车次后，单击其右侧的“预订”按钮。

第13步 设置乘客信息 ❶选择乘客（即事先添加的联系人）。❷选择车票席别。❸单击图片验证码。❹单击“提交订单”按钮。

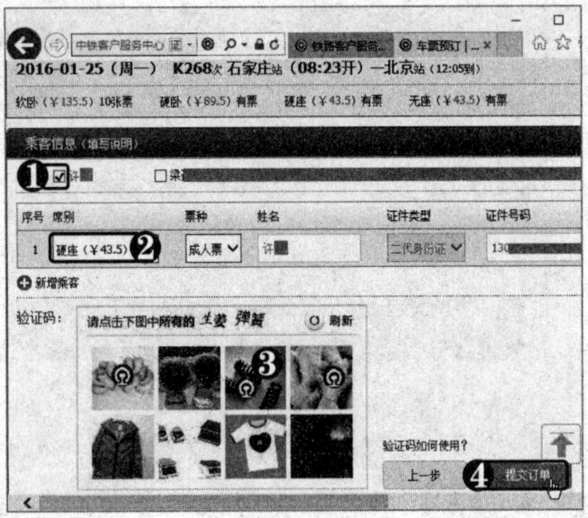

第14步 确认订单 在弹出的对话框中核对订票信息，单击“确认”按钮。

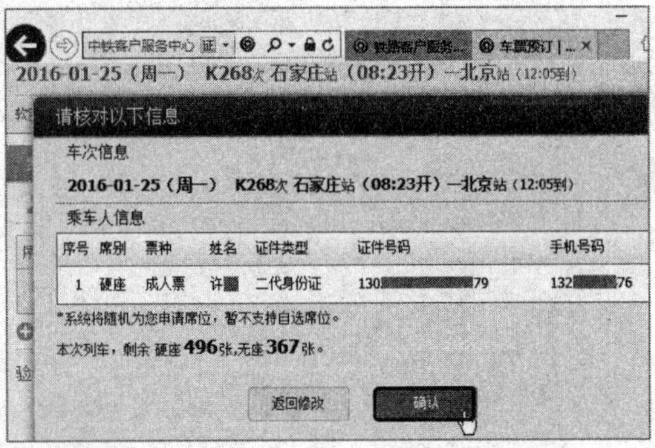

第15步 等待处理 订单已提交，等待处理完成。

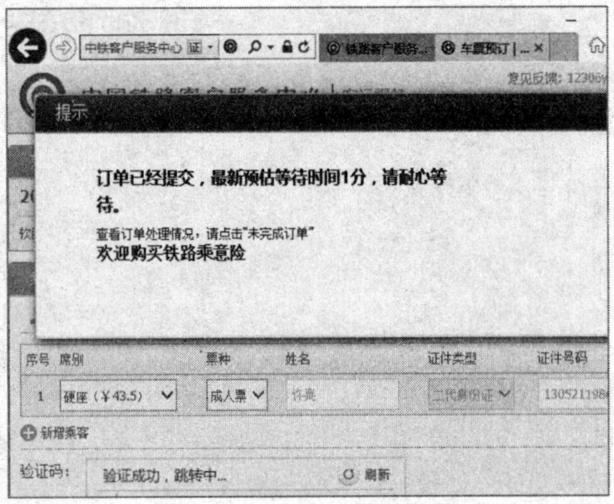

第16步 选择“未完成订单”选项 ❶在页面右上方单击“我的12306”下拉按钮。❷选择“未完成订单”选项。

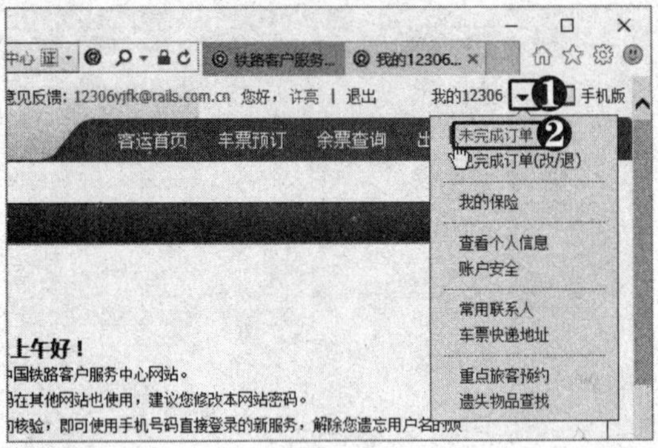

第17步 单击“继续支付”按钮 在打开的页面中可以查看火车票订单信息，单击“继续支付”按钮。

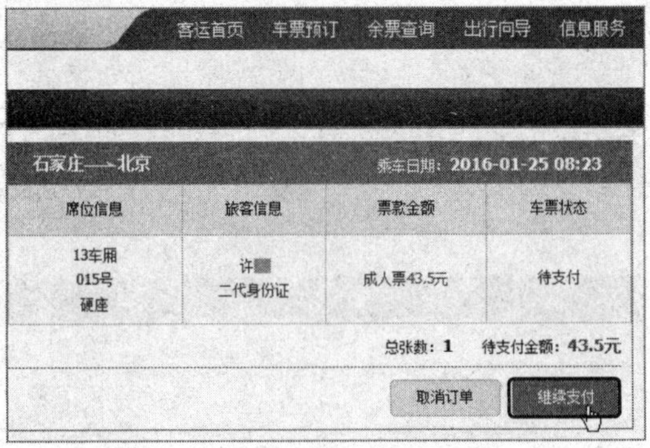

第18步 在线付款 打开支付页面，选择支付方式进行在线支付。注意，要完成在线支付，需先为银行卡开通网上银行服务。

提示您

在网上订票成功后，可以在12306网站上查看已完成的订单，没有换取纸票的可以在开车前30分钟在12306网站上退票，已经换取纸票的则需要到售票窗口退票，退票款将退回到购票时所使用的在线支付工具。

多学点

除了在网上订火车票外，还可以预定飞机票，如在携程网、去哪儿网上订机票，或在航空公司网站上预订机票。

11.5 使用微博

微博是提供微型博客服务类的社交网站，在微博上可以分享一些短小的心情、杂文，以及少量图片等。中老年人可以登录微博与亲友分享每天的喜怒哀乐，或了解大家都在关注的话题。

11.5.1 注册微博账号

要使用微博，首先需要注册一个微博账号，可以用手机号码注册，也可以使用邮箱进行注册，具体操作方法如下：

第1步 打开微博首页 在浏览器地址栏中输入网址 weibo.com 并按【Enter】键确认，打开微博首页。

第2步 单击“立即注册”超链接 在页面右侧单击“立即注册”超链接。

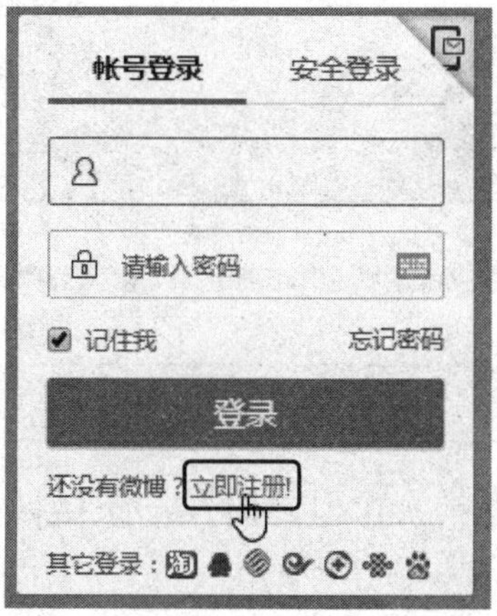

第3步 单击“邮箱注册”超链接 打开注册页面，在此单击“邮箱注册”超链接。

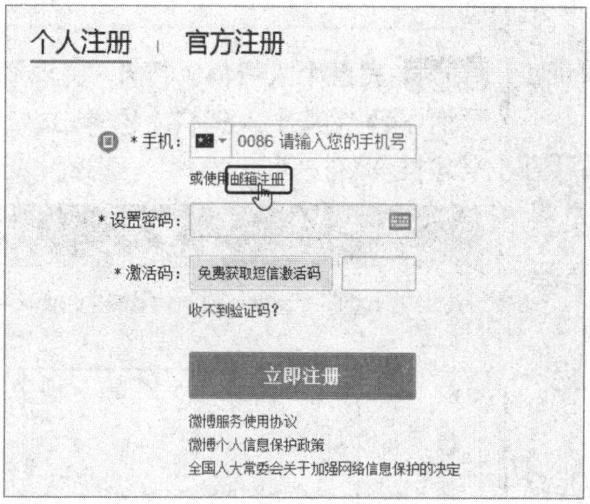

第4步 输入注册信息 ❶输入注册信息。❷单击“立即注册”按钮。

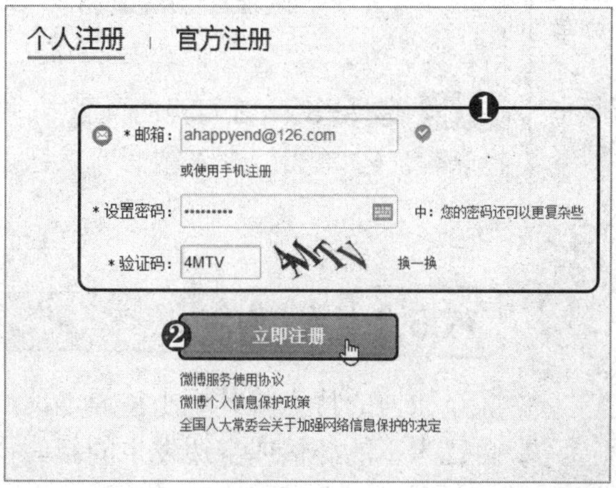

第5步 短信验证 弹出“短信验证”对话框，❶输入手机号和验证码。❷单击“提交”按钮。

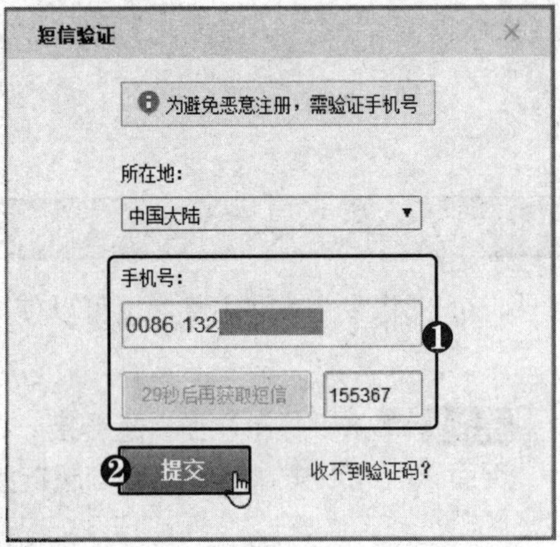

第6步 完善个人资料 打开“完善资料”页面，❶完善个人资料。❷单击“进入兴趣推荐”按钮。

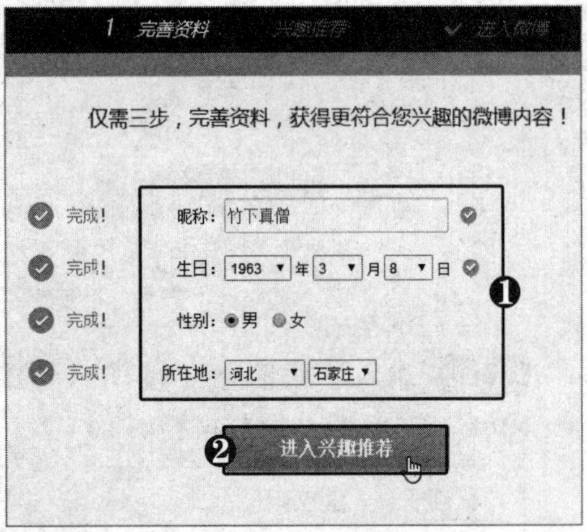

第7步 选择兴趣 在打开的页面中，❶选择兴趣。❷单击“进入微博”按钮。

第8步 单击用户名称 进入微博首页，在页面右上方单击用户名称。

第9步 设置用户头像 进入个人中心页面，单击用户头像，可以上传图片设置头像。

电脑小专家

问：能使用微博账号写新浪博客吗？

答：可以的，打开新浪博客网站并登录账号，在页面右侧单击“发博文”按钮即可。

新手巧上路

问：怎样更改微博主题样式？

答：在微博页面上方单击按钮，在弹出的面板中选择所需的模板即可。

11.5.2 发微博

微博的特点就是短小精悍，灵活方便，中老年人可以随时发一条微博分享一下自己当下的心情或身边发生的新鲜事，具体操作方法如下：

第1步 发布微博 打开微博首页，❶输入要发布的内容。❷单击“发布”按钮，即可发布微博。

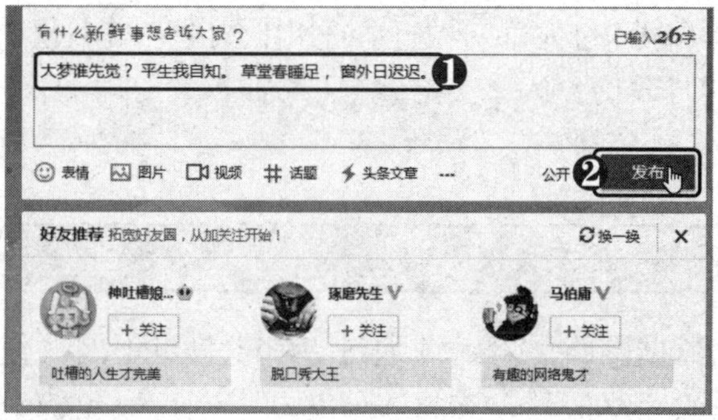

第2步 单击“转发”按钮 在他人发布的微博下方单击“转发”按钮☑。

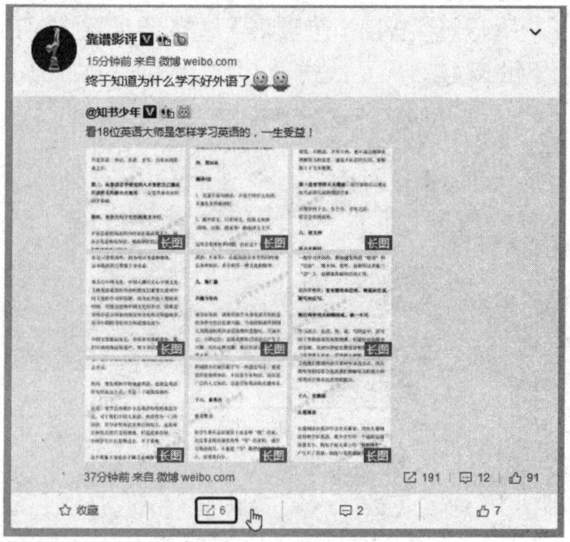

第3步 转发微博 弹出“转发微博”对话框，单击“转发”按钮，即可转发他人的微博。

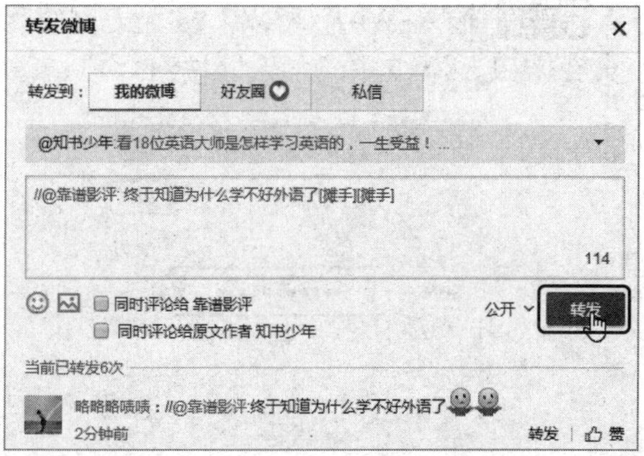

第4步 单击“新浪微博”超链接 在网上看文章或视频时，也可以通过微博来进行分享，如在视频下方的“一键分享”中单击“新浪微博”超链接。

第5步 分享链接 在打开的页面中，❶编辑微博内容。❷单击“分享”按钮。

第6步 查看微博 打开微博主页，即可查看分享的信息。

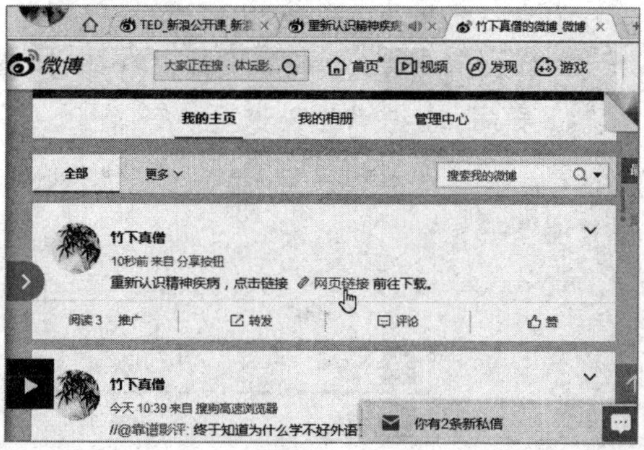

11.6 手机上网

随着智能手机的飞速发展，手机除了具备基本的通话功能外，它还是一个功能强大的“掌上电脑”，具备了电脑的大部分功能。使用手机上网不仅可以上网看新闻，聊微信，还可以进行移动支付、理财等。

11.6.1 连接无线网

手机上网主要是通过开启 4G 移动数据网络上网，或通过 Wi-Fi 热点上网。使用 4G 移动网络网上会花费手机卡自身的网络流量，连接 Wi-Fi 热点则可以免费上网，具体操作方法如下：

提示您

在微博页面右上方单击☑按钮或按【N】键，可弹出写微博对话框。

第1步 点击“设置”图标 在手机应用中点击“设置”图标。

第2步 点击 Wi-Fi 选项 打开“设置”界面，点击 Wi-Fi 选项。

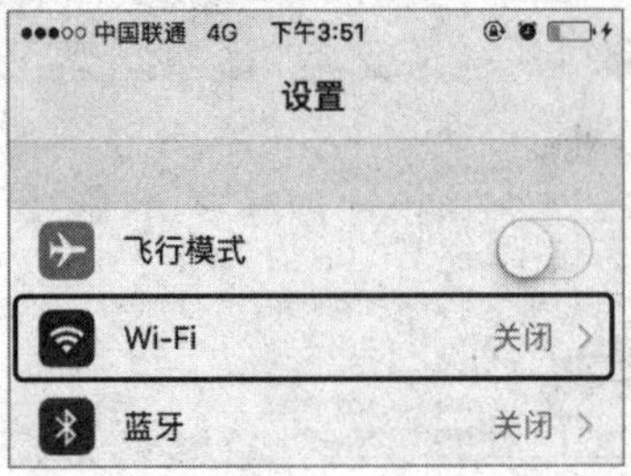

第3步 连接 Wi-Fi 网络 ❶拖动开关按钮，开启 Wi-Fi 选项。❷选择要连接 Wi-Fi 的网络。

第4步 输入 Wi-Fi 密码 ❶输入网络无线密码。❷点击“加入”按钮。

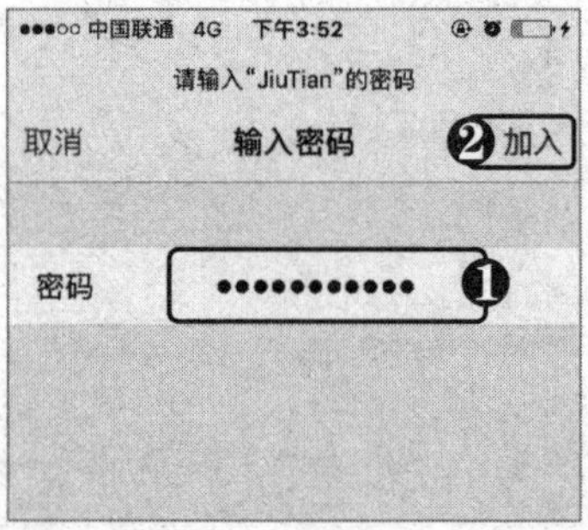

多学点

在新浪微博上方单击“发现”按钮，可查看热门微博。

第5步 **已连接 Wi-Fi** 返回 Wi-Fi 界面，可以看到 Wi-Fi 已连接。

第6步 **开启或关闭 Wi-Fi** 用手指在手机屏幕下边缘处向上滑动，弹出快捷设置面板。点击 Wi-Fi 图标，即可开启或关闭 Wi-Fi。

第7步 **点击“蜂窝移动网络”选项** 若手机周围没有 Wi-Fi 网络，可以设置连接手机 4G 网络，打开“设置”界面，点击“蜂窝移动网络”选项。

第8步 **开启移动网络** 在打开的界面中开启“蜂窝移动数据”选项即可。

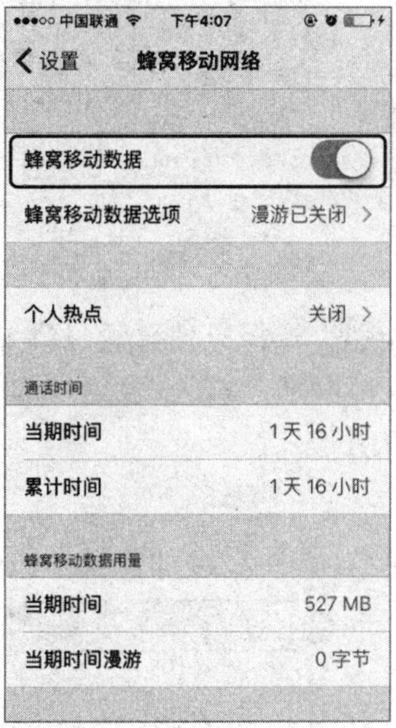

11.6.2 给手机交费

现在给手机充话费不再需要去营业厅进行交费，在网上就有很多平台都可以为手机进行充值。例如，使用支付宝为手机充值，具体操作方法如下：

第1步 **点击“支付宝”图标** 在手机应用列表中点击“支付宝”图标。

第2步 **点击“充值中心”按钮** 打开支付宝应用，点击“充值中心”按钮。

第3步 **选择充值金额** ❶输入要充值的手机号码。❷选择要充值的金额，如“10元”。

第4步 **选择付款方式** 打开支付界面，❶选择付款方式。❷点击“确认付款”按钮。

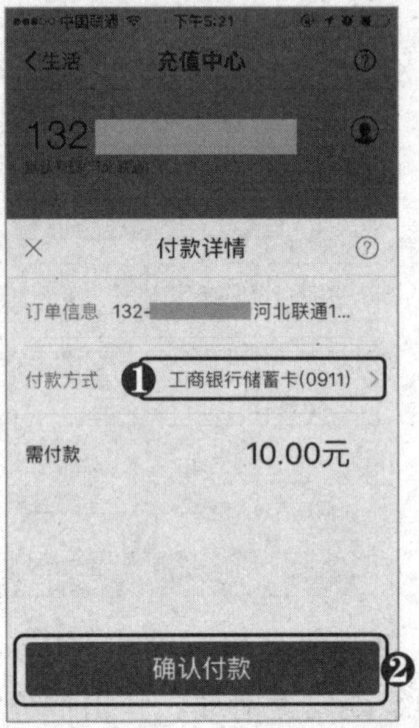

第5步 **支付成功** 在打开的界面中显示“支付成功”，点击右上方的“完成”即可。

第6步 **用微信钱包交费** 除了使用支付宝交话费外，还可以打开微信，进入微信钱包，点击“手机充值”按钮进行交费。

电脑小专家

问：怎样使用支付宝进行生活缴费？

答：打开手机支付宝后点击“全部”按钮，在打开的界面中点击“生活缴费”按钮，即可缴纳水、电、燃气、有线电视、宽带等费用。

新手巧上路

问：怎样使用手机订外卖？

答：需在手机上安装外卖应用程序，如美团外卖、饿了么等，打开这些应用程序即可浏览附近商家并选择菜品订外卖。

11.6.3 使用微信聊天

微信是腾讯公司推出的一款手机端通信产品，可以通过网络快速发送文字、语音、视频和图片等，支持单人、多人参与，目前用户群体非常大，使用起来也很方便。下面将介绍如何使用微信进行聊天，具体操作方法如下：

第1步 单击“微信”图标 在手机应用列表中单击“微信”图标。

第2步 点击“扫一扫”选项 打开微信，❶点击右上方的按钮。❷点击“扫一扫”选项。

第3步 选择添加方式 打开“添加朋友”界面，从中可以选择多种添加方式。

第4步 搜索手机号码 ❶在搜索栏中输入要添加朋友的手机号码。❷点击“搜索”选项。

第5步 **点击"添加到通讯录"按钮** 打开"详细资料"界面，点击"添加到通讯录"按钮。

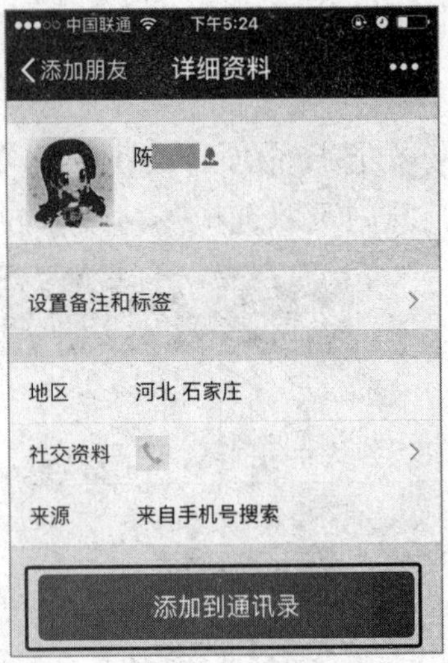

提示您

要在手机上安装应用程序，可以通过手机应用商店搜索并安装程序，也可扫描网页上的应用程序二维码下载并进行安装。

第6步 **添加完成** 待对方同意后即可添加完成，点击添加的好友。

多学点

除了添加微信好友与之沟通外，还可关注自己感兴趣的微信公众号，查看相关信息或办理相关业务。

第7步 **点击"按住说话"按钮** 打开聊天窗口，点击"按住 说话"按钮，即可开始录音并发送消息。

第8步 **收听语音消息** 点击发送的消息，即可听到语音。点击左下方的⌨按钮，可改为文字聊天。

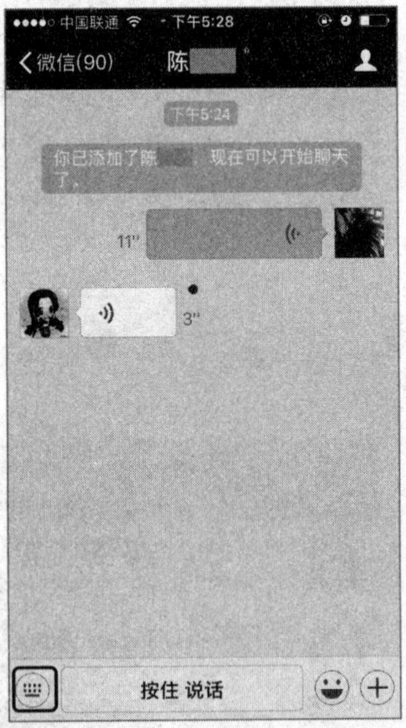

11.6.4 使用微信支付

微信支付是集成在微信上的支付功能，可以通过手机快速完成支付。例如，使用微信可以给好友发红包、转账，或扫描商家的微信支付二维码完成付款，具体操作方法如下：

第1步 点击“红包”按钮 ❶在微信聊天界面上点击⊕按钮。❷在打开的选项中点击“红包”按钮。

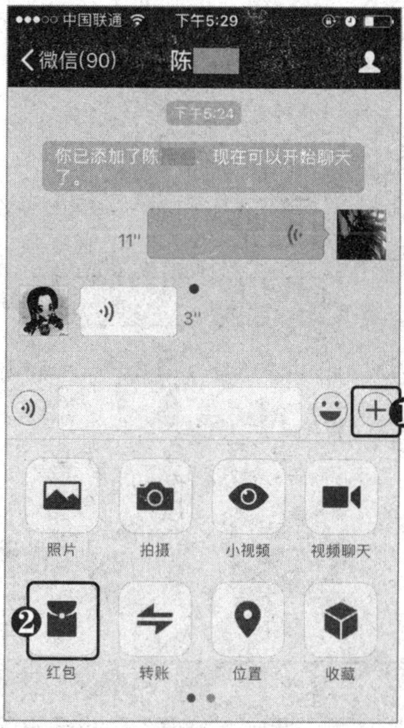

第2步 输入红包金额 打开“发红包”界面，❶输入红包金额。❷点击“塞钱进红包”按钮。

第3步 输入支付密码 打开支付界面，❶选择付款方式。❷输入支付密码。

第4步 红包发送完成 红包发送完成，对方点击红包即可进行收钱。

第5步 扫一扫支付二维码 还可以使用微信“扫一扫”来付款，使用扫一扫扫描支付二维码。

第6步 进行转账 打开“转账”界面，❶输入转账金额。❷点击“转账”按钮。

电脑小专家

问：怎样在微信朋友圈发表图文消息?

答：在微信界面下方点击“发现”按钮，然后点击“朋友圈”选项，在“朋友圈”界面右上方点击拍照按钮，拍摄照片、视频或从相册选择进行发表，长按拍照按钮可以发表文字信息。

11.6.5 使用微信理财

理财通是腾讯官方的理财平台，为用户提供多样化的理财服务，包括货币基金、保险理财、指数基金等多款理财产品，可以使用微信或QQ账号登录，随时随地理财。下面以微信账号登录理财通为例介绍如何进行理财，具体操作方法如下：

第1步 点击“钱包”选项 打开微信，❶在下方点击“我”按钮👤。❷点击“钱包”选项。

第2步 输入手势密码 输入手势密码，以进入微信钱包。

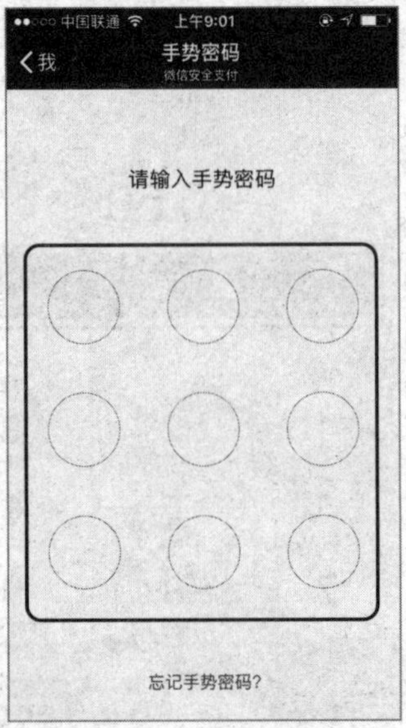

新手巧上路

问：怎么用手机买卖股票?

答：在手机上安装开户证券公司提供的股票交易应用，登录账号后即可进行各种股票查询或买卖交易。

第3步 **点击“理财通”按钮** 打开微信钱包，点击“理财通”按钮。

第4步 **点击“查看更多”** 打开“腾讯理财通”主界面，点击“查看更多”。

第5步 **点击“货币基金”** ❶ 点击“稳健理财”按钮。❷ 点击“货币基金”按钮。

第6步 **选择理财产品** 打开“货币基金”理财产品列表，在此点击“易方达基金易理财”。

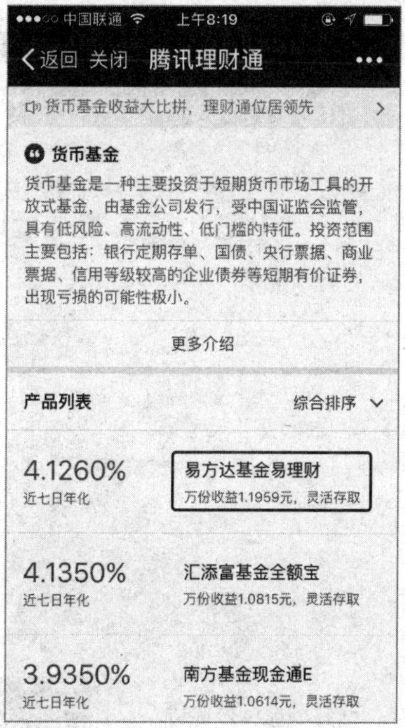

第7步 **点击“关闭”** 弹出提示信息框，查看相关信息，点击“关闭”按钮×。

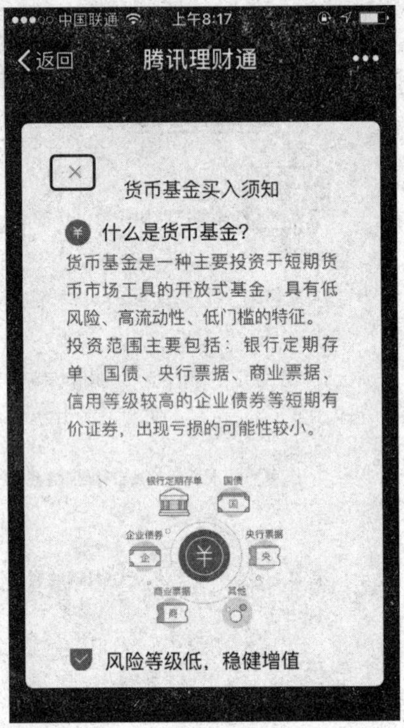

第8步 **点击“买入”按钮** 查看近7日的年化率，点击“买入”按钮。

第9步 **输入购买金额** ❶输入购买金额。❷点击“买入”按钮。

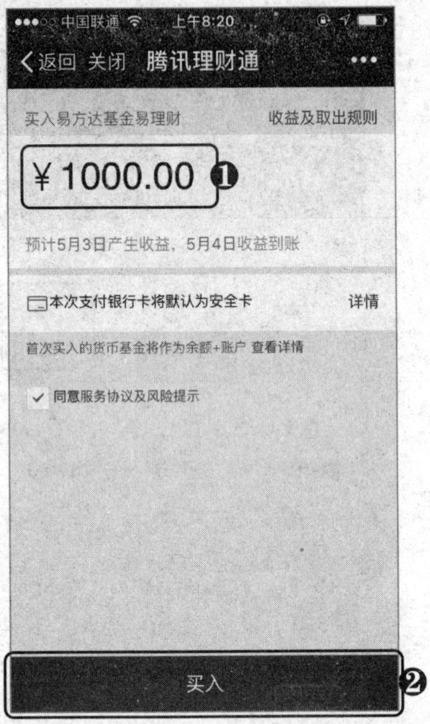

第10步 **进行支付** ❶选择使用银行卡支付。❷输入支付密码。

提示您

手机支付宝也有多种理财产品，如余额宝、蚂蚁聚宝及其他第三方理财产品。

多学点

腾讯理财通也可在电脑上进行操作，打开网址qian.qq.com，然后使用微信登录即可。

第11步 支付成功 显示支付成功，点击右上方的“完成”。

第12步 成功买入 提示“成功买入”，点击“查看资产”按钮。

第13步 查看资产 在打开的界面中查看持有资产。点击左上方的“返回”，即可返回微信。

第14步 查看理财收益 过一段时间，再次打开“腾讯理财通”，即可查看理财收益。

学习笔录

电脑小专家

问：如何通过网络进行同城交易？

答：可登录 58 同城网或赶集网，查询同城交易信息，如房屋租赁、二手买卖、生活服务、招聘求职等，也可在注册账号后发布信息。

新手巧上路

问：如何在网上查询健康方面的信息？

答：打开 2345 实用查询网页（网址为 tools.2345.com），在上方单击“健康养生”超链接，在打开的页面中选择要查询的项目即可。